Philosopher's Stone Series

哲人石丛书

立足当代科学前沿

彰显当代科技名家

绍介当代科学思潮

激扬科技创新精神

策　划

哲人石科学人文出版中心

当代科普名著系列

Life Sculpted

Tales of the Animals, Plants, and Fungi That Drill, Break, and Scrape to Shape the Earth

雕刻地球的生命

生物侵蚀的神奇故事

[美]安东尼·马丁（Anthony Martin） 著
刘 畅 译

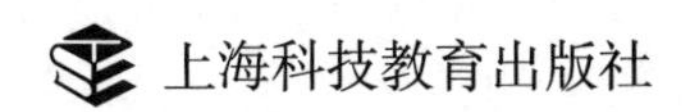

对本书的评价

◇

常言道:生命会改变环境。但读过《雕刻地球的生命》后,更准确的说法似乎是:生存改变了环境。这在恐龙时代如此,如今亦然。本书以及更广泛的化石足迹学的核心要义在于,地质学与生物学不可分割。当下流行文化中的一个普遍主题是:所有生命都是相互关联的。然而,作者暗示的远不止于此——不仅生物有机体之间相互依存,地球的地质和化学系统也同样彼此关联。

——尤金妮亚·博恩(Eugenia Bone),

《华尔街日报》(*Wall Street Journal*)

◇

从火山旁挖掘洞穴的大象,到海洋中分解岩石的细菌,形形色色的生命体以各自的方式打碎、刮擦并塑造我们的星球。生物侵蚀是一个独特的科学领域,涵盖古生物学、生物学和地质学,同时见证了生命如何适应变化,尤其与当前人类世时代密切相关。

——《书商》(*Bookseller*)杂志

◇

本书涉及大量化石足迹学内容,即对痕迹、洞穴、孔洞等遗迹化石的研究。作者描述了螺如何钻孔攻击猎物、松甲虫如何啃食树木、水獭如何使用岩石作为工具砸开蛤蜊壳,以及魟如何喷射高压水流以暴露藏在沉积物中的猎物。全书文字机智风趣,内容翔实(如海狸的牙齿因含铁元素而得到强化),并穿插了丰富的文化引用,涵盖电影《侏罗纪公园》(*Jurassic Park*)、《异形》(*Alien*)和《大白鲨》(*Jaws*),以及作家埃斯库罗斯(Aeschylus)和洛夫克拉夫特(H. P. Lovecraft),甚至电视剧《房屋猎人》(*House Hunters*)和《绝命毒师》(*Breaking Bad*)。作者巧妙地融合地质学、生物学和古生物学，描绘了一幅独特且引人入胜的地球环境变革者画像。

——《书单》(*Booklist*)杂志

◇

本书机智幽默与学术深度并存，作者将一个看似枯燥的主题——各个物种如何在岩石、骨头、木材上钻孔——转化为一部壮丽的演化史诗。本书既有趣又易读，同时学术性十足。作者是当今最杰出的古生物学普及者之一，也是我最钟爱的科普作家之一。

——史蒂夫·布鲁萨特(Steve Brusatte)，
爱丁堡大学教授、古生物学家，
《恐龙的兴衰》(*The Rise and Fall of the Dinosaurs*)的作者

◇

一本真正独树一帜的佳作。作者是世界顶级的遗迹化石专家之一，其在该领域的毕生研究经验展现得淋漓尽致。本书提供了一流的科学信息，极具启发性。作者驾驭文字的能力更难能可贵，叙述如散文般优美，文笔富有新意，娓娓道来，幽默风趣，令人着迷。

——约翰·A. 朗(John A. Long)，
《鱼类的崛起》(*The Rise of Fishes*)的作者

内容提要

本书带领我们认识那些以挖掘、咀嚼和钻孔等方式重塑地球的生命体。著名的科普作家、古生物学家安东尼·马丁通过追踪地衣、海绵、蠕虫、蛤蜊、螺、章鱼、藤壶、海胆、白蚁、甲虫、鱼类、恐龙、鳄鱼、鸟类、大象乃至人类留下的痕迹，揭示了生物侵蚀如何随着生命之树的演化而扩展，成为生态系统运作的重要组成部分，并不断重塑地球的面貌。凭借广博的学识和不乏奇思妙想的幽默感，作者利用古生物学、生物学和地质学知识解释了生物侵蚀的惊人力量，促使我们深入思考生物侵蚀的过去和现在，并探讨对这种生物行为的深入了解如何帮助我们应对地球未来的气候变化。

作者简介

安东尼·马丁(Anthony Martin),埃默里大学环境科学系教授,讲授地质学、古生物学和环境科学课程长达30多年,研究专长为化石足迹学,即研究生物活动留下的现代和古代痕迹(包括足迹、钻孔、洞穴等)的科学。他是已知首个"穴居行为"恐龙的共同发现者,著有《没有骨头的恐龙》(*Dinosaurs Without Bones*)、《地下的演化》(*The Evolution Underground*)等。

献给约翰·K. 波普(John K. Pope),

我在古生物学领域的第一位导师。

同时致谢所有的腕足动物。

石头如何能在春天焕发生机?

崩解成土壤,培育出缤纷之花。

时光漫长,你已然冷漠坚硬,

何不冒险一回,化作片刻的土地。

——鲁米(Rumi)*,《玛斯纳维全集(第一册)》,1911—1912节

* 即梅夫拉那·贾拉尔-阿德-丁·穆罕默德·鲁米(Mevlânâ Celâleddin Mehmed Rumi,1207—1273),简称鲁米,伊斯兰教苏非派神秘主义诗人、教法学家,生活于13世纪的波斯。其作品主要以波斯语写成,影响广泛,代表作是他的诗集《玛斯纳维》(*Masnavi*)。(摘自维基百科。)——译者

CONTENTS 目 录

目录

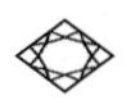

序　言

我正写着这些文字，而就在离此不远处，一块巨大的岩石正在与生命展开一场争斗。生命即将获胜。岩石主要由火成矿物组成，火成矿物在地下深处结晶形成。超过3亿年后，岩石隆起，上方地表经过剥蚀，显露出以硅酸盐混合物为主的核心部分。一旦暴露在空气中，地衣就在其表面定殖，形成了原始土壤，植物的根系便扎根于此。10 000多年前，人类抵达此地，他们可能将这个圆顶的岩石看作了一处值得纪念的地标；事实上，后来它的确成为马斯科吉人(Muscogee)的聚会场所。在殖民者迫使马斯科吉人离开周围的土地后，他们很快赋予这处岩石露头一个简单的名字——“石山”。该名称掩盖了它的不可持久性。毕竟，这座“山”每天都在流失一点矿物质。这是由天气引起的，同时地衣、开花植物、松树，以及体形各异、穿梭于“山”间的动物，都在加速流失过程。

人们行走于它的表面，鞋底携带的矿物颗粒磨蚀着岩石，沿其侧面留下了一条条痕迹。就这样，人们造成了表面的侵蚀。短短几十年间，人们大量开采厚厚的岩石板，用于建筑物和路边石，这使得“石山”的表面发生了根本性的改变。在附近的亚特兰大，被移走的岩石块仍然随处可见。在20世纪，一小群人“毁坏”了岩石，在一侧雕刻出庞大的浅浮雕雕像，以纪念一项失落的事业*——它注定不断地遭遇挫败，直到渐渐淡出历史，最终消失，像极了这座山。

佐治亚州石山的故事，只不过是例证之一，展现了生命的日常行为——从极为缓慢到突如其来——如何改变我们世界的坚硬部分。在这个例子中，坚硬的部分是岩石，但其他的坚硬部分也可能来自生命本身，典型的如动物的外壳或骨骼，或是植物中的木质组织。我意识到生命一直在打碎、刮擦、钻孔或以其他方式改变坚硬的物质，使其变得不那么坚硬，这个过程已经持续了10亿多年。这启发我写下这本书，讲述那段宏伟的自然历史。此外，我想写一写，史前生命如何以熟悉或陌生的方式磨损岩石、贝壳、骨骼和木材，这些行为通常都会留下持久的线索，告诉我们发生过什么，以及何时发生。这些遗迹召唤着我们，它们在坚实的材料中的缺空，反映出我们认知上的空白：生命如何适应世界的坚硬部分，而这个世界总在变化之中，无论这改变是来自其内部运作，还是生命本身。

这本书的构思起初是某种形式的"续集"，因为我想延续自己之前一本书的主题：《地下的演化——洞穴、暗堡和我们脚下奇妙的地下王国》（*The Evolution Underground: Burrows, Bunkers, and the Marvelous Subterranean World Under Our Feet*，2017，Pegasus Books）。那本书探讨了洞穴和适洞动物（或称洞穴动物）如何改变地球，以及在地球生命史上，洞穴如何帮助许多动物世系在最严重的灭绝事件中幸存下来。相比之下，这本书的范围更为广泛，它探讨了生物侵蚀（即生命对固体物质的分解），以及生命作为那些物质的减损者和循环者的重要性。尽管如此，在某些情况下，我突出了一些生物群体，如鹦嘴鱼、螃蟹、啄木鸟、

---

*此处"失落的事业"指美国南方邦联及其种族主义遗产，象征一种已被历史淘汰的过时意识形态。文中提到的雕像位于佐治亚州石山（Stone Mountain），描绘了南方邦联的三位领导人，以纪念这一"失落的事业"。——译者

蛤蜊和深海蠕虫,以更好地展示它们的演化历程,以及它们在塑造现代生态系统中所起的作用。同时,我希望本书在对自然历史的热切好奇与对自然未来的深切忧虑之间取得平衡,尤其是在我们面对21世纪余下时间里的气候变化及其对生命的多重影响之际。

无论我的初衷如何,我都希望您能从本书中学到很多新知识,包括这样一个观点:尽管生活可能乏味无趣,然而了解生命如何钻孔却并非枯燥之事。* 在此,感谢您与我一同学习。

---

* 原文为"life may be boring, knowing how it is boring is anything but"。这里是作者的幽默,life既有"生活"之意也有"生命"的含义,同时借boring的两个不同含义表达本书的主题:前一个boring作为形容词,意为"无趣的",后一个boring作为动词,意为"钻孔"。——译者

第一章

生物钻孔的历史

当我的双脚牢牢地踩在白垩纪的岩石之上时，内心真是难得地惬意。这些特殊的岩石也确实令人心安。我在葡萄牙的海岸，脚下的岩石露头是淡黄褐色的石灰岩层。岩石海拔甚高，波涛在我之下。岩石给了我栖息之地纵情欢乐，也给我坚实的基础来思考它古老的历史。然而，在这片宁静之所，石灰岩表面的触感却粗糙不平，且有磨损。无论这处平台看起来有多么坚固，某种程度上它都并不完整，它的不规则性传递着关于逝去时间的信息。

就如同人们被要求说出最喜爱的孩子或是宠物的名字，每当有人要我选出最中意的地质时期，我都会感到无措；然而，“白垩纪”这个词总是脱口而出。我对白垩纪的一切事物着迷，部分原因是它既为人熟知又充满着异域风情，这是一种不稳定的混合，像是个混乱的另类现实，把不同时期的生物元素和地质元素拼凑在一起。遥想白垩纪的生命个体，既有柔软的，也有坚硬的，还有介于软硬之间的所有质地的。白垩纪有似曾相识之感，部分原因是它是中生代三个地质时期中的最后一个，时间跨度为1.45亿年前至6600万年前，紧随在更为人所知的侏罗纪时期之后——后者的名字被一部（也是唯一一部）万众瞩目的电影借用了。诚然，白垩纪最著名的是恐龙，尤其是那些科学和流行文化使之明星化的恐龙，例如三角龙属（简称三角龙，*Triceratops*）、快盗龙属

(也称速龙或迅猛龙,*Velociraptor*),还有常年曝光过度的天后级别恐龙:暴龙属(又称霸王龙,*Tyrannosaurus*)。但是,这些恐龙也在和开花的植物、昆虫、蜥蜴、蛇、鳄目动物(通称为鳄鱼)以及鸟类共享着同样的景观。以今天的标准看,它们都是些既平常又怪异的生物。[1]

白垩纪时期,海洋生命同样奇特,自有其大型的爬行类动物群体,例如:颈部像尼斯湖水怪的蛇颈龙属(简称蛇颈龙,*Plesiosaurus*),像龙一样的沧龙属(简称沧龙,*Mosasaurus*),以及巨大、盘绕状、形似鹦鹉螺属(*Nautilus*)动物的菊石。尽管如此,海洋里也有海龟、鲨鱼、硬骨鱼、虾、蟹、海绵、珊瑚和其他外貌近似现代生物的动物。[2]另外,这些白垩纪生物有足够的空间游弋、漂浮或迁移,因为海洋极其深远辽阔。而且,地球温室效应导致大部分陆地冰川消融,同时使森林能在极地附近生长。[3]

当恐龙在陆地上笨重前行、啃咬、交配以及排泄时,广袤的白垩纪海路有极小的一部分覆盖在如今葡萄牙的南部地区。因此,2016年夏季,当我和其他几十名古生物学家驻足于现代地中海的边缘,想象就变得相对容易了:大约1亿年前,白垩纪时期有着湛蓝的天空,以及浅绿色、温暖的热带海水。我们还能比大多数古生物学家更好地发挥不同维度的想象力,因为我们是化石足迹学家。大部分古生物学家都研究已逝生命的躯体残骸,不同的是,化石足迹学家凭借直觉发现遗迹化石(trace fossil)*——足迹、洞穴、巢穴、排泄物,以及过去动物生活和行为的其他线索。名为ICHNIA的学术会议每四年举行一次。2016年,葡萄牙成为我们相聚和实地考察的最佳地点。别忘了,葡萄牙的岩石上有一系列超凡绝伦的遗迹化石:精美者有之,如微小的5亿年前的蠕虫

---

* 根据全国科学技术名词审定委员会公布的古生物名词,“遗迹化石”定义为:保存在地层中各个地史时期生物活动的遗迹或遗物,前者如钻迹、移迹、足迹等,后者如粪粒、粪、卵、蛋及石器等。——译者

洞穴;宏大者亦有之,如巨大且保存完好的1.5亿年前蜥脚亚目恐龙的足迹。[4]

在本次会议的会后实地考察中,实地指南的作者为每个地点标出了到访所需的体力强度,十分贴心。大多数地点都标注着“容易”,少数为“适中”,只有一处是“艰巨”,事先提醒参会者要有心理准备。这天,我们下午的第一个目的地“欧拉巨型地表”(Oura megasurface)被指南划归为“容易”。但在考察之前,遵从葡萄牙人的习俗,我们实地考察的举办方要确保我们填饱肚子,带我们到海滨餐厅的露天甲板上吃午餐。欢声笑语随之而起,席间,我们这群快乐的化石足迹学家们吃吃喝喝,打趣着我们上午(或是任何时候)见过的遗迹化石。然而,这般文雅的狂欢却戛然而止——我们实地考察的领队指向一块海边岩石露头,它位于我们这甲板以西数百米远,途经一片沙滩。领队告诉我们必须徒步攀爬远处那座岩石峭壁,上去后再沿着它前行,才能抵达下一个目的地。一瞬间,我们都流露出难以置信的表情,然后叹着气,起身离席,整理好裤子,开始蹒跚着走过海滩。经过那些斜躺着的游客(他们带着好奇的目光),我们向着岩石露头前进,懊恼之情和临近死亡的感觉一路相随。

作为《星际迷航》(*Star Trek*)原版及新版的狂热粉丝,我曾经异想天开,把欧拉巨型地表想象成一个能量场的名字:它宽阔平坦,位于银河系某个遥远的角落,它的发现把我们对宇宙的认识向前推进了一大步。然而,实际情况却平淡无奇;但我是以最积极的方式来理解“平淡无奇”的。欧拉巨型地表是地球现存的最佳范例之一,令人叹为观止:曾经松软的海底硬化成岩石,很久以后,小动物们通过钻孔、挫磨、刮擦或其他方式使之消损。这些动物虽小却以数百万计,过程经年累月。因此,这块巨型地表与天体平面关系不大,它更多关乎时间之异常,带我们回到人类史前时期——没错,那个时期的传说里有原始怪兽,也有体形更小、生性勤劳的水下生物,后者能够撕裂坚硬的石头。

午餐后跋涉之旅的领队是古生物学家安娜·桑托斯(Ana Santos),她的博士论文就是关于欧拉巨型地表和附近一块相似的地表(地点在葡萄牙的福斯-达丰蒂地区)。我们当中事先阅读过实地指南章节的人回想起,桑托斯如何详细地记录了白垩纪石灰岩露头表面的遗迹化石。[5]我们还记得,这些痕迹是由中新世(约2000万年前)各种各样的海洋动物留下的。桑托斯确认的钻孔,其制造者有:海绵、多毛类(polychaete)蠕虫、另一种叫作星虫(sipunculids)的蠕虫、藤壶、海胆和蛤蜊。这个海底生物群体除了痕迹,几乎没有留下任何其他东西。

我们在崎岖的岩层露头上辛苦攀爬,约莫一个钟头后来到欧拉巨型地表。甫一抵达,我们就聆听到了桑托斯和她同事的讲解:这些海洋生物如何雕刻白垩纪石灰岩,并留下每种生物独特的钻孔。在她慷慨分享专业知识之时,我们屏住了呼吸,立即就意识到此地十分特别。同一地点能拥有全部这些遗迹化石,真是意想不到。我们俯身、蹲下、跪着,或是以其他姿势让自己更靠近这些雕刻,获取更多的信息。

审视如此复杂的地表,就像是在解读杰克逊·波洛克(Jackson Pollock)在其他画幅之上的再度创作,画面上数以千计的泼溅和笔画重重叠叠。人们若想了解它们的排列顺序,就得先分开它们。幸运的是,化石足迹学家受过良好的训练,善于解开这样的智力谜团。我们凝视着那些复杂的图案,几分钟后,单个遗迹化石就浮现出来,可以分辨出是哪种动物留下了痕迹。例如,海绵的钻孔很像微型霰弹枪射击留下的痕迹,由岩石上等距的小洞集群组成。多毛类蠕虫的钻孔位于地表表层,是浅显的U字形凹槽;而星虫的钻孔明显可辨,呈空心花瓶状的凹陷。藤壶钻孔的开口看起来很像小眼睛,半开半闭;还有些钻孔在一端更尖,呈眼泪状,就好似是从这些眼睛里流出来的。海胆的痕迹,要么是在一个地方向下刮擦所致的圆形凹坑;要么就是曲曲折折的凹槽——槽底有细微的锯齿状痕迹,暗示着海胆在坚硬表面上刮擦时是横向移动的。然而,最引人注目的痕迹是蛤蜊的钻孔。这些孔洞呈完美的圆形,轮廓分明,看起来就像是有人用坚固的钻头当天雕刻出来的。其中几个钻孔甚至还盛着“洞主”蛤蜊原来的贝壳,表明它们是在自己建造的房屋中死亡的。所有这些钻孔以各种方式重叠。它们纵横交错,告诉我们哪种动物活动在前,暗示着漫长且复杂的生物学历程。这块白垩纪石灰岩此前已经了无生气,一旦在中新世时期从海底坟墓里被“挖掘”出来,它就再次焕发生机。在它上面栖息的海洋动物可不在乎什么遗骸和海洋环境留下的痕迹,那都是在它们之前超过8000万年的旧事了。

那天对欧拉巨型地表的匆匆到访给我留下许多持久的教训和疑问。说实话,关于生物侵蚀(即生物对坚硬物质的腐蚀作用)以及现代和古代的钻孔,我当时都知之甚少。[6]承认这一点使我尴尬,因为自2010年起,我就在推特(Twitter)上用“Ichnologist”(化石足迹学家)作为用户名,来推广普及科学知识,还写了几本大部头的专著,探讨佐治亚海岸的现代痕迹、恐龙遗迹化石和穴居动物的自然历史。[7]桑托斯投入了大量精力研究欧拉的岩石露头,以深入理解钻孔和生物侵蚀;然而对于动物如何留下这些遗迹化石,以及它们分解岩石的动机何在,我却一无所知。这让我感到羞愧。所以,这些遗迹化石在我的意识里徘徊不去,困扰着我,督促我去了解更多。

为了弥补我在化石足迹学领域的不足,2019年5月——几乎整整三年之后——我重读了桑托斯和她同事关于欧拉巨型地表的研究文章。在认真研读了他们对钻孔的描述以及这些遗迹化石所阐明的地质历史之后,我不仅更好地理解了每种类型的遗迹化石和其创造者,还明白为何它们讲述了一个超过一亿年演化历程的复杂故事。

在白垩纪时期,这块石灰岩并不是岩石,而是一处泥沙混合的海

A

B

图1.1　位于葡萄牙南部的欧拉巨型地表保存着中新世海绵、蛤蜊、藤壶、海胆和蠕虫在白垩纪石灰岩上钻孔的遗迹化石。A:化石足迹学家们在石灰岩巨型表面漫步,背景是海滨小镇普拉亚-达欧拉。B:被生物侵蚀的表面。白垩纪石灰岩上有海胆留下的“水槽”,还有蛤蜊和其他动物刻凿的不同尺寸的孔洞;但生物侵蚀的时间是在8000万年后的中新世时期。刻度单位:厘米

床。它为种类繁多的动物提供了庇护所,例如穴居的小海虾、龙虾和海胆。它们独特的洞穴在沉积物中被保存下来。说起来,那是一个繁荣的海洋暖水群落,而大型海洋爬行动物——蛇颈龙、沧龙和海龟——还有鱼类和菊石就在其上方游动。随后,几百万年过去,这些沉积物被掩埋、胶结或以其他方式固化成了石灰岩,动物遗骸和它们曾经的洞穴都被保存了下来。然而,并非所有的石灰岩都能承受岁月的洗礼,因为这块岩石此后被侵蚀了8000万年有余。这就意味着6600万年前一次生物大灭绝的沉积记录被删除了——这次灭绝事件使得恐龙、蛇颈龙、沧龙、菊石等诸多生物灭绝。[8]仅仅在2000万年前,当某些猿类向我们智人这一谱系的方向演化时,海洋变化过程使这些岩石残余部分显露出来,有生物侵蚀行为的动物开始再次使其磨损。大约又过去500万年,另一轮"擦除行动"开始了——海绵、蠕虫、藤壶、海胆,还有"最初的石匠"蛤蜊的后裔搬进了这处旧街区,按照自己的喜好进行改造。

它是沉积作用、石化作用和生物磨蚀作用的地质学证据。最终,在今天我们称之为葡萄牙的地方,构造板块碰撞将其抬升到当今海平面以上。抬升作用使得欧拉海滩——欧拉巨型地表因此得名——沿岸的石灰岩层呈现出崎岖的暗礁和峭壁。此种抬升也是件幸事,因为它使得有巨石崇拜和化石崇拜的中新世猿类的亲戚(我们人类)更易于参观岩石露头,而无需借助近期才发明的潜水设备。最棒的是,这些岩石露头近旁的沙滩鼓励餐厅老板们建造露天甲板,能够容纳餐桌,上面摆满食物和饮料,就在化石足迹学家们亲自去了解这段历史之前,它们溜进了众人的肚子里。

这是我的一场古生物学后启蒙。尽管如此,我并不满足,那些悬而未决的问题萦绕我心,令人烦恼。例如:柔软者如海绵,钻孔排列形式为何会像霰弹枪射击留下的弹孔呢?同样,我曾以为的在石灰岩上钻孔的第一批动物,蠕虫并不位列其中。还有,我此前见过的藤壶只是简单地栖息在坚硬的表面上，并没有磨损表面或向深里钻洞。蛤蜊壳和石灰岩有着相同或相似的矿物组成成分，海胆外壳也一样，似乎这些动物能突破自身骨骼的物理限制，俨然完成了壮举。这些中新世无脊椎动物以钻孔、刮擦或其他方式破坏坚硬的岩石，它们是如何做到的呢？

问题仍在继续，范围超越了现今的葡萄牙。这种侵蚀岩石的行为可以追溯到多远的地质历史？从何时起，生命开始攻击其他坚硬的物质，例如贝壳、木材和骨头？这些“生物超能力”是如何演化的？植物和动物将矿物质或其他坚硬的组织纳入自己的身体，原因何在，又如何实现？还有，哪些证据可以证明演化中存在着“军备竞赛”，也即装甲防御和穿透性进攻之间的竞争？关于这些革新和其影响，我们有遗迹化石证据吗，无论是在濒死或已经死亡的个体情境下，还是在漫长的时间段中？作为一种过程，生物侵蚀如何影响整个环境，甚至全球气候呢？这些探究和其他问题引导着我更深入地挖掘（或者更确切地说是“钻探”）。我在寻求答案，而答案也会引发许多新的疑问，这促使我去更多地了解生物侵蚀，它是生命历史的一个重要方面。

生命之路艰难坎坷，然而当谈及演化，生命却能以钻孔克服万难。岩石、贝壳、木材和骨头都曾经是生物无法穿透的屏障，然而这种情况并没有持续很久，而且永不复焉。能把坚若磐石的物体分解成更小的碎片，或者可以穿透坚固的物质，具备这种能力的生物名单又长又引人注目。侵蚀者包括：细菌、真菌、地衣、海绵、蠕虫、蛤蜊、蜗牛、章鱼、藤壶、海胆、甲虫、蚂蚁、白蚁、鱼类、鳄鱼、鸟类、猴子，甚至还有大象。此外，有关钻孔和其他致密物质的消减，在今天，其过程和证据不仅存在于我们周围——从深海到山巅，从南极到北极——甚至也在我们体内。例如，细菌引起的蛀牙足以保证牙医不会失业。过去和现在的捕食者也有足够强壮的解剖结构，用来刺穿贝壳或折断骨头，表明钻孔行为可以是间接迂回的，也可以是强烈夸张的。树木几乎在演化伊始就受到了影响，有时候，看似不太可能的真菌和动物组成的联盟会引起树木侵蚀。侵蚀者多种多样，生物完成侵蚀壮举的方式亦各不相同，包括酸、毒、钻头、锉、肠道菌群、结实的牙齿、有力量的颌骨或其他身体属性和行为，来软化那些看似不可穿透的屏障。

在欧拉巨型地表推介的“演员阵容”，包括海绵、多毛类蠕虫、星虫、蛤蜊、藤壶和海胆，它们可能来自仅2000万—1500万年前，却体现出钻孔活动的源远流长。所有这些动物的演化谱系都能追溯到更早，远远超出了中新世，甚至早于白垩纪。比如，双壳纲贝类、多毛纲蠕虫、星虫和藤壶的化石记录显示，它们起源于5亿多年前的寒武纪时期，是一场动物生命高度多样化（俗称“寒武纪大爆发”）的副产物。[9]海胆也不甘落后，海胆纲动物——包括海胆和沙钱——早于奥陶纪晚期开始演化，距今约4.5亿年。[10]由这次及其他生物多样化产生的海洋动物（包括脊椎动物），后来适应了偏向陆地的环境。它们在那里也磨损着各种硬质基底，无论是岩石、贝壳、木材抑或骨头。

因此，中新世动物和其对应的现代物种，是那些比恐龙和大型海洋爬行动物存活得更久的动物之后裔；同时也说明，其祖先在之前另外四次生物大灭绝中幸存下来。这就意味着生物钻孔有着漫长的历史，同时留给我们无数成功的生物侵蚀者，让我们有幸在今天成为见证人。我特此承诺，本书接下来的大部分内容将会谈论这些生物侵蚀实体，解释它们的行为，以及它们如何改变世界，让读者略见一斑。

第二章

生命虽小，减损不少

现代社会鲜有声音像牙医的钻头全速旋转时发出的声音一样可怕。它那刺耳的尖音始于你的口腔之外，未见其恶，先闻其声。很快，一个警报进入你的脑中，它往复回旋，声音不断放大；其恶意满满，填塞着你脑海里所有或大或小的空间。随后，钻头接触到你牙齿的外表面。无论局部麻醉如何减轻牙齿和周围软组织的痛感，牙齿都会发出一种低频的深低音，吸收和传递着钻头的研磨震动，某些厄运暗暗地弥漫其间。

不幸的是，我曾经过于频繁地体验这些设备和其他牙科器具。对我而言，我在低收入家庭长大，是六个孩子中的一个。由于家庭人口多和经济贫困的综合影响，我父母可负担不起他们的孩子定期去看牙医。雪上加霜的是，我过多地食用了廉价高糖的谷物早餐——在20世纪60至70年代，这玩意（跟抽烟一样）司空见惯；而且在后来的四年大学和八年研究生院学习期间，我的收入微薄，没有牙科保险。于是不足为奇，我嘴里的“石头”变成生物侵蚀的人体实验场，不断地腐烂。钻牙、补牙、根管治疗、植牙、牙冠、牙桥以及其他修复手段，试图对抗我口腔里这场逐渐进行的缓慢消耗战。但是，损害是既成事实。幸运的是，在我存留的牙齿中，代表作者微笑的门齿和双尖牙受影响较小；然而，前磨牙和臼齿失衡等问题如今却影响且左右着我的咀嚼，我的右侧颌骨承担了大部分任务。由于食物是我此生一大乐趣来源,这时常都会提醒自己有过蛀牙。

因为贪吃一块75%可可含量的巧克力,我是否应该继续感到内疚呢?巧克力的诱惑提醒我,自己接受过天主教教育,然而内心的责任感却让位于更加邪恶的诱惑,随之而来的便是意识薄弱的沉溺。未必需要内疚,只因曾经的过失无法挽回。但我依然对蛀牙的原因感到好奇,因为仅仅将其归咎于贫穷和糖分似乎颇为简单了,不能解释牙齿完整性的丧失。作为科学家的我知道,为何我的牙齿会出现裂缝和孔洞,或以其他方式成为侵蚀降解的场所,背后的故事肯定更加复杂。

当检查细节时,你可能既惊讶又如释重负地发现:若论对蛀牙的直接作用,至少有一个罪犯——糖——可以被豁免。蔗糖等简单碳水化合物更像是帮凶,好比是待燃的木料堆,为真正损耗牙齿的细菌助力。牙齿逐渐被损耗,其背后的罪魁祸首是变异链球菌(*Streptococcus mutans*,简称*S. mutans*)。这是一种球形细菌,生活在我们所有人的口腔里。它和俗称"脓毒性咽喉炎"(即链球菌性咽炎)的致病链球菌来自同一个属。链球菌性咽炎是一种常见的引起咽喉疼痛的感染,我小时候也常常经历。[1]变异链球菌生活在缝隙之中,它是厌氧细菌,这也是它不需要氧气即可工作和繁殖的原因。蛀牙是如何发生的呢?变异链球菌消耗蔗糖,产生的废物形成了一层有机薄膜,即牙菌斑。[2]牙菌斑就像一块长绒地毯黏附在你的牙齿表面,让更多的细菌在其间藏身并繁殖,尤其是当牙齿主人没有用力刷牙和使用牙线清洁牙缝,或者没有那些时刻警惕的牙医帮助除掉牙菌斑的时候。还有,如果你给这些细菌提供更多的食物,比如葡萄糖和果糖这类发酵性碳水化合物,它们就会产生乳酸。乳酸对牙齿有害,会腐蚀牙齿,削弱牙齿原本坚硬、密实的固体结构。一旦给予足够的细菌、含糖食物、牙菌斑和时间,牙齿表面就会变薄、变弱。侵蚀首先表现为白色斑点,然后变成龋洞，通常呈棕色，年幼时我总是把它和即将发生的疼痛和口腔灾难联系在一起。

牙齿的主要成分是磷灰石，我从地质学课上得知，这是一种磷酸钙矿物，也是骨骼的组成成分。[3]那些骨骼包括椎骨，这就意味着除非能产生磷灰石，不然该动物就不是脊椎动物。比起有壳类无脊椎动物（如蛤蜊和蜗牛）的矿物组成成分，磷灰石更加牢固耐用。这些动物的壳由碳酸钙矿物组成，例如霰石和方解石，它们是石灰岩中最常见的成分。[4]尽管有些石灰岩足够坚固，人们用它们来做建筑物的地基和墙壁，然而组成石灰岩的矿物却比磷灰石更易受到酸的侵蚀。

如果你在大学里修读过地质学入门课，你可能会在课上多次使用酸液，因为你要做一个简单的测试，来鉴别霰石或方解石。在实验中，将稀释的盐酸溶液滴一两滴在一块神秘的矿物或岩石上，观察它是否会发出嘶嘶声。如果矿物中冒出气泡，恭喜你，你的碳酸钙揭秘派对就成功了：你的标本是霰石、方解石或是含有这些矿物的石灰岩。该化学反应生成的气泡代表着二氧化碳从化学物释放出来，与结合的钙离子分开。不过，根据我和学生相处的经验，他们也变得情绪激动，很快我就得想办法把试剂瓶从他们手里拿走，以防他们兴起之时把酸液喷到任何他们怀疑含有碳酸钙的东西上。

然而，有趣的是，同样是那些矿物或岩石的鉴定实验也和牙齿有点干系。如果我的学生将盐酸应用于磷灰石或其他磷酸盐矿物，甚至牙齿化石上时，什么都不会发生。在实验导论课上使用的另一种矿物鉴定测试——莫氏硬度标也表明：换另一种方式看，相对而言，磷灰石比霰石或方解石更坚硬。莫氏硬度标——得名于19世纪地质学家弗里德里希·莫斯（Friedrich Mohs）——将矿物从1级（最软）到10级（最硬）排列。该标准中的矿物范围从滑石到金刚石——滑石非常柔软，是婴儿爽身粉的主要成分；而金刚石是如此坚硬，“想要抢劫更多的钻石”，可以用它来切割玻璃*。[5]磷灰石的硬度是5，排在中间；而霰石和方解石的硬度仅为3。因此，磷灰石的硬度更高。牙齿中磷灰石的致密密度和其对大多数酸的抵抗力共同造就了强大的综合耐用特性。这些特质也有助于我们更好地理解为什么脊椎动物会演化出这些类型的牙齿，而不是由霰石、方解石或其他遇酸会冒泡的更软矿物组成的牙齿。

尽管如此，变异链球菌和类似的细菌却找到了一种方法，可以攻克这些矿物特征和自然选择的牙齿属性，以及我们所谓高度演化的口腔之中的特性。每天在数十亿人的嘴里，这些简单的单细胞有机体都在侵蚀，而且是持续强烈地侵蚀。它们用乳酸逐渐削弱矿物的抵御能力，就像那部片名过于直白的电影《异形》(*Alien*)中的外星生物，它们是流着酸性体液的单细胞版本。[6]尽管它们极其微小，这些微生物的累积影响却是巨大的——牙科疾病在所有人类健康问题中排名第三，仅次于心脏病和癌症。于是乎，每次我刷牙或用牙线清洁时，我都在思考自己如何才能打赢这场微观世界之战——那些生物体呈指数倍增，如果我们自行放松防御，尤其再多来点巧克力的话，它们可不会手下留情。

变成蓝绿色很容易：问问蓝菌门细菌(cyanobacteria)**就知道啦。尽管它们不会回答，但这些单细胞光合作用的幸存者和它们的痕迹历史久矣。其一，蓝细菌经历过地球历史上所有的生物大灭绝，却依然幸存。可你说，三叶虫——那些古生代海洋里长着关节腿的居民们呢？拜托，在绝迹之前，它们只存活了2.5亿年。菊石呢？那些很像乌贼的家伙们四处游弋超过3.5亿年，这么说它们确实还比三叶虫表现好一

---

* 英语中diamond既指“金刚石”，也有“钻石”之意。钻石原石是宝石级的金刚石，也可以说钻石是金刚石，但不是所有的金刚石都能称为钻石。这里是作者的幽默：为了抢劫值钱的钻石，可以用坚硬的金刚石破坏起保护作用的玻璃。——译者

** 简称蓝细菌，旧称蓝绿藻、蓝藻。——译者

点，但也灭绝了。恐龙又如何？依然是彻底的失败者。(好吧，除了鸟类，它们仍然占主导地位。)相比之下，蓝细菌一直在其环境里生活和繁衍，已经超过了35亿年。[7]在它们繁盛初期，蓝细菌甚至在浅海海域形成了巨大、层状、圆顶形的聚落，称为叠层石。这些抗波结构甚至可以称作最早的礁石，比珊瑚还要早30亿年。[8]在大约24亿年前，正是蓝细菌突然改变了地球大气成分，通过光合作用释放出足够的氧气，杀死了大量的厌氧微生物。[9]蓝细菌呼吸产生的新鲜空气最终带来适合动物演化的条件，其中包括那些认可蓝细菌给地球和其生命演化带来巨大贡献的动物。

蓝细菌到底是什么？当我作为一名本科一年级学生在修生物课时，我尽心尽力地学习并在考试时写道：这些微生物是“蓝绿色的藻类”。这个简单的定义后来被证明是错误的，就好比我说海牛是海胆一样错误。一旦梳理出蓝细菌和藻类的亲缘关系，生物学家就意识到前者来自一个更古老的谱系，是小型、相对简单的单细胞有机体，名为原核生物。[10]相比之下，藻类属于另一个分支(即演化上相关的类群)，相对较晚才加入光合作用的游戏当中。藻类、陆生植物和动物都是真核生物，这意味着它们由更大且更复杂的细胞组成。

蓝细菌——就像藻类和陆生植物一样——通过光合作用为自己制造养料。光合作用需要吸收二氧化碳和水，然后将这些分子重新合成单糖，例如葡萄糖。因此，通过为一些引起蛀牙的厌氧生物提供燃料，光合作用者竟也成了蛀牙供应链中的一环；但是，我们先别沿着归咎的滑坡谬误一路走下去。不管怎样，蓝细菌通常由单个细胞组成，但是也可以形成珠状纤丝和群落。[11]然而，蓝细菌的细胞终究有别于藻类和植物的细胞，因为它缺了点什么。像所有的原核生物一样，它们没有紧密包裹DNA的核膜，而是任由遗传物质以游离的方式分散在每个细胞内。

1967年,演化生物学家林恩·马古利斯(Lynn Margulis)提出:在过去数十亿年的某个时间里,某些蓝细菌和其他原核生物演化为更复杂的真核细胞的功能部分。[12]根据马古利斯的观点,这种共生导致了细胞器的形成。顾名思义,它们就像细胞内简化的器官一样。细胞器的例子包括植物中的叶绿体,它们利用阳光制造养料;还有动物体内的线粒体,它们将食物转化成能量。她和其他科学家将这个"细胞内的细胞"假说称为内共生(endosymbiosis)。一时间,某些生物学家嘲讽这个假说是推测性的哗众取宠。然而,后来随着多种证据不断地支持它,人们勉强认为该假说并非不可能。最终,内共生成为在生物学中可以得到的几乎最为确定的假设之一。[13]对许多人而言,起决定性作用的论据是,当微生物学家们发现现代蓝细菌竟然在真核细胞里定居,并为它们提供养分。[14]这就好比是微生物版本的警句:"这事儿我早告诉过你了。喏,给你早餐。"这个来自细胞内部的真相意味着:所有的现代藻类和陆生植物,其生计来源都归功于光合作用真正的发明者——蓝细菌。毫不奇怪,现代蓝细菌能够在几乎所有环境中繁盛发展,从海洋到陆地,它们只有一个主要需求:光。

蓝细菌中最令人惊讶的类型是那些可以侵蚀和降解石灰岩及其他固体物体(如蛤蜊、蜗牛和珊瑚)的蓝细菌。这些蓝细菌是石髓生(euendolithic)蓝细菌,与这个笨拙的词对应的希腊词根为eu + endo(意为"真的在里面")和lithos(意为"岩石")。[15]这些蓝细菌的总体效应是惊人的,凡是它们生活过的石灰岩,其表面和内部都留下了无数微小(直径小于10微米)且独特的孔洞集群或分岔的管道。在解释过这些有机体是何其微小和简单之后,仅仅是把"蓝细菌"和"侵蚀岩石"相提并论都会显得荒谬。如果考虑到释放氧气的生物往往会使其周围环境呈弱酸性,该前提就会更加可笑。诚然,蓝细菌确实没有微小的钻头、锉或其他工具,就算人类离开他们的显微镜,蓝细菌也不会迅速掏出它们开始

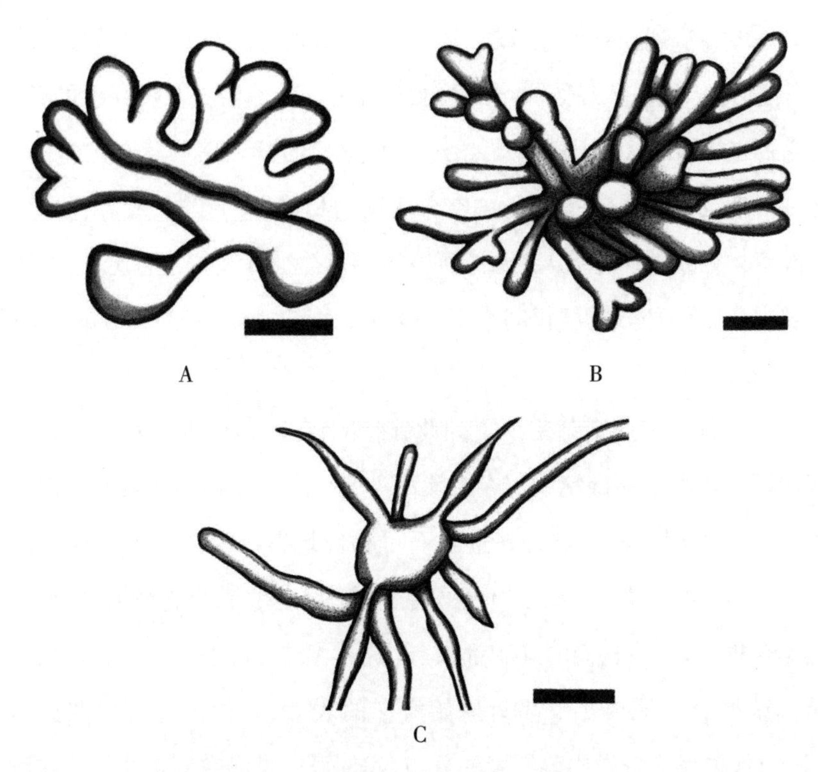

图2.1 蓝细菌、藻类和真菌的微钻孔以正浮雕形式呈现。A：来自奥地利新近纪，腹足纲软体动物贝壳上的化石钻孔，与现代蓝菌门蓝枝藻属（*Hyella*）钻孔的大小和形态相似；比例尺：10微米。B：来自法国始新世，双壳纲动物贝壳上的化石钻孔，与现代绿藻门伞藻属（*Acetabularia*）钻孔相似；比例尺：100微米。C：来自苏格兰，现代双壳纲动物贝壳上壶菌门*Conchyliastrum*属真菌的钻孔；比例尺：30微米。所有示例均根据格劳布（Glaub）等人的文章《微钻孔和石内生微生物》（Microborings and Microbial Endoliths）中的照片绘制

工作。所有这些生物化学上的奇怪现象都合情合理地引发出一个问题，用一个词来说就是："如何？"

答案就像蓝细菌一样，既简单又复杂。对蓝细菌侵入岩石的突破性研究之一是在2016年，当时布兰登·吉达（Brandon Guida）和费伦·加西亚-皮切尔（Ferran Garcia-Pichel）仔细研究了一种丝状的石髓生蓝细菌——贝生鞭鞘藻（*Mastigocoleus testarum*）。[16]他们研究贝生鞭鞘藻的

目的是想弄清楚:不借用酸或工具,这种生物如何在岩石里生活呢？简而言之,他们发现蓝细菌产生的酶能够分解和运输岩石及贝壳里的钙,在它们新开拓的微观家园里,给球状和丝状的蓝细菌群落腾出空间。这种活动的痕迹是一簇簇与中空分支网络相连接的孔洞,看着很像葡萄或植物根系的印记,但要比任何植物根系都小得多。作为比较,人类毛发中最细的部分宽度仅略小于20微米,而蓝细菌钻孔的宽度通常不足10微米。[17]

由于石髓生蓝细菌留下了如此独特的痕迹,地质学家和古生物学家使用扫描电子显微镜就能在古代海洋石灰岩和软体动物贝壳上识别出这些酶蚀刻。根据这种遗迹化石可相应地得出两个主要结论。第一,岩石或贝壳最初所处的环境位于海床,那里生活着蓝细菌,这个假定是合理的,即使它们的细胞都没有化石。第二,这些进行光合作用的蓝细菌栖息之地要足够靠近原始海洋的表面,以便阳光可以照到它们。[18]根据现代海洋中蓝细菌的分布,我们可以推测它们可能生活在浅海环境中,深度变化范围在不足1米到最深处约200米。另一方面,如此微小的痕迹永远都不可能是由蓝细菌在深海环境里形成。那个环境,就如同基于DC漫画改编的电影,太过黑暗,蓝细菌无法生存。

石髓生蓝细菌的化石记录可以追溯到至少15亿年前,表明第一批叠层石形成后仅20亿年,蓝细菌就适应了岩石基底。事实上,蓝细菌在15亿年之久的中国叠层石里留有钻孔记录,从建造过程转变为破坏过程。[19]自此,生物侵蚀者蓝细菌一直存在于浅海环境中,它们的遗迹化石可以反映出这种连续性。蓝细菌——无论是石髓生蓝细菌或是其他类型——最终从那些环境中移到地球表面任何有水、光照和土壤的地方。因此,这些极其成功的单细胞幸存者依然在大气循环中发挥作用,它们吸入空气中的二氧化碳,将其转化成氧气,这在全球范围内都具有重大意义。

不过，关于蓝细菌溶解岩石，有一个在地球化学上看似存在的矛盾之处：蓝细菌在全球浅海环境中侵蚀钙质矿物，其场景就像是有数十亿个盛着酸的小试剂瓶，在地质实验导论课上被热切的学子们挥舞着，这种集体行为难道不会释放出过多的二氧化碳，从而抵消蓝细菌自身的产氧量，乃至葬送其祖先和后代的努力吗？并不见得，尽管它们的生物侵蚀效应是显著的，而且已经日积月累。举例来说，研究二叠纪和三叠纪（约2.5亿至2亿年前）礁石化石的地质学家发现：在这些古老的礁石表面，蓝细菌钻孔覆盖率多达60%。[20]在对巴哈马群岛现代海洋环境里蓝细菌的研究表明，它们的侵蚀量数值高达每平方米210克。[21]将此结果乘以全球热带及亚热带浅海环境里石灰岩的裸露面积，这些微型光合作用器的整体效应就变得更加明显，令人惊叹。

蘑菇对我们而言是世界奇观，无论是因其漂亮的外表和颜色为人欣赏，还是被视为盘中美味，或者用以产生致幻体验，甚至是能造成几乎瞬间且痛苦的死亡。然而，蘑菇和其近缘物种可不只是为了我们人类才存在或消亡的，它们并不总是看上去像茎上生了个米色球茎，也非仅仅生活在森林里。只说真菌是多样化的，就好像在说碧昂斯（Beyoncé）能歌善舞一样。诚然，用“真菌”做个单词联想游戏，大多数人会反射性地脱口而出“蘑菇”。然而，真菌还包括酵母、霉菌、锈病菌，以及（我的最爱）黑粉菌，例如玉米黑粉菌。真菌涵盖范围之广，从单细胞实体到半透明的菌鞘，再到朽木上色彩艳丽的层孔菌，乃至地球上最大的真菌群落，启发了人们创作出“巨大无比的真菌就在我们中间”（humongous fungus among us）这样的顺口溜。[22]某些真菌还包裹住植物的根系，助其吸收磷、氮和其他有益于植物生长的元素，这些元素能使植物长得很好。这种共生关系已经持续了4亿多年。[23]和蓝细菌类似，真菌分布广泛；而与蓝细菌不同的是，真菌在黑暗中依然欣欣向荣。这就意味着，真菌可以拓殖到不同的环境，从洞穴到深海的沟壑，以及冰箱深处被人遗忘的剩菜剩饭。

对于那些最经常在超市购物时遇到蘑菇的人来说，你可能会惊讶地发现这些地方不会遵循正确的生物分类方案。例如，把蘑菇放在灯笼椒和西蓝花中间，还管它们叫"蔬菜"。这是不恰当的，就好比在一场晚宴上，安排班克西（Banksy）在弗里达·卡罗（Frida Kahlo）和迭戈·里维拉（Diego Rivera）中间就座*，然后介绍说他们三个人都是画家。你看，尽管大多数真菌在土壤中生活和生长，它们却不生产养料：它们消耗养料。蓝细菌、藻类、植物和其余利用光照、空气、水及其他营养物质生长的有机体，被称作光能自养生物（photoautotrophs，其中 photo 意为"光照"，auto 意为"自己"，而 troph 意为"养料"）。相反，真菌既靠活体也靠死体为食；因此，它们作为异养生物（heterotrophs，其中 hetero 意为"不同"）从多种来源里获取养料。这种阴暗潮湿且发霉的生活环境揭示了真菌和动物之间真正的深时关系。植物、动物和真菌的演化图表明，比起植物，后两者有着更近的共同先祖；真菌（fungi）和最终演化成"快乐真君"（fun guys）** 之物种的分化发生在大约10亿年前。[24] 简而言之，一个更了解演化论的超市，其员工应该把蘑菇放在肉类和海鲜的旁边。

尽管我们经常在陆地上与真菌互动，这些生物却起源于海洋；已知最古老的类真菌细胞实体化石在火山岩中发现，该火山岩于24亿年前

---

* 班克西，一位匿名的英国涂鸦艺术家。弗里达·卡罗（1907—1954），墨西哥女画家。迭戈·里维拉（1886—1957），墨西哥著名塞法迪犹太族画家，弗里达·卡罗的丈夫。——译者

** 原文分别是fungi和fun guys，作者利用两个词在拼写和读音上的接近，玩了一个文字游戏。另外，蘑菇（真菌）有致幻作用，近年来有学者发现肠道真菌深刻影响人类宿主的神经免疫调节[参见 Fungi make fun guys (Gaffen & Biswas, 2022)]。故将fun guys译为"快乐真君"，借真菌的谐音"真君"指代人类自己。——译者

形成于海洋环境。[25]其他化石表明，在大约6.35亿年前，真菌到达陆地环境；[26]至泥盆纪时期，它们已经形成了巨大的群落，古生物学家们起初还误以为是树木。[27]然而，海洋真菌一直存续到今天，从深海到潮间带，有超过400个已记录的物种栖息在海洋生境里。而且，如果你认为这已经显得真菌适应力超强了，那更令人惊叹的还在后头——它们能在极端环境下生活，从海底热泉的过热水里，到被酸矿排污系统污染了的航道中。[28]因此，在鲜有其他生物生存的地方，它们的钻孔有时就成了唯一的生命指征。同时，生活在海里的一些物种成功地演化出分解岩石、贝壳和其他坚硬物质的能力。在减损基底方面，真菌同样不会差别对待，把各种各样的岩石——花岗岩、玄武岩、砂岩、石灰岩、大理岩和片麻岩——都放进自己的待侵蚀清单里。因此，如果有人有意将手游“石头，剪刀，布”修改为“石头，剪刀，真菌”，我希望这些信息对于弄清正确的克制关系会大有帮助。

和蓝细菌类似，这些软体生命通过物理过程和化学过程的紧密结合，在坚硬的物质上留下其痕迹。生物侵蚀的真菌在岩石内部生长，要么栖息在既有的岩石缝隙里，要么自行开发居所。提到后者，真菌将细丝（即菌丝）送入岩石孔洞或其他裂隙之中，之后菌丝扩张，并向坚硬的周边环境施加压力。[29]在珊瑚、蛤蜊、蜗牛或其他无脊椎动物的碳酸钙骨骼中，真菌可能还会分泌酶来增加物理压力。酶可以分解那些骨骼上残存的蛋白质，为真菌提供养分。

尽管许多海洋真菌钻孔和蓝细菌钻孔有着同样的微观尺寸范围，它们的形态却大相径庭，足以将真菌和与之有某些相似点但进行光合作用的蓝细菌区别开来。首先，真菌菌丝会形成薄的细丝状管道，通常沿其长度扩展——非常像某些人的情绪*——从细到粗，又由粗变回

* 这里又是作者的文字游戏。原文是fine和swell，形容情绪时分别有“好”和“高涨”之意，形容物体体积时分别有“细”和“膨胀、变粗”之意。——译者

细。有些膨胀之处连接着更厚的管道,任何真菌的孢子都可以从这里释放出去,任由下一代真菌拓殖新的疆土。对比之,蓝细菌和藻类在穿过坚硬基底时,其通道则倾向于保持同样的直径。还有,真菌菌丝往往会分叉,在那些分支的末端逐渐变细;而蓝细菌就不会这样做。也许最为重要的是,真菌钻孔不仅仅破坏贝壳,它们还破坏规律:它们的菌丝会穿过蛤蜊或其他无脊椎动物内部的壳质层,而蓝细菌和藻类则遵循更容易的路径。[30]

那么,为什么化石足迹学家、古生物学家或地质学家要努力去了解蓝细菌和藻类钻孔与真菌钻孔之间的区别呢?因为它们最初所处的海洋环境不同,就像是白昼和黑夜有所分别。也即,蓝细菌和藻类的钻孔是光合作用生物的杰作,它们需要阳光;而真菌则不需要。因此,我们假设一名古生物学家发现了蛤蜊化石,在高倍显微镜下仔细地研究它们,并在其贝壳上发现大量的微小钻孔,她识别出这些钻孔是由蓝细菌和藻类造成的。相应地,这些遗迹化石就会告诉她:这些贝壳曾经在浅海环境沐浴着阳光。或者,如果这些是丝毫不见光合作用器痕迹的真菌钻孔,这就会告诉她:这些蛤蜊壳曾经栖息在深海环境里,也许是水下数百米或数千米,阳光照不到的地方。[31]当这两种痕迹在贝壳中混合,真菌钻孔贯穿着蓝细菌钻孔,就可能会讲述一个更有趣的故事。由于真菌可以生活在浅海和深海,贝壳就可能是先在浅海水域“躺平”,但随后被水流从浅海移至深海,让真菌侵蚀者在深海完成作业。

的确,这类假定情境在现实中还确有其例,因为这正是化石足迹学家在解释古代海洋环境时所做的侦探工作。一旦给定大量具有微型钻孔的岩石和实体化石,这些科学家就能够辨别出它们来自何种特定的海洋环境——从昔日的海岸到深渊。[32]这些微小的遗迹化石有着独特的排列组合,因此成了地质学家的指南。他们试图解释地球的历史,应用这些微型的线索来了解行星的变化。

对地衣而言，共生是一种生活方式，任何地衣的构成都需要藻类和真菌结合在一起。地衣群落，其“藻类”那部分可能来自蓝细菌（蓝细菌不是藻类，此前我们就知道了）或绿藻。[33]然而，这些光合作用生物通常是被俘状态，并为真菌所用。如果你觉得这听起来像是典型的异养行为，那你想得没错。事实上，在这种不平衡的关系中，真菌保护蓝细菌或藻类不被其他异养生物（例如动物）吃掉，但这也意味着真菌至少消耗了部分的蓝细菌或藻类。当你切开地衣，在显微镜下观察它的横截面，这种共生关系就一目了然。你能看见，地衣就好比口袋面包（或皮塔饼，又称阿拉伯薄面包），它有：坚韧的真菌外层（皮层）充当上层和下层的“面包”；上层的蓝细菌或藻类（藻胞层）作为“生菜”；下层的真菌细丝（髓丝层）作为“肉”（或“鹰嘴豆泥蔬菜球”，全看你的喜好）。[34]

地衣斑块色彩斑斓，图案百变，它们存在于几乎每个沐浴着充足阳光的陆地环境里，包括极地地区的陆地环境。例如，尽管今天的南极洲缺少本土植物群，南极岩石却未被冰雪或企鹅的排泄物覆盖，而是装饰着大片绿色、黄色和橙色的地衣，惊人地美丽。确实，地衣极其耐寒，且适应性强，有些地衣甚至是地球上最古老的生物之一。有一些活生生的例子，比如北极地区的地图地衣（*Rhizocarpon geographicum*），该物种已有数千年的历史。[35]

大多数喜欢在森林里漫步的人都会熟知，地衣在树上和土壤中繁盛生长，也包括在岩石上——它们被称为岩生地衣。基于此点，岩生地衣又按照生活方式有所划分。例如，它们是栖息在岩石**表面**，还是在岩石**内部**？如果是前者，它们称作石表生地衣；假如是后者，就称作石内生地衣；但当然还有些地衣两者兼而有之。石表生地衣可以通过形态进一步分类。这些形态由地衣体来表现，即主要的真菌体结构，内部包含藻类或蓝细菌。它们会形成低矮的硬壳吗？那么，它们就是壳状地衣。它们是否形成半球体呢——就是在饥饿之人或摄取了有致幻作用的非共生真菌之人看来,会觉得有点像水果?如果是,它们就是果状地衣。它们会像叶片或书页一样层层叠叠吗?这种地衣就叫作叶状地衣。[36]石内生地衣包括:石隐生地衣,它们藏在洞穴和岩石内其他开放空间中;石隙生地衣,它们潜入裂缝之中;石髓生地衣,它们会主动穿透岩石。[37]此前,谁又能知道地衣有着如此多变的形态,有着这么多样的生活方式呢?噢,化学足迹学家们早就知道;但是现在,你也知道了。

地衣的影响既有物理作用,又有化学作用,也即它们机械性地分解岩石,同时溶解岩石。一方面,一些地衣的下皮层密布着真菌菌丝,菌丝形成了根状延伸(假根),使地衣锚定在岩石或其他坚固物的表面上。[38]其他菌丝也可能侵入并拓宽沙砾、裂缝甚至矿物劈裂面之间的

图2.2　在美国佐治亚州卡温顿附近,一块富含二氧化硅的变质岩巨石遭受多个世代和物种的岩生(即以岩石为栖息地)地衣的侵蚀。在同一表面,裸露的斑块和点蚀(或凹坑)由此前的地衣侵蚀所致

空间。在更大尺度上,地衣体会响应大气湿度变化而收缩或膨胀:大气越湿,地衣体越大;反之,大气越干燥,地衣体越小。同样,地衣坚硬的外壳使它们能够生活在北极和南极的环境中,这也就意味着它们能经受冻融循环。因此,它们又一次收缩和扩张,对其居住的岩石施加压力。不管怎样,菌丝也会让水更容易地流进岩石,在极冷的条件下导致内部结冰。由于水结成冰后要膨胀,它会向外推挤,以另一种方式去削弱“岩石居所”。在某些情况下,地衣将矿物碎片包裹,纳入地衣体之中,并把这些游离的部分从岩石上拉下来。[39]从这个意义上看,地衣不仅使岩石风化,还在侵蚀它们,将零零碎碎的物质搬离其原始位置。

在裂缝和其他空间里,地衣和其他微生物群引起的化学反应可以直接导致盐晶体的形成和生长。[40]就像冰楔子一样,这种晶体生长也扩大了那些空间。然而,地衣产生的酸对岩石有着最直接的化学影响。在地衣进行光合作用那部分产生氧气的同时,真菌部分产生二氧化碳。在岩石内部及表面,当这种气体与水分结合,就形成了碳酸,和碳酸饮料里的酸是同一种。[41]尽管碳酸的作用相对微弱,但地衣还释放有机酸来增强其酸性,例如草酸(常使人联想到被纸张割伤时的刺痛感),还有柠檬汁里也含有的柠檬酸。这种作用能分解矿物质、沉积物和地层,同时引发化学变化,从而磨损岩石的表面。

古生物学家已经记录了地衣遗骸的实体化石,但据我所知,其遗迹化石至今尚无记录。我们又如何区分地衣痕迹和真菌自行作用或物理及化学风化作用的痕迹呢?这真是个好问题,把古生物学家问住了。但我们仍然可以把握十足地推断:只要地衣曾经栖息在岩石上,它们就会降解那些岩石。

如果有一天,我坐到牙科手术椅上再进行一次根管治疗,至少自己能转移一下注意力,仔细研究其他简单的生命形式——它们正在摧毁坚固的防御、建筑和地基,这些都远比我的牙齿宏伟得多。团结就是力量,尤其是当数万亿微小的有机体每天在各个角落行动时。通过它们的协同努力,厌氧细菌、蓝细菌、真菌、地衣和其他看似低级的生命对岩石的破坏作用产生了累积效应,从而影响了我们整个星球的呼吸,进而影响所有与这一循环和呼吸紧密相联的生命的整体福祉。

在海洋中,从深海到潮间带,蓝细菌和真菌正在积极地对岩石、无脊椎动物和脊椎动物的骨骼残骸进行着生物侵蚀。地衣在陆地上工作,从海岸线到山脉,它们剥落岩石表面。不与藻类共生的陆生真菌,却在减损一事上和藻类不谋而合,大规模地消减景观外观,揭示了永恒只是一种错觉。这种极小的生物侵蚀,其主要影响在于将如此坚硬的材质转变成自身的小颗粒版本,或使其彻底解体,原子重新分配组合。这就是为什么由细菌、蓝细菌、真菌和地衣引起的生物侵蚀,事实上有助于形成更大的图景,也即它们对岩石循环的沉积部分有其贡献。

在大约40亿年前,地球从早期熔融状态和陨石撞击中开始冷却下来,岩石循环——即地球物质的转化和再利用——从那时起就以各种形式存在了。[42]并非巧合的是,这一冷却过程导致了早期板块构造的形成,坚硬的岩石圈板块位于高温、塑性流动的软流圈之上。[43]板块构造开始后不久,液态岩浆涌入早期地球表面,或在地表下冷却,形成了岩浆岩(又名火成岩);水在即将成为海洋盆地的地方积累。就是在这里,水和其他化学物质开始风化和侵蚀岩石,移走松散碎片作为沉积物,或是将元素和化合物溶解,并与新近形成的大气层相互作用。[44]在这些水域及其下方,沉积物相互结合,形成了沉积岩。在板块构造历史后期,岩浆岩和沉积岩被加热到快要融化的程度,或者因板块撞击受到了巨大压力,生成了变质岩。尽管在接下来的40亿年间,陨石和其他火流星不断撞击地球,然而比起地球上已有的以及已经在循环的物质和能量,这些来自天外的物质和能量"捐赠"微乎其微。[45]

地球历史上又一重大发展也发生在这些原始板块之间的分界处，这里既是制作原始汤的厨房，也为原始汤提供了配方。尽管生物学家曾经认为生命诞生于浅海，由闪电激发，但他们现在猜想，原始原核生物形成于由早期板块构造生成的深海热泉。[46]这些原核生物随后演化成厌氧细菌和蓝细菌，最终演化成包括真菌在内的真核生物。这些演化分支上的物种已经适应了越来越常见的硬质基底，在自然选择的作用下，有些物种甚至能从岩石中汲取营养。纵观地球历史最初的几十亿年，随着各大洲从岩石循环中诞生，陆地环境呼之欲出，给蓝细菌、藻类、真菌及其他微生物的新类群提供了免费的"房产"。在陆地生命史的早期，一些蓝细菌、藻类和真菌覆盖了这些起初贫瘠的地带，为淡水和陆地生态系统提供了最初的基础——我们今天视之为理所应当之物。[47]生命在陆地定殖不过几百万年，从基岩释放出来的沉积物残留在流水的下行运动中搭便车，大多数都流进了海洋，但也有一些沉积在陆地盆地中。一旦生物侵蚀已经成规模地演化，从微小到巨大，岩石循环就发生了改变。这样一来，地质学就变得和生物学没有分别，反之亦然。

然后是气候。在大约35亿年前的太古宙，随着蓝细菌的出现，至大约24亿年前，地球大气层缓慢地从还原性（厌氧）转变为氧化性（需氧）。[48]此外，在整个新开放的海洋盆地中，一旦这些蓝细菌和绿藻扩散至浅海的岩石表面，它们就会分解岩石，同时吸入更多的二氧化碳，排出更多的氧气。而在浅水和深水中，海洋真菌则采取着相反的行动：它们在硬质基底上钻孔时，消耗氧气，释放二氧化碳。当地衣在陆地上首次演化时，它们不仅产生二氧化碳和氧气，还通过对景观的风化作用影响了大气，吸收了更多的二氧化碳。总体而言，这些生物侵蚀者改变了世界，同时对气候产生了重大影响。

特别地，通过生物侵蚀和其他生物过程，随着温室气体急剧减少，地球降温了，并且在相当长的时期内保持着凉爽。元古宙这段横跨2亿年的时期被赋予了一个令人难忘的昵称：雪球地球(Snowball Earth)。在此时期，多细胞生物蛰伏其中，直到一场解冻给予更佳条件，使真核生物得以组织形成动物。这些动物迁移到基底之上或之内，并从有机物(也包括彼此)中汲取营养。[49]时间快进到今天，我们面临着一场多维度、累积性的灾难——由人类亲手制造的全球气候变化。随着大气温度和海洋温度的升高，以及过量的二氧化碳导致海洋酸度变强，石内生真菌的数量将增加。在海洋生态系统里，它们将比进行光合作用(同时产氧)的竞争对手更占优势。[50]这种真菌数量爆发将会产生更多的二氧化碳，增加全球温度和气候变化的整体影响。

因此，所有这些微生物和低海拔处的生物侵蚀促成了一场安静的革命。这场革命没有咀嚼的嘎吱声、碎裂之声、刺耳的刮擦声，也没有其他通常与固体介质破裂联系在一起的拟声词。蓝细菌、藻类、真菌和地衣破坏着岩石，通过累积效应，地球表面已经发生了不可逆转的改变。并且，改变将会继续，在人类消失很久之后都不会停止。对于今天一切生命而言，小小的生物侵蚀者却关系重大，无论它栖息于何地，是在我们的口腔里，抑或在群山之间。

第三章

岩石，你的名字叫作泥

石鳖超酷的。想象一下当大学生们第一次见到石鳖时那万分激动的心情，他们在海岸露岩之上发出一片狂喜之声。就是在这儿，他们在岩石表面发现了这些看似静止不动、相貌原始的动物。岩石已被它们和其祖先，还有其他从岩石汲取营养的动物所侵蚀。乍看之下，这些扁平、椭圆形且分段的动物令人联想起灭绝已久的三叶虫。但是，三叶虫有腿、眼睛和触角，而这些石鳖却都没有。此外，三叶虫的身体可以横向分成三部分：轮廓清晰的头部、中间主体部分和尾部。它也可以纵向分为三部分，或称“叶”（因此其名为“三叶虫”）。[1]最为不幸的是，三叶虫在大约2.5亿年前已经灭绝了。因此，若我的学生中有谁兴奋地脱口而出“那是只三叶虫啊”，我的第一个反应会是“要真是就好了”；紧接着我用一系列提问，将他们引向另一条路径，一个与关节附肢无关而与“无足”动物有关的方向。最终，他们会得出如下结论：这些超级神秘的动物是软体动物，和螺、蛤蜊、章鱼以及该谱系其他生物有亲缘关系。

石鳖有八块覆瓦状排列的壳板（贝壳），成分是矿物质霰石；壳板周围有一圈环带，成分同为矿物质霰石；需要时，壳板也可以容石鳖卷起来。[2]这些壳板上覆有有机物薄层，能显示颜色。一些石鳖暗淡无光，而另一些则色彩斑驳得惊人，鲜艳明亮，几近炫耀。它们的尺寸范围，小到不及成年人手指的宽度，大到庞大的橡胶靴石鳖（*Cryptochiton stelleri*)，其长度堪比人的一只前臂（35厘米），同时重量将近2千克。[3] 橡胶靴石鳖常见于北太平洋岩石海岸，它赢得这个"任何天气都能穿的鞋子"之诨名，源自它"橡胶状"的外表：坚韧、略带紫色的肉质覆盖着所有八块壳板。

石鳖属于一个发音独特的分支群（或称演化支，即在演化上相关的类群），名为多板纲（Polyplacophora）；并且，它们那原始的外貌实际上与其演化历史相匹配。正如此前提到的，它们是软体动物，但很可能在5亿多年前就和其较为亲近的物种分化了，例如腹足纲动物（螺）、双壳纲动物（蛤蜊）以及头足纲动物（章鱼、乌贼等）。[4] 今天，石鳖的代表性物种有近1000种，还有约400种化石物种。石鳖分布在世界各地，但主要生活在热带地区浅海至潮间带的海洋环境里。然而，也有一些石鳖适应了较冷地区，例如阿拉斯加州；有些石鳖甚至栖息在深海环境里。所有的石鳖都是海洋动物，尽管有些能忍受在潮汐间离开水面，但没有一种石鳖是陆生动物。这就意味着，你不应该指望着看见石鳖刮掉人行道、露台或建筑物外部上的藻类。

学生们好奇心十足，试着把石鳖从它们待着的岩石上拿起来，但立刻就感受到其生活方式的一个特点：静止不动，即它们是不可移动的。石鳖黏附在它们栖息的岩石上，如此紧密，无论我的学生还是我自己都不能撬动它们，除非借用刀具，但我绝对禁止这样做。另外，真正要看见石鳖移动也是对耐心的一种训练，那是典型的冥想练习。所以，与其毫无结果地谋求或坚定地观察，我索性告诉学生们：在石鳖的装甲外壳之下是柔软的身体，还包括一个和螺类似的肉足。其他柔软的部分包括：充当眼睛的微小光感受器、鳃、消化道、神经系统、生殖系统以及可供其终生所需和将基因传递给后代的其他部件。[5] 然而，这些解剖结构中却有一个不那么柔软——石鳖的锉状齿舌，可以作为刮磨的工具，其成分不仅包括霰石，也包括磁铁矿石中的铁元素。齿舌中含有铁元素，有助于石鳖更好地从岩石表面刮擦掉藻类或硬壳动物。石鳖在移动的同时摄取和消化食物。[6]当然啦，千好万好总有终了。所以，就在一个学生找到一只石鳖后不久，我们讨论了它几分钟，我把最有影响力的观点留待最后，指着每只石鳖身后那一堆满是泥浆的小粪球说："瞧见了吗？那是石鳖的大便。"

我每两年带学生去一次巴哈马群岛的圣萨尔瓦多岛进行野外实习，都会目睹他们因多板纲动物生发的喜悦之情。巴哈马人称圣萨尔瓦多岛是"外围岛屿"之一，因其位于群岛的东南端，高踞于它自己那极小的浅海平台之上，同时被深渊包围。[7]这种地理上的隔离，意味着从位于佐治亚州亚特兰大的我们大学的总部出发到圣萨尔瓦多岛，旅程通常需要一天多的时间。大多数人前往圣萨尔瓦多岛，目的是待在那里的豪华度假村。在那儿，他们往白沙滩上一躺，欣赏着松绿天蓝的海水；不然，就是做一些非科学家们所说的"休闲放松"。尽管如此，每年圣萨尔瓦多岛都会迎来超过1000人到访那里的格雷斯研究中心(GRC)，一个虽不甚豪华却始终令人惬意的地方。GRC得名于一位科学家——唐·格雷斯(Don Gerace)，50多年前，他以1美元的价格租下了一处前美国海军潜艇监听基地，将之改造成日后世界知名的科学野外实验站。[8]从那时起，它接待了一代又一代的生物学家和地质学家，其中很多人将课堂搬到圣萨尔瓦多岛，以便学生们能够直接从现代和古代的环境里学习知识，了解各自对应的生物群。

GRC之旅每两年一次，通常在首日，我和另一名指导教师带领学生集合，步行10分钟，抵达区域东部一处灰白色、起伏的岩石山脊。无论在一年当中什么时候，强劲的海浪都猛烈冲击着山脊的东侧。这种巨大的作用时时刻刻都在发生，日复一日，这暗示着它至少在一定程度上成就了我们脚下那参差不齐的海岸线。我们欣赏着沿海沙丘的内部分层特征，还有昔日定居生物留下的化石洞穴，它们揭示的真相令人惊叹不已;[9]同时,我们也驻足仔细查看岩相潮间带,现代过程在此处抹去了地质历史最近时期的证据。在那里我们发现,蛮力并不是磨损这些岩石的唯一因素;实际上,石鳖以及其软体动物门的同胞腹足纲动物,它们那种缓慢、不可阻挡的侵蚀才应该负主要责任。

圣萨尔瓦多岛上的石鳖是西印度毛石鳖(*Acanthopleura granulata*)。名称里有个"毛"字,是因为其环带上短短的突出物令人想起了流苏边。[10]它们呈暗淡的灰色至棕色,长度约7厘米,轻易就能和所栖居的岩石融为一体。这些软体动物位于潮间带的上部,就在飞沫区之上或之内——飞沫区也提供了意外的野外实习课洗礼。和石鳖一道刮擦石灰岩的还有螺,名为蜑螺(或称蜒螺)和玉黍螺。蜑螺色彩鲜艳,体形圆润;而玉黍螺颜色更加柔和,尖尖的,沿着其螺旋线生有结节。这两种螺的体积尺寸,小可似豌豆,大如同大理石。在这些海螺中,有四齿蜑螺(*Nerita versicolor*),血齿蜑螺(*Nerita peloronta*),常见的结瘤玉黍螺(*Echinolittorina tuberculate*),还有珠环玉黍螺(*Cenchritis muricatus*)。[11]与石鳖不同,它们较少固定在岩石上,可以拾起来更仔细地研究,再把它们放回家园,不会造成任何伤害。它们的不同还在于缺少磁铁矿物质;因此,其齿舌的坚硬程度堪比其栖居的岩石,它们正是通过这样的齿舌来刮擦藻类。

这些其他小型的生物侵蚀者会给巴哈马海岸线造成多大的危害呢?安德罗斯岛是巴哈马群岛最大的岛屿,在一项针对该岛岩石海岸线的研究中,岩石生物侵蚀速率约为每平方米岩石每年2毫米、每年3千克。[12]这些侵蚀速率仅仅归因于几种无脊椎动物,包括此前备受赞誉的石鳖和蜑螺,还有帽贝(似乎忘记将螺壳旋转的海螺)、海绵和藤壶。和所有的动物一样,石鳖、蜑螺和玉黍螺不只是吃,它们还要拉。通过这些搭配成对的生物过程——进食和排泄——而且是数百万个体在行动,借由齿舌的辅助,它们的刮擦削减了巴哈马岩石海岸线,同时也向近海区域增添泥土。当我们在圣萨尔瓦多岛周边海域浮潜时，天蓝色的海水迷人有趣，尽管我没有告诉我的学生们以上那些，但他们很可能就正在游过那些细微的废物颗粒，那是软体动物和其他无脊椎动物排泄出来的。

那么，让我们思考一下，在世界各地的浅海里生活着许多无脊椎动物，它们将固体变成悬浮物，把岩石化作泥浆；同时，我们也想知道，从何时起这些动物开始进行这样的变化活动。基于此，我们可以思考：由于全球气候导致海洋变化，在不远的将来，这些进行生物侵蚀的海洋无脊椎动物将要如何度日？谁会遭殃，谁又会繁盛？又或者，它们中的一些对此置若罔闻，接着“钻”就是了。

无论有多么难以相信，岩石并非海洋动物唯一的营养来源，它们也不总是横跨岩石去勉强凑够三餐。关于动物在任意的表面刮擦，最古老的线索是来自埃迪卡拉纪时期（至今约6.3亿年至5.42亿年）的遗迹化石，在距今略多于5.5亿年的岩层中发现。这些遗迹化石包括在化石微生物垫（也称为生物垫）上一系列平行和垂直的划痕。微生物垫生长在埃迪卡拉纪时期的海底，很可能含有蓝细菌和其他光合微生物。[13]这些划痕暗示着，动物不只是坐在家中，等着洋流送来悬浮的有机物美味，那恰恰是悬浮物摄食者的做派。相反，这些遗迹化石的制造者有勇气自行捕捉食物，并且它们也具备合适的身体这样做——身体上生有类似齿舌的物件。

然而，在描述这些遗迹化石之前，古生物学家们就已经对实体化石进行鉴定和命名了。他们稍后确认这个被指控的“划痕肇事者”是金伯拉虫（*Kimberella*）。这个奇特的化石最先在澳大利亚南部的埃迪卡拉纪岩石中被识别，随后在俄罗斯白海沿岸和伊朗中部同时期的岩石中也有发现；它曾一度被认为是罕见稀有的，但最终却发现了成千上万份标

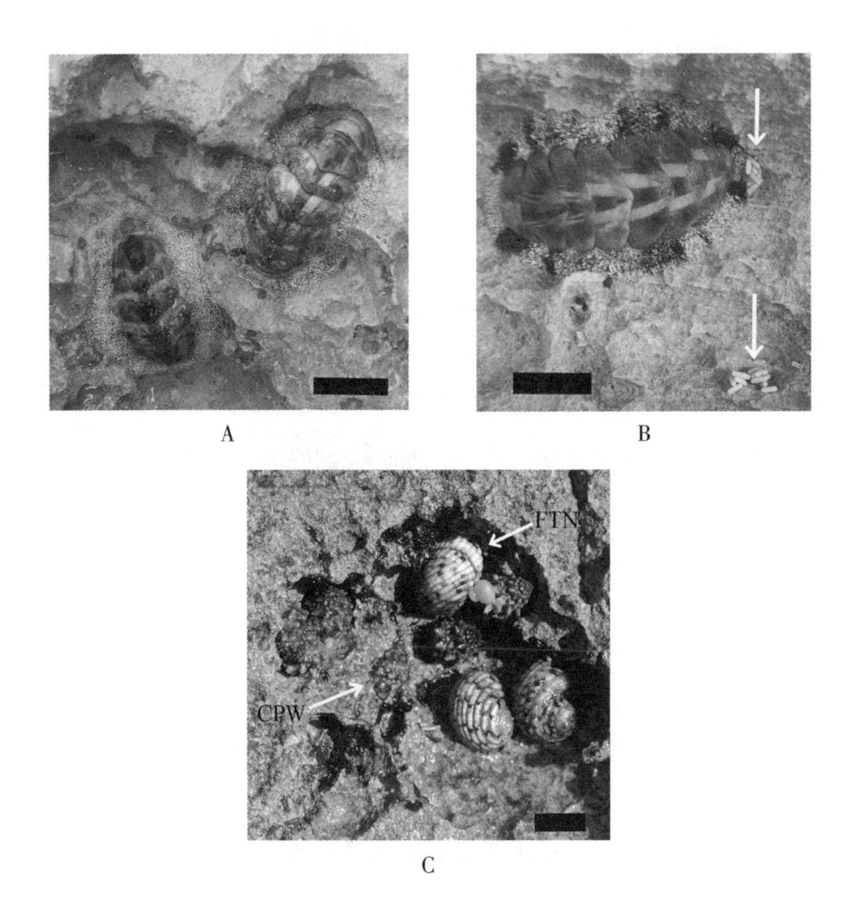

图3.1 石鳖和腹足纲动物对巴哈马群岛的圣萨尔瓦多岛沿海石灰岩进行生物侵蚀。A：西印度毛石鳖生活在岩相潮间带环境里。B：现场观察到西印度毛石鳖通过排泄粪便颗粒（箭头所指）将石灰石转化成泥浆。C：四齿蜑螺（FTN）和常见的结瘤玉黍螺（CPW）正在侵蚀岩石表面。比例尺：1厘米（适用于全部图片）

本。[14]表面上看，金伯拉虫特别像石鳖，因为它也同样是低剖面，其大小和石鳖的尺寸范围有所重合，具椭圆形轮廓，并且生有一圈环带。但是，如果你更仔细地观察，就可见它的解剖结构和石鳖有着天壤之别。在这些差异之中，最突出的是它明显缺少坚硬的部分和明确的分段。首先，金伯拉虫的背部没有八块紧密排列的壳板，只有一层贝壳状的覆盖物，质地坚硬却有弹性，更像是一个塑料涂层，而非装甲防护。在这层覆盖物之下，是一连串的带状物，可以理解成肌肉系统，它们能推动金伯拉虫贴着海底移动，就像是一条被严重压扁了的蛞蝓。[15]然而，这些化石还缺少一个重要部分：齿舌。它的缺失并不一定意味着金伯拉虫没有这种解剖结构；因为就像有些现代软体动物，其齿舌由有机物组成，是不可能在5亿年之久的化石中保存下来的。对古生物学家而言，金伯拉虫何以从令人抓破头皮也难解的化石，变成了埃迪卡拉纪时期抓破生物垫的"肇事者"呢？这是由于它们的身体残骸和成束的线性凹槽有着最直接的关联。[16]实体化石和遗迹化石结合在一处很是罕见，这显示着金伯拉虫彼时正在进食，而且它的进食方式和一些现代软体动物(例如石鳖和腹足纲动物)如出一辙。化石足迹学家甚至大胆地给金伯拉虫的遗迹化石划分了一个遗迹属(学名)*Kimberichnus*，用以描述它的抓痕图案，和那些外观相似但来自腹足纲动物和石鳖的遗迹化石区分开，而后者被归为另一个遗迹属：*Radulichnus*。[17]

尽管如此，在我们盛赞金伯拉虫是动物所致之生物侵蚀界的"老祖母"之前，我们应该提及：生物垫可能曾经很结实，但并不坚硬。可以认为这些席基底更像是玻璃纸，而非玻璃纤维。它们是有柔韧性的覆盖物，如果施加剪切力或来自上方的压力，则极易起皱。沉积物位于这些覆盖物之下，阻隔着富含氧气的海水，导致其下是一个低氧(缺氧)的环境，禁止任何埃迪卡拉纪时期的动物进入——所有这些动物都需要氧气才能存活。[18]因此，生物垫的厚度和密度就成了阻止动物擅闯下面禁区的因素。然而，一旦动物切实地突破了生物垫，通往地下世界的大门猛然间被打开，动物们便开始探索这些此前缺氧的沉积物层，同时灌入氧气。这就导致厌氧生物在灭绝之前，发出它们微生物版本的宣言："国将不国矣！"至埃迪卡拉纪晚期，对海底沉积物层的搅动彻底改变了海洋的化学成分，并最终改变了地球大气层。这被视为一场农学革命(agronomic revolution)。[19]如果你难以把蛞蝓和蠕虫想象成农夫，就把这种活动视为水下犁田好了。

另一种埃迪卡拉纪时期的化石克劳德管虫(*Cloudina*),与金伯拉虫同为最古老的遗迹化石证据,表明动物在坚硬基底上钻孔、穿透或者进行侵蚀。这些微小的化石看起来就像一叠一次性纸杯,它们是最早分泌坚硬的碳酸钙骨骼的动物之一,而且也是最先遭受其他动物攻击其贝壳的动物之一。它们的一些骸骨侧面留下了小的圆形孔洞,仿佛有什么东西在试图嘲笑它们最初曾企图进行自我防护。[20]因此,在大约5.42亿年前,埃迪卡拉纪时期结束,寒武纪时期伊始,至少有一些动物已经演化出穿透坚硬物质的方法。

若要谈及动物何时开始侵蚀岩石,还需要探讨是什么构成了岩石。例如,一块岩石通常被定义为一种或多种矿物质的集合体;并且,矿物质指的是一种天然形成的固体无机物质,具有一定的晶体结构和化学成分。[21]接下来,基于岩石在岩石循环中的成因,可将其分为岩浆岩(由冷却的岩浆形成)、变质岩(其他岩石被热和压力改变后的最终产物)或沉积岩(如前所述)。沉积岩由沉积物形成,其大部分材料来自地表或地下的岩石。

没有胶结物或基岩的松散沉积物——其颗粒仅由空气或水间隔——很容易被归类为普通的旧沉积物“沙”。但如果同样的沉积物被压实,颗粒之间间距缩小,使它们失去个体特质,成为偏向一个聚合的单元,会怎样呢?如果这个概念过于抽象,那么想想看,一堆散沙是如何变成一座沙堡的。干沙本身聚成堆,最大的堆积角度通常是34°,称作休止角。[22]若要建造直立的墙、壁垒、吊桥以及其他中世纪家居装饰,则需要添加水和压力,将颗粒压实,使之紧密地结合在一处,这样颗粒之间的水分会令颗粒固定在一起。这样做,一个有抱负的沙堡建筑师就可以有效地将松软的沙子变得坚固。现在,如果那位建造者出于某种目的想令沙堡硬化,对其注入环氧树脂或其他有隐形效果的水泥,它们会有效地把坚固的沙子变得坚硬,不久之后就能打广告招徕骑士租客啦。

众所周知,地质学家的术语深奥难解,通常具有排他性;然而,从松软的沉积物到坚硬的沉积岩,依照这个层次分类时,地质学家们做得恰到好处。沉积层从松软到坚实,再到坚硬,其排列顺序如下(此处应有击鼓声):软质基底、坚实基底、硬质基底。[23]偶尔,某位迂腐的地质学家可能会坚持认为软质基底的水分是完全饱和的,因此最好将之归类为“稀质基底”。但是,这样的区分也会引发关于“汤菜”和“炖菜”的差异之争——辣酱汤是不是汤,又或者,正宗的辣酱汤放豆子吗——因此最好完全避免。

对化石足迹学家而言,这三个部分的连续体(软质基底、坚实基底、硬质基底)是一个简便的方法,让他们根据基底来给动物痕迹和遗迹化石分类。什么是基底?基底就是保存痕迹的媒介物,无论它由何种物质构成。基底可以是森林地表的苔藓地毯,老鼠走过,留下脚印的形状和图案;基底可以是池塘表面的藻类,短吻鳄游过,尾迹将它们分开;基底可以是露珠,清晨瓢虫出来散步,将露水涂抹在叶片上。当然,所有这些痕迹和其基底都是稍纵即逝的,它们进入化石记录的可能性远远低于中彩票的概率。因此,在化石足迹学中,大多数时候,我们留意的是那些更有潜力永久保存痕迹的基底,例如沉积物、岩石、贝壳、木材和骨头。请注意,这五种基底里有一种可被归类为“软”或“坚实”,而另外四种可以标记为“硬”。

给基底评级——仿佛它们是枕头、床垫或其他助眠配件——引导古生物学家去思考:动物何时从较为坚实的基底迁移至较为坚硬的基底呢?埃迪卡拉纪晚期,金伯拉虫在生物垫上留下了抓痕,克劳德管虫被钻出小小的洞,这些都是良好的开端;然而尴尬的是,与今天发生的侵蚀岩石和从贝壳里汲取营养之行为作比较,这些行为又显得数量不足。考虑到穿透岩石需要一定的能量或适应性,古生物家们合理地假定:动物首先在软质基底上掘洞,然后一些动物在坚实基底上挖掘出新的小生境,但仍然是在掘洞,只是难度提高了。后来,一些动物从掘洞演化成刮擦和毁坏岩石。基于遗迹化石可知,这个动物生命史上里程碑式的进展发生在寒武纪,距今大约5亿年。[24]然而,大多数寒武纪的钻孔都是简单小型、具有圆形末端的垂直管道,看起来像是老式的干湿球温度计。这些遗迹化石,很可能是小型的悬浮物摄取者制造并在此栖居。化石足迹学家将其命名为指状钻孔迹(*Trypanites*)。[25]"指状钻孔迹"后来也指代自寒武纪以来海洋硬质基底上的遗迹化石群。

然而,直到奥陶纪(开始于大约4.8亿年前),动物才开始真正地钻孔(我想说,这令人激动)。大多数人,哪怕只是偶尔对古生物学有点兴趣,都听说过"寒武纪大爆发"(我们前面提到过),这是动物生命在寒武纪(5.42亿年前至4.88亿年前)迅速多样化的时期。[26]寒武纪大爆发也被称作"生物大爆炸"。这两种说法都是误导性的隐喻,因为多样化发生在大约2000万年的时间里,更像是一个持久的沉闷之声。不管怎样,紧随这一革新时期的是奥陶纪(4.88亿年前至4.44亿年前),它是生物演化的狂欢时间,使得寒武纪大爆发更像是在微波炉里加热的一袋爆米花最后的哀叹。这就是奥陶纪生物大辐射事件(Great Ordovician Biological Event)时期,如果你觉得名字太长,就简称GOBE吧。[27]在GOBE之内是OBR,有些(我的意思是:非常少)古生物学家曾赞颂它是"奥陶纪生物侵蚀革命"(Ordovician Bioerosion Revolution,即OBR)。[28]在奥陶纪时期,进行生物侵蚀的动物其数量和多样性都突飞猛进,它们遍布全世界的海洋,寻找多岩的地方定殖。由此,各种各样的动物加入了蓝细菌、藻类和真菌的行列,行刮擦、钻孔以及破坏岩石、贝壳和其他硬质基底之能事,为更大的岩石循环中的生物岩石循环带来了新且强大的风化和侵蚀来源。

不过,鉴于化石化的潜穴和钻孔都保存在岩石中,古生物学家和地质学家又是如何做出区分的呢?潜穴和钻孔之间最简单的区别是:潜穴将沉积物推开,钻孔则穿过沉积物、基岩、胶结物、贝壳、骨头、木材以及可能阻碍生物侵蚀的其他任何东西。想想看,好比是这之间的差异:有人用手指戳你盖的普通沙堡,和用一台强力电钻攻击你注入了环氧树脂的沙堡——钻头同时切割沙子和树脂。诚然,地球科学家能借助其他线索来区分沉积岩中曾经的软质基底、坚实基底和硬质基底。但是,若要试图区分动物潜穴和动物钻孔,只有一种方法能够最终确定差异。

那么,这些先驱性的海洋无脊椎动物侵蚀者有哪几位呢?今天,它们是否还有"亲戚"健在,能给我们一些现代实例,展示它们改变岩石的方式呢?这些海洋无脊椎动物是否使用不同的方式来刮擦、钻孔或以其他行为降解岩石和贝壳呢?这些问题的答案分别是:"你会看到的""是的""是的"。

根据我的经验,海绵经常被世人低估——它们仅仅是珊瑚礁纪录片里的配角,或是在生物课上被概括为"最简单的"动物。所以,如果你正期待着成立一个"海绵鉴赏协会",需要列一份清单细数海绵值得赏玩的理由,第一条就应该陈述如下:海绵极有可能是最早的动物。然而,如此大胆的主张,其根据主要是基于现代生物学,而非海绵的化石记录,因为第一批海绵可能是软体的,所以不那么容易变成化石。用来估算海绵起源的主要工具是分子钟,即现代动物谱系中的遗传标记,我们假定它是以近似恒定的速率演化的。[29]这些分子钟告诉我们,海绵应该在大约10亿年前就已经演化了,比埃迪卡拉纪时期的动物,例如金伯拉虫和克劳德管虫,还要早4亿多年。[30]地球化学家支持了这个预测,当时他们兴奋地指出:甾烷这种有机化合物已有6.3亿年的历史,可被认为是动物(尤其是海绵)的有机化合物标志。[31]可叹的是,随后这个和起源有关的说法却遭到了质疑,因为其他研究者表明一些藻类也含有同种化合物。[32]然而,海绵研究不甘示弱,在2021年取得了重大进展。地质学家伊丽莎白·特纳(Elizabeth Turner)开展了一项研究,她报告称在加拿大西北部发现了海绵实体化石,距今很可能已有8.9亿年之久,接近用分子钟推断的年龄。[33]海绵实体化石在5.8亿年前至5.42亿年前的岩层中稍微更加常见;然而直到寒武纪,它们才真正成为化石记录的固定成员。

和其他动物一样,海绵是异养生物(它们摄取养分),产生配子(它们繁殖),并且是多细胞的[它们可不唱《单身情歌》(One Is the Loneliest Number)]。通常,海绵大体上被描述为三种形体构型:单沟型、双沟型和复沟型。[34]单沟型海绵是最简单的,看起来像一个花瓶或容器,内表面排列着特殊的细胞,称作环细胞或"领细胞"。双沟型海绵的构型稍微复杂一些,在其内表面上增添了褶叠,增加表面面积,能够容纳更多的环细胞。复沟型海绵完全"放开了手脚",腔室和管道相互联结,形成了大型的网络,且每个腔室内都生有环细胞。这三种不同的形体构型,意味着海绵可以生成一系列令人眼花缭乱的形状和尺寸,搭配其明亮鲜艳的色彩。

假设你发现了一个典型的花瓶形状海绵(即单沟型),仔细地端详其内部排列的细胞。在那里,你会看见杯状结构,里面生有小鞭子,这些就是海绵的环细胞(也称领细胞)。环细胞的"领"(杯)部分由微绒毛组成。微绒毛是细胞膜的延伸部分,有助于吸收营养物质,就像我们肠道中的微绒毛。[35]环细胞的"鞭子"部分就是它的鞭毛。鞭毛搅动着水分,把营养物质和氧气导向微绒毛。数千个这样的细胞排列在一个海绵内部,鞭毛拍打着周围的水分,使得水及悬浮的有机物流向细胞,从而给海绵提供营养。海绵中的环细胞非常像单细胞生物领鞭毛虫,它们随着自己鞭毛的拍打节奏移动。因此,生物学家们有理由提出:海绵演化成了细胞集合体,而这些细胞十分类似现代领鞭毛虫,这样海绵就成了第一个动物。[36]

海绵在分类上属于多孔动物门(Porifera)分支群。多孔动物门包括:钙质海绵纲(Calcarea),它们具有方解石和霰石构成的部件(即骨针),起到支持的功能;六放海绵纲(Hexactinellida),也称“玻璃”海绵,具有二氧化硅构成的骨针;寻常海绵纲(Demospongia),是一类“软”海绵,主要成分是有机物,但也可能含有矿化部分。[37]其中,寻常纲海绵包括穿贝海绵科(Clionaidae),例如隐居穿孔海绵(*Cliona celata*)。穿贝海绵最令贝壳收藏者们悲伤和绝望,它们在贝壳上钻孔,同时也改变了整个生态系统。但是,考虑到穿贝海绵属于所谓的“软”海绵,那么从珊瑚礁到牡蛎壳,它们又如何破坏并钻进这些坚硬的物质里呢?和地衣类似,它们使用化学攻击和物理攻击相结合的方式。第一步,它们附着在一处碳酸钙的表面(不论是方解石还是霰石),然后分泌酸液来削弱这些矿物质。第二步,它们的环细胞产生足够的水流,令这些薄弱之处解体,并将微小的碎片带走。[38]这些碎片有多小呢?粉砂般大小,即它们远比砂小(宽度小于2毫米),比黏土颗粒大(大于1/256毫米),但依然算得上是“泥”。不过,这些海绵造成的粉砂碎片累积起来,构成了全球珊瑚礁淤泥预算的一个重要部分。

当穿贝海绵生物侵蚀礁石、贝壳或其他硬质基底时,它们会为其环细胞形成广泛的网络。它们可以根据可能会与海绵共生的其他生物选择方向,横向和向下钻孔。横向钻孔的海绵形成腔室,并在其寄居的基底表面下,形成水平管道将圆形腔室联结起来。向下钻孔的海绵孔形成廊道,将基底更多地开放给外界以接受阳光,这对光合作用生物更有利。[39]因此,形成廊道的海绵可以与藻类共生,产生养料和氧气,使得它们成为理想的室友。

一旦穿贝海绵死亡，其柔软的身体腐烂，还有什么会留下来告诉我们它曾经存在呢？被海绵侵蚀过的贝壳表面看起来就像是有人拿它做过靶子，用毫米宽口径的微型霰弹枪反复射击。表面上这些无数细小的洞，都是联结到下方腔室和廊道网络的开孔，那里是海绵的主要生活区域。然而，这些网络可能会非常浅。举个例子，如果你找到一个贝壳，它的一侧被海绵大面积损害了，比如牡蛎的一半壳体，你把它翻过来。你可能会惊讶地发现，贝壳的另一侧依然完好无缺，看不到一个洞。有钻孔的表面和未被钻孔的表面对比显示：海绵栖息在暴露于海水的一侧，而底部贝壳则免受上方蚀刻和碎裂活动的侵扰。

由于这些钻孔的遗迹化石是如此特别，化石足迹学家想要说明其身份，给它们划分了一个遗迹属：巷状钻孔道（*Entobia*）。这要比说"一组紧密排列的小洞，联结着廊道和腔室"来得更加方便。实际上，巷状

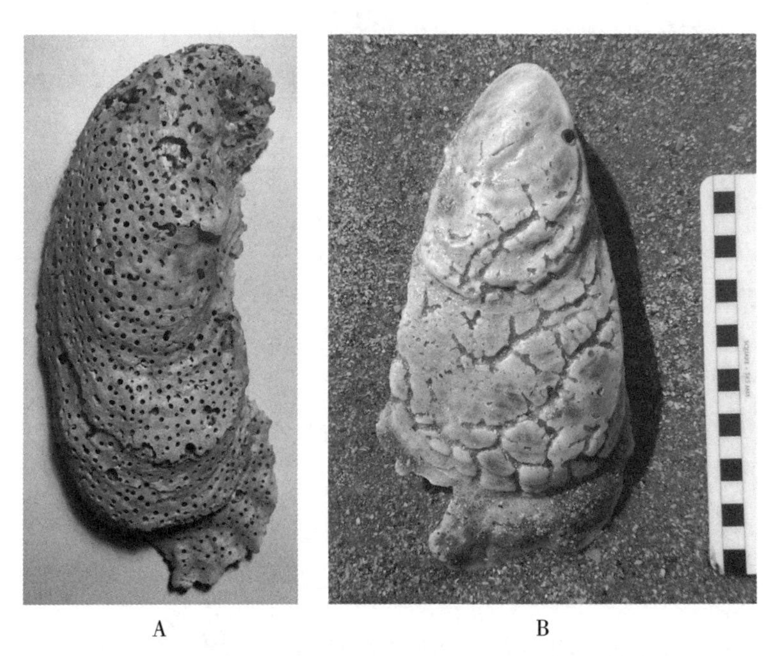

图3.2　左右系同种双贝壳类动物：美东牡蛎（也称弗吉尼亚厚牡蛎，*Crassostrea virginica*）。海绵和苔藓虫在贝壳上钻孔。A：海绵钻孔，来自佐治亚州萨佩洛岛。B：苔藓虫钻孔，来自南卡罗来纳州埃迪斯托岛（比例尺：方格边长5毫米）

钻孔道这个名称可以追溯到1838年,早在人们确切地知道这些痕迹的成因之前;但是后来直到20世纪,它们和海绵制造者之间的联系才建立起来。[40]从泥盆纪(大约4.2亿年前至3.59亿年前)到最近,巷状钻孔道均有分布,而海绵引起的生物侵蚀可能可以追溯到奥陶纪。[41]

尽管身体柔软,海生蠕虫也能钻洞进入贝壳。然而,在生物侵蚀方面,海生蠕虫和海绵不同,它们在贝壳表面不仅留下微小的钻孔,还刻凿出弯曲的U形凹槽和冗长曲折的管道。肆意破坏贝壳的蠕虫多种多样,但主要是来自环节动物门(Annelida)分支群和多毛纲(Polychaeta)的环节蠕虫。

现代多毛纲动物有时候被称为"刚毛虫",因其从体侧伸出的"假腿"(即疣足或拟足)上生有大量短而硬的毛(即刚毛)。[42]尽管蚯蚓没有拟足,它们却有细小的刚毛,任何人都可以证明——当你在花园里挖土抓到一条蚯蚓时;当你往鱼钩上挂蚯蚓做诱饵时;或者,当你走在人行道上,拯救一条蚯蚓免遭厄运时。接触过蚯蚓的人也可能注意到了,这位扭来扭去的朋友是沿着其身体长度分节的。有环节的躯干、刚毛以及其他解剖特征,显示出蚯蚓和多毛纲动物的关系。然而,和蚯蚓不同的是,绝大多数多毛纲动物——约有10 000个物种——分布在海洋环境里,从沿海浅水坑到深海海沟。[43]像石鳖一样,许多海生蠕虫色彩鲜艳;但有不同之处:有些蠕虫也很可怕,例如长达3米的博比特虫(*Eunice aphroditois*)。若有鱼犯下致命错误,从其洞穴旁游过,博比特虫就会用带钩的颌部将鱼抓捕并吃掉。[44]

最声名狼藉的现代多毛纲动物是才女虫属(*Polydora*)的物种,它们会侵蚀硬质基底。其诨名叫"蛤蜊蠕虫",因为它们会钻入活的蛤蜊和牡蛎中,导致它们的贝壳"起泡"。[45]然而,它们不仅限于破坏双壳纲动物,还会钻进腹足纲动物、珊瑚和无生命的石灰岩。[46]与海绵类似,这些蠕虫也采用化学和物理手段相结合的方式进入硬质基底。谈到化学手段，它们有分泌酸的腺体，可以削弱贝壳或其他硬质基底。一旦贝壳被软化，它们就使用刚毛刮擦，让自己钻进去，向下挖管道，又转而向上，通常形成一个U字形结构，且U的上半部会挤在一起。[47]当你埋头细看一个带有钻孔的贝壳、珊瑚或石灰岩表面，那许多紧密成对的钻孔暗示着内里被破坏了。然而，如果该表面稍后因其他方式磨损了，孔洞的形状就会变化，从椭圆形到数字8，甚至哑铃形状，代表着不同深度的钻孔横截面。[48]和基本形状相去甚远的还有曲折或环形的管道，附着许多囊袋；或者是发夹式急转弯、没有囊袋的管道。

多毛纲动物钻孔的遗迹化石可以追溯到寒武纪，归类于指状钻孔迹（*Trypanites*）遗迹属，通常认为是生物侵蚀的蠕虫所致。[49]然而，化石贝壳中的遗迹化石和记录完好的现代贝壳中才女虫属的痕迹十分匹配，这就告诉我们在地质史上是类似的动物留下了这些钻孔。化石足迹学家给较为简单的U形钻孔划分了一个遗迹属*Caulostrepsis*，可以追溯到泥盆纪；而更"具有表现力的"样式——曲折的、环形的，还有附着囊袋的——被称作遗迹属*Maeandropolydora*，存在于侏罗纪和年代更新的岩石中。[50]

当我还是一名研究生时，我教本科生古生物学实验课，每每谈论到苔藓虫都会深感挑战。这种不确定性是可以理解的，因为这些动物和大多数人在日常生活中遇到的或在自然纪录片、卡通片里看到的动物都不一样。尽管如此，苔藓虫却是值得关注的动物，有着漫长的演化历史和惊人的多样性。对我们而言最重要的是，至少有一些苔藓虫在岩石和贝壳上钻孔，留下了独特的痕迹，告诉世界它们曾经来过。

苔藓动物门（Bryozoa）名称里有"苔藓"，并不是由于它们聚集在静止不动的岩石周围，而是外观上很像苔藓。苔藓动物大多是海洋动物，约有6000种代表性物种。它们是营固着生活的群体动物，会形成毫米大小、紧密排列的囊袋(即虫室),内里有生物个体(即个虫)。[51]虫室由有机物质或碳酸钙组成,后者更易于形成化石,自寒武纪(大约4.8亿年前)以来,苔藓虫在海洋环境中就已经进行石化了。[52]现代苔藓虫通常在贝壳、岩石、礁石或船身上结成厚壳,形成大规模的群落,以弥补其个体体形的微小。作为悬浮物摄食者,它们等着食物——那些在水中悬浮的有机物小颗粒——自行靠近,就和海绵一样,它们采取群体行动,把这些小颗粒吸进来。但不同的是,苔藓虫没有鞭毛。个虫生有一圈触手,称为触手冠。触手冠露出虫室外部,收集水中悬浮的有机物颗粒,送至等待的个虫口中。[53]

考虑到苔藓虫在环境中栖息的方式——它们停留在某个地方,除了其触手冠之外,几乎没有运动的部件——它们缺少主动钻孔或刮擦进入贝壳或岩石的方法。然而,为了附着在一个硬质表面,至少有些群落,个虫的底部会分泌酸液,以助其黏附在那些表面之上。这个固定行为最终表现为:又薄又浅、分叉状的管道;或交叉管道,沿其长度在某些地方膨起,从而在贝壳或岩石上形成“蜘蛛网”的图案。[54]其他苔藓虫的钻孔则表现为一系列又小又浅的点蚀(或凹坑),看起来像虚线,也可能会分叉。苔藓虫钻孔的遗迹化石可以追溯到奥陶纪早期(4.7亿多年之前),古生物学家为其划分了一个遗迹属,称作*Ropalonaria*,指代那些蜘蛛网状的管道。相比之下,形成虚线的浅坑被命名为*Finichnus*遗迹属,这种化石从白垩纪晚期(大约7000万年之前)到今天均有分布。[55]

藤壶和苔藓虫在许多相同的环境里生活,但是两者却有极大的差异,因为藤壶不形成群落,而且在解剖学上更复杂。大多数藤壶从表面上看很像珊瑚,它们有着坚硬的圆锥形外壳,并附着在硬质基底上。但同时,它们生有分节的“腿”(触手),表明其身份属于节肢动物门(Arthropoda)。藤壶是甲壳动物,属于蔓足纲(Cirripedia)分支群,然而它们和蟹类、龙虾、虾类以及淡水小龙虾有着较近的共同祖先。[56]藤壶的"外壳"实际上是一系列相互交叠的甲片,和龙虾及淡水小龙虾身上的甲片类似,只不过是环绕着其柔软部分排列,好像一件保护性防弹衣。藤壶幼虫用头部上的腺体分泌藤壶胶,从码头到鲸鱼,黏附在各种表面上,活脱脱像一个跑偏的强力胶广告。[57]一旦黏附上某个表面,藤壶就知道该如何使用它那八对又长又细的"腿"。藤壶"腿"发挥的功能和触手冠很像,个体藤壶拍打着它们的"腿",把水中悬浮的食物颗粒(也包括活着的浮游生物)吸进来。根据其附着的方式,藤壶主要分为两大类。最常见的是橡子藤壶,它们直接将外壳黏附在某个表面。相比之下,鹅颈藤壶由于凭借肌肉质柄附着在某个表面而得名,被那些常年出海的水手们比喻成天鹅颈。[58]

这些甲壳动物非比寻常,它们因此吸引了一位崭露头角的年轻博物学家的强烈关注。他就是查尔斯·达尔文(Charles Darwin)。在19世纪30年代,达尔文搭乘"小猎犬号"航行世界,其间他被藤壶深深地迷住了。后来,达尔文以也许是最好的方式表达了这种痴迷:他写了一本关于藤壶的书,上下两卷分别于1851年和1854年出版。[59]其中最引人注意的是他在智利海岸对藤壶的观察结果。那时他意识到,一个活生生的海螺,其坚固的外壳竟然"由这种动物形成的空腔给**彻底**穿透了"(达尔文如是强调,而我也会这样做)。在描述过这些寄生藤壶之后,他意识到它们是柔软且无壳的橡子藤壶,适应于生活在另一种生物的贝壳里,而不是自己制造外壳。

达尔文描述的这些寄生藤壶,以及其他能钻孔进入蛤蜊、螺、珊瑚和其他碳酸钙基底的动物,都属于橡子藤壶的分支群,名为尖胸超目藤壶(Acrothoracican)。[60]它们是如何钻孔的呢?幼年藤壶先是在一处表面落脚,然后使用肌肉质柄上的钙化突出物磨损表面,形成一个腔室。[61]幼虫继续生长,它们寄居在这些小腔室内部,无需保护性覆盖物——就像它们在外面生活的藤壶亲戚那样。这些钻孔的开口看起来是条狭缝,好似半开半闭的眼睛或逗号;但是,开口之下的"起居腔室"空间宽阔。藤壶会把它们的触手从狭缝中探出来收集食物,而身体其余部分则留在岩石或贝壳的表面之下,免受捕食者的侵害。

虽然藤壶的实体化石可以追溯到寒武纪,但藤壶(或至少行为非常类似于现代藤壶)的遗迹化石起码可以追溯到中泥盆世(大约3.9亿年前)。[62]最常见的、被认为是藤壶留下的遗迹化石称作袋状钻孔迹(*Rogerella*),在尺寸和形状上,它们和现代藤壶相似;但是,其他特殊的形状则需要另外划分遗迹属,包括那个名称有趣的孔迹:*Zapfella*。[63]这些遗迹化石的价值在于:它们告诉我们藤壶曾经在场,即使藤壶的躯体已经无处寻觅;它们拓展了我们对旧时海洋动物多样性和其行为的认知。

形势艰难,就需要激进的适应性策略。至少有一些谱系的蛤蜊应对了挑战,它们通过演化把自己的身体变成钻头,可以深深地钻进珊瑚、岩石甚至游动的动物体内。在以能钻进岩石而闻名的蛤蜊中,最著名的当数石蛏属(*Lithophaga*)的蛤蜊。这个名称源自希腊语,其字面意思是"岩石食用者"(其中lithos意为"岩石",phagos意为"吃")。[64]所有这些蛤蜊都是贻贝,但又不同于大多数附着在水底的贻贝,它们实际上可以进入硬质的底部。其他著名的岩石钻孔蛤蜊还包括海笋,它们属于海笋科(Pholadidae,或称鸥蛤科)分支群,有时也被称作"天使之翼",因其敞开的贝壳会使人联想到"天堂信使"的羽毛附肢。[65]而那些受到《圣经》启发的人就会忍不住谴责一些无辜的蛤蜊,说其有着邪恶的意图,并管其中一些叫"假天使之翼"(断尾鸥蛤,*Barnea truncata*),管另一种叫"折翼天使"或"堕落天使"(天使之翼石石咸蛤,*Petricola pholadiformis*)。

抛开软体动物的诅咒不谈，蛤蜊让自己置身于岩石之内有许多好处，而其中最重要的就是以防其他动物吃掉自己，与此同时，蛤蜊以两个水管进行滤食。水管就像一对双向水下吸管，其中一条（进水管）吸进富含营养物质的水，另外一条（出水管）排出不再含有营养物质的水。安居的同时还能"乐食"，尽管好处如此，问题却依然存在：蛤蜊又是如何钻进岩石的呢？波纹状的厚壳和肌肉运动相结合使用，是大多数蛤蜊的制胜法宝，其中石蛏属物种凭借的是贻贝肌肉。[66]对那些主要借助其身体的蛤蜊而言，它们的壳就像是质地粗糙的锉刀，磨蚀着珊瑚、石灰岩以及其他硬质基底。外壳较光滑的双壳纲动物使用酸，因此在物理侵蚀的同时也进行化学腐蚀。[67]无论哪种情况，蛤蜊都是通过上下摇摆、前后移动以及顺时针和逆时针旋转来钻孔的。上下和周围的运动，通过两侧瓣壳肌肉的放松和收缩来实现，两片瓣壳之间的韧带作为铰链，使它们保持联结。[68]无论蛤蜊释放酸液还是进行磨损，它们的出水管都会排出细微的、黏土大小的颗粒，这是由其活动产生的。蛤蜊一边挖掘家园，一边为之"蒙尘"。

双壳纲动物的钻孔尺寸多样，具体取决于蛤蜊的物种和年龄，但其钻孔的整体形状相似。大多数钻孔看起来好似形象刻板的卡通穴居人手里的棒状武器（或者花瓶，视其心情而定），有着圆形、椭圆形或哑铃形状开口，腔室向下扩展，末端呈圆形。其他的蛤蜊钻孔还有又长又浅的凹槽，那是蛤蜊在硬质基底上调整位置，其底部形成的痕迹。有一种情况可以同时令生物学家和古生物学家开心：他们有时会在蛤蜊的"故居"里发现蛤壳，这样，在痕迹和其制造者之间建立联系就容易多了。

形状与棒状钻孔相符的遗迹化石称作 *Gastrochaenolites*，而带有凹槽钻孔的遗迹化石则命名为 *Petroxestes*；两者都可以追溯到奥陶纪（距今4.5亿多年）。[69]从那时至今日，蛤蜊似乎已经钻进了各种各样的东西，包括岩石、珊瑚、骨头、木材，甚至还有粪化石（即排泄物化石）。[70]然而,双壳类动物钻孔化石中最瞩目的例子,可能是这只来自日本白垩纪晚期(距今大约7000万年)的海龟。它甲壳上的那些洞(有些洞里还有双壳类"肇事者")显示出愈合的迹象,基于此推断,当蛤蜊放肆地在它身上落脚并钻孔进入时,这只海龟显然还活着,且四处游弋。[71]至于钻木的蛤蜊,它们起源自侏罗纪(距今约1.5亿年)。它们对浮木和人造木船都有巨大影响,值得另辟一章,我保证稍后会写到它们。

帕特里克(Patrick)是系列动画片《海绵宝宝》(*SpongeBob SquarePants*)中可爱的笨蛋。他那萌萌的蠢态总是令我们摇头,但他所做的可不限于此。实际上,他还象征着我们和他的灵感原型动物谱系之间在演化方面的关联。作为一只海星,帕特里克是一种棘皮动物,被归类为棘皮动物门(Echinodermata)分支群(其中echinos意为"带刺的",derma意为"皮")。[72]然而,作为海星代表的帕特里克也暗示着一种更深层次的联系:海星(及所有其他棘皮动物)和人类(及其他脊椎动物)有着较近的共同祖先。

要想理解你和帕特里克之间的关系,最简单的方法之一是将棘皮动物和人类的胚胎早期发育照片并置,可显示出它们几乎难以区分。这样惊人的相似在于它们的肛门。你瞧,棘皮动物和脊索动物都是后口动物,即它们胚胎发育过程中第一个开口(胚孔)最后变成肛门,而不是口。[73]如果你仍然觉得棘皮动物和脊椎动物之间的关系难以置信,那么另一个办法就是提醒自己:它们和脊椎动物有亲缘关系,就在于它们身体内部有骨骼。不同于节肢动物、软体动物以及所有其他坚硬的无脊椎动物,棘皮动物有内骨骼,主要成分是方解石,可加固身体外部的软组织,同时保护身体内部的重要器官。[74]

除了海星,其他棘皮动物也显著地多样化。它们曾是海洋环境里的演化奇迹,已经存在了超过5亿年,可以追溯到寒武纪。棘皮动物门

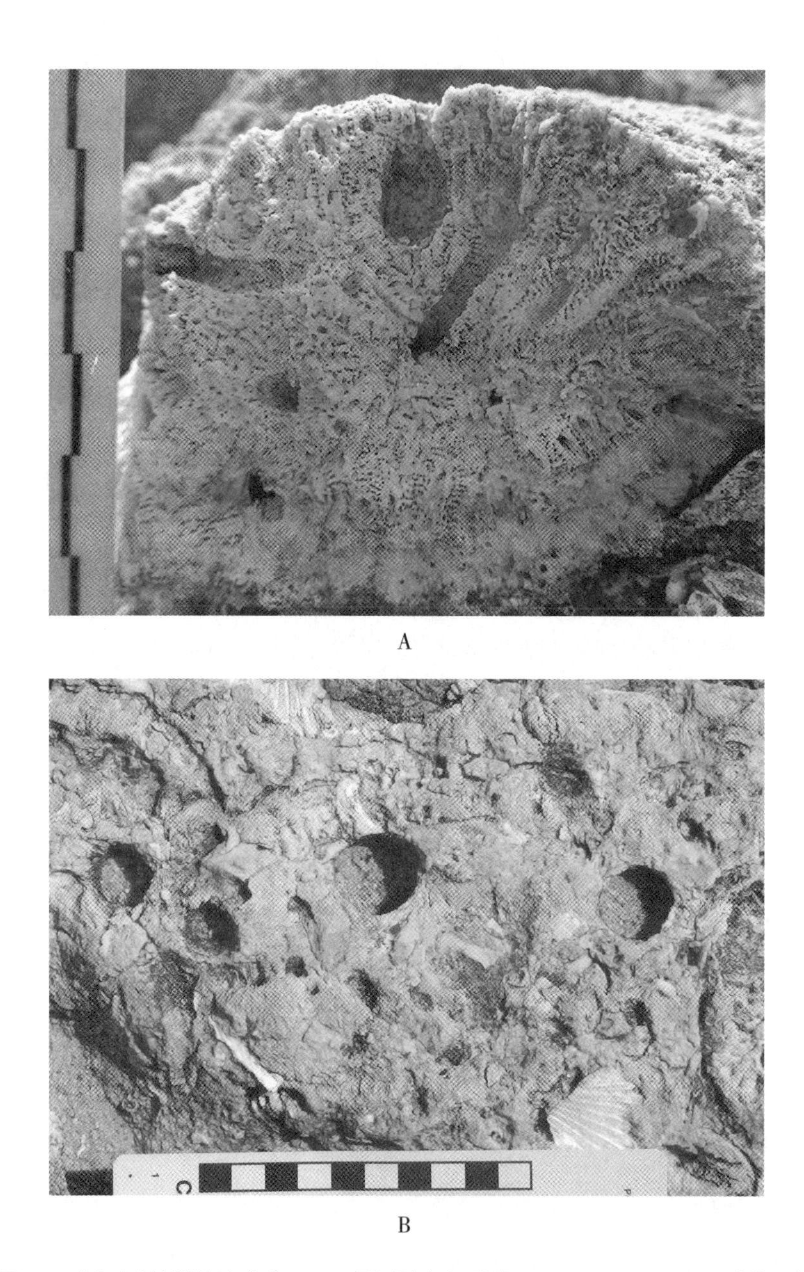

图3.3 “食岩”蛤蜊的遗迹化石。A:珊瑚(鹿角珊瑚,*Acropora cervicornis*)化石钻孔的纵剖面,来自更新世晚期,巴哈马群岛;刻度单位:厘米。B:生物侵蚀蛤蜊造成的圆形孔洞,来自欧拉巨型地表(中新世),葡萄牙;刻度单位:厘米

分支群的现代典型物种包括但不限于:海参(海参纲,Holothuroidea),海蛇尾(蛇尾纲,Ophiuroidea),海百合(海百合纲,Crinoidea),海胆和沙钱(这两种都属于海胆纲,Echinoidea)。已经灭绝的棘皮动物门分支群包括那些名字听着像是皮肤病的(海林檎,cystoids)、复发性皮肤病的(海盘囊,cyclocystoids),或者电子游戏角色的(海蕾,blastoids)*。[75]请注意,我还说过棘皮动物是海洋环境里的演化奇迹,而非淡水环境或陆地环境里。所以,如果你在海滩附近发现一只刚愎自用的海星或其他棘皮动物,无论如何请不要把它放进淡水里,因为这无疑会杀死它。同样的原则也适用于把它带回家放在架子上,或是当成警长徽章来佩戴,因为它很快就会变成一个臭臭的徽章,你压根不需要它。

在所有的棘皮动物中,以能降解坚硬岩石闻名的动物当属海胆,尤其是某些种类的海胆。和海星一样,这些圆形但多刺的动物,其口位于它们底部中央,因此可以直接地从身下任何表面汲取营养。海胆大多为食草动物,它们用5片紧密相连的骨板("牙齿")在岩石、贝壳和珊瑚上刮食藻类。这个解剖特征被戏称为"亚里士多德提灯"(Aristotle's lantern),以纪念古希腊哲学家和科学家亚里士多德(Aristotle,前384—前322)。虽然他的哲学思想和与柏拉图(Plato)的关系更为世人乐道,但亚里士多德对动物也有浓厚的兴趣。在某个顿悟的瞬间,他将海胆的形状与希腊角形提灯作了比较。然而,由于希腊文翻译上的错误,生物学家最初将"提灯"仅用于指代海胆的口部结构,而非整个动物**。[76]

海胆——例如冠海胆属(*Diadema*)和长海胆属(*Echinometra*)等现

---

* 此处是作者的幽默:cystoids(海林檎)、cyclocystoids(海盘囊)与cystoid(囊肿)字形字音相近;而blastoids(海蕾)和Blastoise[游戏《精灵宝可梦》(*Pokémon*)中的水箭龟]字形字音相近。——译者

** 尽管这种做法最初是误用,但它在后来的科学文献中得以沿用,至今"亚里士多德提灯"仍用来专指海胆的咀嚼器。——译者

代物种——的牙齿由方解石组成，就像它们内骨骼的其余部分一样。这种矿物质成分意味着：它们刮擦的大多数表面至少和方解石一样坚硬，会使牙齿磨损。然而幸运的是，这些动物的牙齿结构坚固，其生长速率和磨损速率一样快。[77]海胆牙齿呈五辐射对称排列，这也意味着当肌肉使之开合时，每一次刮擦，牙齿都会凿击表面。反复的锉磨就会留下五点星形图案，对应着海胆口部的对称性，且这些图案通常会有所重叠。如果有充足的理由待在同一个地方，海胆也会划出圆形凹坑，但如果它们沿着一处表面移动，也可能会形成连续、曲折的沟。[78]这些动物在大量地消耗石灰岩，其更大的影响在于：它们将岩石转变成泥和砂大小的沉积物。基于对海胆咀嚼岩石的几项研究，在给定区域内，它们的侵蚀量为每平方米3—9千克。侵蚀导致它们的岩石环境发生显著改变，甚至还限制了珊瑚礁的生长。[79]

海胆在岩石和其他坚硬的海洋基底上钻孔已经有多久了呢？至少从第一个现代样式的海胆演化开始，时间在三叠纪晚期（距今大约2.3亿年）。被认为是海胆生物侵蚀留下的遗迹化石从三叠纪至近现代均有分布。化石足迹学家给这些钻孔分类，并命名了不同的遗迹属：星状图案的钻孔（*Gnathichnus*）、圆形凹坑（*Circolites*），以及连续的凹槽（*Erichichnus*）。[80]这些独特的遗迹化石也可表明在过去的2亿多年里，海胆对珊瑚礁环境产生了影响，同时给我们提供了重要的线索——它们在不同的环境中造成怎样的影响，尤其是在气候突变时期。

5亿多年来，尤其自奥陶纪开始，浅海无脊椎动物凭借物理或化学手段分解岩石、贝壳、珊瑚和其他硬质材料。时至今日，浅海无脊椎动物对全球环境的影响变得明显：它们成批地将昔日巨大坚硬的物体转化成细微的颗粒。事实上，在靠近极地的浅海环境里，大部分碳酸钙泥来自生物侵蚀。[81]此外，在海洋无脊椎动物（石鳖、腹足纲动物、海绵、蠕虫、苔藓虫、藤壶、双壳纲动物和海胆)生成的生物侵蚀遗迹化石的指引下,我们对这些动物磨损坚硬物质的各种办法有了更深的了解。随着物种谱系的演化,它们逐渐通过这些方式塑造了自身的环境。[82]

然而,我们仍然不甚了解快速气候变化(比如目前正在发生的气候变化)对现代无脊椎生物侵蚀者或生物侵蚀总体会产生怎样的影响。变暖的海洋必定会影响海洋无脊椎动物的生命周期和生长,这意味着某些物种可能会受益,但其他物种的境遇未必很好。地质记录在此方面很有帮助,因为“五大”生物大灭绝事件都和快速的气候变化有关;[83]而且,在所有这些大灭绝事件中,大多数进行生物侵蚀的海洋无脊椎动物谱系都幸存下来了。尽管如此,目前正在发生的快速气候变化却有其特别之处。一方面,它发展的速度比大多数其他情况要快得多;另一方面,它仅由一个物种引起:我们人类。自18世纪末以来,人类燃烧化石燃料产生的二氧化碳呈持续上升的趋势,正在使海洋和大气变暖,导致更加频繁(且猛烈)的热带风暴、凶猛的野火、严重的干旱以及其他灾难,这些都影响着今日之生态系统和超过70亿的人口。[84]

从浅海环境的角度来看,如果向大气中添加数百万吨二氧化碳,也许最不幸的后果就是部分二氧化碳会与海水混合。这种混合预示着气候变化中最可怕且暗中为害的搭档之一:海洋酸化。还记得我们之前学到过水和二氧化碳结合会形成碳酸吗?当全球海洋变成一瓶巨大的酸液,而人类就是那个在地质学导论课上手握酸液瓶的热心学生,大量的碳酸钙基底——包括构成珊瑚礁的基底——都会冒出气泡。这种溶解,和随之而来的更多二氧化碳释放进海洋,可能会加速正反馈过程,不可避免地引起海洋生物学家和海洋学家们的恐慌。[85]

现在,有人可能以为那些在硬质基底上混饭吃的动物会乐见于同样的基底被酸液削弱。诚然,对某些动物来说,这确实是个好消息。例如,生物侵蚀性海绵早就在已死亡和濒死的珊瑚礁那里“揩油”了。有迹象表明,随着海洋的酸化,珊瑚礁的减损在加剧。[86]然而对其他动物而言,泡酸水浴就不那么有益身心了。腹足纲动物、双壳纲动物、藤壶和海胆都有含碳酸钙的坚硬部分,这意味着它们在长出贝壳和其他结构时会遇到问题。更有甚者,那些适应力很强又吸人眼球的古生代生物之后裔——石鳖,也可能要面临着一场“清算”。全球海洋正在变得更加温暖、更具腐蚀性,这会影响到所有生命,而不仅仅是生物侵蚀者。

第四章

你的海滩，是鹦嘴鱼的粪便制成的

在千禧年代初期，每当在巴哈马的珊瑚礁上浮潜时，我不仅观赏着它周围的壮丽色彩和生命活动，我还侧耳倾听。起初，这些声音难以捕捉；而一旦我的耳朵浸在水中，适应了声音的节奏，就很难忽视它们。声音通常来自下方，嘎吱作响，就像是含糖早餐麦片泡在牛奶里发出的动静。然而，这些声音是鱼类破坏珊瑚礁之声，它们用牙齿啃食岩石，可谓轻而易举。如果我足够有耐心，花点时间漂浮在其上方静止不动，只要透过面罩向下看几分钟，就可以直观地把嘎吱声和“肇事鱼”联系起来，正是它们改变了海洋声景。

我谈论的是那些栖息在大西洋、太平洋和印度洋热带珊瑚礁中的可爱居民，即鹦嘴鱼（也叫鹦鹉鱼）。诚然，鹦嘴鱼因其美丽已经引起了我们的注意，但观察和聆听它们咀嚼岩石，却是一种同时提供科学和美学愉悦的通感（或称联觉）体验。通感体验的科学成分来自视觉和听觉的重叠观察，这种联结加倍地确认了其真实性；而美学方面则是这种经验本身——视觉和听觉时而分离，时而融合，更增添几分情趣。

不过现在，让我们先聚焦于视觉。尽管鹦嘴鱼的形状大同小异，它们却有着多样的颜色和尺寸，令人惊叹。用于形容鹦嘴鱼的颜色包括：天蓝色、深绿蓝色、薄荷绿、绿松色、薰衣草色、热粉红色、绯红色、柠檬黄色和火焰般的颜色。这些颜色以斑点、条纹、斑块和带状的方式呈现，光彩熠熠，足以令黑色灯光下天鹅绒质地的猫王画像相形见绌。[1]它们呈流线型，身体侧扁，背腹轴高。尖型的尾鳍分布在顶部和底部末端，突出的胸鳍几乎直接位于较小的腹鳍上方。它们的公用名得名于其突出的嘴部，看起来很像鹦鹉的喙。然而，这种流于表面的比较只是一种假象——那一排排位置紧凑、由骨头加固的牙齿，任何有自尊的鹦鹉都不会具备这种排列方式。尽管如此，游动中的鹦嘴鱼就像是在飞行——下潜、上升和悬停，有一套完整的动作。它们泳姿娴熟，通过拍打胸鳍产生动力；背鳍和臀鳍分别位于上方和下方，巧妙地充当着舵；随着尾鳍每一次向右或向左迅速地翻转，快速改换着方向。

然而，正当这些鱼在珊瑚礁上停留时，我驻足等待，看它们用那威风的牙齿咬下一块珊瑚。我们的圣萨尔瓦多岛之旅两年一次，其间我曾经多次与学生们一起浮潜，也亲眼所见鹦嘴鱼取食岩石后的代谢终产物，其数量远多过岩相潮间带石鳖的排泄物。若你长时间观察一条鹦嘴鱼的日常活动，最终会看到一股白沙从其后部流出来，轻柔地悬浮在水中，随后沉降入海底，与之前几代鹦嘴鱼留下的珊瑚砂质沉积物融为一体。

在千禧年代后期，我在澳大利亚的沿海城市汤斯维尔教授一项海外研究计划时，有幸拓展了自己对鹦嘴鱼的认知。在那里，我有机会在大堡礁进行水肺潜水。我欣赏着珊瑚礁那千变万化的颜色、图案和生命活动，没错，还有声音。我也目睹了太平洋的鹦嘴鱼物种以大堡礁的一部分为食，和它们住在大西洋的表亲遥相呼应。但最重要的是，我有机会观察到一些鱼类完成了将岩石转化成沉积物的循环过程——它们从尾鳍下方喷出沙子。而且，就像在巴哈马群岛一样，礁石周围隆起的沙质区域可以证明，这是经过许多个沉积循环产生的鱼类沉积物。

后来，我阅读了更多的资料，了解有关鹦嘴鱼、其饮食习惯和它们对珊瑚礁的生态影响。我惊讶地发现，并不是所有的鹦嘴鱼物种都以珊瑚为食,也有吞食沉积物或者仅仅食用藻类的鹦嘴鱼。我还了解到,它们与珊瑚礁的相互作用有助于维系这些多样化的生态系统;并且,鹦嘴鱼数量稀少通常还预示着珊瑚礁的健康状况变得不佳。由此,我对其产生了更多的疑问:不是作为一位研究鱼类的鱼类学家,而是一名热爱化石的化石足迹学家。例如,哪些种类的鹦嘴鱼会嚼食岩石,而哪些会吞食沉积物,又或者是"低岩石"饮食的?鹦嘴鱼和珊瑚礁之间这种互利的关系可以追溯到多久以前?当今天鱼类的祖先首次咬穿珊瑚礁,并开始将岩石环境转化成沉积物,对于此,我们可有任何遗迹化石证据吗?如今,鹦嘴鱼对生态系统产生了广泛的影响,切实地引起了生物学家、渔民、水产业和决策者们的关切和担忧。这些影响有哪些呢?气候变化和其他对海洋的改变,将如何影响到这些有生物侵蚀行为的鱼类?所有这些问题都有助于我们更好地理解由鹦嘴鱼驱动的沉积岩循环——循环虽小,却必不可少;同时,也为支持鹦嘴鱼持续的生物多样性和存在提供了一个理由。

鹦嘴鱼的演化历史告诉我们数百万年间它们适应温暖的热带水域并与其共存的故事,以及它们和珊瑚礁、相关浅海生态系统之间的紧密联系。如今,有近百种鹦嘴鱼被归类为一个分支群(鹦嘴鱼科,Scaridae),并且它们被认为是包括隆头鱼(隆头鱼科,Labridae)在内的同一分支群的一部分。[2]我最经常见到的游泳和啃食珊瑚的现代鹦嘴鱼物种,例如红绿灯鹦嘴鱼(也称绿鹦鲷,*Sparisoma viride*)和虹彩鹦嘴鱼(*Scarus guacamaia*),它们在巴哈马和加勒比地区的大西洋浅水水域中游弋;但种类最多的鹦嘴鱼生活在太平洋和印度洋。这些地理上分离的群体,其祖先显然是因为板块构造作用相互分开的,要么是由于地中海的闭合,要么是由于巴拿马地峡的形成,时间大约在2000万年前。[3]

成年鹦嘴鱼的体形大小不等,其长度范围从不及一个典型的成年

图 4.1　终期阶段的雄性绿鹦鲷个体。来自维基共享资源(Wikimedia Commons),由用户“Adona9”拍摄

作者的前臂到比该作者的身高还要高。后者的代表物种为生活在太平洋里的驼背大鹦嘴鱼(或称隆头鹦嘴鱼,*Bolbometopon muricatum*)。[4]此前我们列出了鹦嘴鱼多样化的配色方案,而它们复杂的生命周期和行为(其中包括改换性别的能力)更是多姿多彩。[5]另一个奇妙的行为是:有些鹦嘴鱼能够分泌黏液形成茧,每天晚上睡觉前把自己包裹起来。这种黏液是从鹦嘴鱼鳃附近的腺体分泌而来,从它的嘴巴排出,就像是在吹泡泡,只不过是一个大到能将其身体包裹住的泡泡。[6]

鱼类学家第一次记录到这个茧的时候,并不清楚它的作用。首先,它就像个黏糊糊的“睡袋”,过于单薄,无法起到隔热或其他作用。它也没有遮蔽功能,使得鹦嘴鱼免受捕食者的危害,因为它是透明的。鱼类学家推测,也许茧的作用与其说是视觉伪装,不如说是化学伪装。它掩盖了鹦嘴鱼的气味,以此躲避海鳝和其他捕食者。现在,研究过印度洋和太平洋的蓝头绿鹦嘴鱼(*Chlorurus sordidus*)的鱼类学家提出,这层膜状物可以比作蚊帐,用来抵御寄生虫。[7]对鹦嘴鱼影响最大的寄生虫——颚类等足目动物(gnathiid isopods)——是小型的甲壳类动物,和陆地上常见的超可爱的“西瓜虫”是远亲。不过,对鹦嘴鱼而言,颚类等足目动物可就不那么可爱了。因为它们会吸附在鱼的皮肤上吸血,被比喻成“海洋里的蚊子”。因此,在鹦嘴鱼沉睡之时,这些茧可以拦截颚类等足目动物,不让它们近身。[8]然而,并不是所有的鹦嘴鱼都能生成茧,有些鹦嘴鱼会把自己埋在沙子里过夜,同样可以躲避寄生虫和捕食者的侵扰。

考虑到现代式样的鹦嘴鱼实体化石在地质历史上相对年轻,只能追溯到渐新世时期,距今大约3000万年,那么,此前鹦嘴鱼所经历的适应性演化历史就更加神奇了。[9]然而,分子钟和其他实体化石均可表明,它们的谱系在更早的始新世开始出现;在意大利始新世中期(距今约4800万年至3800万年)已经发现确凿的祖先。[10]不足为奇的是,能够啃食珊瑚礁的动物也会留下这种啃食行为的持久证据,从而告诉我们这些行为可能演化的最早时间。这种遗迹化石来自印度,发现于始新世中期的岩层里,由一些成对的小型凹槽组成,可能是鹦嘴鱼或是有类似行为的鱼类留下的。[11]那么,在更古老的岩层里是否也保存了类似的刮痕呢?很有可能。然而,迄今为止,这些遗迹化石要么未被识别出,要么无人报道。不管怎样,鹦嘴鱼活动的更大痕迹是在现代珊瑚礁及其周围的浅海环境里。这些环境在数百万年的啃食和排泄作用下得以塑造和形成。

珊瑚和水母有着较近的共同祖先。自奥陶纪(距今大约4.8亿年)以来,珊瑚就一直生活在全世界的海洋中,尽管当前的珊瑚分支群(石珊瑚目,Scleractinia)仅仅始自三叠纪中期(距今大约2.4亿年)。[12]这些动物有时候也被戏称作“石珊瑚”,因为它们具有钙质骨骼。它们也许能够单独生活,但更为常见的是形成群落。群落中的珊瑚通常在其组织里共生着一种叫作虫黄藻(zooxanthellae)的微型藻类(其中zoo意为

"动物",xanthos意为"黄色",指藻类的颜色)。这些藻类在一定程度上为珊瑚提供养分,供给氧气以及其他物质帮助珊瑚生长。[13]反过来,珊瑚为藻类提供保护,因为这些动物生有刺细胞,能杀死靠得太近的小型猎物。因此,携有虫黄藻的珊瑚往往能够快速向上和向外生长,形成丘陵状的珊瑚礁群,并赋予活着的珊瑚礁美丽的色彩。

那么,这些鹦嘴鱼是如何取食珊瑚的呢?在问"如何"之前,有两个更好的问题需要回答:鹦嘴鱼**为什么**要从珊瑚汲取养分?**哪些**鹦嘴鱼会这样做?针对第一个问题,答案是:这些鱼不一定是在寻找珊瑚来吃;相反,它们在寻找珊瑚之上和在珊瑚内部生长的藻类,包括那些钻孔进入珊瑚礁的微型藻类。当然,对于那些摄取珊瑚的鹦嘴鱼来说,它们有时会食用活的珊瑚和其他小型无脊椎动物,无论是有意为之还是无心之举。不过,它们中最有可能吃动物的通常是更年幼的鹦嘴鱼。然而,无论你多么想把这个饮食异常归咎于青春期不谨慎的饮食喜好,它都更多地与解剖结构的限制有关。因为更年幼的鹦嘴鱼自然体形更小,缺少颌部力量来咬碎岩石。[14]一旦这些"青少年"长大成"鱼",它们的主要生态角色就是食草动物,其饮食范围也随之变得广泛,包括从隐形的到显而易见的藻类。

鹦嘴鱼的饮食偏好可以根据其进食方式来分类。例如,它们是否在珊瑚礁上方游动,然后停下来轻咬和啃食藻类的顶部,或是把从珊瑚礁表面探出来的藻类拉下来?如果是的,那么这些鹦嘴鱼就是啃牧者(browser)。它们在游动时,是否更为靠近珊瑚礁的表面,把脸凑到"沙拉自助台"(可以这么说)上去,用牙齿刮食珊瑚礁表面低矮的藻类?如果是的,那么这些鹦嘴鱼就是刮食者。它们会不会说"管它呢,老子不仅要吃掉沙拉自助台上的东西,而且连这个台子我也吃了",然后每咬一口都撕下一大块?如果会,那么这些过分热情的食客就是挖掘者,而这类鹦嘴鱼是珊瑚礁上大部分生物侵蚀的主要肇事者。[15]然而,即使在挖掘者物种当中——例如大西洋里的绿鹦鲷和太平洋里的驼背大鹦嘴鱼——也只有体形较大的成年鱼才会咬穿珊瑚。此外,挖掘者和刮食者其咬痕的数量和尺寸,也能反映出咬食的鹦嘴鱼的体形。鱼的体形越大,咬痕的数量越多,其尺寸越大。[16]这就意味着,只有少数几种鹦嘴鱼的成年个体对大部分破坏负有不成比例的责任。因此,谈到生物侵蚀,不是所有的鹦嘴鱼都起着同样的作用。

正如人们所能想象的,不同的进食方式需要不同的能力和解剖结构。鹦嘴鱼的"喙"生有牙齿,这也许会吓到大多数牙医;但是,啃牧者和刮食者的牙齿,其可怕程度要逊于挖掘者的牙齿。例如,印度洋和太平洋地区的蓝头绿鹦嘴鱼,那成排的牙齿外凸至极,应该建议它们去做牙齿正畸;而其他物种的牙齿则更平坦。那么,挖掘者物种要如何避免在珊瑚上弄断它们那威风的牙齿呢?还记得吗?脊椎动物的牙齿由矿物质磷灰石组成。在硬度上,矿物质磷灰石高于矿物质霰石(在莫式硬度标上,两者硬度分别为5和3),而霰石是珊瑚和许多无脊椎动物外壳的主要成分。此外,2017年一项关于鹦嘴鱼牙齿的研究表明,这些磷灰石结晶由缠绕的微结构纤维束加固。[17]这些牙齿结合着强大有力的颌杠杆和肌肉,使得相对小型的鱼类能够产生难以置信的咬合力。例如,我们知道压强就是作用于给定面积上的力,一些鹦嘴鱼的咬合所产生的压强可高达56牛顿每平方毫米。[18]想象一下你和一头穿着高跟鞋的大象跳舞,而它踩上了你的脚,你就能体会到鹦嘴鱼的咬合力量了。

然而,这些牙齿更适合咬,而不是咀嚼。那么,在将珊瑚进一步吞食进自己体内之前,鹦嘴鱼是如何将一大块珊瑚变小的呢?鹦嘴鱼的食管里有第二组"颌骨",帮助把珊瑚变小。这种骨骼结构起到研磨机的作用,将珊瑚碎片分解成细砂和泥浆大小的颗粒,再将这些碎片移至肠道。[19]这种"口腔后"的处理使生活在岩石基底内的藻类暴露出来,从而提高了藻类的营养价值,而不仅仅作为碳酸盐纤维素。位于牙齿

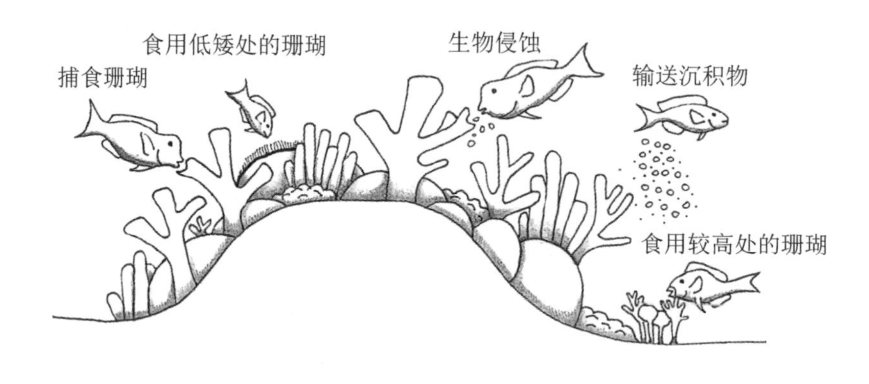

A

B

图4.2 鹦嘴鱼及其对珊瑚礁和海岸生态系统的影响。A：在一处理想化珊瑚礁上，鹦嘴鱼的行为包括：捕食珊瑚、食用低矮处的珊瑚、生物侵蚀、食用较高处的珊瑚、输送沉积物。该示意图修改自 Bonaldo et al.,"The ecosystem roles of parrot-fishes on tropical reefs"。B：巴哈马新普罗维登斯岛北岸的沙滩和海滩岩，由鹦嘴鱼对近海珊瑚礁生物侵蚀和排泄产生的沉积物组成

和咽部器官之间的软组织（包括鳃丝和咽瓣膜），都有助于硬组织发挥功能。鳃丝就像一把细齿梳子，分离有机物质小碎片，而咽瓣膜分泌黏性液体，捕捉更多的有机物质，将其输送到咽颌骨，然后进入食管。[20] 基于这些解剖特征，完全可以视鹦嘴鱼为一个高效率的鱼食加工器。通过一次又一次地咬碎珊瑚，它们从中提取维系生命所需的营养物质。

尽管众所周知，鹦嘴鱼肆意地取食自然状态下的珊瑚，但某些物种更倾向于食用已经被摄食过的物质，进行循环利用。这种鹦嘴鱼吞食那些曾经通过其他鹦嘴鱼肠道的沉积物，是为了获取沉积物之上或内部生长的藻类。1978年，在一项对巴巴多斯鹦嘴鱼生物侵蚀的研究中，研究者们将环绕珊瑚礁的沉积物和鹦嘴鱼肠道内的沉积物进行比较，发现在那里只有一个物种——绿鹦鲷——制造了大部分新的沉积物，而其他鹦嘴鱼物种只是在此前形成的沉积物中开采生长着的藻类。[21] 无论这些沉积物是刚从肠道排出来的新鲜货，还是经历过另一个消化循环，它们都会变得更细。每一次被排泄出来，颗粒尺寸都会稍微减小。这意味着卵石大小的颗粒会变成粗砂，粗砂变成中砂，依此类推。

关于鹦嘴鱼进食还有其他问题，不只是“进食什么”和“如何进食”，还包括“何时进食”。有些人喜欢在日落后吃饭，并在冬季摄入更多热量；与之不同的是，少数鹦嘴鱼在白天和夏季进食。2018年，在对印度洋马尔代夫的蓝头绿鹦嘴鱼的研究中，研究者发现这种鱼更喜欢在大约午餐时分进食，且更常在上午晚些时候和下午早些时候取食藻类。[22] 在澳大利亚大堡礁，这种鹦嘴鱼在夏季的进食量也比在其他季节要多。在之前提到的1978年对巴巴多斯周围珊瑚礁的研究中，那里的鹦嘴鱼就向研究者展示了频繁进食的最终结果，即每天排便（被文雅地称为“肠道周转”）大约8次。[23]

说到那些不仅摄食珊瑚“沙拉”，还把“沙拉自助台”也给吃了的鹦嘴鱼，它们既直接分解珊瑚，也会与其他力量协同作用来破坏珊瑚。举个例子：枝状珊瑚——例如麋鹿角珊瑚（*Acropora palmata*）和鹿角珊瑚（*Acropora cervicornis*），鹦嘴鱼的啃咬使之削弱，从而使其更易在强大海浪的作用下断裂。[24] 与钻孔蛤蜊（例如石蛏属蛤蜊）共生一处的滨珊瑚属（*Porites*）群落，也更可能招致鹦嘴鱼的啃咬。[25] 当然，死亡或者活着的珊瑚，若内里生有生物侵蚀性藻类，也会吸引鹦嘴鱼的注意，并同样成为其目标。[26]

尽管如此，对于珊瑚礁而言，缺少鹦嘴鱼的情况会更加糟糕：如果没有它们在，珊瑚礁的生长速度就会减慢。2017年，海洋生物学家凯蒂·克拉默（Katie Cramer）和其同事通过研究巴拿马加勒比海（东部）曾经的珊瑚礁，报告了鹦嘴鱼的长期影响。[27] 借由沉积物岩心（涉及使用金属管钻入沉积物，并从管中提取沉积物），研究者揭示了该地区过去3000年的珊瑚礁历史。他们确定了鱼的牙齿、珊瑚群落和海胆碎片的相对丰度，把所有的碎片都精确地放置在时间轴上，以此来实现研究目的。在分析完所有这些数据之后，情况就变得清晰了：每当鹦嘴鱼数量充足时，珊瑚礁数量就会增长。令人惊讶的是，生物侵蚀性的海胆，其数量也会随着鹦嘴鱼的增加而增加，这意味着海胆在某种程度上也受益于鹦嘴鱼的存在。反之，每当鹦嘴鱼数量和种类减少，珊瑚礁及其相关群落就会受到影响。这个发生在近期的警示故事，我们稍后再回顾。

早在游轮成为疾病生态学的天然实验室之前，驶向加勒比海的游轮广告通常以白色沙滩及碧蓝色的海水为特色。广告中的爱侣们执手沿着沙滩漫步，该意象或许有助于完成这个田园牧歌式的幻想。然而，这份理想主义却切实地建立在粪便之上，因为大多数的白色沙滩都是穿过鹦嘴鱼肠道后的产物。不过，这个对沉积物来源的解释并不意味着鹦嘴鱼会刻意在沙滩上自我搁浅以排泄。相反，这些沙滩恰是代表着潮汐、海浪（尤其是热带风暴）在鹦嘴鱼排泄后对沙子的移动。飓风产生高速风,进而生成强劲的海浪。这些海浪裹挟并运输着从泥浆到巨石的各种沉积物,且很可能将它们运送到很远的地方。因此,鹦嘴鱼在一处近海珊瑚礁远端掉落的沙子,可能会经由海浪搬运至它处,并在那里沉积,最终成为二级堆积物的一部分。

不管怎样,在这些热带环境里形成的大部分沙子,其起源故事都始于鹦嘴鱼。海洋生物学家(其中许多人可能比鹦嘴鱼还要形形色色、多姿多彩)是第一批在珊瑚礁、鹦嘴鱼和旅行社及游客都很喜爱的白沙滩之间建立联系的人。他们对鹦嘴鱼行为的研究自20世纪60年代开始,一直持续到21世纪前20年。有关这些鱼所提供的重要生态系统服务,生物学家们在不断地寻求更多了解。[28]

正如此前提到的,人们可能会认为鹦嘴鱼啃食珊瑚是对后者有害的,但事实上,大部分情况恰恰相反。毕竟,只有刮食者和挖掘者型的鹦嘴鱼物种是直接在活珊瑚上进食,而且所占比例并不高(1%—3%)。[29]要记得,这些鱼意在珊瑚表面或内部的藻类,而不是珊瑚本身。这意味着,鹦嘴鱼提供的主要生态服务类似于"除草",以此来保证珊瑚礁的健康。无论是啃食珊瑚的顶部、食用较高处的珊瑚、刮食或是挖掘,鹦嘴鱼都会清理珊瑚礁上的藻类。如果藻类生长不受控制,它们就会占据生存空间。这些空间通常是留给年幼的珊瑚,以及其他固着在珊瑚礁上静止不动的动物,比如海绵、苔藓虫和藤壶。[30]藻类过度生长可能会排挤和压倒其他生物,使这些环境从珊瑚礁变成了曾经的珊瑚礁。珊瑚也会激烈地争夺空间,有时,不同物种的珊瑚群落会争夺并占据礁石的部分区域。幸运的是,鹦嘴鱼通过减缓珊瑚的生长和扩散,阻止了珊瑚的"霸凌行为"。例如,鹦嘴鱼的摄食行为可以预防滨珊瑚属物种在珊瑚礁中占据过多的领地。[31]

然而,也许鹦嘴鱼对珊瑚礁周围浅海环境最重要的贡献来自最终排放的东西,或者更确切地说,排泄物。当处理过的碳酸盐物质以细粒沙子和泥浆的形式由鹦嘴鱼排出，它也成了那些浅海环境里沉积物负荷的一部分。在将珊瑚转化为沉积物方面，挖掘型的鹦嘴鱼物种要比刮食型物种更加有效。举个例子：1995年，一项关于大堡礁驼背绿鹦嘴鱼（*Chlorurus gibbus*）生物侵蚀率的研究估计，每条鱼每年可将略微超过1000千克的珊瑚转化为沉积物。这比吞食沉积物的蓝头绿鹦嘴鱼的生物侵蚀率高出40多倍。[32] 2018年，对马尔代夫的鹦嘴鱼和其生物侵蚀的研究也表明，那里有一种挖掘型物种［圆头绿鹦嘴鱼（*Chlorurus Strongylocephalus*）］生成的沉积物比刮食型物种多出几乎130倍——个体圆头绿鹦嘴鱼每年可将超过450千克的珊瑚转化成沉积物。[33] 由于鹦嘴鱼四处游弋，它们也会在某地摄食，然后“携沙”离开。刮食、挖掘、将岩石磨碎变成沙子和泥浆，然后从原产地运走并在远处沉积，这些作用结合在一起，意味着鹦嘴鱼在显著地塑造着当地环境。许多个体都会进行这些过程，随着时间的推移，珊瑚礁上和其周围产生的沉积物数量会是惊人的。

也许最引人注目的是，鹦嘴鱼的排泄物甚至可以帮助维护岛屿。2015年，在印度洋马尔代夫瓦卡鲁岛周边的一项研究中，研究者发现该岛周围大约85%的沙子由鹦嘴鱼贡献。[34] 瓦卡鲁岛和马尔代夫其他1200多个岛屿都是珊瑚礁岛屿，因此它们的存在都要归功于附近的珊瑚礁。此外，这些珊瑚礁大多是环礁，形成于火山周围。这些火山早已经被侵蚀，且坍塌沉入海底。这个火山起源说，最早是由年轻的达尔文提出的（那时他还没有关注藤壶），后来在20世纪时得到了证实。[35] 2016年，其他研究者支持了“鹦嘴鱼制造岛屿”的假说，但研究对象是马尔代夫另一座岛屿：位于瓦卡鲁岛以北的瓦宾法鲁岛。[36]

在理想的情况下，所有关于鹦嘴鱼和其巨大的生态及地质影响的科学见解，也应有助于培养更好的欣赏能力——对于巴哈马群岛、加勒比海地区和众多太平洋岛屿上那深受喜爱的白色碳酸盐沙滩之源头的欣赏。甚至,它们由鱼类驱动形成的相关知识表明,加勒比海游轮的广告可以更加大胆,提一提这些沙子的由来,凸显这些沙滩和其沉积物之旅真正的浪漫所在。

考虑到鹦嘴鱼在维护珊瑚礁健康、在多个海洋中形成沙滩等方面的重要作用,人们可能会认为它们应该在各地都受到尊重、珍爱和保护。然而可叹的是,情况并非如此。在过去的几十年里,过度捕捞、污染以及气候变化给珊瑚礁的健康带来令人持续担忧的影响,这些综合因素导致鹦嘴鱼的数量在显著下降。谈到过度捕捞,人们捕捉鹦嘴鱼,通常会优先捕捞其中最大的挖掘者和刮食者物种,这种"移除"极大地降低了它们的生态贡献。[37]由于人类的过度使用、污染、入侵物种、海洋温度升高以及海洋酸化,珊瑚礁的衰退十分明显。在巴哈马群岛和加勒比海的大西洋海域,甚至是在最大的珊瑚礁群——澳大利亚的大堡礁中,大量珊瑚礁已经死亡或正在死亡。这个情况也意味着,在一定程度上,珊瑚礁未来的命运部分取决于我们对鹦嘴鱼及其生存环境的保护。

幸运的是,关爱海洋及其生命的科学家们已经研究了这些问题,并与那些提出政策和管理热带珊瑚礁的人们密切合作。地方政府和国际协定所采取的措施之一是建立海洋保护区。[38]海洋保护区的功能很像国家公园,在那里,休闲渔业和商业捕捞都受到限制或完全禁止,同时还有其他限制措施。然而,政策和法律只在有激励措施和强力执行的情况下才奏效,否则就只是一纸(或电子档案)空谈。此外,海洋保护区并不一定是针对海洋问题的万能药,因为在这些区域严格执行的规定无法解决全球性问题,例如海洋酸化、海水变暖或塑料污染。

还记得2017年有关巴拿马加勒比海珊瑚礁3000年历史的研究吗?研究结果表明,就在过去的几个世纪里,一些鹦嘴鱼的丰度明显下降,从而导致珊瑚礁生长减慢。这与原住民、欧洲殖民者和海盗(这个必须有)过多捕鱼,以及对珊瑚礁的利用甚至滥用几乎是同时发生的。[39]而且,现代人类造成的污染再添一项压力,入侵物种也逃脱不了干系。关于后者,太平洋狮子鱼——以蓑鲉属(*Pterois*)物种为代表——从20世纪80年代和90年代起,就开始扩散进入加勒比地区和巴哈马地区的水域,[40]而幼年鹦嘴鱼正是它们众多的猎物之一。有趣的是,喜隐居的幼年鹦嘴鱼被狮子鱼吃掉的可能性较低,这就是为什么它们倾向于靠近掩体,以此确保生存。[41]然而,对捕食者的胆怯也使得鹦嘴鱼的游泳和摄食活动有所减少,导致食用藻类的行为随之减少,进而生物侵蚀也降低了。

简而言之,如今珊瑚礁由于诸多问题而面临着困境。但是,除鹦嘴鱼之外,其他生物造成的生物侵蚀与几乎全部问题都有干系。若某处珊瑚礁被钻孔的藻类和海绵占据,生物侵蚀的危害就会更加隐秘,这是一个随着海洋酸化变得愈发普遍的问题。[42]不健康的珊瑚礁中,啃食藻类的鹦嘴鱼数量相对较少,而海胆造成的生物侵蚀相对更多——后者过度啃食,肆意破坏珊瑚礁的表面。[43]然而,无论听上去有多么矛盾,鹦嘴鱼通过生物侵蚀来帮助防止这些类型的生物侵蚀,都可以看作"以火治火"(即以毒攻毒),虽然这是在水下发生的。

我们已经了解到鹦嘴鱼在浅海热带区域沙滩的形成中必不可少,同时,我们还必须将这些动物视为建造整个生态系统的关键工作者,例如在珊瑚礁周围的水下沙地、沙滩甚至岛屿。多亏了这些四处游弋的鹦嘴鱼,通过其牙齿和肠道形成的沙子分布在珊瑚礁后方、前方和周围的浅海环境里。这些沙子随后成为近海洞穴动物的栖息地,例如甲壳类动物、多毛类蠕虫、掘洞的海胆等。近海沙质沉积物的上层不仅会被掘洞,稍后还会被潮汐和海浪移走。

风暴会将大量的沙子带到沙滩上,而风会将一些颗粒吹到沙滩更高处，形成沿海沙丘。一旦被植物的根系稳固，沙丘就成了保护者，能够减缓风暴潮，或改变其方向，以防洪水侵袭岛屿内陆，尤其是那些盖有小屋的岛屿。[44]沙丘本身也是独特的生态系统，在此栖息的不仅有植物，也有滨岸的洞穴动物，例如幽灵蟹（也称沙蟹）、昆虫，甚至是小型哺乳动物。沙滩和沙丘的沙子对海龟妈妈们极其重要——它们爬过沙滩，抵达沙丘，在那里挖出瓮形的巢穴，然后产蛋，并把蛋埋在这些沙子中进行孵化。[45]许多涉禽物种也会利用沿海沙丘后方的沙地筑巢，孵育后代。[46]认识到鹦嘴鱼制造的近海沙地与濒危海龟和涉禽的生存之间的联系，是保护鹦嘴鱼的又一个理由。

最后，随着海平面上升（这是洪水的终极形式），由鹦嘴鱼制造的沙子越多，对小型且孤立的岛屿就越有利——如果它们和其生态系统希望保持在不断上升的水位之上。只要鹦嘴鱼能够避免威胁其延续和数量的因素，并被允许自由地进食和排泄，这些岛屿或许仍有机会继续升高，以跟上未来不断上涨的水位。

第五章

适合珠宝的死亡钻孔

如果你是一名化石足迹学家，你永远都不会忘记你的第一个钻孔。就说我吧，那时我二十几岁，在夏季伊始一个阳光明媚的周六早晨，我站在印第安纳州的乡村路旁。那个孔洞看起来像是用微小的纸张打孔器在一个被称作腕足动物的化石上打出来的，在它原本无瑕的贝壳一侧形成了一个完美的圆形缺失，而这枚贝壳就镶嵌在路旁一块岩石露头底部的石灰岩层里。尽管我那时才刚刚开始熟悉腕足动物，但我仍然知道，这枚贝壳上的孔洞有些许不同，这不是它原始解剖结构或生活方式的一部分。

对于不收集化石的人而言，“腕足动物”(brachiopod)这个词听上去也许就像是一个新奇的跑鞋品牌。同样地，一位词源学家也会对之甚为不解，因为它的希腊语词根译作“手臂脚”(其中brachio意为“手臂”，pod意为“脚”)，这种解剖学上的混合毫无意义。然而，对于住在印第安纳州、俄亥俄州和肯塔基州交界地带的人们来说，腕足动物就是化石。并且，在那里它们是如此常见，在此地界生活超过数月的人，几乎每一位都遇到过一种，无论他们是否认得这些化石。腕足动物是相对小型的动物，尺寸范围小至一粒苹果种子，大到如同棒球。它们看起来很像蛤蜊，因为它们的外壳由两枚联结在一起的壳瓣构成，这一身体特征几乎是在请求人们称之为“双壳纲贝类”。尽管从技术上讲这个说法没错,但任何一位专业贝壳收藏者都不会接受这种命名方式。他们会傲慢地告诉你,双壳纲贝类是软体动物,而腕足动物则不是。

若要摆脱这种业余的状态,一个简单的方法就是更加仔细地观察腕足动物外壳的两个部分(即两片壳瓣)。大多数双壳纲贝类生有两片同等尺寸的壳瓣,互为彼此的镜像。相比之下,腕足动物的壳瓣则是一侧明显小于另一侧;较小的壳瓣是它的背壳(或腕壳),而较大的壳瓣称作腹壳(或茎壳)。[1]在这两片壳瓣变成化石之前,背壳上还生有一个柔软、具纤毛的附属物,称作纤毛环(就是所谓的"手臂")。这个身体部位——你可能会记得苔藓虫也有——使海水(以及海水中的食物)流经两片壳瓣间的间隙,形成循环流动。它相当于腕足动物的口。另一方面,腹壳上生有一个肉茎,可能曾经帮助腕足动物固着在海底(就是所谓的"脚")。那些没有肉茎的腕足动物只能依靠扁平的身体维持在海底表面。

当我拿着那个有钻孔的腕足动物,我想到了它的一生,同时也想到,我之所以能发现它和其上的钻孔,是因为它曾经的海底家园。那个周六早晨,我出现在印第安纳州东部的一条路旁,唯一的理由是那里有一处浅灰色石灰岩和页岩的露头,这些地层是大约4.5亿年前由一个浅内陆海里的沉积物形成的。这些岩石代表着奥陶纪生物大辐射事件的黄金时期,当时生物多样性急剧增加,新的物种遍布全世界的海洋。[2]这场生物革命的极小样本,在露头中表现为整齐堆叠的地层,好似我床边还未阅读的书籍,一本叠在另一本之上。石灰岩比页岩更坚硬,对风化侵蚀的抵抗力更强,因此这些地层探出了路堑,而页岩则更为隐蔽,夹在石灰岩层之间。

构成这些页岩和石灰岩的所有沉积物,最初都是在温暖的热带浅海环境里沉积。它们不同的特征分别反映出平静和恐怖时期,两者交替发生。许多页岩记载着在海湾里累积的大面积泥浆,这些泥浆可能由滤食性动物(例如腕足动物、苔藓虫和海百合)生成的沙粒大小的颗粒集结而成。相比之下,许多石灰岩是风暴沉积物,由奥陶纪时期飓风产生的海浪形成。[3]今天,辛辛那提地区的化石发烧友们由衷地感谢那些昔日的风暴。这种干扰顷刻间就会掩埋和集中海底表面或内里的所有生物,而且发生次数足够频繁,使得大辛辛那提区域因其数量惊人且保存精美的奥陶纪化石而闻名于世。

那个周六早晨,我在检查岩石露头时,石灰岩证实了这些化石宝藏:尺寸和形状各异的腕足动物;枝状的苔藓虫;三叶虫的残片或整个身体;像是纽扣的海百合柄的碎片;偶尔出现的真正的双壳纲贝类;螺旋状的腹足纲动物;以及其他我当时无法辨认的形态——现在也许依然难以识别。页岩中也保存有一些化石,但数量不多。要收集那些古老的化石,最简单的办法就是向下去看岩石露头的底部。在雨水和重力的影响下,许多钙化的动物遗骸和破碎的石灰岩板累积于此。就是在这个"化石废料堆"里,我瞧见了那块石灰岩,其中嵌着那个带有异常钻孔的腕足动物。这种奇特之处,在视觉上就把它和所有其他灰色的碎片区分开来。

这块岩石露头是那年夏天我参观的几处露头中的第一个,当时我试图研究它们的层状岩石(即岩层)层序、实体化石以及遗迹化石,并随后将所有信息整合,来解释它们的初始环境。这些目标不是仅仅为了思维训练,而是为了获得我在迈阿密大学牛津分校(位于俄亥俄州)的理学硕士学位。我的研究更具体的目标是弄清楚:为什么有些化石——如双壳纲贝类和腹足纲动物——在某些岩层中(包括这个在印第安纳州路旁的露头)体积异常小,同时数量极其丰富?我打算回答的问题包括:这些微小的软体动物(称作"微形态")是否因为环境条件不佳而导致其正常生长受阻呢?演化过程是否选择了较小的体形,以利于其生存和繁衍?又或者,它们尚处幼年,在死亡和变为化石之前没有机会生长？这些都是在当时和后来进行研究测试的问题。[4]

由于这次出行是在1983年，远早于全球定位系统（GPS）导航和自动驾驶汽车出现之前，因此我需要书面指南才能找到露头。那是一块垂直的基岩，位于俄亥俄州和印第安纳州的交界处，距离牛津以西约30分钟的车程。我那时也买不起车，因此从地质系借了一辆雪佛兰萨博班。它是车中的庞然大物，我想象着它那低下的燃油效率可能会促使每家大型石油公司每年都向地质系送上感谢卡。然而，它不辱使命，带我往返，同时还将沉重的石灰岩样本载到地质实验室。在那里，我对岩石进行切割、抛光、溶解，或用其他方法百般"折磨"它们，以便岩石"供出"自己的秘密。那天早晨，我收集了人生第一批石灰岩板，还带回了那个有钻孔的腕足动物。

尽管专注于我的论文项目，我却很容易为看似不寻常的化石分心，而又经验不足，乐此不疲。因此，我找到我的论文导师约翰·波普（John Pope），向他展示了这个腕足动物和它那完美的圆形钻孔。约翰是研究奥陶纪腕足动物的专家，[5]见识过成千上万个我以为新奇的样本，果然轻而易举地识别出这个钻孔是捕食者的杰作。"可能由一只腹足纲动物所致。"他毫不夸张地说，随后进一步解释道，有些现代海螺在取食其他动物之前会先钻进它们体内。因此，这个孔洞可能是一只螺的遗迹化石，这只螺曾有着同样的行为。即便如此，我还是发现这个信息令人困惑，我那天真的研究生思维难以理解。尽管自己在孩提时代就对博物学深感兴趣，我却从不知道或想象过螺（或蜗牛）是这样一类杀手——它们悄悄地接近不幸的猎物，钻进它们的身体，致其死亡。相反，我唯一知道的蜗牛行动缓慢，底部黏滑，食用浮渣，是住在花园里的动物。没错，它们很可爱，一点都不凶猛。

有关那个钻孔的回忆再次浮现是在1988年，那时我第一次在佐治亚州的障壁岛海滩上捡起现代海洋蛤蜊和螺的壳。其中不少壳上都有轮廓鲜明、呈完美圆形的钻孔,样子很像我在印第安纳州看见的奥陶纪时期的钻孔。钻孔的直径各不相同,有的似针孔大小,有的像圆珠笔戳出来的洞。但我仔细观察即可发现,大多数孔洞在每片贝壳的外表面直径要大于内表面直径。这使孔洞呈斜角状,更像是一个微型扩音器,而不是有时比较罕见的卫生纸卷筒芯形状。后来,在20世纪90年代末和那以后,我带领学生野外实地考察,这让我发现了更多被钻孔的贝壳。每个学生都会问"这是什么",并且思考为什么这些贝壳会像预先准备好作为耳环或项链的材料。"那么,你会戴上一条死亡项链。"我总是这样回答,然后便开始解释它们那可怕的起源。

脑海里有了这样的搜索形象,在佐治亚州海岸寻找贝壳和孔洞的组合就容易多了。不消一个小时,我或我的学生就能填满一个收集袋,里面满是带有各种孔洞变体的贝壳。然而,任何一次采样之旅都会引出几个新的谜题。大多数孔洞呈斜角状,但其他孔洞是垂直的,且从上到下宽度均匀。大多数孔洞具有圆形轮廓,但也有一些呈椭圆形。一些贝壳上有不完整的钻孔,始于外表面,却没有穿透内表面;而同样种类的贝壳有些却有着被穿透的钻孔。不管怎样,所有这些贝壳和钻孔都在说着故事。故事始于猎捕和躲避,但最为常见的是随后的挣扎、战胜、屈服、死亡和取食。从更广泛的意义上讲,这些小小的神秘孔洞也表明:在超过5亿年的动物生命史中,捕食者和猎物之间存在长期斗争和演化反应,两者此消彼长,交替占据优势。

这些显生宙的"暗杀者"到底是谁呢?它们的行为多久会出现一次?多亏了亿万年来那数百万贝壳上的数百万个钻孔,以及潜在"凶手"的实体化石,古生物学家们才对这些问题有了一个较好的答案。对于任何给定的钻孔,最简单的回答是"螺"。但是,这个答案势必会引导我们提出更复杂的问题:哪种螺?在什么时候?这些"软体动物谋杀者"执此入侵行为已经多久了呢?现代螺如何夺取其他动物的生命?

此外,因为自然并不总是完美的,为什么这些捕食者有时猎杀失败呢?并且另一个问题是:哪些钻孔是捕食者有意为之的痕迹,哪些钻孔出自无心之举,如何做出区分呢?接下来,我们的研究从八个方面入手。我们从通常的嫌疑对象出发,考虑其他可能的钻孔者——它们也是软体动物,但不是螺。所有的谜题都会揭晓,且大多数只需简单地看一看不存在的东西,即贝壳上那轮廓清晰的小小缺失。

通过钻孔杀戮的行为至少自5亿年前开始演化,我们能得知这一点,要感谢遗迹化石。幸运的是,我们有化石足迹学家、古生物学家和海洋生物学家协同作业,来破解这些"犯罪行为"的化石记录。这是一支科学家组成的超级团队,为我们提供了一些有关孔洞之谜的解答,同时也引发出更多的疑问。

你可能还记得,地质学上已知最古老的"钻孔候选者"是埃迪卡拉纪时期的克劳德管虫化石,距今大约5.5亿年。这些微小的圆形钻孔位于克劳德管虫那薄且矿化的壁上,但它们没有揭示太多有关钻孔制造者或其意图的信息。[6]首先,我们甚至无从得知,这些孔洞是否来自捕食者、寄生虫,抑或是克劳德管虫死后支配了其遗骸的动物。由于这些遗迹化石来自可移动的动物大量出现的早期阶段,且这些动物多数身体柔软,变成化石的概率很低,因此可能的钻孔制造者仍然未知——也许我们永远都无法知道。克劳德管虫在埃迪卡拉纪晚期灭绝,这些钻孔制造者也可能随之消亡了。奇怪的是,尽管在埃迪卡拉纪之后,生物多样性迎来"寒武纪大爆发",出现了许多掠食性群体,但这次演化"爆发"却没有产生大量新的钻孔动物:尽管当时有许多动物,钻孔者却很少。[7]此外,寒武纪更多是一个攻击软体猎物的时期,同时许多攻击者自己也很可能具有软体结构。

时间进入奥陶纪。现在,这是一个无脊椎动物生命大放异彩的时

A

B

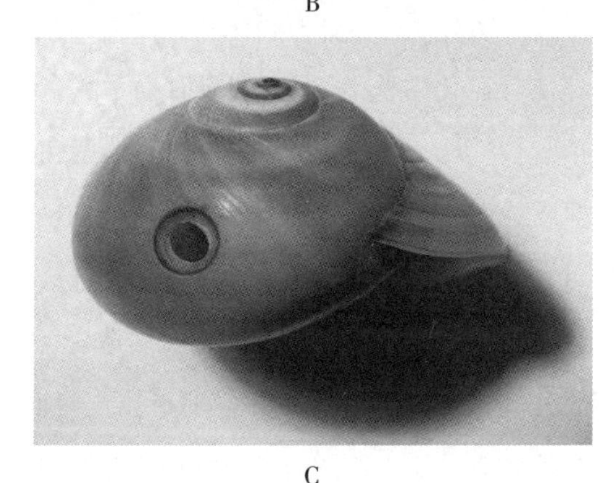

C

图5.1　掠食性螺留在蛤蜊和螺上的钻孔。A:玉螺在两个双壳纲贝类上留下的钻孔，来自北卡罗来纳州的沃卡莫层(Waccamaw Formation，距今约200万年)。B:三个不同种的有钻孔的腹足纲动物化石。其中两个(左和右)有骨螺的钻孔，一个(中间)有玉螺的钻孔。这些标本在华盛顿哥伦比亚特区的史密森国家自然历史博物馆展出。C:一只现代玉螺(*Neverita duplicata*，俗名“鲨鱼眼”)上的斜角状钻孔，这是同类相食的痕迹

期。柔软的、有壳的、带甲壳的或具有其他身体结构的动物填满了以前所有的生态位,在此期间,新的生态位正在形成。[8]一方面,穴居动物探索至前所未有的深度,它们制造的洞穴是如此复杂,以致今日我们依然在争论其中某些洞穴是如何形成的,制造者又是谁。[9]另一方面,对一些动物而言,生物侵蚀成为一种替代的生活方式——它们偏好坚硬的基底。[10]钻入岩石表面的垂直孔洞更为多见,腕足动物的壳则开始背负苔藓虫的刮痕,而其他蚀刻形成的印记要比仅仅在沉积物上掘洞留下的印记更加持久。当海洋捕食者的外部攻击数量和凶猛程度增加时,自然选择也导致更多的贝壳和其他骨骼化形式的发展,旨在防御和威慑。

然而可叹的是,增添更多的矿物质只是一场徒劳,因为自然选择也生出了能够穿透这些防御的动物,并留下了持续4亿多年的标志。尽管奥陶纪时期生物侵蚀的第一批“工匠”雕刻出岩石栖息地,可能是为了保护其柔软的身体,但钻孔代表着一种新型的钻洞方式,它既背离了保护的本质,同时也代表着进入身体并以之为食的意图。起初,腕足动物是最经常被钻孔的动物,但是随着它们在古生代后期数量衰退,钻孔者就转向了其他猎物。[11]因此,蛤蜊、螺、甲壳动物以及棘皮动物被添加到捕食者的菜单中。这些捕食者非常有选择性地切割,延续着奥陶纪生物大辐射事件时期的传统,没有任何迹象表明该传统短时间内会减弱。

正如人们所预期的那样,长期以来一直捕食其他动物的动物谱系,它们也会发生协同演化,这就意味着钻孔不会保持不变,而会波动变化。我们之所以知道这一点,是因为勤奋的古生物学家记录并测量了来自古生代、中生代和新生代的数百万个钻孔,还记录下它们随时间推移而变化的模式。[12]毫不奇怪的是,在生物大规模灭绝事件之后,钻孔的数量显著减少,因为每次发生可怕的改变世界的事件,猎物和捕食者都会随之殒命。然而,每当地球生命得到恢复,追寻者和被追寻者的共舞就会重新开始,因为要么是幸存者将其穿透贝壳的能力传递给后代,要么就是这些能力在后代中重新演化。

同样地,作为猎物的动物不断地改变,以求延长寿命,从而通过基因传递行为或解剖结构的防御机制。例如,腹足纲动物和双壳纲贝类演化出了更厚的壳,以及刺、螺肋、波纹和其他物理障碍,来阻止捕食者接近它们的内里结构。[13]体形的变化也有帮助,因为猎物可以非常小,致使捕食者忽略它们;或者非常大,以至于捕食者与其搏斗消耗的能量要多于成功捕杀所获得的卡路里。但无论演化程度如何,钻孔的捕食者始终存在且占上风,这个状况很可能会持续到未来。

尽管化石记录如此丰富,但要谈论有钻孔行为的螺,没有比现在更合适的时候了。能钻进贝壳的现代掠食性海螺由两个类群代表,即玉螺科(Naticidae)和骨螺科(Muricidae),总共包括近2000个物种。[14]玉螺科的祖先可能是在侏罗纪时期开始钻孔的,距今大约2亿年。[15]但是,古生代许多动物都有类似孔洞,这就告诉我们,此前的腹足纲动物谱系也演化出了相同的捕食方式。这是一个极佳的趋同演化示例,即在不同谱系中出现了相似的适应性特征。尽管古生物学家并不确定到底是哪些腹足纲动物在古生代制造了钻孔,但他们怀疑宽角螺科(Platyceratidae)——生活在奥陶纪至二叠纪时期(大约4.5亿年前至2.5亿年前)——对此事负有责任,它们在腕足动物、海百合和其他有坚硬外壳的动物上钻孔。[16]

让我们从玉螺开始说起。玉螺的壳有两个特点引人注目:美丽的图案(条纹,斑点,或绿色、棕色、紫色和黄色交织混合的螺旋纹)与它们的螺旋形状浑然一体,以及整体呈圆形。然而,若仔细观察它的形状,你会发现它在垂直维度上略微扁平,好似一个稍微漏了气的沙滩球。

美国东南部的贝壳收藏者们因其圆形的轮廓，亲切地称这些腹足纲动物为“月螺”；而其他人则叫它们“鲨鱼眼”，因为较暗的颜色集中在它们顶部，令其呈现出瞳孔般的外表。[17]月螺不同于许多其他有壳的螺。后者的螺壳盘旋成高尖塔形状，或具有结状和尖刺的装饰，而月螺的壳极其光滑。鉴于它们独特的形状和质地，一旦你触摸过足够多的月螺，你就能用手指辨认出它们。月螺的体形不等，小的如同扁豆，大的可似柑橘，但我见过的大多数螺壳都是玻璃弹球般大小。

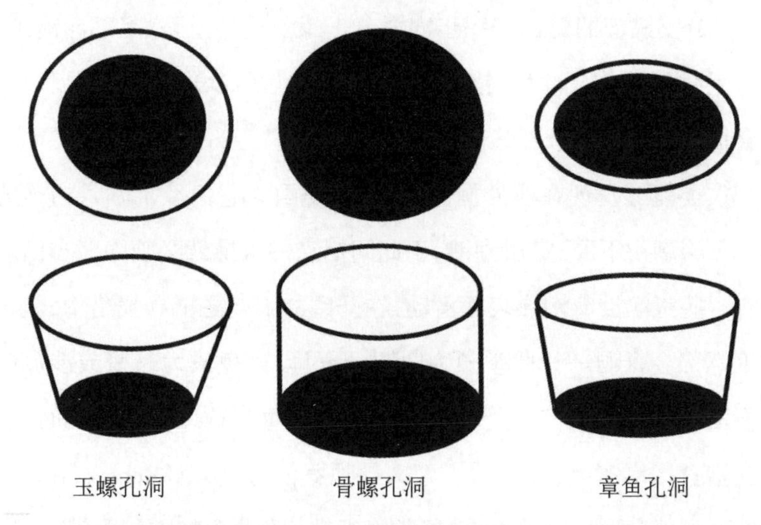

图5.2　对比玉螺、骨螺和章鱼在贝壳上孔洞形状的差异。上方是外视图，下方是透视图，黑色表示孔洞底部。这些孔洞不以相同的比例显示，因为章鱼的孔洞通常明显更小

活着的月螺(即玉螺)值得一看。然而，在野外很难看见它们，因为它们主要生活在沙质近海环境中或沙滩的较低处。它们还通过掘洞来隐藏自己，几乎总是在自己和外界之间保留一层沙子。因此，想看见活的玉螺，最佳时间就是退潮时分，而找到玉螺最简单的方法就是在其洞穴尽处寻找它们。在沙滩上，玉螺的洞穴表现为弯曲的沙脊，沙脊一端有圆形的沙丘，看起来就像被极度拉长且放大了的逗号。[18]一旦你发现了一些它们的洞穴，并在脑中形成恰当的搜索形象，它们似乎就会成

倍增多。基于这样的经验，我在佐治亚州的海滩散步时，看到了数十个这样的洞穴。洞穴的宽度根据制造者的大小而变化。这些洞穴制造者的身份和尺寸也很容易确认，只要轻轻地将手指推入洞穴沙丘端旁边的沙里，在下面蜷曲手指，然后提起玉螺，但要确保它周围包裹着足够多的沙子。经过如此细心的努力，你会得到一只活的玉螺作为奖励。它那光滑的外壳被其肉质的足部和黏液薄薄地包裹着。由足部和黏液组成的覆盖层可以保持玉螺的外壳光滑无痕，保护其不会被石英砂磨损。[19]分泌黏液的足部进一步润滑着玉螺前进的道路，足部向前延伸，超出了身体的其余部位，锚定在沙子里，然后每次做一组扩展和收缩，都会拉动身体的其余部分前进。

人类能够发现在浅处掘洞的玉螺，是因为它们经常陷入糟糕的境地。每当潮汐下降，露出潮滩，于此间栖息的玉螺就必须隐藏自己。尽管有一些玉螺沿着潮滩表面滑动，在开阔的天空之下寻找猎物，但大多数玉螺都会掘洞——此举颇为明智，既可以避免成为螃蟹或涉禽的一顿便饭，同时也保护其宝贵的体液。然而，每当这些玉螺掘洞时，它们也在猎食。事实上，我的博士论文导师罗伯特·弗雷(Robert Frey)——我们称呼他“鲍勃”(Bob)——经常将玉螺称作“潮滩上的狮子”，这纯粹是出于对玉螺在地下王国里掠食优势的钦佩。当玉螺猎食时，它通过沉积物颗粒之间的孔隙水里传播的化学物质或声音来探测潜在的猎物。[20]一旦检测到这些化学信号或振动，玉螺就会调转方向，向着信号的来源继续移动，直到沿途在沙子中找到某些坚硬的东西，比如蛤蜊，另一只螺或其他动物。然后，它会用肉足包围遇到的物体，将自己缠绕在猎物周围，使之动弹不得。

当它那即将到嘴的猎物被正确地包裹起来后，玉螺就会在贝壳的一个小点处分泌酸液来软化它。[21]接下来，它要做的就是自己最擅长的事情——钻孔，该行为通过它的齿舌完成。和石鳖以及许多其他腹足纲动物一样，每只玉螺都有一个附着在吻部的矿化齿舌，而吻部还包括它的口和食管。但是和其他大多数软体动物不同，玉螺不用齿舌在水平表面上刮擦藻类，或以其他方式啃食。事实上，它的齿舌就是其私人锉刀，一种用来刮削特定位置的解剖结构工具。它向下穿透猎物的贝壳或甲壳，进入内里美味所在之处。为达到目的，玉螺精确地使用齿舌。齿舌依次向右转、向左转、向右转、再次返回，但都控制在紧密的半圆形模式下，令人不禁想起“上蜡，脱蜡”的手势动作*。齿舌从高角度施加旋转式刮擦，所生成钻孔的直径在被攻击动物的外表面上较宽，在内表面上较窄。破坏贝壳这道防线可能只需要几个小时，紧接着，玉螺就将吻部从这个钻孔插入。然后，猎物在仍然活着的状态下从内部被吃掉，直至其死亡。[22]玉螺使用齿舌刮擦猎物的内部，这是一种可怕的清理餐盘的方式，留下了一个带有单个钻孔的空壳。

尽管通常而言，玉螺与人们在蛤蜊和螺的壳上找到的孔洞有关，但这些捕食者也将其捕食范围扩大到了甲壳动物，例如螃蟹；甚至连介形类动物（小型豆状的甲壳动物）都遭受了同种厄运，和它们那些无足的伙伴一样，在玉螺的肉足下丧生。[23]我们又是怎么知道的呢？所有动物都带有具相同特征的斜角状痕迹。这个瞬间的剧透破坏了全部的悬念，直接揭示了凶手。因此，任何一位优秀的化石足迹学“侦探”都可以捡起一枚带有这种孔洞的现代贝壳，瞧上一眼，便自信地说：“是的，这就是玉螺干的。”化石足迹学家们为这种遗迹化石划分了一个遗迹属，命名为*Oichnus*；并且，当其形状类似圆锥体时，它们有个更具体的名称：*O. parabaloides*。[24]

在世界上许多浅海环境中，和玉螺科生物并存的还有骨螺科生物，它们有时被称作“岩螺”“骨螺”或更有启发性的称谓，例如“牡蛎钻螺”。

---

* 原文是“wax on, wax off”，来自1984年美国电影《龙威小子》[或译《空手道小子》(*The Karate Kid*)]的经典台词。——译者

这些掠食性的腹足纲动物中,大多是高尖塔状的,使得其高度大于宽度。大多数骨螺比外壳光滑的玉螺有更多装饰,具有明显的节状和刺状凸起。例如,一种热带的骨螺——维纳斯骨螺(*Murex pecten*),沿着其长度有100多个长的、或直或弯曲的刺,因此得了个"维纳斯之梳"(Venus comb)的昵称。[25]这种类似"疯狂麦克斯"*式的装饰显然是为了保护免受其他捕食者(包括其他骨螺)的攻击,同时也使这些螺能保持在泥质或沙质表面上。跟玉螺不同,大多数骨螺在猎食时不挖洞。起初,给这些螺命名十分容易,因为几乎所有的都被归类为骨螺属(*Murex*)。然而,生物学家后来确认了其他属,鉴别出超过1500个现代物种;古生物学家迄今也鉴别出1000多个化石物种。[26]它们的分支群(骨螺科)始于大约1.2亿年前的白垩纪,在演化过程中留下了大量的贝壳,但也留下了许多与玉螺的钻孔不一样的孔洞。[27]

和玉螺类似,骨螺科腹足纲动物也使用齿舌,它们锁定活体目标并钻进去,令猎物胆战心惊。但是,它们的钻孔不呈斜角状,而是从上到下保持着均匀的宽度,看起来更像是圆柱体,而不是圆锥体。[28]这种形状表明,骨螺的攻击角度比玉螺的更为垂直(上下运动),这就意味着齿舌在一个更紧密的圈中移动。骨螺也非常有选择性,会扪心自问:"钻孔,还是不钻孔?"因为有些骨螺可能会在猎物贝壳上发现微小的缝隙,容它们进入。毕竟,如果门已经敞开,何必还要穿墙凿壁呢?有时,毒液也可以助其进入。骨螺会释放毒素,令猎物极度松弛,放下防御。[29]因此,这种"化学战争"会导致较少的钻孔,也就意味着骨螺捕食不会如玉螺般留下太多持久的证据。

骨螺独特的钻孔表明,它们肯定更喜欢取食其他软体动物(双壳纲贝类和腹足纲动物),但也会捕食藤壶和海胆。[30]因此,一个由玉螺和

---

* 出自系列电影《疯狂的麦克斯》(*Mad Max*)。——译者

骨螺共同经营的餐厅就会拥有一长列的开胃菜和主菜。然而,任何首次到这种餐厅用餐的骨螺或玉螺,当看到自己的名字赫然出现在菜单上,都会感到有点不舒服;紧接着,它们就会注意到其他同物种的食客或是饥肠辘辘地盯着自己,或是滑行到它们的桌旁,齿舌都已经准备好了。

幸运的是,同类相食在我们自己这个物种中相当罕见,但它在其他动物中更经常发生。黑寡妇蜘蛛[寇蛛属(*Latrodectus*)的诸多物种]和螳螂(超过2000个物种)可能是动物界中最臭名昭著的同类相食的例子——雌性会邀请雄性前来交配和共享晚餐,接着就是雌性独自吃饭。然而,一些脊椎动物也会参与同类相食,包括许多种鱼类,以及非洲狮(*Panthera leo*)——雄性狮子会杀死并取食雄性竞争对手的后代。[31]

把玉螺添加到无脊椎动物同类相食的列表里,这是每个其上携有孔洞的玉螺壳提醒我们的事实——那是另一只玉螺留下的孔洞。诚然,这些腹足纲动物在取食同类时口味更广,不局限于一个性别——毕竟,当你是雌雄同体,又是同类相食者时,每个个体都能成为配偶和一顿便饭——然而,这种同时满足多种欲望的做法,也会在自身同类间造成死亡,这似乎和演化论相矛盾。从常识的角度来看,如果一个物种内部经常自相蚕食,也可能会导致该物种的灭绝。然而,演化并不是这样运作的。在一个种群内,只要被吃掉的个体数量相对较低,而繁殖率相对较高,同类相食的物种就会持续存在,甚至可能还会繁荣。[32]玉螺壳里的玉螺钻孔的化石记录——可以追溯到白垩纪——也支持了这个观点,即同类相食在它们的演化历史中已经存在了相当长的时间。[33]

因此,尽管在玉螺科和骨螺科动物中,同类相食是自然现象,但它仍然引发了两个问题。首先,玉螺为什么会取食自己最亲近的亲戚呢?其次,捕食者如何成功攻击和取食完全相同的捕食者?关于这两个问题，部分答案来自2014年一篇关于印度沿海的斑玉螺[*Notocochlis* (*Natica*) *tigrina*]的研究文章。在这项研究中，古生物学家德瓦普里亚·查托帕迪亚(Devapriya Chattopadhyay)和她的同事结合了实验室实验和野外观察，来测试玉螺种群和食物资源是如何影响同类相食的。[34]他们发现，即使当双壳纲贝类猎物数量丰富时，一些玉螺也依然会钻进其他玉螺。然而，这些攻击是有选择性的，因为较小的玉螺更有可能钻入并取食双壳纲贝类，而不是彼此；与此同时，较大的玉螺则避开蛤蜊，取食自己体形较小的亲戚。由于玉螺外壳上最小的孔洞明显宽于双壳纲贝类贝壳上的孔洞，基于这些痕迹，研究者得出了这样两个推断。鉴于钻孔宽度与体形大小相关，研究人员可推论出哪些玉螺是在取食其他猎物，而哪些是在捕食同类。文章作者提出，种群密度是发生同类相食的另一个因素，因为大量的幼年玉螺(即“千禧一代”)意味着有更多个体可作为食物，供数量相对少、年龄较大的玉螺(即“婴儿潮一代”)食用。

另一项关于斑玉螺的研究于2016年发表，证实了同类相食确有发生，但比之前所认为的更加频繁，甚至在有其他猎物(例如其他种腹足纲动物和双壳纲贝类)可供取食的地方也会发生。由古生物学家阿里吉特·伯哈里(Arijit Pahari)领导的研究团队，三年间(2013年至2015年)在印度东部的昌迪普尔潮滩上收集蛤壳和螺壳，并根据每个物种中已钻孔标本和未被钻孔标本的数量计算出“钻孔频率”。[35]根据这个频率，他们发现几乎60%的斑玉螺壳上都有被同类斑玉螺杀戮的证据。为什么会这样呢？伯哈里和其同事提出：这些玉螺在消除竞争对手；同时，比起其他物种，它们能从自己的种群里获取更多的营养物质。这种可怕的结果使得科学家们在其论文开篇就写下一句令人难忘的话：“印度东海岸的昌迪普尔潮滩是一个杀戮之地。”事实的确如此，而且至今依然如此。所以，玉螺的钻孔行为有助于持演化论思想的人们重新思考同类相食假定的罕见性及其假定的劣势，同时继续追问为什么这种看似自毁的行为在某些物种中持续存在。

螺并不是唯一通过钻孔来扼杀生命的软体动物，而且无论是无脊椎动物还是脊椎动物，都很少有动物能像章鱼那样巧妙地进行杀戮。章鱼属（*Octopus*）代表性物种约有300种，其中大多数生活在全世界温暖的浅海环境里。它们属于软体动物门的演化分支——头足纲（Cephalopoda），其中包括鹦鹉螺、菊石、乌贼（或称墨鱼）和枪乌贼（或称鱿鱼）。[36]总体来说，头足纲动物有很长的谱系，始于寒武纪，但直到大约3亿年前的晚石炭纪时期，章鱼属动物才以化石的形式出现。[37]类似章鱼或鱿鱼的动物是人类传说的主题，从航海故事里的挪威海怪（克拉肯，源于挪威语Kraken）*——似乎在释放后达到了毁灭的巅峰，到克苏鲁（Cthulhu）——由著名的种族主义者（兼作家）H. P. 洛夫克拉夫特（H. P. Lovecraft）创造的旧日支配者（Great Old Ones）**，再到日本的情色作品。

可以理解的是，许多书籍都是关于现实中的章鱼的，无论你更喜欢使用哪种英文复数形式来描述这些神奇的“八臂”动物——“octopuses”“octopodes”“octopi”等。但也许，我们应该问问它们更欣赏哪个标签。毕竟，章鱼被认为是最聪明的无脊椎动物，能轻松地解决我们灵长类动物交给它们的任何问题。它们的众多技能包括巧妙地逃脱，例如有一

* 又名北海巨妖，是挪威民间传说中的海怪。它们身躯巨大，外表骇人，出没于挪威和冰岛近海。这个传说的原型可能是真实世界中的巨型章鱼或者大王乌贼。——译者

** 最早出自洛夫克拉夫特于1928年发表的短篇小说《克苏鲁的呼唤》（*The Call of Cthulhu*），是克苏鲁神话中一群古老而强大的存在。作为具体存在的克苏鲁，作者赋予它“模糊的人形”、章鱼般的头部和细长的翅膀。——译者

只章鱼戏剧性地从水族馆逃走，溜进附近的海洋。[38]章鱼还能学习（并记住）如何穿越迷宫、拧开容器盖子、使用工具，甚至似乎还能预测世界杯比赛的结果。章鱼使用工具的示例还包括：它们在自己的巢穴周围布置贝壳，形成壁垒，或者将自己的身体塞进椰子壳，就若无其事地走了。[39]如果后者听上去更像是玩闹而不是防御，那你可能还真没错，因为生物学家也进行过测试，并发现了章鱼玩闹的令人信服的证据。最近，2021年有一项研究提供了章鱼会做梦的有趣证据，研究人员记录到在章鱼的睡眠周期中有持续将近一分钟的颜色变化。[40]

考虑到它们的声望，章鱼为了食物而钻进其他动物体内，似乎只是其技能长列表里的又一项技能。然而，这种能力通常被视为最后的手段，只有当此前的方法无法制服其猎物，章鱼别无选择，才会采取刺穿贝壳或甲壳之法。举个例子，假设一只饥饿的章鱼在海底遇见了一只肥美的双壳纲贝类（例如蛤蜊），并决定轻松地吃顿午饭。它"拥抱"着蛤蜊，用8条带吸盘的触手紧紧包裹住蛤壳，试图将两片壳瓣分开。如果蛤蜊累了，且在壳瓣之间出现缝隙，章鱼就会滑进去开始取食。但是，如果这只蛤蜊在这场拉锯战中过于顽抗，章鱼就会拿出备用计划：章鱼有用于取食的颚片，但它也有用于钻孔的齿舌。因此，章鱼控制着蛤蜊身体的位置，使贝壳靠近自己的齿舌。齿舌摩擦着贝壳，但通常只停留在其顶部不足1毫米宽的小椭圆形区域内；若是在底部，区域宽度会更窄。[41]几个小时后，章鱼就会抵达内部表面，它停止钻孔，通过孔洞注入毒液。毒液就由位于齿舌附近的唾液腺分泌，十分便利，会导致双壳纲贝类瘫痪，并最终死亡。[42]无论是哪种方式，这只蛤蜊都会松弛下来，打开两片壳瓣，邀请章鱼来享用鲜美的一餐——却并非出自本意。

章鱼用钻孔和毒液捕食的猎物包括甲壳动物（蟹和藤壶）、双壳纲贝类（蛤蜊和牡蛎）、腹足纲动物以及（处于头足纲的背叛之中的）鹦鹉螺。[43]这些动物中,任何个体被章鱼攻击并杀戮的唯一痕迹就是它们贝壳上的微小孔洞,呈椭圆形或圆形,有一个或两个,甚至更多。这些孔洞位于猎物内部肌肉对应的位置,表明章鱼钻孔的精确性,这是大多数其他钻孔者所没有的。贝壳上的这些孔洞有其独特的尺寸、形状和位置,以及更多的数量,因此可以和腹足纲掠食者留下的孔洞区别开来。并且,不同于腹足纲动物,章鱼还是"科学家",如此多的孔洞并非无能的标志,而是代表着试验和在错误中学习。凭借其敏感的触手作为神经系统和记忆的延伸,章鱼找到了正确的钻孔位置,并且可能会在余生都采用相同的方式,尽管它们的寿命也许只有一两年。

化石足迹学家兼古生物学家理查德·布罗姆利(Richard Bromley)研究了现代贝壳和化石贝壳上的章鱼钻孔,他认为这些钻孔足够独特,可以为其单独划分一个遗迹属,并命名为*Oichnus ovalis*。[44]这种对遗迹属*Oichnus*做出的种类细分,旨在帮助古生物学家鉴别可能由玉螺科、骨螺科或章鱼属动物制造的不同钻孔。[45]将这些标准应用到化石贝壳上,我们现在知道,至少从白垩纪晚期(距今大约7500万年)以来,章鱼就一直在钻进蛤蜊、螺和其他动物体内,[46]该行为一直延续到新生代,包括现在。

布罗姆利还称章鱼是"化石形成学的失败者",这么说并非出自蔑视,而是承认这些软体动物不大可能变成化石的事实。[47]的确,它们的实体化石非常少见,但其遗迹化石就要常见得多,为我们提供了在大部分化石记录中章鱼存在的唯一线索。现如今,贝壳上的章鱼钻孔还能用于生物地理学研究,帮助海洋生物学家检测到章鱼的存在,而有些地区在此前全球变暖时期是没有章鱼的。[48]事实上,随着气候变化持续发生,生物学家期望章鱼钻孔可以助其绘制出钻孔生物在更温暖水域里扩展分布范围的地图。

白垩纪时期的章鱼也会做梦吗?如果会,它们梦见什么呢?它们是否会梦见打开巨大的蛤蜊,享受着内部的盛宴,又或者,是否会经历被巨型海洋爬行动物袭击的梦魇?我们也许永远都无法得知,但是其钻孔却揭示了章鱼的思维方法和决策,它们自章鱼演化以来一直延续至今。

关于演化理论,较为常见的误解之一是,自然选择会导致完美协调的适应性,永远不会出错,进而又引出一句陈词滥调:捕食者都是"杀戮机器"。然而,即使是最杰出的顶级捕食者也会犯错误,如果这些动物有廉耻之心,那些错误也许都会让它们感到难堪至极。还有,随着时间的推移,演化过程也在塑造猎物和捕食者的反应,它们的防御与战术相匹配,反之亦然。

正如之前提到的,由玉螺、骨螺和章鱼捕食留下的钻孔非但不是随机的,而且还告诉我们经过数百万代演化得来的捕食策略。在蛤蜊中,这些孔洞最常位于靠近它们两片壳瓣铰合的地方,即称为"壳顶"的一处凸起。不巧的是,这里也正是肌肉将两个壳瓣固定在一起的地方。[49]同样,在腹足纲动物的壳上,孔洞往往位于壳的顶部螺旋附近,这意味着这些捕食者也找到了一个攻击肌肉组织的位置,有助于捕食者打开贝壳,以便进入。[50]古生代腕足动物的外壳显示出类似的分布,大多数孔洞聚集在固定两个壳瓣的铰合部。[51]我们是怎么知道这一点的?因为古生物学家已经绘制了成千上万个贝壳上的成千上万个钻孔的分布图,生成了稳健的统计概率,显示出攻击最有效的位置。[52]同样,不完整的钻孔反映了失败的攻击。在双壳纲贝类身上,这种钻孔往往离壳顶最远;而在腹足纲动物身上,半个钻孔则更靠近它们的边缘。[53]

这些捕食者"违背社交道德"的一个标志是,它们未能遵循这句校园忠告:"不要以大欺小。"这条忠告尤其适用于同类相食的玉螺。正如此前提到的,钻孔的宽度也和钻孔者的大小直接相关,因此我们可以直接测量猎物的尺寸,并能推断同一标本中捕食者的大小。[54]在这些情况下,大多数完整的钻孔表明其制造者要比它们杀死的猎物更大;但是,在钻孔不完整时,情况则相反。然而,如果一个猎物太小,致使某只饥饿的玉螺都懒得吃它,那么小体形实际上可能有助于猎物躲避攻击。[55]竞争也是一个因素,比如当一只玉螺和另一只玉螺为争抢猎物而战,使钻孔中途停止,导致死神塔纳托斯(Thanatos)"打道回府"。然而,无论原因何在,这些钻孔都激发了贝壳的前软体动物主人的胜利之情,因为它逃过一劫。但是,同一枚贝壳上的完整钻孔则表明后来某位捕食者的成功。

然而,掠食性的螺可能犯的最有自黑效果的错误是:它们不仅钻入已经死亡的猎物,还钻入与其猎物毫无关联的东西。是的,有时候玉螺和骨螺会追捕非生物材料,并将其误认作食物。关于这些捕食者失败的证据来自腹足纲动物的壳,那上面有不止一个完整的钻孔。两个或更多完整的孔洞告诉我们,要么是死者还魂,只是为了再次遇害(这是恐怖电影里的老梗),要么是一只掠食性玉螺错误地把已经死亡的螺当成了活的。但是对玉螺而言,最可笑的捕食错误当属多只玉螺设法取食鱼的耳骨。这些骨头早已经和自己原本的主人分离,却有着玉螺独特的钻孔。这些玉螺想必是将鱼耳骨的形状和小型蛤蜊的形状混淆了。[56]应该给玉螺点个赞,因为这些钻孔只是部分地进入了骨头,这意味着一旦玉螺意识到它们只是在做无用功,就停止了钻孔。尽管如此,人们几乎可以想象,它们事后悄悄地溜走,希望没被亲戚瞧见:我是想说,同类相食还可以理解,但是吃鱼耳骨呢?

研究者们绘制了贝壳轮廓图,标出了完整钻孔的位置,由此告诉我们自中生代以来有钻孔行为的螺使用的最佳捕杀策略。然而,这些分布图也令我想起了人类的幸存者偏差理论。"幸存者偏差"是指:当灾难幸存者成为仅有的讲述灾难的人,那些没有幸存下来的人却无法说出发生了什么,因为他们已经永远地噤声了。当然,科学家主要研究那些**没有**幸存下来的动物的遗骸,几乎每一个完全穿透贝壳的孔洞都是死亡的痕迹。即使是不完整的骨螺钻孔也能代表死亡。因为那些腹足纲动物可能已经释放了毒素,一旦猎物不再抵抗,钻孔就会停止。不过,完整钻孔的绘制图往往会说明终结效率,像极了一句军事用语:"弹无虚发。"

研究贝壳中的钻孔引发了诸多争论,其中之一是:如何区分捕食者造成的损害和非捕食者造成的损害。举个例子,如果我和我的学生一道去佐治亚海岸进行实地考察,某位学生发现了一枚被钻孔的蛤蜊壳,我必然会开始一番兴高采烈的描述,包括这是什么动物干的,以及钻孔时涉及的可怕方法。然而,有时会有一个不为所动的学生这样回应我的讲述:"你咋知道这就不是被其他什么弄出来的一个洞呢?"这是一个非常合理的疑问,我感谢那位学生在实践怀疑主义的同时,也提供了一个进行假设检验的机会,这正是所有优秀的科学家们应该做的事情。

因此,我们现在要考虑贝壳上孔洞的其他可能性。首先,让我们想一想,除了捕食,是否海浪会裹挟已经死亡的动物贝壳,在移动中导致普通的磨损呢?诚然,海浪造成的损害可以导致蛤蜊贝壳的壳顶出现孔洞,靠近蛤蜊的两片壳瓣铰合之处。[57]再加上矿物学因素,例如成分为霰石的贝壳(莫氏硬度标仅为3)和富含石英的沙子(硬度为7)之间存在硬度差异,这种侵蚀的可能性更大,就好比是在这些贝壳上用砂纸大力摩擦。然而,考虑到海浪能量、暴露时间、贝壳厚度和许多其他因素的巨大变异性,这些孔洞应该有着多种形状和大小,而与真正的钻孔几乎没有相似之处。

还有一种可能性是,这些孔洞具有生物学起源,但是由动物在已经死亡的动物贝壳内挖掘圆柱形巢穴所致。这是一种替代解释,至少适用于奥陶纪腕足动物身上一些令人困惑的孔洞。这些孔洞穿透了它们的贝壳，大小和掠食性的钻孔正相符。[58]然而，有线索显示，这些钻孔是腕足动物死后形成的，而非致其死亡的原因。线索也即，这些孔洞穿过贝壳，延伸到下面的岩石中，这似乎有些“过度杀戮”了。这些孔洞的非捕食性质得到了进一步支持，因为它们在腕足动物贝壳上的位置是随机的，而致命攻击往往会集中在特定的位置。

另一个导致贝壳出现钻孔的生物学原因不是捕食，而是来自寄生。这两种行为之间的区别实际上关乎生与死，因为寄生者会允许它们的寄主多活一段时间，尽管寄主非常痛苦。在贝壳化石或现代贝壳中，寄生活动表现为同一受害者身上有重复且大小相似的钻孔，尤其是如果这些钻孔显示出愈合的迹象，这意味着该动物在每次被攻击后都还活着。[59]想象一下，我们人类被恙螨、蜱虫或蚊子多次叮咬，通常都会痊愈；除非这些寄生虫携带疾病，否则它们不会杀死寄主。因此，如果骨骼组织显示出围绕孔洞生长的迹象，那么这些痕迹整体而言，更有可能是寄生虫长时间取食的结果，而不是快速钻孔和取食所为。[60]

当然，我们也会想到人类。作为最以人类为中心的物种，我们扪心自问：“这有可能是我们做的吗？”对于这些钻孔来自例如螺这样简单生物的观点，我的学生们表示怀疑。这也和人类的自负有关系，即认为只有我们才能在双壳纲贝类或腹足纲动物的壳上雕刻出如此完美的圆形或椭圆形孔洞。这些孔洞的位置进一步支持了这种推论，因为它们太适合穿过细线或其他绳索了，使之挂在项链上。毫无疑问，这些与我们和我们的文化直接相关。考古学家确实有所记录，我们现代人喜欢用死去的软体动物遗骸来装饰自己，而这对于智人（*Homo sapiens*）而言压根不是新鲜事儿，至少对于其他两种人类物种——尼安德特人（*H. neanderthalensis*）和直立人（*H. erectus*）亦是如此。[61]但我们也十分清楚，贝壳中这些孔洞可能是预先制作好的，人类将其串起来之前，无偿地利用了无脊椎动物的劳动。

在2017年,动物学家安娜·玛丽亚·库比卡(Anna Maria Kubicka)和她的同事发表了一份详尽的调查报告,其中收录了来自欧洲、非洲和亚洲考古遗址中软体动物贝壳上孔洞的描述。据推测,它们被用于人类的装饰。[62]随后,研究者们将考古学家对这些孔洞和其位置的描述,与生物学家和古生物学家对掠食性软体动物制造的孔洞及其位置的描述做了对比。在这项研究中,他们检验了一个考古学假设,即人为制造的孔洞其位置要比掠食性软体动物制造的孔洞更有规律可循,考古学家认为后者的位置是随机的。然而,库比卡和其同事发现,人为制造的孔洞在贝壳上的位置和贝壳的类型,实际上与掠食性软体动物制造的孔洞相似。[63]例如,尽管人类制造的穿孔有时候和掠食性软体动物制造的几乎同时发生,但大多数螺的钻孔集中在双壳纲贝类的壳顶区域,或是在腹足纲动物外壳的螺旋尖顶处。如何做出区分呢?人类更常使用工具敲击贝壳,而不是用齿舌进行精确有序的钻孔。

在识别钻孔时,考古学家和古生物学家也可能会犯错。鉴于我们越发意识到这一点,并掌握了一份检查标准的清单,我们就能相当确信地区分出捕食性钻孔和磨损痕迹、非捕食性钻孔、寄生痕迹、人为改造。相应地,古生物学家就可以进一步证实,来自古生代、中生代和新生代的化石中,大多数单个圆形至椭圆形的孔洞都代表了即时死亡,而不是其他类型的死前和死后的经历。

假设你是一只生活在海里的螺,你被一只玉螺科或骨螺科的腹足纲动物缓慢杀死,或被一个章鱼更迅速地杀死。你死了,根据你的"螺"生选择和无脊椎动物的信仰,要么你去腹足纲动物的天堂或地狱,要么你就变成化石记录。然而,在那之前,你已经死掉的壳可能会复活:不是以"僵尸"的方式,但它确实涉及行走,因为篡夺了你外壳的家伙它有腿。恭喜你,螺壳:你现在是寄居蟹引以为傲的移动住宅。

不过,寄居蟹还是很挑剔的。实际上,它们很可能决定不搬进有钻孔的房子,而是选择那些“墙壁”和“屋顶”没有孔洞的壳。这些寄居蟹是否出于迷信,拒绝住进这样的房子,认为它前任主人的鬼魂可能还在此藏匿?这种歧视性行为,是否也意味着一些寄居蟹其实是化石足迹学家,能够探测到捕食的痕迹,并将这个信息传递给其他寄居蟹,作为房地产建议?答案事实上更加复杂,并且和自然选择有关。

寄居蟹的演化历史悠久且迷人,始自侏罗纪早期(距今约2亿年),一直延续到白垩纪,并且至少有一部分寄居蟹在白垩纪晚期大规模灭绝事件(距今约6600万年)中幸存下来。[64]化石记录显示,寄居蟹占据已死和被遗弃的软体动物外壳的习性也始于侏罗纪,其中一份标本发现于螺旋形的菊石遗骸当中。[65]现代寄居蟹——它们不是“真正的”蟹,但与蟹有亲缘关系——有近1000个代表性物种。[66]几乎所有这些物种都生活在海洋环境里,但也包括一些陆地物种,还包括现代陆地无脊椎动物的重量级冠军:椰子蟹(*Birgus latro*)。由于它们身体柔软且易受伤害,大多数寄居蟹依靠已死的腹足纲动物的外壳来保护自己。随着体形不断增长,它们经常以新壳替换旧壳,也会由于其他原因,发生激烈的竞争,争夺“合适的”贝壳,显得《房屋猎人》(*House Hunters*)里的角色都像是业余人士。[67]

基于这种由贝壳引发的对抗,人们可能会认为寄居蟹可以接受一个带有钻孔的腹足纲动物的壳:毕竟,那不过就是个小洞嘛。此外,在贝壳上钻孔的捕食者可能不会再去碰这些壳,因为它们能感觉到壳里盛着的是皮包骨头的寄居蟹,而不是美味可口的软体动物组织。然而,演化论对此事自有其表述,尤其是关于寄居蟹和其他捕食者的协同演化。这些捕食者并不进行钻孔,而是利用了孔洞给贝壳造成的结构性缺陷。这样的贝壳会被压碎,害死了壳里的擅自占屋者,也可能会累及原贝壳主人其他活着的亲戚。这反过来导致了如今的寄居蟹通常不选择带有钻孔的壳,无论它们多么适合自己。[68]

那么,究竟谁是这些壳的压碎者呢?它们比钻孔者更加野蛮,更令猎物心生恐惧。其中一些是蟹,一些则不是,但它们有着共同的特点:对破坏贝壳有着强烈的兴趣。

第六章

狂热的贝壳粉碎者

很少有动物能像我手中的螺这般幸运。首先,尽管它毫无生气,内部已经空了,但螺壳的重量和尺寸——横跨我的手指和手掌的长度,尖尖的尾部延伸到我的手腕上——说明它曾经活了很多年。当从其顶部看时,我可以看见生命历程从一个顶点——它诉说着生命的起始——开始螺旋而出。从这些最初的几个螺旋开始,当它还是一个简单的原胚壳时,螺向外和向周围生长。螺壳顺时针增长,其柔软的内部组织与这个保护层同步扩大。壳内部是明亮的橙色,在壳外部沿长度分布的交替色块中,该颜色重复出现。这些及其他特征帮助我确认它是一种科诺比海螺(又名刺香螺,*Busycon carica*),是佐治亚州的官方螺壳;地理位置也相符,因为我就在佐治亚州萨佩洛岛的海滩上。

然而,这个螺的生命历程并不乏戏剧性,它的壳上记录着一些危险的时刻。在外部的螺旋之一上,沿着它的长度有一条粗糙、凸起的线,打破了螺壳平滑的外表,反映出以前它曾与另一个物种发生激烈的冲突。稍稍越过这条分界线,还有第二条线,再往前是第三条。第三条不规则的分界线之后便是螺的边缘,也是它死亡之前螺壳最后生长的部分。尽管我无法确定它具体的经历,但这三条线无可辩驳地证明:它生前曾三次遭遇攻击,但每次都成功逃脱、愈合、生长并延长了寿命。在这几次攻击之间,螺也会因各种蛤蜊给自己招致裂口,因其利用螺壳的外缘撬开蛤蜊,取食它们柔软的内部组织。但这些只是从螺壳边缘剥落的小碎片,与外部攻击造成的破损相比,螺壳边缘上自我造成的碎裂并没有记录下太多损伤。在其外部螺旋上,粗糙、弯曲的线条沿着长度分布,表明攻击者曾经抓住螺壳,并撕扯它,好似一个心急的孩子要拆开礼物的包装纸。在螺和其他腹足纲动物的壳上记录了许多类似的图案,它们都讲述着司空见惯的恐怖事件,以及我们可能永远不会目睹的生死斗争。而且,无论攻击者是谁,它必定有钳子(或螯足)。

图6.1 贝壳上有攻击失败后的修复疤痕。A:闪电螺(*Sinistrofulgur perversum*)上有三处遭到攻击后的修复疤痕(箭头所指)。标本采自佐治亚州萨佩洛岛。B:科诺比海螺上有明显的修复疤痕,可能是由螃蟹造成的,较小的钻孔是在其死后由海绵和多毛纲动物制造的。标本采自南卡罗来纳州埃迪斯托岛。刻度单位:厘米

就在同一片海滩上,在黎明退潮时分,最常看见的是一组组平行的"4×4"的印记,这是由8只尖尖的脚在湿沙中留下的痕迹。沿着印记追踪,我找到了这些图案的源头——是些圆形的洞穴,就在位于海滩最高点上方的沙丘里,其中一些洞穴外面有新堆积的沙子。浅坑中断了

最近被浸没的沙滩上的水波痕迹,这些小坑有时会盛有侏儒蛤(*Mulinia lateralis*)断裂的多彩碎片。随着每一次退潮,这些指甲大小且薄壳的蛤蜊都会掘洞钻入沙里,躲避捕食者。然而,这种策略却对一个特定的捕食者无效。无论捕食者是谁,它都同样拥有钳子(或螯足),而且会挖掘。

多次访问萨佩洛岛,有助于发现其他针对贝壳动物的攻击。例如,每当萨佩洛岛的潮间带沙滩在退潮时分暴露出来,这些通常呈波纹状的表面上便会出现宽阔的圆形或椭圆形的凹陷。我的部分记忆被恐龙足迹所占据,常常令我将这些凹陷和蜥脚类恐龙的足迹相提并论,特别是如果它们呈对角线的方式排列和交替。然而,这些凹陷是由没有腿或铲子的动物挖掘的。标志还包括被磨到细碎的贝壳,进一步说明,它们的制造者正在寻找掘洞而居的蛤蜊和其他无脊椎动物为食,随后向沙子中喷射高压水流,以挖出并咀嚼藏匿其间的猎物。不管是什么动物干的,它可以喷射,也能够咀嚼。

在同一个佐治亚海岸岛屿上,更多破碎的贝壳告诉我们,这些"外卖餐"还涉及软体动物的"飞行",既有腹足纲动物,也有双壳纲贝类,它们从高处飞快地坠落,输给了地心引力。在某些情况下,我发现了大西洋大鸟尾蛤(*Dinocardium robustum*)的外壳碎片。这种蛤蜊有着坚固、厚实的外壳,能够抵抗外部力量;但其内部肉质肥美,令其他动物敢于冒险一试。然而,其他螺和蛤蜊之死并不是由于地心引力,而是由于撞击,即用尖锐或带刃的工具敲击螺或蛤蜊的侧面,直到超过了其承受限度,外壳破碎。不管这都是谁干的,它可以飞行,也可以啄击。

尽管所有这些现代软体动物都有壳作为自我保护,并且与可追溯到寒武纪的同样有壳的动物谱系有关,但从那时到现在,捕食者找到了方法来彻底粉碎那些防御机制。这些痕迹并不像小小的钻孔那样不易察觉,而是讲述了曾经安全的身体遭受突然侵犯的故事。

"碎壳行为"在寒武纪(大约5亿年前)贝壳出现不久后就得以演化了,成为古生代"海洋捕食者革命"的又一项策略。"海洋捕食者革命"一直延续到了中生代,并持续至今。[1]最早的贝壳破碎者是海洋节肢动物。后来,在奥陶纪时期,脊椎动物也申请加入了这个"破壳俱乐部"。这些新的"破壳者"最终由一系列的鱼类、爬行动物、鸟类和哺乳动物所代表。

要想了解寒武纪动物是如何弄破贝壳的,一种方法是研究最具原始外貌的活体动物:马蹄蟹。马蹄蟹是现代动物,也称作鲎,但它们在寒武纪的海底都不会显得格格不入。有些人对马蹄蟹并不熟悉,其实这些海洋节肢动物自奥陶纪(距今超过4.5亿年)以来就存在了,目前有四个现代物种,其中三种分布在亚洲,而美洲鲎(*Limulus polyphemus*)分布在北美洲。[2]这些动物生有宽大的头盾,令人不禁想起《星球大战》(*Star Wars*)里的赏金猎人。它们生活在浅海水域,以小型无脊椎动物为食,包括蛤蜊和螺。马蹄蟹是唯一在海滩上交配的海洋无脊椎动物,而且数量以百万计。这些狂欢活动发生在美国东海岸,于每年五月至六月间举行。体形较大的雌性马蹄蟹爬出水面,在海岸沙滩里产卵;而体形较小的雄性马蹄蟹也会爬上来使这些卵受精,或至少尝试着授精。[3]你若问我,是否真的亲眼所见这种大规模的交配活动?是的,而且是在对海洋无脊椎动物"窥阴症"患者来说最火爆的地点:特拉华州。

正如许多为了情爱而冒险的动物那样,马蹄蟹用它们的腿来进食。在马蹄蟹的头盾(前体)和后端(后体),连带一个尖尾巴(尾节)的底下,是它的鳃、腿和口器,用于呼吸和进食。在它们的六对腿中,后面五对腿(一对触肢和四对步足)主要用于行走。但是,第一对腿(螯肢)用于抓取食物,并将其移至口器。然后,大多数有行走功能的腿向螯肢提供已经打碎的食物。打碎过程是由颚基助其实现的。这些短而坚硬的刚毛位于它们腿的高处，可以切碎它们下方沉积物里的任何小型生物。[4]为了更好地理解这个过程，你可以想象自己以双手和膝盖跪在地上，将刷子固定在腿的内侧。有了这些刷子，你可以通过摩擦双股用它们打碎薯片、饼干或其他坚硬的食物；紧接着，用手舀起打碎的食物，放入口中。只要是在你自己家里做这种"颚基活动"，又有何不可呢？

生物学家对马蹄蟹的进食方式有所了解，已经有一段时间了。然而，古生物学家直到最近才开始将这些经验应用于寒武纪的动物，例如三叶虫和其他海洋节肢动物。当这些科学家开始仔细研究这些节肢动物化石化的腿部，他们就发现在这些附肢的较高位置、靠近其口器处生有刚毛。但由于古生物学家（至今尚）不能使已经死亡的生物复活，他们不得不使用计算机模型来研究这些颚基的功能价值。[5]为此，古生物学家罗素·比克内尔（Russell Bicknell）和其同事使用计算机建模来研究三种寒武纪节肢动物和现代美洲鲎的腿部，这两项各自不同但又互为补充的研究分别发表于2018年和2021年。[6]研究人员推断，寒武纪节肢动物的颚基针对不同的压力会有不同的反应，这意味着它们取食不同的食物。例如，属于三叶虫纲的巨型莱德利基虫（*Redlichia rex*）和类似甲壳动物的西德尼虫（*Sidneyia inexpectans*），其腿部生有短刺，很像现代马蹄蟹的刚毛。这意味着它们取食硬质食物，例如小型有壳的动物。相比之下，寒武纪的三叶虫 *Olenoides serratus* 的腿部生有长刺，强度不足以破坏贝壳，因此这种动物必定以柔软的食物为生。

寒武纪的节肢动物还提供了具体的化石证据，证明寒武纪"破壳者"的存在，也以此支持了这些计算机模型的结论。其中一些线索包括遗迹化石，例如在西德尼虫的肠道内容物里有贝壳碎片。[7]然而，西德尼虫和莱德利基虫并不是仅仅嚼食贝壳的动物，一些三叶虫也遭到了啃咬。我们知道，某些三叶虫的部分身体在它们仍然活着时就消失了，而不是由于死后分解，因为有些伤口有愈合痕迹。这表明它们的主人从这些伤中恢复了过来,同时也留下了令人印象深刻的疤痕。[8]

从寒武纪这些多足特征的起源开始,"碎壳"方式在接下来的约5亿年中发生了变化,逐渐演变出后来最常用的工具:螯足和颌。螯足演化自某些甲壳动物谱系中最前面的用于行走的腿,而颌源自所有现代脊椎动物的无颌祖先的鳃弓,我们稍后会讨论。[9]螯足和颌都是杠杆的极佳示例,令生物学家和古生物学家欣然接受自己在内心深处还是一名物理学家。

对于我们这些只记得高中物理课是关于向量、标量、粒子和波且记忆模糊的人来说,有必要复习一下有关杠杆的知识。杠杆是一种简单的机器,可以执行工作,但不一定需要电池或太阳能电池板。然而,它们切实地需要三样东西:力量、支点和负载。[10]力量是施加在杠杆上的力,支点是杠杆上的轴心点,负载是由杠杆移动或以其他方式影响的物体。杠杆可分为三类,每一类根据支点相对于力的位置而定,方便地分为第一类、第二类和第三类。[11]举个例子,如果你曾经和你家隔壁城堡中的邻居用投石机"交流",那么你使用的是第一类杠杆,因为投石机或其他弹射装置的支点位于力和负载之间。相比之下,胡桃钳子就是第二类杠杆的绝佳示例,因为它的支点就是连接两个把手的铰链,而负载(即坚果)被置于支点和挤压其把手的手之间。接下来是夹具,它表面上看很像胡桃钳子,但它的负载位于末端,手放在负载和支点之间。因此,这种用来夹沙拉的器具属于第三类杠杆。

根据这个基本的杠杆原理,节肢动物的钳子更容易被理解为第二类杠杆(压碎),尽管它们也可以作为第三类杠杆(抓取)来工作,但不太经常作为第一类杠杆(投掷)使用。这些动作不使用颚基,而是对贝壳施加巨大的力量,无论贝壳或薄或厚、大抑或小。尽管无脊椎动物的钳子重新发明了破碎贝壳的方法,但脊椎动物的颌随后也参与进来。不过,首先让我们来谈一谈,中生代海洋捕食革命见证了一个分支群的诞生。这些生物切实地可以打碎软体动物的外壳和其他无脊椎动物的甲壳。它们就是螃蟹。

可能最著名的贝壳破碎者就是螃蟹了，因其大且肥硕多肉的钳子享誉全球，令人既敬畏又赞赏。真正的螃蟹和寄居蟹有着较近的共同祖先，在中生代早期从十足目动物谱系中分化出来。[12]来自大不列颠侏罗纪早期(距今约1.85亿年)的蟹状实体化石，以及来自葡萄牙侏罗纪中期(距今约1.6亿年)螃蟹的足迹化石表明，在白垩纪来临之前，它们已经急速地行走在一条康庄大路之上。[13]此外，如果模仿在演化中是一种恭维，许多其他动物谱系通过演化出蟹状的体形呈现来赞美螃蟹。这个过程被戏称为"蟹化"(carcinization)。[14]今天的"螃蟹扮装者"包括蟹蛛和蟹虱(也称作阴虱)，而且人类也不能自已地在其他方面看到类似螃蟹的形态，从星座到星云。

你是否曾停下来仔细观察过螃蟹呢？我有过，你也应该试试。和它们十足目(Decapoda)的亲戚不同，例如小虾、龙虾和淡水小龙虾，螃蟹的主体(头胸甲)是由融合在一起的头部和中部(头胸部)以及后部(腹部)组成，这使得其宽度大于长度。八条有关节的用于行走的腿(步足)从这个宽大的身体上伸出，每侧各有四条，赋予了它们标志性的横向运动。[15]由于这些腿是尖的，大多数螃蟹以踮着脚的方式行走，但梭子蟹的最后一对步足发育成了扁平的桨状。螃蟹的眼睛位于眼柄之上，眼柄可以升起超过身体或者保持平贴在凹陷区域内。此外，在螃蟹的前端和双眼之间有大触角(或称第二触角)和小触角(或称第一触角)，这些下面就是它的口器。螃蟹的口器很复杂，由称为第一小颚和大颚的成对部分组成，在食物进入螃蟹食道之前会将它们撕碎。[16]

然而，迄今为止，螃蟹身上与粗心大意之人互动最多的部分当属两只钳子。如今，螃蟹的钳子(也称螯足)具有多种用途，既可用于挖掘、对抗猎物或同类竞争对手,还可用于自卫,抵御体形大得多的动物,例如鱼类、鸟类或好奇的孩子。螯足由一个固定部分(掌节)和一个可移动的“手指”(指节)组成。指节上生有短小带刺的“牙齿”(小齿),可以抓住被夹在杠杆内的任何物体。[17]两只螯足尺寸不同,对应的功能也不尽相同。相对较大的螯足(上螯足)更多地用于压碎,较小的螯足(下螯足)则用于抓取或劈砍。与霸王龙的前肢不同,螃蟹的螯足实际上可以够得到自己的口器,能带着可能仍然在颤抖的食物到它的消化道起始之处“认个门儿”。

如前所述,螃蟹的螯足可以充当杠杆,但这是一个被甲壳包裹、由肌肉驱动的杠杆。想象一下,螯足上掌节和指节之间的铰链部位就是一个支点,而螯足内的肌肉提供动力,负载可以是一只螺或蛤蜊。如果螃蟹仅仅用一只或两只钳子的尖端夹住一只不幸的软体动物,这个最初的抓取动作更像是使用夹具,或者说一个第三类杠杆。然而,一旦螃蟹操控住贝壳,把它移至更靠近支点的位置,并用力挤压,螯足就变成了第二类杠杆,或者说切换到“胡桃钳子”模式。螯足上那些小齿也会将力量集中到这些小点上,就像细高跟鞋踩在了脚背上。

在打破贝壳之前,螃蟹会用两只钳子抓住猎物。根据贝壳的大小和厚度,螃蟹可能会转动它,以求找到两片壳瓣间的薄弱点或是一处口盖。如果找到了,它就会插入一只钳子的尖端,并切割。但是,如果这种温和的方法不奏效,螃蟹就会索性将贝壳置于它的上螯足之内,用力挤压。螯足的两部分之间由铰链连接,靠近铰链处的蛤蜊或螺将会承受更多的力量和压力。当蛤蜊外壳破碎时,裂缝位于壳瓣的中间,令人触目惊心;但对于较小的螺,螃蟹可能只是简单地剪掉它最上面的几个螺旋,给短语“把我的头顶打打薄”赋予了新的含义。[18]

不过,如果螃蟹发现其破壳的企图受挫,它们就会采取更加迂回的方式。它们抓住壳的边缘——那里可能比较薄——并开始修剪。如果一只意志坚决的螃蟹决定切割贝壳边缘,以此方式来获取食物,那么破损程度也许还不会那么严重。但贵在坚持,结果将是致命的。在这种情况下,螃蟹用两个螯足抓住这只螺,用其中一只螯足将其固定,另一只螯足拉住螺的唇部,然后用力拉扯和扭转,扯断一小块贝壳,再来一块,又是一块。[19]尽管生物学家和古生物学家将这种行为称作“剥壳”,但它可不像剥香蕉那样,而更像是把墨西哥玉米片切割成小块儿。这是一个循序渐进的过程,一直持续到螺的软组织暴露出来,能够更容易地被一只或两只螯足拉出壳外。如果有一只螯足的位置与壳呈直角,它会造成一个V形的切口,令捕食者的意图昭然若揭。然而,至少有一些腹足纲动物,它们遭受过这种侵入性过程,却设法逃脱了螃蟹的钳制。如果是这种情况,剥壳之后会有愈合过程。贝壳会在这个切口之外重新生长,防止厄运再次降临,即下一次被螃蟹袭击。[20]

蟹类破坏贝壳和剥壳的遗迹化石被记录在昔日腹足纲动物的体内,表现为贝壳上有不规则的疤痕,中断了贝壳的正常生长。[21]同样,螃蟹螯足的化石有时也显示它们非常适合碎壳或剥壳。在2015年的一项研究中,古生物学家埃米莉·斯塔福德(Emily Stafford)和她的同事划分了一个遗迹属,命名为*Caedichnus*,用来鉴别甲壳动物在腹足纲动物贝壳上制造的痕迹。这些甲壳动物曾破坏腹足纲动物的唇部。[22]这类遗迹化石几乎与螃蟹的历史相匹配,具体表现为自侏罗纪起源之后在接下来的演化中很快出现的白垩纪时期的样本。

还记得本章开篇时提到的那只科诺比海螺吗?考虑到它巨大的体形和厚实的外壳,有可能会袭击它的动物名单实际上非常短。在佐治亚海岸那浑浊的水域里,只有少数几种动物既有螯足,又有力量对其外壳造成如此损伤。最有可能破坏螺壳的候选者是佛罗里达石蟹(也称作隆背哲蟹或佛州岩蟹,*Menippe mercenaria*)。[23]石蟹的螯足比其他大多数螃蟹的螯足更粗壮结实,因此更有力量,甚至捕捞石蟹为食的人只拔下一只螯足，然后就将这只仍然活着但十分气恼的石蟹扔回水里。(和许多动物不同的是，这只螯足会重新长出来。)尽管其他物种的蟹生活在附近的盐碱滩，它们的螯足却永远都不会有机会抓住科诺比海螺，因为后者栖息在岛屿的开放海洋一侧。

还记得那些**未能**幸存的侏儒蛤吗？这些双壳纲贝类被大西洋幽灵蟹(*Ocypode quadrata*)挖出、压碎并吃掉了。想要直接观察与这些取食痕迹相关的幽灵蟹的行为，最佳时机就是在退潮之时夜访佐治亚海滩。当日落西山、潮水退去后，幽灵蟹就离开它们的沿海沙丘洞穴，走到新暴露出的湿沙滩上，停住并挖掘。许多侏儒蛤——就埋在沙质表面下——会“回报”幽灵蟹的这份勤奋。一旦这些薄壳的小型蛤蜊落入它们的掌控，幽灵蟹就会用较大的螯足压碎蛤蜊，然后用较小的螯足将新鲜的肉块送到自己的口器中。[24]我也见过腹足纲动物的空壳被丢在幽灵蟹的洞穴之外，这代表了另一种食物：不是螺，而是寄居蟹。壳底部的磨损区域表明它们最近的居住者曾经拖拽着石灰质的螺壳走过较硬的石英沙滩，但这些行走的螺壳却被徘徊的幽灵蟹拦截，后者劫持并拉出了里面的居住者。[25]

自侏罗纪以来，螃蟹在海洋环境中(从近海到深海)以及在淡水和陆地上的生态扩张，意味着无论螃蟹在哪里生活，都会对有壳或在壳里寄居的动物产生威胁。那么，如果你是一道被外壳包裹的美味，你该怎么办呢？解决方案就是：演化。随着螃蟹物种的多样化，自然选择也促进生成了更大的蛤蜊和螺，其中一些还演化出带有棱、节和刺的更厚的外壳。[26]经过许多世代的捕食，一些螺的物种还演化出更小的壳口和更厚的唇部，每种特征都能阻止“剥壳”行为。然而，最令人惊奇的也许是，有些螺在其一生中，甚至只要闻到附近有螃蟹的气味，就会生长出更厚的壳和唇。举个例子，入侵的螃蟹物种，如美国东海岸的欧洲绿蟹(*Carcinus maenas*)，就触发了本地原产的腹足纲动物的反应：外壳变厚了。[27]这种对碎壳威胁的快速反应，也同样暗示着过去捕食者和猎物之间的演化升级。

弄碎贝壳的方式不止一种。可以说，螳螂虾在此方面取得了巅峰成就。作为在中生代演化的甲壳动物，螳螂虾既凶猛又令人赞叹，[28]完全值得我们尊重和敬畏。它们备受推崇，是否因为它们那极佳的水下视力呢？毕竟它们不仅能够分辨出完整的人类可见光谱（由红到紫），也能识别紫外线和偏振光。[29]它们深受喜爱，是否因其艳丽多彩的甲壳呢？毕竟它们能让约瑟（Joseph）*和所有其他先知嗟叹不已、愤愤不平，甚至因嫉妒而撕扯自己的衣物。诚然，这些都是相关的要点；然而，螳螂虾——它们并不是真正的虾，而属于口足目（Stomatopoda）——最为人所知的，是它们能用高速和强有力的拳击来打晕猎物及破坏贝壳。

蟹、龙虾、淡水小龙虾、寄居蟹以及其他甲壳动物，其前端两只钳子的学名称作"螯足"，而螳螂虾的这两只附肢有其自己专属的名称——掠肢，毫无疑问地说明了它们的功能。常用名"螳螂虾"中的"螳螂"二字，源自这些附肢和螳螂折叠的前腿之间存在视觉上的相似性。然而，螳螂虾的致命活动可要比它们的昆虫模仿者更加多样化，后者主要用它们的前腿来抓和握。相对地，螳螂虾的掠肢适应于刺杀或猛击。[30]在这种方法中，掠肢的肌肉会收缩，但随后身体部分（甲片）充当闩锁，将附肢保持在原位，直到储存的弹性能量被释放。

因此，对于一只能破坏贝壳的螳螂虾而言——它可能只有大约15厘米长——我们可以把它的掠肢想象成弩，但弩上装载的不是箭，而是锤子。锤子附着在其身体之上，并且有两把。掠肢的释放通常可以用更适合科幻小说的术语来描述：弹道撞击、空化泡和内爆。其中，"弹

*《圣经》中的人物，以拥有彩衣而闻名。——译者

道"一词来自打击的速度(23米/秒或70千米/小时)和力量(约1500牛顿)。[31]螳螂虾每次出拳会造成两次冲击。第二次冲击来自空化泡——由于水被迅速排开,故此在第一次冲击后会出现一个低压的空气空间。而内爆是由于气泡近乎瞬间的崩溃引起的,这转而产生了类似于太阳表面温度的高温以及光、声波和冲击力。[32]从释放掠肢到内爆,所有这些动作全部发生在毫秒之内,并且由于两只掠肢都参与其中,故此在那几毫秒内发生了四次冲击。这对于猎物而言是非常糟糕的消息,无论它们是否有外壳。

尽管有这一连串令人惊讶的数字,但螳螂虾可不是简单地"一拳制胜",然后沉浸在荣光之中,像皇室成员一般享用晚宴。相反地,它们会反复攻击有壳的目标,以削弱猎物外壳并使壳破裂。在2018年的一项研究中,研究者发现,螳螂虾平均需要73次攻击才能破坏外壳,攻击次数从最少7次到最多460次不等。[33]这种反复攻击和如下行为所需的时间有关:准备攻击、恢复,以及如果首次和后续每次攻击都无法击碎外壳,螳螂虾就会重新考虑目标。相比之下,螃蟹会在更长的时间内施加力量,因此更容易于仍在处理猎物的情况下调整它们的破壳策略。实验研究显示,螳螂虾在面对不同的腹足纲动物时,也会根据外壳的形状改变目标。例如,对于圆形的腹足纲动物(如玉螺),螳螂虾倾向于攻击壳口;而对于高尖塔形状的,它们则会先敲掉尖顶。[34]然而,也许最讨人喜欢的捕食研究是关于幼年螳螂虾的击打能力。这些研究人员发现,幼年螳螂虾的击打能力与成年螳螂虾相同,这令它们的父母引以为豪。[35]

令人惊讶的是,我们有遗迹化石为证:在灵长类动物变得足够聪明,能组织螳螂虾粉丝俱乐部之前,口足目动物早已经展现出超越其体重的打击能力了。与螳螂虾破壳行为相匹配的遗迹化石在荷兰中新世中期(距今1600万至1200万年)的腹足纲动物壳上被确认,并被归类到一个遗迹属,命名为*Belichnus*。[36]在此之前的贝壳上出现的类似孔洞同样暗示着:在远古地质时期,口足类动物不可阻挡。

任何一家大型的水族馆都让游客有机会欣赏他们圈养的动物,其中一些明星动物尤为引人注目。在大多数情况下,各种各样的鲨鱼最易使人感到兴奋,从蹒跚学步的孩子到“婴儿潮一代”,他们都在“嘟嘟嘟”地模仿着《大白鲨》(*Jaws*,1975年)的主题音乐。这部电影里有一段难以置信的情节:一位当选的官员竟然无视鲨鱼对其选民的致命威胁。然而,如果你旁观水族馆的游客们一段时间,看一看当魟游过时他们的面部表情——魟以慢动作“飞”过,它那宽阔扁平的身体波动起伏——你会观察到游客的欣赏之情由嗜血转向了幸福。如果他们的眼睛足够长时间地追随着这些魟,甚至可能会目睹这些鱼沿着玻璃墙向上游动。当看见魟平滑发亮的外表之下还有一张“脸”时,人们会倒吸一口凉气。[37]

尽管它们存在的方式如梦幻一般,魟和其他鳐类的鱼却都是积极的捕食者,并且与鲨形总目(Selachomorpha)的鱼(通称鲨鱼)有着较近的共同祖先。所有的鳐和鲨鱼的骨骼都是由软骨支撑,而不是硬骨。它们都属于板鳃亚纲(Elasmobranchii)分支群;而鳐被归类为鳐形总目(Batomorpha)。[38]这个名称比大多数鱼类的名称更容易记住,因为它们宽阔、扁平的胸鳍令人联想起“蝙蝠的翅膀”(bat wings),而它们在水中滑行时,“扑打翅膀”的缓慢动作更进一步增强了这种感受。和大多数鲨鱼不同,鳐更多地捕食食物链较底端的生物,以无脊椎动物为主,例如双壳纲贝类、腹足纲动物和甲壳动物,而不是其他鱼类。但是,找到这些无脊椎动物可不是件易事,因为它们中的许多会在海床里掘洞,隐藏在鳐游动处下方的沉积物中。

如果你缺少有挖掘功能的肢体或工具,那么要如何做才能让你喜欢的食物从其藏匿之处暴露,继而挖出并取食它们呢?鳐使用的是“水动力喷射机”。一只在捕食的鳐会沿着沉积物表面游动,直到它的电觉器官——被称作“洛伦齐尼瓮”(ampulla of Lorenzini)——感应到沉积物下方有猎物。[39]一旦产生警觉,鳐就会停止游动,将嘴巴定位在正确的位置上,并将高速的水流大力地射入沉积物中。可以想象,每个水射流就像是一个设置为最窄的花园水龙带,产生高压水流,瞬间即可将泥巴从靴子、自行车或心存感激的狗身上冲走。现在,想象一下同样的过程,只不过换成鳐用它的嘴巴在水下进行。一旦较细的沉积物被吹走,其中分布更密集的居民,例如蛤蜊、螺和甲壳动物,就会输掉这场躲猫猫游戏,暴露在鳐面前。鳐随即下潜,迅速地将其吞食。[40]

然而,人们可能会有理由质疑:如果考虑到鳐的骨骼,包括颌骨,都仅由软骨而非硬骨支撑,那么从一开始它们又是如何捕食有壳动物的呢?这对鳐来说是幸运的,对其猎物来说则是不幸的——软骨完全能够给予坚实的支撑,来支持强大耐用的肌肉,从而提供打破贝壳所需的力量。[41]坚硬和紧密排列的牙齿也有助于颌骨和肌肉发挥作用。这些牙齿形成了平坦的表面(齿板),用以压碎贝壳。不过,根据其猎物的不同,颌骨和牙齿都可以被排列成不同的形状,极好地诠释了“人如其食”的规律。例如,牛鼻鲼属(*Rhinoptera*)主要以双壳纲贝类为食,但也取食腹足纲动物和甲壳动物。相比之下,鹞鲼属(*Aetobatus*)更喜食腹足纲动物,同时混合了较少比例的甲壳动物和双壳纲贝类。它们的颌骨和牙齿的排列方式反映出这些饮食差异。从正面看,牛鼻鲼属的颌骨呈椭圆形,而鹞鲼属的颌骨更偏向矩形。[42]鳐的取食对象还取决于体形大小。因为较大的鳐可以更容易地打破更大且外壳更厚的蛤蜊,而较小的鳐则受限于取食更易咀嚼的食物,例如幼年的双壳纲贝类和甲壳动物。与体形相对应的取食变化也在同一物种不同地区的种群中有所表现,例如大西洋牛鼻鲼(*Rhinoptera bonasus*)。在这个物种中,东海岸的鳐明显要比墨西哥湾沿岸地区的鳐体积大,这意味着东海岸的鳐取食更多的蛤蜊,而墨西哥湾沿岸的鳐则以甲壳动物为食。[43]

这种"喷射驱动式进食"留下的痕迹是细长且浅的凹陷,周围有松散的沉积物。这些凹陷通常会中断沙滩表面起伏的波纹。在涨潮期间,鳐沿着水下表面游动,途中会停下来搜索和捕食,从而留下了这些痕迹。我研究佐治亚海岸已经有二十余年,可能见过鳐留下的成千上万个痕迹——退潮时海滩上的"凹坑"十分明显。大多数凹坑可能是由美洲魟(*Dasyatis americana*)留下的,但也有一些可能是来自大西洋魟(*Dasyatis sabina*)或钝鼻魟(*Dasyatis sayi*)。佐治亚海岸上的"摄食凹坑",其直径范围从大约50厘米到近2米不等,深度可达30厘米,其中一侧有鳐喷射后形成的沉积物堆积。[44]

但迄今为止,关于鳐的摄食痕迹,最令我难忘的经历发生在2005年的新西兰化石足迹学之旅。在那次考察中,我们在新西兰北岛的淤泥质潮滩上行走,对"新鲜出炉"的鳐的摄食凹坑惊叹不已,其中一些坑甚至直接显示出鳐如幽灵一般的身体轮廓。许多坑还包含着蛤蜊和螺的碎片,这些碎片被熟练地咀嚼过,当成废物丢弃在鳐曾经逗留的同一地点。因此,对于一位化石足迹学家而言,还有什么比看到完美勾勒出的鳐捕食的痕迹更令人高兴的呢?那么,在我们此次考察之前大约2000万年,由鳐留下的显示同样行为的遗迹化石,情形又如何呢?就在我们前往新西兰的潮滩之前,考察的领队带我们去参观了一处具有中新世地层垂直序列的岩石露头,其间还包含着鳐摄食凹坑的横截面。这些坑不再是空的,而是在坑的制造者向着海底喷射后不久,就被填满了粗粒沉积物。[45]在美国西部和西班牙的白垩纪岩石中,存在着类似的可归因于鳐的遗迹化石,这些都被归类到一个遗迹属,名为*Pisichnus*。[46]有趣的是,来自西班牙的这些遗迹化石曾被误以为是恐龙足迹和恐龙巢穴,直到化石足迹学家鉴定出它们是由鳐制造的。

至于其他鱼类，贝壳破碎或其他形式的破坏并不仅仅限于鳐，而且还延伸到了古生代和中生代。这两个时代之间的分界线以生命史上最严重的生物大灭绝为标志，时间是二叠纪晚期（距今约2.52亿年）。[47]在这次灭绝事件中，有95%的物种被消灭，5%的幸存物种就像灾难资本家一样，进入了被彻底摧毁、几乎空无一物的生态系统，快速地适应了新的环境，包括资源的根本性变化。双壳纲贝类和腹足纲动物是成功进入三叠纪的其中两类海洋和淡水无脊椎动物，特别是双壳纲贝类，它们变得丰富多样，接管了曾经由腕足动物占据的悬浮物摄食生态位，而腕足动物几乎全部灭绝了。[48]自埃迪卡拉纪时期以来，生物垫在浅海环境里首次短暂地复苏了，为食草性的螺类幸存者提供了丰富的食物。[49]在三叠纪初期伊始，由于食物充足且捕食者较少，软体动物种群开始扩散和多样化，一直延续到三叠纪的其余时期，直到鱼类和其他取食软体动物的动物开始减少它们的数量和破坏它们的壳。

中生代的鱼类，从软骨鱼到硬骨鱼，都取食蛤蜊；但硬骨鱼有一个分支群——坚齿鱼目（Pycnodontiformes）——可能是取食贝壳行为最为明显的鱼类。这些鱼（生存时期约2亿年前至5000万年前）起源于三叠纪晚期，却在始新世时期灭绝了，它们有着扁平或圆形的牙齿，明显适应于压碎食物。[50]嚼食软体动物的鱼类，其遗迹化石证据还包括在蛤蜊体内的咬痕（这些咬痕与鱼类捕食者的牙齿模式相匹配），以及来自消化系统的化石化的材料遗骸，即消化类化石，包括呕吐物（反刍化石）、肠道内容物（肠道化石）和排泄物（粪化石）。[51]

一些现代硬骨鱼是否也会用类似于鹦嘴鱼压碎珊瑚的方式，用其牙齿弄碎贝壳呢？是的。这些鱼类生活在淡水和海洋环境里，以蛤蜊和螺为食，其牙齿和颌骨有着不同的适应性，用于处理有壳的猎物。[52]与此同时，有些鱼类采取了不同的方法来制备食物——它们使用工具。是的，你没看错。当某些鱼类想吃外壳坚硬的软体动物时，它们就会去

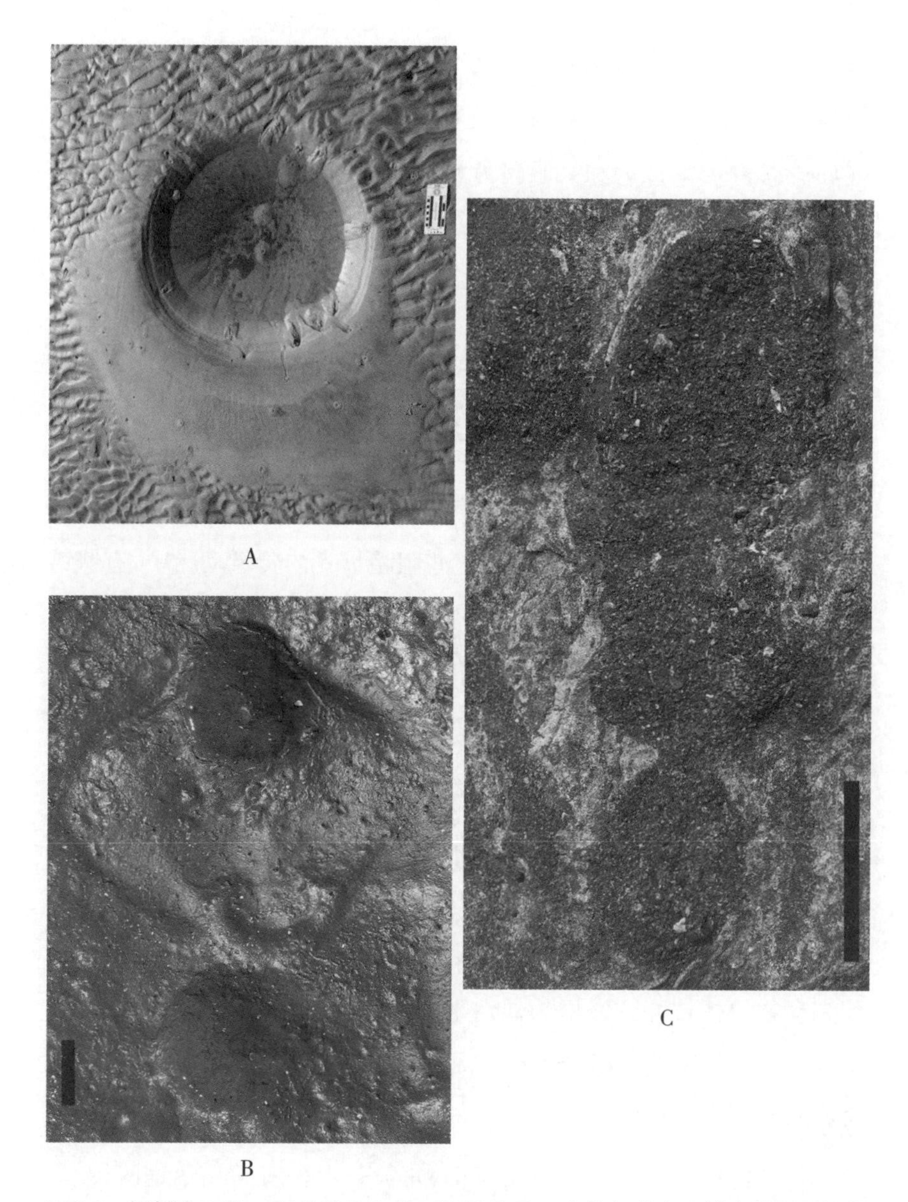

图6.2 鳐摄食凹坑。现代记录和化石记录均显示这些鱼类在此捕食并咀嚼软体动物。A:可能是一条美洲魟留下的摄食凹坑。地点:佐治亚州萨佩洛岛。刻度单位:厘米。B:两个排列在一起的摄食凹坑,可能是由同一只燕魟留下的,第二个凹坑的形状勾勒出燕魟的身体轮廓。地点:新西兰旺阿伊胡港。比例尺:10厘米。C:重叠的化石摄食凹坑(遗迹属 *Piscichnus*)里填充着粗砂,发现自新西兰马瑟森湾的怀特玛塔组(中新世,距今约2000万年)。比例尺:10厘米

最近的"海底五金店",也就是说,它们会找到工具。至少有三种鱼——黑斑猪齿鱼(又名邵氏猪齿鱼,*Choerodon schoenleinii*),楔斑猪齿鱼(*Choerodon anchorago*)和大眼猪齿鱼(*Choerodon graphicus*)——被记录下会利用周围的环境来打开蛤蜊。[53]这些和鹦嘴鱼有远亲关系的猪齿鱼用嘴巴叼起蛤蜊,游向最近的珊瑚或其他类型的岩石,然后猛烈撞击蛤蜊,直到它砰的一声碎裂。

在三叠纪早期,爬行动物与取食贝类的鱼类一起演化,显示了趋同演化有时会形成奇怪的"同床共枕"的伙伴,或在这种情形下,我们可以说奇怪的"同水共游"的伙伴。在这些咀嚼贝壳的爬行动物中,有些谱系后来在中生代灭绝了,但也有一些延续下来,直到今天都有亲戚尚存。现代爬行动物的第一批产卵后代起源于大约3.2亿年前的石炭纪。尽管它们大多数继续生活在陆地上,但有些很快就适应了淡水环境。[54]

然而,爬行动物显然直到三叠纪才演化得适应海洋环境。从陆地生活转向广阔无垠的世界海洋,这是一个突然的转变,很可能是由二叠纪晚期生物大灭绝事件引发的。在幸存下来的极少数爬行动物谱系中,有些必然是生活在浅海环境附近。它们三叠纪早期的化石,并非仅仅是动物尸体被冲到海里的偶然事件,而是它们在那里生活的证据。也许最好的例子就是楯齿龙目(Placodontia),作为爬行动物,它们可不单单在三叠纪的海洋里沾湿自己的脚趾。这些强壮结实、生有长尾巴的爬行动物属于鳍龙超目(Sauropterygia)分支群,其希腊语词根(意为"拥有鳍状肢的蜥蜴")揭示出这些爬行动物是如何适应水生生活的。[55]楯齿龙和长颈的蛇颈龙属(*Plesiosaurus*)以及短颈的上龙属(*Pliosaurus*)有着较近的共同祖先,它们在整个侏罗纪和白垩纪时期都是极其成功的海洋捕食者。[56]

楯齿龙目生物,例如名为*Palatodonta*和*Placodus*的楯齿龙物种,因其牙齿而与大多数其他水生爬行动物有所区别。为了更好地理解楯齿龙牙齿的奇特之处，请你用舌头去触碰口腔内前端的顶部。你刚刚感觉到的是构成硬腭的成对骨骼，它们有助于将食物与鼻子隔离开。那么，你是否在硬腭上感觉到了牙齿？如果是，你可能就是一种楯齿龙，但这种可能性并不大，因为它们在三叠纪晚期灭绝了。与许多其他爬行动物一样，楯齿龙的下颌（齿骨）和上颌（上颌骨）上都生有牙齿，但它们还演化出了位于口腔顶部的牙齿。[57]除了它们那凿子形状的前齿——用以从海床上拔下蛤蜊——楯齿龙所有其他的牙齿都是又厚又扁平，非常适合咀嚼蛤蜊。

另一个重要的取食贝类的海洋爬行动物分支群也在三叠纪时期出现，并与楯齿龙目生物重叠，它们就是鱼龙目（Ichthyosauria）生物。鱼龙目对海洋环境适应程度极高，它们流线型的身体看起来非常像现代海豚。鱼龙目也在海里产下幼崽，这使得它们与海豚及其他鲸类更为相似，而不同于其他大多数爬行动物。[58]尽管鱼龙目的食物种类多样，

图6.3　白垩纪晚期的菊石化石，在其壳上有一排牙齿痕迹。这是沧龙的啃食痕迹。标本展示在美国华盛顿哥伦比亚特区的史密森国家自然历史博物馆

从枪乌贼到鱼类都有，但超过半数的三叠纪物种生有牙齿和颌骨，适宜破坏贝壳，这项演化创新在那个时期至少发展了5次。[59]

其他破坏贝壳的海洋爬行动物还包括沧龙属(*Mosasaurus*)生物，它们形似蜥蜴，且通常体形庞大，起源于大约1亿年前的白垩纪。沧龙属生物和鱼龙目及蛇颈龙属生物在白垩纪的海洋里共同游弋了数百万年，但当后两种爬行动物灭绝后，沧龙属就成为顶级的海洋捕食者，直到白垩纪晚期沧龙属灭绝。[60]也许你会觉得沧龙属不会屈尊去取食低级的蛤蜊或螺类，因为几乎其他每种动物都可以食用，你这个想法没错。尽管如此，它们确实会啃咬菊石和其他有壳的头足纲动物。我们知道这一点，是因为后者的壳上留下了齿痕，与沧龙牙齿的形状和大小相匹配。[61]

白垩纪晚期的生物大灭绝事件几乎消灭了所有的海洋爬行动物，除了蛇、海龟和少数几种鳄目动物(通称"鳄鱼")。[62]在这三类动物中，一些海龟可能会取食有坚硬外壳的软体动物，但大多数现代海龟更喜欢吃较软的食物，例如水母。至于鳄鱼，来自西班牙白垩纪岩石中的淡水蛤蜊上有与之相关的牙齿痕迹。[63]此外，至少有一种名为*Gnathusuchus*的鳄鱼，来自秘鲁中新世(距今约1300万年)，生有钉状的牙齿，完全适用于破坏蛤蜊、螺和其他任何带壳的生物。[64]

我关于童年时期一个持久的记忆是，我的父母把至少四个兄弟姐妹以及我塞进一辆汽车，来了一趟公路旅行，开往威斯康星州的马尼托沃克。在那里，我们拜访了我母亲深爱的妹妹——我的姨妈艾琳(Eileen)。那是我孩提时代为数不多的几次旅行之一，离开家乡印第安纳州特雷霍特超过一小时车程，那真是美妙极了。尽管我直到20多岁才第一次见到海，但密歇根湖——那是一片没有尽头的水域，一直延伸到地平线——对20世纪60年代来自美国中西部的孩子而言，已经足够令人印象深刻了。由于这次旅行没有留下带有日期的照片,我们的父母也已经过世,我无从确定那时的年龄,但我猜自己是8岁左右。

不管怎样,在前往马尼托沃克的途中,我们停留在芝加哥,那是我见过的第一个大城市。我是否还记得它的高楼大厦、熙熙攘攘的街道、令人惊叹的博物馆或者深盘披萨呢?不记得了。我能想起的是在那里被海象喷了一身水。这次"鳍足类喷泻"事件发生在芝加哥的一个动物园,在那儿,我终于看到了真正的、活生生的珍禽异兽:大猩猩、狮子、长颈鹿以及其他非洲动物。此前,在我的脑海里,它们的存在形式只是电视节目《奥马哈野生王国互助会》(*Mutual of Omaha's Wild Kingdom*)[65]里的灰度图像,或是《国家地理》(*National Geographic*)上用高级亮光纸印刷的照片。

当然了,在防止动物和人类直接互动这方面,20世纪60年代的城市动物园要比20世纪90年代虚构的电影《侏罗纪公园》(*Jurassic Park*)更加有效。然而,海象——跟生活一样——找到了它的方式。当我眼巴巴地站在海象池的栏杆后面,欣赏着它那醒目的长牙、胡须、鳍状肢以及巨大的身体时,它看着其他近旁的两足动物和我,瞄准了目标,向我们喷了一股水流。从那个距离,水流呈弧线状喷出,到达我们时分散成了小水滴。然而,我的衬衫还是被淋湿了。就这样,我们马丁(Martin)一家后来一直有一个有趣的故事,总是以特别的句子起头:"还记得芝加哥那只海象喷湿了托尼(Tony)吗?"

许多年后,我阅读了关于海象(*Odobenus rosmarus*)的科学文章,很高兴地得知它们喷水不仅仅是为了赋予家庭旅行故事以灵感,更是为了采集食物。尽管海象是大型动物,有些重达1吨以上,但它们的食物主要是无脊椎动物,例如甲壳动物、多毛类蠕虫,特别是蛤蜊,它们每天可以消耗几千只蛤蜊。[66]在身处的北极海洋环境中,海象潜入浅水底部寻找蛤蜊,以及各种其他的食物。

为了取食蛤蜊,海象先是“吹”,然后“吸”。一旦到达海底,海象就用自己突出且敏感的胡须来探测埋在其间的猎物;它们的长牙不是用来挖掘,但海象可能会将长牙拖来拖去。[67]和鳐类似,海象用嘴巴喷射高压水流,使沉积物松动,暴露出蛤蜊和其他食物。但和鳐不同的是,海象并不用牙齿啃咬蛤蜊,而是用又厚又结实的嘴唇叼住蛤蜊,同时在其口腔内产生巨大的负压,将双壳纲贝类的软体部分从壳里吸出来。[68]这个力量也足够强大,能导致壳体破裂。简而言之,海象吸得如此猛烈,它们能够打破贝壳。

在化石记录中,海象留下了丰富的骨骼材料,但是它们通过负压作用影响的蛤蜊尚未以遗迹化石的形式得到诠释。不过,太平洋西北部奥林匹克半岛的更新世岩层中保留了海象喷射的挖掘痕迹,和鳐的痕迹相似。这些遗迹化石的尺寸和丰度表明,彼时有大群的海象在此区域取食蛤蜊,也许早在人类到达此地之前的数万年。[69]而当人类出现在那个区域,我希望在经历了如此漫长且艰苦的跋涉之后,海象能够招待他们好好地洗个淋浴。

由于它们那光滑柔美的身体、跳跃的步态以及俏皮滑稽的动作,水獭是最具魅力的哺乳动物之一,在动物园和野外都备受喜爱。当然,就像许多被认为是“可怜且可爱”的哺乳动物一样,水獭其实是凶猛的肉食动物,通常会杀死它们的食物。当我们列举水獭的亲戚物种时,该事实就更加明显:黄鼠狼、獾和貂熊(又称狼獾)。[70]由于所有13种现存的水獭物种都极其适应在水体内外活动,它们的食物主要是鱼类和水生无脊椎动物,也包括蛤蜊。事实上,北美太平洋沿岸的海獭(*Enhydra lutris*)就特别爱吃贻贝和其他双壳纲贝类。它们潜到浅海底部寻捕食物,然后把食物带到水面食用。[71]与大多数女性服装不同,海獭有“口袋”:位于它们胳膊下面的皮肤褶皱,在它们升至水面的过程中可以携带蛤蜊、海胆或其他食物。

海獭是世界上体重最重的水獭，成年雄性个体可达40至45千克。[72]然而，即使是最强壮的海獭，一些贻贝和厚壳的蛤蜊也对其构成了障碍。当面临挑战时，它们会求助于地质"盟友"：岩石。海獭使用岩石作为三种类型的工具：撬杠、锤子和砧。[73]对于第一种工具，它们会将岩石楔入双壳纲贝类的底部，然后施加外力，将其用作第一类杠杆，把蛤蜊从海底撬出来。对于第二种工具，海獭在自己的口袋里收集蛤蜊和岩石，然后仰卧在水面上，置蛤蜊于胸前，再用岩石猛击蛤蜊，就像使用锤子一样。又或者，海獭也会将岩石置于胸前，用爪子握住蛤蜊，向下捶打蛤蜊时将岩石作为石砧。还有一个石砧的变种是：海獭找到一块固定的石头，比如小型巨石尺寸的岩石，将蛤蜊在其上敲击。[74]所有这些方法都会弄碎贝壳，让新鲜的软体动物的肉露出来。

海獭使用工具的证据是否会显示在化石记录之中呢？根据一些研究者的观点，答案是肯定的。针对加利福尼亚海岸上被海獭打破的贝壳，以及海獭使用的岩石工具，研究人员进行了一项长达10年的研究。他们把这一类证据比作"考古学的"证据（尽管我们都知道这些是"化石足迹学的"证据）。[75]例如，被海獭打破的贝壳通常有一片完整的壳瓣与另一片壳瓣的碎片铰连。而海獭喜欢用作石砧的固定岩石，其上也因海獭的猛烈敲打产生了明显的磨损点。根据目前的取食速率和此前留下的贝冢，同一批研究人员计算出仅在海岸线一个小小的区域内，23年间就有44 000—132 000只贻贝被打破。[76]将这些影响扩大到整个太平洋海岸范围的海獭，那就是许许多多破碎的贝壳。

谈到"撞击"，有些蛤蜊在死亡和被食用之前会升到很高的高度。在沿海地区的退潮时分，海鸥可能会飞越裸露的沙洲和淤泥滩，寻找埋在地表之下的蛤蜊的轮廓。当它们发现蛤蜊时，这些"鸟类化石足迹学家"就会猛冲下来,着陆,用喙叼起一只蛤蜊,然后飞走。[77]接下来,一旦升至足够的高度,它们就会将蛤蜊扔下来,盛在一半(或四分之一,或八分之一)贝壳里的速食生蛤蜊就上菜了。通常,这种杀戮留下的只是一堆如拼图一般的蛤蜊壳碎片,以及肇事者海鸥的脚印。

尽管我曾于1998年至2015年间数十次前往佐治亚海岸,却从未目睹过海鸥"高空抛蛤蜊"。相反,我只是在"犯罪现场"进行过取证。这些检查讲述着最可怕的鸟类*"谋杀"故事。所有的线索都还在那里,就像一个谋杀之谜:软体动物在其此前的洞里留下的轮廓尚存、通向蛤蜊的海鸥足迹、起飞的轨迹、沙滩上的撞击痕迹、贝壳碎片散落其间、海鸥的着陆痕迹,以及大量重叠的站立足迹——那是海鸥在取食新鲜的蛤蜊。

这些暗示意味着我早就应该获得海鸥猎杀蛤蜊的视觉实证,而这终于在2015年3月佐治亚州的杰基尔岛得以实现。彼时,我和妻子露丝(Ruth)正坐在该岛西侧的一座甲板上,(在拍打沙滩蚊虫的间歇)欣赏着一片淤泥滩,我们注意到一只笑鸥(*Leucophaeus atricilla*)在一处木制码头上方飞行,高度约有10米。在某一时刻,它停止了上升,有一件物体从它那里掉落,摔向码头。"砰"的一声!我们听到了物体撞击的声音,正与我们所见之情景相呼应。我们都非常兴奋地意识到,刚刚这是第一次目睹海鸥打开蛤蜊的场景。

当我们匆忙地赶到码头想看个究竟时,迎面而来的是一个遍地贝壳碎片的码头。但是,这个贝壳碎片集合最令人惊讶的是,它们只代表着一种蛤蜊——硬壳蛤(*Mercenaria mercenaria*)。这种厚壳的蛤蜊常见于植被稀疏的盐沼泥泞地区。它们掘洞钻进淤泥,并将双向水管连接到水面,以在涨潮时过滤水中的悬浮食物。然而,在退潮时分,它们极

---

* 原文为most fowl。作者使用了文字游戏,fowl(鸟类)和foul(可怕的)发音相似,这里既指代了"肇事者海鸥",也用以形容行为的"可怕"。——译者

易受到鸟类的捕食。尽管“隐藏”在淤泥里，但不知何故，海鸥还是能从空中发现它们，降落到蛤蜊近旁的淤泥滩上，把它们拖出泥沼。接着，海鸥就利用附近的码头作为砧木。从致命的高度着陆后，蛤蜊那坚硬且厚实的壳却在无意间成为它们自己的锤子。

因此，现在是时候考虑碎裂的蛤蜊和深时问题了。如果我们在地质沉积物中发现了这样一组贝壳碎片，它们来自相同物种的厚壳蛤蜊，我们又将如何解释？别说是由鸟类留下的痕迹了，我们会将这些碎片识别为捕食痕迹吗？这也引发了一个问题：从何时起，海鸥或其他涉禽开始利用飞行和坚硬表面来打开蛤蜊和螺呢？当古生物学家研究和已知的涉禽地质分布区有所重叠的双壳纲贝类碎片化石密集区时，这些都是他们应该探寻的好问题。简而言之，这些可能不仅仅是“破碎的贝壳”，而是鸟类使用重力辅助杀戮的证据，这是它们捕食策略组合中的

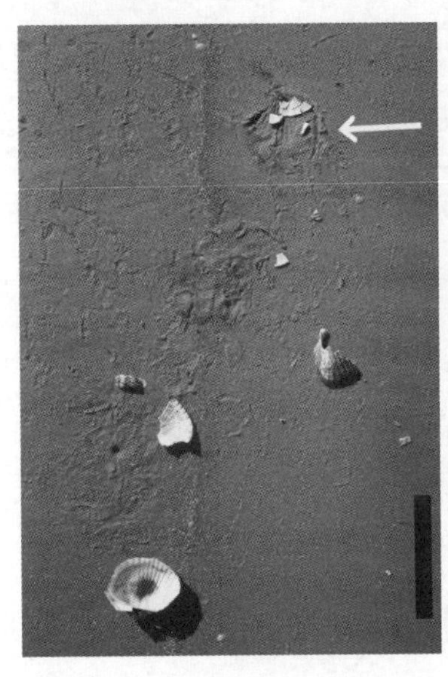

A

B

图6.4 海鸥将蛤蜊投向沙滩和木质结构，导致蛤蜊碎裂。A：摔碎的大西洋大鸟尾蛤。撞击地点（箭头所指）和“作案”海鸥留下的痕迹。地点：佐治亚州萨佩洛岛。B：海鸥在木制码头留下的硬壳蛤“屠杀”现场。地点：佐治亚州杰基尔岛。比例尺：8½码的男士凉鞋

一部分。

其他鸟类没有借助重力破坏贝壳,它们仅仅凭借自己的喙。其中一些被唤作蛎鹬("鸟"若其名)。它们使用喙大力地啄击牡蛎、蛤蜊和螺的外壳。[78]然而,这个行为需要演化出足够结实坚硬的喙,以便砍削、穿透或以其他方式破坏软体动物的骨骼。显然,其他鸟类跳过了演化出坚硬喙的步骤,而是利用其周围环境中的坚硬物来完成这项任务。

鸟类是否会投掷除软体动物以外的其他动物,以及那些通常不可能飞行的动物呢?对于这两个问题,答案都是肯定的。因为已知有一些鸟类会抓住小型的龟,携带"龟载荷"升空,然后在岩石露头的上方释放它们,以打破它们的壳。至少在一个案例中,有一个人的死因要归咎于这种"高空抛龟"的做法。这个人就是希腊剧作家埃斯库罗斯(Aeschylus,约前525—前456年),他通常被赞誉为"悲剧之父"。根据一个可能是虚构的故事,他的死亡被描述成:一只鹰抓住了一只乌龟,却误将埃斯库罗斯的光头当成一块岩石,然后把龟扔了下去。因此,这更像是一个悲喜剧的结局。[79]尽管如此,这个叙述真正的悲剧却在于,它没有提及乌龟是否幸存,也没说鹰是否成功,并在刚刚去世的剧作家身旁享用了乌龟。

想象一下,在一片侏罗纪晚期的潮滩上,有只重约20吨的蜥脚亚目恐龙踱过,步态庄严。就在沙滩之上,她的长颈迅疾地来回摆动。她在搜寻捕食者,或自己的同类,也许是试图重新加入兽群——那天早些时候她掉队了。她尾巴摆动的方式和颈部不同,更加无序。和头部"节拍器"相比,尾巴更像是风中的一片巨大的草叶。

现在,把你自己想象成一只蛤蜊,就暴露在那片海岸之上。你要么是被海浪涌上岸的,要么就是由于涨潮搁浅此地的。就像艺术家和作家一样,你深知暴露只会带来孤独和痛苦。因此,你做了你的祖先为了生存而做的事情，来抵御脱水和被捕食的双重危险——你开始挖洞。但是，你却挖得不够深，无法避免行走中的蜥脚亚目恐龙后脚的压力——大概有20吨的重量踏上沙子。那只脚甚至都无须直接踏上你，就足以令你毙命。周围沉积物之间的水分被挤出，使得这些颗粒结合更紧密，将你挤碎。你这只蛤蜊不过在试图撑过一轮又一轮的潮汐周期，却被一头巨兽终结了生命。

想象着恐龙踩在不幸的软体动物身上是一回事，但在恐龙足迹中看到一个破碎的贝壳则更加充实了那种心理想象。这个现实检验发生在2003年，那时我在瑞士参加了一次化石足迹学实地考察。那里有许多蜥脚亚目恐龙的足迹遗址，我参观了其中一处。这些足迹来自侏罗纪晚期，记录在石灰岩之中。由于这些石灰岩形成于浅海环境，因此我们化石足迹学家就可以判断这些蜥脚亚目恐龙彼时曾沿着海岸线行走。[80] 蜥脚亚目恐龙后脚的椭圆形足迹非常大，是我的野外靴子（男式8½码）长度的2倍多，并且就位于它们那较小的前脚豆形足迹的后面。然而，除去它们的巨大，关于这个实地考察站点，我记忆最深刻的是，其中一个后脚足迹在最后部的中央有一点小小的异常：一个海洋腹足纲动物盘绕的螺壳。仔细观察这只螺，就会发现其最顶部的螺旋已经消失了，可能是被沉重的动物的脚踩碎了。

然而，有关蜥脚亚目恐龙和其他恐龙踩在软体动物贝壳上，这个或其他案例并不一定意味着这些贝壳的主人在无意间充当承重实验对象时是活着的。举个例子，同样来自瑞士侏罗纪潮滩沉积物中的一个化石海龟，它以一种断裂的方式出现，古生物学家提出恐龙可能是外壳破碎的元凶。[81] 上覆地层中成千上万的蜥脚亚目恐龙足迹，是指向蜥脚亚目恐龙为踩踏者的有力间接证据，但古生物学家得出结论：这只海龟在被踩踏时已经死亡了。不过，在科罗拉多州的拉洪塔附近，在侏罗纪晚期的湖泊沉积物里，蜥脚亚目恐龙可能确实通过踩踏杀死了软体动物和其他无脊椎动物。[82]在那里，蛤蜊碎片散落在恐龙足迹之内，这是湖岸生命突然终结的无声证言。

与此同时，在侏罗纪时期，蜥脚亚目恐龙和其他庞大的恐龙在其生境里漫步，它们肯定穿过了森林，或与森林有间接互动。在这些森林里有树木，树木又为许多动物提供生存环境。它们比恐龙小得多，但数量远远多于恐龙。这些动物在固体组织上挖洞，以树的内部作为家园、杂货店、托儿所等。很久以后，一些恐龙演化成了木材破坏者，并取食这些动物。欢迎来了解树木内部的生命体——昆虫，以及取食昆虫的鸟类里最具生物侵蚀能力的啄木鸟。

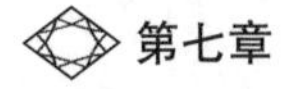
第七章

在家里当木工

这株西黄松(*Pinus ponderosa*)被"手"撕裂了。一些部位划有深入、平行的刻痕,而树干的其他地方则被猛烈冲击过,冲击留下的坑上有木屑沿着其边缘向上和向外辐射分布。经过更仔细的观察可发现,这些刻痕是由一只比我们任何人的手都稍显宽大的手造成的,手上生有五个钝钩,可以撕开这根腐烂、躺倒的原木。

那是2002年,我在爱达荷州,与来自美国各地大约30人在弗兰克·彻奇-不归路河荒野地区共度时光,大家会聚一堂,因为都对追踪狼(*Canis lupus*)深感兴趣。我们此次合作项目,由一个名为"荒野意识学校"(Wilderness Awareness School)的环境教育组织举办。在这片由联邦政府管理的荒野地区,他们提供了为期一周的狼迹追踪课程。在这些课程中,参与者要学习如何辨别狼的踪迹和其他迹象,以及通过这些痕迹来记录它们的去向。至于狼,它们是当时与内兹珀斯人合作进行的一项新的重新引入项目的一部分。在殖民者驱逐了狼和土著人民之前,内兹珀斯人曾是那里的土地管理者。[1]对我们而言,追踪课程另一个不可或缺的部分是:识别和记录与狼共享相同生态系统的其他动物的痕迹。每一天都以五人小组在黎明前离开帐篷去追踪开始。有些日子,我们根本没有追踪狼,而是追踪麋鹿,因为无论在哪里发现麋鹿,你都更有可能找到狼。若给狼一份菜单,上面列出一长串猎物选项,在大多数情况下，它们都会点“麋鹿餐”。[2]

与许多生态系统一样，我们周围的寒温带针叶林——主要由冷杉、松树和落叶松组成，但也伴生有山杨、桦树和棉白杨——拥有不止一种大型肉食性动物，这就导致狼不仅追寻麋鹿，也要避开潜在的竞争者。例如，北美洲最大的掠食性猫科动物——美洲狮（*Puma concolor*）也分布在该地区，它们同样维持着广泛的领地，且范围极有可能与狼的领地重叠。其他重要的肉食性动物包括美洲黑熊（*Ursus americanus*），其中一只美洲黑熊对撕毁我们面前的西黄松负有责任。尽管黑熊的平均体形较小，比灰熊（*Ursus horribilis*）的性情更加温和，但黑熊依然称得上庞大。雄性黑熊个体重量通常超过200千克，而雌性个体可达150千克。[3]大型哺乳动物需要大量的能量供给，对黑熊来说幸运的是，它们是最不挑剔的杂食性动物之一，食用各种植物、真菌和动物。谈到以动物为主的餐点，黑熊靠吃腐肉都能过得相当不错。它们有时会吓退中等体形的食肉动物，例如郊狼和狼，把它们从被捕杀的猎物旁赶走。当我们发现一个黑熊进食地点时，那里“装点”着至少两头死麋鹿的骨骼和皮毛，以及含有被消化过的肉和骨的新鲜粉红色粪便，这个习性我们同样记录了下来。

我们面前那根被撕裂和击打过的西黄松原木，其肇事者是一头黑熊。它的意图不是取食木头，而是在里面生活的动物。最深的挖掘几乎达到了木头的中心，露出了大面积中空、交叉合流和相互连接的管道，其直径大小不等，细若米线，粗似铅笔。这就是我们的追踪小组如何在这只黑熊和钻木昆虫间建立联系的——例如甲虫、白蚁和蚂蚁，是它们制造了大部分管道。遗憾的是，我们小组没有停留足够长的时间来确认是哪些昆虫制造了哪些管道（不要忘了，该地区有大型食肉动物）。然而，这次生态学经验令我印象深刻：所谓的枯树里竟然生满了无脊椎动物，以至于它们能为体重超过200千克的动物提供食物。

距离那只熊“传授经验”已经过去20多年了，但每当我经过一棵曾经的树，无论它是矗立在绿意盎然的伙伴之间，形成鲜明对比，还是躺倒在一旁，我都依然会想起那个经验。我经常想象着，这样的树里塞满了啃食木头的昆虫，它们帮助把树的精华传递给树的后代和森林里其他生命形式。并且，作为一名古生物学家，我会进一步回溯地质历史，问自己这种相互作用的证据会如何显现为化石。更晚些时候，陆地脊椎动物，尤其是啄木鸟，演化出寻找和取食这些钻木昆虫的能力。随着“食木者”和“以食木者为食者”的相互作用，生态系统也因此发生改变。快速浏览树木的历史，以及钻进树木的昆虫和啄木鸟的历史，会将许多看似不相关的主题汇集在一起，它们因生物侵蚀产生了联系。

几乎自从木质组织存在以来，就有生物以木为食。了解木材和其消费者之间的这层关系，相应地会激发关于木材起源的探究。尽管我们经常将木材与陆地植物联系在一起，但这种巧合并不总是成立。举例来说，最早的陆地植物——很可能始于奥陶纪(距今约4.7亿年)——并不含有今天我们在大多数树木中发现的木质组织。这些原始植物没有维管束，这意味着它们更像现代的苔藓或苔类，紧贴地面生长，而不是伸向天空。[4]它们在地势低处生长的习性，反映出非维管植物的生理限制，即它们无法高效地在广泛的网络里循环水分、营养物质和养料。这些限制也意味着这些植物被局限在潮湿的环境里，紧靠海洋、河流或湖泊的边缘。

然而，一旦维管植物在大约4.25亿年前的志留纪由其前身演化而来，它们便“崛起”了，而且也确实如此，因为这些植物的木质组织，以及由那些组织传导的水分，都会帮助植物在一定程度上克服重力的压迫效应。[5]在得到更坚实的支撑之后，茎部使植物变得更高，助其收集更多的阳光进行光合作用，同时也创造出第一个与植物有关的阴凉。在茎部之后是根部，它们穿透原始的土壤，扩展了植物对水和养分（例如磷和氮）的获取范围，而共生真菌会增强根部吸收的能力。[6]根部的生长和运动也有助于基岩风化，进一步培育了土壤。我们人类则充分利用维管植物的坚实性能，将木材和石头或金属结合，制成工具、武器和房屋。[7]在更晚些时候，人类还用木材制造船舶、家具、画框和艺术品。在一些文化中，随着书写的出现，木材随后被用作纸浆造纸，创造出这本书及许多其他书籍的非数字化版本。

当想到木材时，最容易首先想到的可能是树的根、树干和树枝，木材正是由这些部分产生的。然而，如果你将关注从树的外皮表面移至其内部，想象就变得更具挑战性。就是在这里，有机纤维彼此围绕，形成坚固的结构，但同时还在那些纤维之间留有空隙。这些纤维由纤维素组成，而纤维素又是由木质素黏结在一起的。纤维素和木质素是不同的有机聚合物，它们非常有效地协同作用，使得木材成为一种坚硬的物质，在压力的作用下会弯曲，但又难以压缩。顺便说一句，纤维素和木质素是地球上最丰富的有机化合物之一，因为它们存在于所有生命活体和大多数最近死亡的维管植物中。

除了确保树木生长到地面以上，纤维素和木质素还形成了木质部。木质部是植物中两个主要输送组织之一，在树中，它通过茎部或树干将水分和营养物质从根部传送至树枝。木质部还伴生着另一种维管组织，即韧皮部。韧皮部将光合作用产生的养料（主要是葡萄糖）输送到树木的各个部分，这些养料会转化成能量。[8]因此，从功能上来看，我们可以将木质部视为输水管道，而韧皮部比作餐饮供应。

在现代树木中，林业工作者也使用一个更一般性的划分，将树皮下的木材分为边材和心材，它们通常在树的横截面上以不同的颜色区分。边材位于树皮下木材的最外层部分，尽管其大约90%的细胞已经死亡，但它依然起到木质部的作用。相比之下，心材构成了内部木材的大部分,而心材又包围着最内部的髓心。[9]心材和髓心由年代较长且非功能性的木质部组成,它们的主要作用是保持树木直立生长。如果你曾经看到一株新近被砍伐的树的树桩,可以寻找这些木材部分,还有年轮。这些同心环标志着树木每年的增长变化,通常对应着季节循环,见证了那株树的一生。[10]

鉴于木材出现于志留纪时期,那么动物又是何时开始嚼食木材的呢？事实证明,这种行为也始于志留纪,距今约有4.2亿年,或者说,在"首批木材"出现后不过几百万年。[11]志留纪时期,所有的陆地动物都是无脊椎动物,且其中许多是节肢动物。[12]由于节肢动物也有口器,而且有些非常适合分解有机组织,因此我们怀疑这些动物开始做起了"木工活儿"。

我们知道陆地节肢动物取食陆生植物,并不是通过直接的化石证据——例如"节肢动物用颚紧紧咬住根部和茎部"的化石——而是通过它们的遗迹化石。在1995年的一项研究中,古生物学家报告称,在威尔士的志留纪岩层中发现了其内含有孢子和维管植物其他碎片的粪化石(化石粪便)。[13]从那时起,其他古生物学家也找到了更多类似的证据,表明要么是螨(与蜘蛛有关的小型蛛形纲动物),要么是类似千足虫的节肢动物,它们最有可能是粪便的制造者。[14]在纽约上城区发现的泥盆纪中期(距今约3.93亿至3.83亿年)的岩石里,木头化石中的微小管道里充满了粪化石,这也有助于古生物学家更好地在两者——木头从节肢动物的一端进入和从另一端排出——之间建立联系。[15]这些遗迹化石还表明地球生态系统迈出了重要的一步,因为它们标志着植食性的开始,或者更具体地说,是木食性(xylophagy,其中xylo表示"木材",而phagos意为"吃")的开始。在陆地生态系统中,这种动物对植物组织的循环利用一旦开始,就没有停止过。并且,只要陆地植物和动物共存,它就会继续下去。作为额外的收获,这种古老的粪化石还表明:

在大约4亿年前,素食主义尚未成为时尚之际,动物就已经采用素食的生活方式了。

就在植食性开始之前,或是之后不久,第一批昆虫从陆地栖息的甲壳动物演化而来。[16]然而,这些征服了地球的六足节肢动物究竟于何时出现的,对此仍然有着激烈的争论。争议之所以存在,部分原因是昆虫的早期化石记录不完整,只有零星可能是来自泥盆纪早期(距今约4亿年)的昆虫局部,并且那个时期也没有明确的昆虫遗迹化石。[17]然而,分子生物学家推测昆虫的起源可以追溯到奥陶纪,称分子钟表明昆虫在大约4.8亿年前从甲壳动物祖先分化出来。[18]如果他们是正确的,那么昆虫的化石记录就存在着8000万年的空白。不过,不管它们的起源如何,昆虫从那时起不断地演化,并最终成为所有陆地生态系统的重要组成部分。

然而,昆虫取食活体植物组织引起了植物的演化响应,它们发展出了化学防御机制,以防止简单的啃食升级为"不限量沙拉自助台"。[19]于是,植物和昆虫之间的协同演化之舞登场了,在化石记录里,以植物实体化石和那些植物化石里昆虫(或其他节肢动物)遗迹化石的组合来呈现。其中一些遗迹化石包括叶片上的咬痕、被咀嚼但未被吞咽的木材(蛀屑)、含有植物残余的粪化石、木材中的管道,等等。[20]

随着植食性的出现,这些化石组合告诉我们:在漫长的时间里,植物和昆虫的关系经历了几大重要阶段。这些阶段包括:石炭纪晚期(距今约3.23亿年至2.99亿年),此时昆虫比以往任何时候都更多地取食植物;二叠纪时期(距今约2.99亿年至2.52亿年),此时植食性昆虫扩展到新的栖息地,例如沙漠;三叠纪晚期(距今约2.37亿年至2.01亿年),此时在二叠纪晚期那场可怕的生物大灭绝之后,植物和昆虫得以恢复并扩张;白垩纪之后,在距今大约6600万年时,一块巨大的太空岩石撞击了地球,此后植物和昆虫也经历了类似的恢复过程。[21]接下来,在大约

1000万年之后，紧随这个生物修复而来的是地球历史上最炎热的时期之一，即古新世-始新世极热事件。[22]在每一次生物学和地质学上的重大事件中，植物和昆虫都能“在哪里跌倒，就在哪里爬起”，它们协同演化的故事主要由植物机体结构和那些结构上的昆虫痕迹来讲述。然而，考虑到我们要主题性地研究生命如何分解坚硬物质，我们将重点关注昆虫对木材的具体影响，以及一些鸟类自起源以来是如何穿透木材，并以其他方式影响木材的。

令研究其他昆虫的昆虫学家感到不满的是，40%的昆虫物种都是甲虫，并且在全部动物物种里，甲虫可占大约1/4。[23]甲虫属于鞘翅目(Coleoptera)分支群，但鉴于鞘翅目内惊人的多样性，以及为了延续我们的主题，我们将只关注那些啃食木材的昆虫。有这种习性的甲虫属于小蠹亚科(Scolytinae)分支群，通常被称为“树皮甲虫”(bark beetles)：倒不是因为它们的声音*，而是因其啃咬树皮。[24]树皮甲虫包括超过5000个现代物种，以及相当数量的化石物种，其中最古老的例子来自黎巴嫩白垩纪早期(距今约1.3亿年)，名为*Cylindrobrotus Pectinatus*。[25]

与大多数昆虫一样，甲虫也有一个从卵到幼虫、到蛹再到成虫的生命周期，称作完全变态。树皮甲虫也经历了这样的生命周期，只不过大多数时间都是在木材中度过。根据其对木材的偏好及其他因素，树皮甲虫通常可分为两大类：松甲虫和食菌甲虫。[26]松甲虫确实生活在松树和其他针叶树里，而食菌甲虫则栖息在各种树木中。食菌甲虫不同于松甲虫，进一步的区别在于它们与真菌相互依存，我们很快会讨论这一点。然而，松甲虫和食菌甲虫都以同样的方式穿过木材，即用上颚撕裂纤维素和木质素纤维，来制造管道和其他空间。

* 这里是作家的幽默，因为bark一词有“树皮”之意，作为动词也有“犬吠”的意思。——译者

最近，松甲虫因其啃食木材的方式引起了更多的关注。它们摧毁了广阔的森林，留下成千上万棵枯死的松树，这都是拜其强大的上颚力量所“赐”。[27]尽管如此，这种破坏里也有些许的美感。没有什么松甲虫的痕迹比松甲虫妈妈和宝宝们制造的痕迹更引人注目了。首先，一只“怀孕”的雌性甲虫在木材中钻出一条单一、笔直且开放的管道，然后在管道里产卵。这个管道就是幼虫的托儿所。幼虫从虫卵中孵化出来，开始啃咬这个育儿室，企图钻出去。每条幼虫都会选择一个方向，离开育儿室，管道向外扩展并分叉，不会相交。这种奇妙的移动使得管道围绕着最初产卵的管道形成辐轮状的结构。[28]更重要的是，这些管道会沿其长度变宽。原因何在呢？因为幼虫一边取食一边生长，因此

A

B

图7.1　木材中的昆虫痕迹（现代和化石）。A：曾经有生命的火炬松（*Pinus taeda*）残干，上面有松甲虫制造的蜿蜒和分叉的管道，以及啄木鸟为了寻找松甲虫和其他昆虫留下的大洞。地点：佐治亚州圣凯瑟琳斯岛。B：红树林树种海榄雌属（*Avicennia*）里的化石白蚁通道，填满了粪粒；标本来自新西兰中新世（距今约2200万年）的普基蒂组（Puketi Formation），保存在奥克兰大学的藏品中

管道就成为它们成长的记录，就好比是父母在墙上标记下孩子的身高。在管道的尽头，幼虫进入它们生命的下一个阶段：化蛹。这里也是它们过冬的地方。[29]随着春天气温回暖，成虫从蛹室中孵化出来，继续啃食木材，同时形成垂直的井状通道，远离幼虫管道的方向向上延伸。这些美丽的图案就在枯松树的树皮下，沿着树的周长延伸，通常只需撕掉树皮就能显露出来。甲虫的成虫也能形成S形管道，这些管道经常相互交错，形成内里充满木质粪便和蛀屑的辫状河流图案。

如前所述，食菌甲虫与松甲虫有所不同，主要区别就在于它们和真菌的关系。食菌甲虫并不是直接利用木材来维持生命，而是在木材中挖掘管道，以培养和采集真菌，这令它们成为少数自己栽培食物的动物之一。[30]

甲虫可能在初登演化舞台后不久就开始在木材中钻孔了，可追溯到二叠纪早期（距今约2.95亿年）；但现代的食木甲虫分支群直到更晚的侏罗纪和白垩纪才出现。[31]因此，在二叠纪和三叠纪的化石木材中，那些看起来很像现代甲虫钻孔的甲虫遗迹化石很可能是由先前的分支群制造的。毫不奇怪的是，与甲虫相关的木材钻孔遗迹化石首次发现于亚利桑那州的石化林国家公园，这里以其化石木材闻名于世。1938年，地质学家M. V. 沃克（M. V. Walker）识别出那里化石树干中的管道可能是甲虫的杰作。[32]

将近75年后，在2012年，石化林国家公园的化石木材中其他遗迹化石也被归因于钻食木材的甲虫。在20世纪90年代，这些袋状的U形钻孔群最初被认为是蜜蜂的孵化室。[33]但考虑到蜜蜂直到1亿年之后才演化出来，这种解释就存在一些问题。在两位古生物学家利夫·塔帕尼拉（Leif Tapanila）和埃里克·罗伯茨（Eric Roberts）重新检查了这些钻孔后，谜团就被解开了。他们发现每个钻孔都有单独的开口（入口和出口），且入口一侧有蛀屑堆积。[34]这些特点排除了钻木的蜜蜂作为制造者的可能,因为这些昆虫只制造一个入口暨出口孔,并且不以堆积蛀屑而闻名。孵化室的尺寸也和三叠纪甲虫成虫的大小相匹配,表明这可能是甲虫幼虫的孵化室。因此,塔帕尼拉和罗伯茨认定,这些孵化室是地质记录中已知的最古老的全变态昆虫遗迹化石,可追溯到大约2.1亿年前,并将它们命名为遗迹属*Xylokrypta*(意为"隐藏在木材里")。[35] 2017年,古生物学家冯卓及其同事在中国二叠纪晚期(距今约2.53亿年)的化石木材中发现了可能是甲虫的钻孔和孵化室结构,将这一已知最古老的日期再前推了4000万年。[36]这些及其他遗迹化石表明,树木和钻木甲虫超过2.5亿年的共同历史仍在向我们揭示其奥秘,并且很可能还会有更多的证据出现。

在所有房主最不喜欢的昆虫排名中,蟑螂和白蚁总是确保会进入最终的候选名单。如果房主还相信演化共谋理论,那么蟑螂和白蚁的亲缘关系可能就不会令人惊讶。这两组昆虫属于同一分支群,即蜚蠊目(Blattodea),而蜚蠊目又包含另一个更小的分支,名为Tutricablattae,其中包括现代的木蠊和白蚁。白蚁从它们的蟑螂祖先分化出来,这可能发生在侏罗纪早期,距今约有1.9亿年。[37]

生活在北美和东亚森林地区的木蠊,主要以隐尾蠊属(*Cryptocercus*)的物种为代表。[38]尽管木蠊和白蚁的行为迥异,但和所有其他种类的蟑螂相比,木蠊和现代白蚁有着更近的亲缘关系。木蠊也生活在木材之中,并以之为食,就像白蚁一样。木蠊和白蚁都是半变态昆虫,这意味着它们的生命周期缺少幼虫和蛹的阶段,而是以若虫的形式出生,看起来更像是缩小版的成年蟑螂或白蚁,而不是幼虫。随后,若虫在每个生长阶段都会蜕皮,直至成年。木蠊和白蚁之间的另一个联系是,它们使用相同的肠道微生物。但不同之处在于,白蚁在每个物种内都有专门的社会阶层,包括蚁后、兵蚁和工蚁,而木蠊就是简单地聚集在腐烂的木材里。[39]

考虑到木蠊隐藏在腐烂的木材里,科学家不免会花费更多时间来记录它们的行为,但最终还是获得了一些卓越的见解。点刻隐尾蠊(*Cryptocercus punctulatus*)的一个显著行为是一夫一妻制,配对的木蠊会在木材中建造及占领交配室,并由雄性保卫。但是,如果另一只雄性木蠊侵入这个交配室,且战胜了驻守交配室的雄性个体,它也会赢得驻守的雌性和交配室,驱逐失败者,立即搬进来。[40]木蠊的这些争斗和交配行为都发生在木材表面之下由木蠊制造的复杂空间里。

尽管松甲虫和其他钻食木材的昆虫已经尽其最大的努力,但白蚁才是最常与食木行为相联系的昆虫,并因此被人类所憎恶。然而,在深入探讨白蚁对活着及死去的树木的影响之前,我们需要先了解一下白蚁的生物学概况。白蚁属于等翅目(Isoptera)分支群,是真社会性昆虫。这意味着它们通过多态性(即拥有不同体形)的个体来形成能够正常运作的群体,这些个体代表着不同的社会阶层。[41]在一个典型的白蚁群落里,社会阶层包括:主要的繁殖者,例如蚁后和蚁王;兵蚁,它们负责保卫群落免受攻击者(例如入侵的蚂蚁)的袭击;工蚁,它们协同作业,为白蚁群落建造巢穴,并为其他社会阶层提供食物。尽管真社会性的蚂蚁、蜜蜂和黄蜂也有着类似的社会阶层系统,但那些都是全变态昆虫。[42]

白蚁工蚁的上颚适用于抓住和撕裂木质纤维,它们会**集体**作业,为群落刻凿出空间。因此,在现代或化石样本中发现的任何白蚁痕迹都被认为是工蚁的杰作。那么,如何区分白蚁巢穴和其他食木昆虫的巢穴呢?要寻找那些深入的、无处不在的钻孔,它们穿透了边材和心材;相比之下,大多数非白蚁昆虫的钻孔更浅且更简单。[43]在木材中,白蚁巢穴的复杂性源于相互连接的管道和廊道。如果“廊道”这个词儿令你联想到宽敞的房间,挂着裱了框的艺术品,那么你只需去掉艺术品,就可以理解其昆虫学含义,这里指的是宽敞的内部空间。廊道通常用作"托儿所",在那儿,蚁后产卵,工蚁喂养若虫。管道和廊道通常是开放的,但可能会部分地被蛀屑填满。白蚁的粪便也很易识别,它们是尺寸适当的有着六角形截面的圆柱体。[44]

分子钟以及琥珀中木蠊和白蚁的实体化石,都表明白蚁可能起源自白垩纪早期,距今约1.4亿至1.2亿年。[45]此外,早期的白蚁实体化石显示,它们的体形已经因其角色的不同而有所不同,具体取决于是繁殖者、兵蚁或工蚁。由于它们和木材以及其他因素的关系,白蚁可能是第一种真社会性昆虫。它们形成了具有各种专业任务的大规模群落,这令白蚁一路领先于其他昆虫。[46]

化石木材中的白蚁遗迹化石看似罕见,但在白垩纪晚期和年代更近的岩层中都有所记录。例如,在法国白垩纪琥珀中的粪化石,其大小和形状就与食木白蚁的粪化石相符。[47]同样,在英国怀特岛和遥远的得克萨斯地区白垩纪的化石木材中,粪化石和钻孔也都被归因于白蚁。[48]一些来自坦桑尼亚的化石白蚁巢穴显示,白蚁在中新世伊始(距今约2500万年)就开始使用"真菌栽培技术",加入了"昆虫农民"(例如食菌甲虫和切叶蚁)的专属俱乐部。[49]

正如房屋的主人和林业工作者所熟知的那样,除了甲虫、蟑螂和白蚁,其他昆虫也演化出撕裂木材的能力,为着取食、寻求庇护或筑巢的目的。在这些昆虫中,有一些属于膜翅目(Hymenoptera),包括黄蜂、蜜蜂和蚂蚁,它们的谱系也可以追溯到中生代。一些膜翅目昆虫改变木材的方式可以从其常用名中看出端倪,例如锯蜂(或锯蝇)、木蜂和木蚁,而造纸胡蜂、黄胡蜂和大黄蜂则是"木材刮削器",它们咀嚼和重塑木质纤维,以制造纸巢。考虑到在过去超过1亿年里它们多元的生活方式,这些昆虫已经在木材中扮演了各种角色就丝毫不会使人意外——家居建造者、拆毁者和翻新者。在未来,它们将如何跟随着维管植物的变化而改变,各人有各人的猜测。但可以肯定的是,它们将凭借适应能力的持久性与韧性继续令我们着迷。

正如岩石和贝壳的分解有助于物质和能量的循环,数亿年来,昆虫对木材的降解也在森林的物质和能量循环方面扮演着重要的角色。但是,许多这些昆虫并不是独自完成这项工作的,因为它们得到了内部小伙伴的帮助。举个例子,食菌甲虫就依赖特定的真菌作为食物,而其他树皮甲虫则通过挖掘管道传播真菌。这种相互依赖的关系可视作甲虫和真菌之间的"共赢",双方都从这个关系中受益。然而,对于试图抵御侵害的树木而言,这种互利共生也就成了"双输"的局面。例如,如果甲虫和其真菌是入侵物种,本土的树木通常无法迅速适应去抵御这些入侵物种,因此,树木就会死亡,而且速度非常之快。[50]

在北美部分地区,本土树皮甲虫正在摧毁松树林,这是第二个波及范围更广的木材侵蚀问题。这场生物灾难是如何由本土物种引发的呢?"改变游戏规则者"就是气候变化。森林科学家现在认为,过去几十年来北美地区的气温升高已经加快了松甲虫的生命周期。[51]在给定年限内,更多从虫卵到成虫的转变意味着每年有更多的树皮甲虫,它们啃食着缓慢生长的树木,而后者却无法抵御这些攻击。

与木材生物降解和气候变化影响相关的第三个隐患问题,源自生活在微小肠道中的最小有机体。尽管木蠊和白蚁以木材为食,但它们本身无法消化木材中的纤维素。为了实现这一点,它们微小的消化道中的细菌和单细胞原生动物会为它们消化纤维素。[52]然而,纤维素消化者产生的废气之一是甲烷,这是一种温室气体,比它那更有名的大气伴侣二氧化碳要有效得多。根据某些估算结果,白蚁排气产生的甲烷占全球甲烷的1%—3%。[53]如果伐木导致更多的死木供白蚁取食,这一比例就会增加。简而言之,如果产生甲烷的甲虫和白蚁的生命周期都受到气候变化的推动，那么我们将会进入木材生物侵蚀的新阶段，与地球历史上任何时期都不同。然而，由于我们已经了解以往的食木动物及其生态影响，所以在适应和减轻未来将要发生的危害时，我们可能会更明智。

每当卡伦·陈(Karen Chin)谈论化石粪便时，人们都会倾听。毕竟，她自20世纪90年代中期以来就一直研究恐龙粪便，得到了广泛的认可，被誉为“粪化石界的执政女王”。关于恐龙取食木材行为的推断，她最早期和最重要的科学发现之一和我们对木材的兴趣相关。这项研究发表于1996年，与昆虫学家布鲁斯·吉尔(Bruce Gill)合著，研究内容与蒙大拿州西北部大约7500万年前的恐龙粪化石有关，这些粪化石主要由化石化的针叶树碎片组成。[54]基于粪化石的丰富程度和巨大的体积(高达7升)，以及其位置靠近大型(长达9米)食草恐龙慈母龙(*Maiasaura*)的巢穴和遗骨，卡伦·陈推测慈母龙就是制造者，或者称之为“粪便制造者”。无论它们的来源如何，这些化石粪便表明，至少有一些恐龙以木材为食。更有趣的是，卡伦·陈和吉尔在粪化石中发现了洞穴，与现代蜣螂(即屎壳郎)的洞穴极其相似。今天的蜣螂利用各种动物的废物来做“育雏室”，它们在土壤或粪便本身中挖出这些巢室。根据这一证据，研究人员即可描绘出一张白垩纪的食物网，其中恐龙取食针叶树，排泄粪便，然后蜣螂利用这份“慷慨的赠品”来抚养后代。[55]

然而，这个解释中的一部分还是令卡伦·陈感到困惑——这与木材有关。尽管自古生代以来，昆虫就一直以木材为食，但新鲜的针叶树木材本身不应该吸引大型恐龙，因为它的营养价值远不及叶片或其他植物部分。因此，这些木材必须还有其他原因吸引恐龙。在仔细研究了粪化石中的化石木头碎片之后，卡伦·陈意识到它们缺少木质素，这种缺失更像是腐烂木材的特征。这些和其他线索指引卡伦·陈在2007年提出假说:恐龙会取食腐烂的木材。也即,对于恐龙而言,腐烂的木材可能要比新鲜的木材更有营养,因为前者包含了真菌和啃食木材的昆虫等。[56]尽管她的论点颇具说服力,但粪化石里并没有保存任何昆虫或其他节肢动物的残骸,因此这仍然只是一种推测。

图7.2 恐龙的粪化石,主要由木质碎片组成。很可能是白垩纪晚期(距今约7500万年)一只鸭嘴龙科(Hadrosauridae)慈母龙属的恐龙取食木材后留下的。标本来自美国蒙大拿州梅迪辛组(或称双屋组,Two Medicine Formation)

10年过去了,卡伦·陈和其他古生物学家终于得到了进一步支持,来证明这个大胆的观点,即某些大型"草食性"恐龙不仅取食植物,也会将无脊椎动物纳入其正常饮食组成。在2017年的一篇论文中,她和同事描述了来自犹他州南部的恐龙粪化石。这些粪化石和蒙大拿州发现的粪化石大致相似,并且年代相近(距今大约8000万年至7500万年)。[57]这些粪化石同样包含着被真菌损害的木材碎片,表明它们的"恐龙排泄者"食用了腐烂的木材。然而,这些木质碎片里还掺杂着化石化的甲壳动物片段。虽然这些身体片段不够完整,难以辨认出它们最初的所有者，但它们很可能是生活在腐烂木材中的陆地甲壳动物。因此，卡伦·陈和其同事得出结论：这些恐龙啃食了同时含有无脊椎动物的木材；无脊椎动物丰富了恐龙的日常饮食，为其提供动物蛋白质和无脊椎动物外骨骼中的钙质。[58]

那么，这些恐龙是否像黑熊一样撕裂西黄松树皮呢？又或者，它们是第一批挖掘木材以获得其中蠕动的节肢动物美食的"啄木鸟"吗？要回答这些问题，我们必须去观察恐龙，看看这些动物对木质基底和其中的生命体有何影响。

爆裂之声断断续续，从我们的上方和身后传来。辨认出这个声音后，我急忙转身，将双筒望远镜对准我的眼睛。这个声音的来源，紧紧地抓住一棵成熟的长叶松(*Pinus palustris*)的垂直表面，与它制造的听觉效果相比似乎太小了。于是，我们观察了一会儿，然后它又开始用力敲打，用它的喙快速且猛烈地撞击那棵树的树干。

彼时，我和妻子露丝正在佐治亚州的皮德蒙特国家野生动物保护区，那里由美国鱼类及野生动物管理局管理，位于亚特兰大以南不到两小时的车程。[59]我们去那里，主要是为了观察红顶啄木鸟(*Leuconotopicus borealis*)的真实个体。这种鸟的大小和旅鸫(也称北美知更鸟，*Turdus migratorius*)几乎相当，其翼展仅勉强超过训戒尺的标准长度(30厘米)。虽然"红色"是它们的主要颜色描述词，但红顶啄木鸟大多是黑白的，而雄性和雌性之间的区别在于雄性头部两侧有一抹红色刷痕，其余部分以白色为底色，有黑色条纹间隔。[60]当它们灵巧地沿树干攀爬、上上下下时，我们远远地用望远镜看过去，它们背部的黑白水平条纹就更为明显。它们的脚部形状类似抓钩，两只爪状脚趾指向前方，两只指向后方，呈X形，使它们能够像蝙蝠侠一样灵活移动。

在森林里快速浏览一番，就能十足地见证这种啄木鸟最引人注目的行为壮举——用头部在长叶松上制造圆形孔洞。这些孔洞的宽度为5—7厘米，在距离地面约10米高的位置，明显低于任何树枝。[61]这种高度也证明，啄木鸟选择了更大更成熟的树木，最好是具有被真菌软化了边材和心材的树。每个孔洞都标志着一个洞穴的入口。洞穴足够大，可以容纳至少一只或多只成年啄木鸟，而且足够深，可达到树木的心材。根据其容积大小，洞穴可供单只鸟类和配对的鸟类用作栖息地，或是筑巢。

挖掘一个新的树洞可能需要数年的啄击，这是个辛苦活儿，但必不可少，这个方法能确保啄木鸟幸存足够长的时间，并繁衍后代。最近挖出的树洞，其边缘通常会有新流出的树液作为标识。树液形成了白色薄层，通过上下各个孔洞上的纹路连成一片。这种树脂表明，啄木鸟选择活树来建造它们的洞。树液还能够阻止攀爬树木的蛇类，它们可能会垂涎于鸟蛋作为早餐、雏鸟作为午餐，或是鸟父母作为晚餐。如果长叶松不太常见，啄木鸟可能会利用其他树种，但长叶松是满足其需求的最好选择，尤其是那些近百年的老树。[62]有趣的是(至少对我来说)，红顶啄木鸟是唯一在活的松树上打洞的啄木鸟。树洞也倾向于集中在相对较小的区域，数十棵有洞的树可以反映出鸟类的群体行为。

至于濒死或已经死亡的树(即枯立木)，红顶啄木鸟寻找藏匿其间的生命。它们用喙敲击树木，或用脚和喙剥开树皮，露出之前潜伏于此的昆虫。在这片和其他松树林里，枯立木底部积累着厚实的剥落的树皮残片。松甲虫(幼虫和成虫)、白蚁、木蠊、木蚁和其他昆虫一旦暴露，就会被长长的、分叉的舌头钩住，或被喙衔住。在觅食时，性别之间通常存在着垂直划分。雄性倾向于在树的较高部分寻找树枝和树干上的昆虫，而雌性则在较低的树干部分寻找美食。[63]这种分工合作很有道理——就像是一对去杂货店购物的夫妻，进了不同的店铺，以防争抢同样的食物，这种方式在昆虫活动较少的冬季尤其有用。

图7.3 啄木鸟的巢洞。A:红顶啄木鸟在长叶松上的巢洞以及“起步房”(直径较小的洞),位于佐治亚州西南部的伊乔韦(琼斯生态学研究中心)。B:红腹啄木鸟(*Melanerpes carolinus*)在已死亡的菜棕上的巢洞,位于佐治亚州奥萨博岛。C:北美黑啄木鸟(*Dryocopus pileatus*)在火炬松上的巢洞,位于佐治亚州萨佩洛岛

从这几项对红顶啄木鸟的观察中，人们可以看出它们在许多方面都非常特别，但随着其物种总数在20世纪不断减少，它们变得更加特殊。在一个看似矛盾的情况下，如今欣赏这种啄木鸟的人类也正是减少它们数量的罪魁祸首。事实证明，当你消灭了一种鸟的食物来源、潜在的家园和育儿场所后，它们的生存就会举步维艰。而在这种情况下，这种鸟的大多数需求都依赖于一种树，即长叶松。长叶松及其相关生态系统曾经覆盖了北美洲东南角的大部分地区，从得克萨斯州东部到弗吉尼亚州，可能一度栖息着数百万只啄木鸟。但现在，由于欧洲的殖民统治及美国因木材和造纸需求过度伐木，以及为了农业清理森林，后果便是该地区只有不到5%的区域还保留着足够数量的长叶松，配得上“森林”二字。[64]

在美国东南部和世界许多地方，啄木鸟不单是栖息于此，同时还是乡村森林和城市森林中非常活跃的参与者，这也表明它们具有适应能力和生态效应。而且，无论生活在哪里，啄木鸟都对钻木昆虫有着巨大的影响，与此同时，也在自身生存环境中向树木和其他植物添加了自己的孔洞。通过它们的生物侵蚀作用，啄木鸟还以有益于其生态系统的方式塑造了这些环境。

啄木鸟是鸟类，而鸟类是恐龙的一种。我在古生物学领域已经待了足够长的时间，还记得当有人断言“鸟类是恐龙”时，该说法曾一度受到质疑。然而现在，它已然成了5岁小孩都知道的常识，他们会兴奋地指着麻雀说：“妈妈，瞧，一只恐龙！”基于化石和分子钟的数据，我们知道鸟类起源于侏罗纪中期（距今约1.7亿年至6000万年），由无法飞行（但有羽毛）的兽脚亚目恐龙演化而来。[65]时至今日，“最古老的鸟类”头衔仍然授予始祖鸟属（*Archaeopteryx*）。其化石分布在德国，来自侏罗纪晚期（距今约1.5亿年），大小和渡鸦相当，包括骨骼和羽毛。第一具几乎完整的始祖鸟骨架于1861年发现。[66]然而,回答这个看似简单的问题——"什么是鸟类?"——变得更加困难,因为在中国发现了白垩纪早期(距今约1.3亿年)的有羽毛的非鸟类恐龙。[67]在这些非鸟类动物中,有些也许可以爬树,至少能够滑翔到其他树木或地面。因此,古生物学家使用一份解剖特征的清单,来确定任何给定的小恐龙是非鸟类还是鸟类。

这些早期的鸟类不仅取食蠕虫,还可能吃各种各样的食物,包括昆虫。关于白垩纪鸟类饮食的直接证据来自化石化的消化道内含物,其中一些标本中还含有植物残骸、鱼类和蜥蜴。许多白垩纪鸟类也有牙齿,至少有一种来自中国白垩纪早期的鸟类——吉氏齿槽鸟(*Sulcavis geeorum*),它的牙齿看起来更适合咬碎昆虫或甲壳动物的外骨骼。[68]一种来自缅甸的白垩纪鸟类——陈光琥珀鸟(*Elektorornis chenguangi*),其脚部生有一个异常长的中趾,这令古生物学家猜测它可能是用来探测树木中的钻木昆虫。[69]尽管在所有白垩纪的鸟类中,这只脚似乎是唯一的证据,暗示有些鸟类行为类似于啄木鸟。

没有牙齿的鸟类谱系属于新鸟亚纲(Neornithes),它们在白垩纪晚期演化而来。而且,来自这个分支群的鸟类是大约6600万年前的生物大灭绝事件中唯一的幸存者,该事件导致了所有非鸟类恐龙和大多数鸟类恐龙的灭绝。[70]在新鸟亚纲里有两个分支群,即古颚下纲(或称古颚超目,Paleognathae)和今颚下纲(或称今颚超目,Neognathae)。古颚下纲包括现代无飞行能力的鸟类的祖先,如奇异鸟、美洲鸵(或称鹣鹋)、鸸鹋、非洲鸵鸟,还有(我的最爱)食火鸟(或称鹤鸵);而今颚下纲则是所有其他鸟类的祖先。对于那些幸存的白垩纪晚期的鸟类而言,今颚下纲鸟类在新生代期间在字面和比喻意义上都飞起来了。在飞行的帮助下,它们遍布全球,同时填补并创造了新的生态位。[71]如今,鸟类有大约10 000个代表性物种,是哺乳动物的两倍,这令人不禁思考,那些将新生代称为“哺乳动物时代”的人是否带着些许的偏见。

啄木鸟是何时出现的，并成为鸟类丰富多样性的一部分呢？了解它们的演化树，有助于我们更好地理解它们中的大多数是怎样与树木一起演化的。作为今颚下纲，啄木鸟属于演化支穴鸟类(Cavitaves)，通常被称为“洞巢鸟”，因为它们习惯于在树洞里栖息或筑巢。[72]穴鸟类谱系包括佛法僧目(Coraciiformes)，其中有翠鸟和蜂虎；还包括䴕形目(Piciformes)，其中有啄木鸟、巨嘴鸟以及有亲缘关系的鸟类。然而，䴕形目的化石直到渐新世向中新世的过渡期才出现在化石记录中，距今大约2300万年。其中一件化石是腿骨，来自法国中部的中新世早期(距今约2100万年)，被认定属于物种*Piculoides saulcetensis*。[73]这块化石与发现自德国渐新世晚期(距今约2500万年)的其他骨骼十分相似，暗示着彼时一些早期的啄木鸟可能曾生活在欧洲的这块区域。[74]

鉴于这些零散的化石记录和现代啄木鸟有遗传相关性，科学家提出了假设：啄木鸟起源于非洲、亚洲和欧洲，然后迁移到美洲。[75]然而，加勒比海地区的琥珀里保存着中新世早期啄木鸟的羽毛，这表明这些鸟那时已经传播到了美洲。[76]这些古生物学家又如何知道这些羽毛来自啄木鸟呢？因为啄木鸟的飞行羽不同于大多数其他鸟类的羽毛，这与它们用喙敲击树木的习性有关。例如，啄木鸟的尾羽要比大多数鸟类的尾羽更加坚挺，在它们的头部快速来回移动时，帮助其稳定在树干上。

根据当前的行为，我们可以合理地假设这些啄木鸟的祖先曾追随着树木和生活在树木里的昆虫。因此，考虑到啄木鸟留下的丰富痕迹，人们可能会认为除了骨骼之外，化石足迹学家另有充足的证据来证明它们的存在，并且相应地重建啄木鸟行为随着时间推移而变化的详细记录。然而，遗憾的是，我们并没有这些证据，也没有记录下它们的行为。迄今为止，我们仅从化石记录中阐释了几个可能的化石巢穴，[77]却没有发现确凿的啄木鸟足迹、啄击痕迹、粪化石或其他类似的证据。

如今，啄木鸟分布在美洲的大部分地区，欧洲、亚洲、撒哈拉以南的非洲，其中以南美洲和东南亚的热带雨林里物种多样性最为丰富。这在某种程度上是合乎逻辑的——当一种鸟的常用名里带有“木”这个字时，这种鸟就生活在纤维素和木质素相结合形成组织的地方。这种组织也会吸引昆虫，而这些昆虫大多生活在森林或其他林地。考虑到啄木鸟的分布如此广泛，且现存物种超过200种，它们在行为和饮食方面相当多样化。但其共性在于，它们有着共同的起源，都用喙敲击坚硬的植物组织。那么，啄木鸟是如何做到经年累月地敲击，却又不伤害自己的呢？若想回答这个问题，需要从解剖学、物理学和演化论（当然啦）的角度来研究它们。

如果你曾经有充分的理由故意拿脑袋撞墙，稍后你就可能后悔。这种悔恨很可能与人类颅骨对与坚固物体碰撞引起的创伤适应性不足有关，这可能会导致脑震荡、颈部受伤和下巴出问题等。对这些影响的认识日益增强，最终导致美式橄榄球和自行车运动要求佩戴头盔，以及其他头部防护装备，以帮助缓冲对我们头盖骨的撞击，并保护我们“偶尔”宝贵的大脑。

当然，啄木鸟可没有那份奢侈——每当它们需要以喙敲击树木时还绑上个头盔。相反，它们依靠自然选择，通过基因、选择压力和运气的组合，产生了令人惊叹的适应性，使得它们每次饥肠辘辘时，都能避免把自己敲得不省人事。当我们看到以下数字时，它们承受这种强度的能力就更加令人印象深刻：它们能以每秒超过25次啄击的速度移动头部；头部速率可达每秒7米；当它们的喙撞击坚硬的木材表面时，头部承受的力量超过重力的1000倍。[78]它们又是如何做到这一点，并且幸存下来的呢？

为了有助于具象化啄木鸟的需求，想象一下，如果你需要模仿一只啄木鸟，爬上树干，并用固定在脸前端的十字镐快速地敲击树干表面，你需要进行以下规划。首先，你必须确保你的双脚牢牢地固定在你下方的表面上，最好是紧紧抓住树干——想想看，你要穿防滑的尖钉铁鞋，而不是周末专用的高跟鞋。其次，你的臀部必须保持绝对完美的非摇摆静止状态，以便臀部更好地起到支点的作用。最后，十字镐要尽可能地靠近你的脸，当镐猛烈敲击树干时，没有任何缓冲吸收的空间。如果你已经做到了这一点，那么尝试以每秒15次或更多次用你的脑袋来敲击依然是不明智的，因为世界上最快的鼓手也只能用手和鼓槌达到这个速度。[79]

相比之下，啄木鸟的身体经过适应，能够满足所有这些需求，而且表现得相当出色。还记得吗？它们的脚生有4个带钩爪的脚趾，看起来像个“X”。这种形状的脚被称作“对趾”，是啄木鸟的标配，可以沿着垂直表面上下及横向移动，十分便捷，这也使得它们在树干上移动时耗力最小。[80]这种类型的脚也有助于防止这些鸟在敲击时从树干上跌落。此外，啄木鸟没有尾巴，但它们有尾羽。(如前所述)尾羽足够硬挺，足以抵消啄木鸟头部的前后运动。

最重要的是，啄木鸟的头骨是自然工程的奇迹。举例来说，啄木鸟的头骨骨骼比它们其他部位的骨骼矿化程度更高，但也更薄，这使得头骨既坚固又富有弹性。[81]它们的大脑紧贴着头骨，在两者之间几乎没有流体，这可以防止大脑物质在脑壳里晃动。在每次敲击时，啄木鸟颈部后面的强壮肌肉都会收缩，这一动作由啄木鸟的喙帮助完成。喙与啄木鸟的头骨连成一体，因此喙的作用更像一把坚硬的锤子，而非减震器。[82]接下来，我们来探讨啄木鸟的舌头。舌头用来舔食钻木昆虫。它联结在头骨内部，就在眼睛下方，穿过右鼻孔，然后分成两叉，绕到头骨的上部和后部，在下方汇合，最终从喙中伸出来。一根骨头(舌骨)支撑着舌头。舌骨的中心是密质骨，外部是多孔的松质骨。[83]啄木鸟在钻孔时还使用另外一招，那就是闭上眼睛。这个简单的动作确保了它们事后还能保持视力，因为如果不这样做，它们的眼睛可能就会从头上蹦出来。在两个标准眼睑之下还生有第三眼睑，可以防止如此不雅观的事情发生。[84]

鉴于这些特殊的解剖特征，我们可以理所当然地为啄木鸟鼓掌欢呼，因其在短短的2500万—3000万年内就演化出这些特征，同时还要跟上钻木昆虫及昆虫所栖息的树木的不断演化。然而，啄木鸟当前面临的挑战与人类引起的森林砍伐有关——无论是为了木材产品砍伐树木，还是为了农业清理林地，抑或是与气候变化有关的太过频繁且猛烈的火灾。一些啄木鸟物种可能会在未来几百年内仍然存在，但它们的保护工作需要人类关注其行为和生态效应。

我总是很高兴听到北美黑啄木鸟那刺耳的叫声。这种战斗呐喊声似乎旨在给各处的钻木昆虫循环系统制造恐惧感。然而，这些叫声实际上是啄木鸟用来和同类交流的，无论是在宣告它们自己将独自享用某个区域的昆虫，还是告知配偶（潜在的或是实际的）它们就在附近。为了防止信息传递不够明确，在呼叫后的几秒钟内，啄木鸟用喙快速连续地敲击树干，就像陈述句末尾加个感叹号，起到了强调信息的作用。这只啄木鸟不仅是在柔声细语地说："我在这儿呢"，更像是在说："呔，此树是我'栽'！"

啄木鸟和其他鸟类已经利用各种声音来与自己物种内的其他成员沟通交流，比如：接触呼叫（"我在这里，你在哪里？"）；调情（"嘿，好漂亮的尾羽哦！"）；责备（"离我的食物、配偶和孩子们远一点！"）；警报（"附近有捕食者！"）；乞食（"妈咪，爹地，快来喂我啊！"）。然而，鸟类的呼叫甚至对其物种之外的动物也具有意义。例如，如果我听见冠蓝鸦

(*Cyanocitta cristata*)或短嘴鸦(*Corvus brachyrhynchos*)发出疯狂的呼叫,宣告一只红尾鵟(*Buteo jamaicensis*)的存在,我不必看到红尾鵟或听到它的声音,就能知道它在附近。其他物种的鸟类也常常对这种警报作出反应,并迅速将这一信息传遍整个森林,就像最初的病毒式推文一般。非人类动物,包括其他哺乳动物,也会对其周遭鸟类的声音非常敏感,它们能够捕捉其间的小道消息和警报,同时将这些消息传递给自己物种的成员。[85]

对啄木鸟而言,在坚硬物体上敲击它们的喙,不仅是为了获取食物或制造巢洞,还用于增强它们的声音,就好比歌手演唱的同时还打鼓一样。与优秀的鼓手类似,啄木鸟采用每秒的敲击次数、一组内敲击的变化以及在每组间休止停顿的技巧组合。[86]在每个啄木鸟物种内部,这些技巧组合产生了能被识别的独特模式,同时也让其他成员知道它们已经准备好保卫领地或可以交配了。这一点也和某些鼓手一样,你懂的。

啄木鸟通常使用树木作为敲击对象,但正如打击乐手可能会告诉你的,并非所有的鼓都相同。例如,啄木鸟用喙敲击一棵有着密实木材的活树,发出的声音与敲击枯立木就不一样,后者由于啃噬木材的昆虫和真菌腐烂引起了树木中空,能产生更多的共鸣,有助于将啄木鸟的信息传播得更远。[87]啄木鸟还会利用躺倒的原木和树桩,创作出跟敲击树木类似的音色。栖息在城市地区的啄木鸟甚至可能扩展其演奏曲目,它们利用人类的物体进行敲打,比如电线杆、屋顶、金属雨水槽等。

在过去的2000万年间,随着啄木鸟的演化,它们的声音也发生了变化。然而,作为物种特定的通信手段,敲击方法也暗藏着其共同祖先的线索。2020年,生物学家马克西姆·加西亚(Maxime Garcia)和他的同事发表了一份研究报告,他们分析了啄木鸟物种的声音"特征",以检测这些敲击声是如何随着遗传距离的远近而有所不同的。[88]换言之,亲缘关系更近的物种之间,它们的敲击模式是否要比远亲物种更相似呢?研究者记录了92种啄木鸟的敲击声,从中识别出6种不同的风格:稳定缓慢、加速、稳定快速、双击、不规则序列和规则序列。研究者还证实,敲击声确实可作为区别物种的可靠方法,亲缘关系更密切的物种具有相同的声学类别。

神奇的是,这些科学家准确地描述出,在地质史上这些啄木鸟分支群的音乐品味是几时产生分化的。根据他们的推算,"稳定缓慢"敲击者在大约1300万年前与"加速"敲击者分化,而"稳定快速"敲击者和"稳定缓慢"及"加速"敲击者的共同祖先分化的时间更接近1500万年前。[89]研究者进一步提出,敲击是啄木行为的演化结果。啄木行为最初用于觅食,后来也用于沟通交流。这是扩展适应的一个绝佳案例,即一项适应最初是为了实现某种目的,但随后也被用作另一项用途。在这个案例中,最初啄击树木是为了觅食,而啄击产生的声音也变得有助于防御领地和寻求配偶。同时,随着时间的推移,啄木鸟在其森林环境里变得多样化,声音也随之发生改变。此外,这项研究还表明,通过敲击传达物种间的特定信号是真实存在的,并且正在寻找配偶的啄木鸟不会响应不同种敲击者的信号。

知晓啄木鸟的敲击行为,意味着化石足迹学家可以观察现代树木,识别啄木鸟喙的痕迹,并作出区分——哪些是由觅食引起的,而哪些仅仅是沟通的痕迹。毕竟,取食行为应该会导致更多的树皮剥落,以及深入到木质表面以下的其他活动,而敲击则更为表面化。化石足迹学家是否能够识别这两种行为的遗迹化石呢?也许可以,但像大多数钻孔一样,钻孔越深越易于保存。尽管如此,化石足迹学家可以梦想或想象着在中新世的一根化石原木上找到一系列孔洞,它们对应着来自远古时代的信息:"嗒嗒嗒,嗒嗒嗒。"

此前我们了解到，一些甲虫会携带真菌孢子，并利用真菌软化树木，或是培养真菌花园以获取食物。这种互利共生关系使甲虫和真菌都受益，因为甲虫获得了食物，而真菌也得以传播。然而，这种共生关系通常对活着的树木有害，因其遭受了双重攻击，尤其是如果这些甲虫真菌搭档都是入侵物种。气候变化也会让情况变得更糟，因为随着年平均温度升高，本土物种的甲虫和真菌可以更快地繁殖。

啄木鸟在其他共生关系和生态因素中的作用可能会变得更加复杂。例如，众所周知，通常有飞行能力的鸟类都会不经意（且快速）地将较小的动物从一个地点运送到另一个地点，或者有助于其繁殖。[90]啄木鸟同样会传播其他物种，但由于它们通常与森林和相邻的生态系统有关联，它们所传播的就反映出其栖息群落的情况。[91]此外，啄木鸟有时也会通过载送乘客让自己获益。举个例子，红顶啄木鸟让松木层孔菌（*Phellinus pini*）和其他真菌搭便车，也让自己的生活轻松一点。啄木鸟将真菌孢子从一棵树传播到另一棵树，真菌孢子感染了长叶松和其他树木的心材。这些感染导致木材变软，更有利于啄木鸟制造巢洞。

2016年，关于这种共生关系，生物学家米歇尔·朱西诺（Michelle Jusino）和她的同事发表了一份实验研究报告。他们证实，红顶啄木鸟确实对传播松木层孔菌和其他真菌负有责任。[92]在研究过程中，他们发现，啄木鸟能接触到的树洞中，检测到的真菌与其身上携带的真菌相同，而被遮蔽物隔绝的树洞中则很少发现真菌的痕迹。因此，这种共生关系反映出三个物种之间的平衡：啄木鸟，松木层孔菌和长叶松——但在这个关系里，长叶松处于劣势地位。这项研究历时两年多完成，实验地点位于北卡罗来纳州的美国海军陆战队勒琼营的长叶松森林里。因此，它涉及了一种非比寻常的三方关系，即啄木鸟、科学家和海军陆战队成员。

还有一种共生关系，它对某种啄木鸟物种非常有利，但对另一个物种则不那么有利，典型例证便是东南亚的栗啄木鸟(*Micropternus brachyurus*)。这种红棕色的啄木鸟喜食举腹蚁(*Crematogaster* spp.)，后者在活树或死树的树枝或树干上筑巢。[93]这些巢穴有个昵称“纸箱巢”，因为蚂蚁嚼食木材并将其黏合在一起，以建造大型多室的结构。栗啄木鸟攻击举腹蚁的巢穴，要么独自行动，要么“上阵夫妻兵”。一旦抵达巢穴，它们就用喙猛力地刺戳，暴露出巢穴内部结构，同时激起成千上万的兵蚁赴死而战。栗啄木鸟不会基于生命阶段或职能阶层对蚂蚁做出区分。蚂蚁的卵、幼虫和蛹，以及成年工蚁、兵蚁和蚁后，吃就是了。[94]其他物种的鸟类也可能会加入栗啄木鸟，它们等待栗啄木鸟开始拆解蚁巢，便乘虚而入，来赴一场蚂蚁盛宴。然而，栗啄木鸟带给举腹蚁的真正致命一击是它们在蚂蚁的巢穴内筑巢并孵蛋。这些鸟经常重新利用废弃的举腹蚁巢，将其用作自己的巢，挖出中空的空间，供其产卵和孵化幼鸟。[95]简而言之，栗啄木鸟在举腹蚁的家门口吃掉它们，随后还接管了它们的房屋和家园。

考虑到栗啄木鸟已经在重复利用和回收，当得知它们还支持可持续农业，人们也许就不足为奇了。并且不是任何农业，而是一项确保科学、艺术、文学和其他人类创造性事业发生的农业：咖啡种植业。举腹蚁的巢为粉蚧虫(介壳虫)提供保护和栖息地，而粉蚧虫可以分泌一种举腹蚁喜食的美味物质(“蜜露”)，就好比人类饲养牛或羊来获取鲜奶。[96]粉蚧虫以咖啡树为食，因此在咖啡种植园被视为害虫。然而，当咖啡种植者出于善意向蚁巢施用杀虫剂时，旨在杀死粉蚧虫，却也杀死了举腹蚁，从而剥夺了栗啄木鸟(举腹蚁的主要捕食者)的食物、家园和育儿之地。因此，最合乎逻辑的解决方案是：让啄木鸟司其职，保留带有举腹蚁巢的树木，以维护遮阴栽种的咖啡种植园。这个案例论证了博物学的内在价值，其中对生态关系的了解也有益于重要的经济资源，尤其是与咖啡相关的经济资源。

对啄木鸟而言，它们在树木间用于栖息和筑巢的树洞，不仅是制造树洞的啄木鸟的家园，也能为自己物种的未来后代所用。然而，在某些时候，这些空间的实用性会减弱，特别是如果寄生虫和其他惹人烦的室友数量太多，或是所栖居的树变得不那么稳固时。尽管如此，树洞不会突然变得无用，而是会为其他物种提供可用的空间，哪怕是一株活树变成了枯立木。

在曾经的啄木鸟之家里，你会发现生活着各种昆虫、两栖动物、爬行动物、小型哺乳动物和其他鸟类。例如，在以前的红顶啄木鸟巢洞里，鸟类住户包括美洲凤头山雀（*Baeolophus bicolor*）、东蓝鸲（*Sialia sialis*），甚至还有其他物种的啄木鸟。[97]如果一只更大的啄木鸟接管了一个巢洞，并按照她（或他）的喜好进行改建，那么其他大型动物可能会随后跳进来，如鸭子、猫头鹰和浣熊。[98]

无论生境是在靠近北极地区、温带或是热带的森林中，只要啄木鸟在此栖息，类似的生态效应都可以在它们制造的巢洞中发现。例如，在钻木昆虫数量爆发后，树木中啄木鸟的巢洞也会增多，就像你牙齿上的龋洞一个接一个地增多一样。然而，此类树洞的不同之处在于，这些由昆虫引发的巢洞随后还能提高生物多样性。2015年，保育生物学家克里斯蒂娜·科克尔（Kristina Cockle）和凯茜·马丁（Kathy Martin）进行了一项研究，她们发现在加拿大不列颠哥伦比亚省的松树林里，山松甲虫（*Dendroctonus ponderosae*）的大规模侵袭吸引了更多捕食这些甲虫的啄木鸟。[99]她们进一步发现，啄木鸟制造了比正常情况下更多的树洞，用于栖息和筑巢，这转而在后面的几年里为其他鸟类和小型哺乳动物提供了更多的空间。

有关这些树洞的研究传达出重要的信息：即使啄木鸟不再占据树洞，树洞仍然能在维持生态系统的生物多样性方面发挥关键作用。正如在森林里，躺倒的树木或枯立木为许多种类的真菌和昆虫提供食物和庇护所，这些所谓的“死树”上有啄木鸟制造的巢洞，也可以作为许多动物的栖息之所，而巢洞制造者可能已逝去久矣。这便意味着，人类在考虑清理被认为是衰退中的森林时，应该意识到这些微生境的存在：保留老的活树，同时也保留枯立木。

2002年夏天，我在爱达荷州中部度过了两周时光。其间，我不仅追踪狼迹，还了解到黑熊是主要的食虫动物，并且注意到该地另一种改变木材的物种带来的影响。一天下午，我们的追踪小组遇到了一株西黄松，它不仅是一棵树，还是一个食物仓储。从靠近树的基部到我们视线所及的最高处，树皮上塞满了橡子，每颗橡子都被紧紧地填进橡子大小的洞里。当我在自己的视线高度检查这些洞时，每个洞的边缘都是粗糙的，表明这是由有喙的生物刻意凿出来的。

这些令人印象深刻的储藏物是俗称（真是鸟如其名）橡树啄木鸟（*Melanerpes formicivorus*）的杰作，它们是美国西部的一种啄木鸟，为了越冬储存大量的食物。橡树啄木鸟十分美丽，生着大眼睛、黑色的喙、斑驳的腹部、黑色的背部，以及黑白相间的头部，头上还顶着鲜红色的帽子。[100]这些特征使得一些人将其描述为“小丑一般滑稽”。这虽是一个不太褒义的比喻，但它们发出的叫声听起来像是在说“哇咔，哇咔，哇咔”，又在某种程度上鼓励了人们的联想。尽管如此，它们的勤劳劲儿可不是闹着玩的，因为西黄松或其他树上可能有数以千计的洞，那是一代又一代啄木鸟留下的。由于它们储藏着大量的种实，这些森林里的存储所就被称为“粮仓”。

和红顶啄木鸟类似，橡树啄木鸟也以群体方式工作，通常由重叠的家庭单位组成。这些群体合作钻孔，并填充新洞，同时把坚果放进去或从更旧的孔洞里取出来，这个过程会延续很多代。[101]紧密贴合是成功的关键,既能防止坚果掉出,也可以阻止松鼠和其他鸟类偷走自己的食物。相应地,啄木鸟可能会调整树洞的尺寸,或尝试放进不同大小的坚果。尽管其俗称带有“橡树”二字,但它们也喜欢榛子、核桃和松子。神奇的是,这种集体行为不会对“粮仓”树造成伤害,因为啄木鸟只是藏坚果于“腠理”,敲击死树皮,大部分时间避开了内部的形成层。

与其他啄木鸟一样,橡树啄木鸟也不尊重人造的界限,它们会在电线杆、木制房屋、围栏和“大脚怪”(或称北美野人)的雕像上钻孔,并储藏橡子。[102]随着森林地区和城市景观日益重叠,这种对木质基底的创造性利用无疑会变得更加普遍。

在被昆虫、熊或啄木鸟钻蚀之后,并非所有的木材都会躺倒在原地。有些木材会踏上漫长且艰难的旅途,一路顺水漂浮而下,流进海洋,在那里随着洋流的推动,载沉载浮。当这些树木不知不觉地开启旅行时,会发生什么呢?毫无疑问,它们的纤维素、木质素、年轮、昆虫钻孔、啄木鸟的巢洞和其他生命产物,非但不会停止给予,而且还会与其他生物相遇,并对其水环境有所贡献。正是在这里,陆地过去暨现在的痕迹与海洋过去暨现在的痕迹交汇,因为木材承接了新的生命体,再一次被钻孔。

第八章

漂流木和木质基底

若你想变成一只海洋双壳纲贝类，在所有的年份中，公元1588年可谓其中一个最好的时机。那一年发生了一场人类战争，某些蛤蜊派系选择了站队，以一己之贡献导致了历史上最伟大的舰队之一的覆灭。胜利者是英格兰海军和蛤蜊——例如凿船虫（或蛀船虫、船蛆，*Teredo navili*）这种有钻木行为的蛤蜊物种——组成的联合力量，而战败方则是西班牙无敌舰队的水手们，[1]此一“无敌”称号被这支海军及软体动物组成的舰队扳倒了。1588年，西班牙舰队代表了当时的西班牙帝国，与英格兰在海上对抗了几十年，但在海战中输掉了一系列战役。导致其战败的决定性因素之一是西班牙舰船的船体变得薄弱，因为蛤蜊在船上钻孔。[2]几个世纪后，美国的中小学生了解到，从某种程度上说，这些超级大国之间权力的更迭和英格兰及其在北美前殖民地上后裔的昭昭天命大有干系，却没人给予他们的无脊椎动物盟友应有的荣誉。

这不过是示例之一，说明有钻木行为的蛤蜊如何在塑造人类历史中发挥作用，其中来自中生代的演化遗产影响了我们最近的过去。例如，就在西班牙无敌舰队被击败之前不到100年，一位意大利航海家曾受雇于西班牙王室。航海家在色彩变幻的大洋上航行，发现了一处他认为是位于印度边缘的岛屿。他搞错了，但最终这并不重要。这个岛位于西大西洋岛屿群落的东南边缘，早在意大利航海家抵达前的数百年,卢卡亚人就发现了该岛屿,称之为瓜纳哈尼岛。[3]西班牙人将之重新命名为圣萨尔瓦多岛。后来,位于它以西和以南的岛屿群——其岩相潮间带被石鳖和腹足纲动物生物侵蚀了,沙滩上满是鹦嘴鱼的粪便——被称作巴哈马群岛。[4]航海家及其船员奴役了数名来自瓜纳哈尼岛的卢卡亚人,把他们带回西班牙,并在皇室面前夸夸其谈,讲述着"新世界"有更多的财富在等待西班牙帝国。这个推销术语奏效了,航海家又进行了三次航行。然而,他最后一次横渡大西洋时,钻木的蛤蜊却使他行程受阻。舰队里有两艘船周身布满孔洞,以至于其船员不得不放弃船只,在牙买加滞留一年。[5]尽管有这些困难,但在接下来的几十年里,其他木制帆船依然定期穿越大西洋,运载士兵、金属剑、大炮和其他火器、测量员、马匹、猪、老鼠以及致命的疾病。来自英格兰、意大利、葡萄牙、法国、比利时以及荷兰的船只,很快就加入了西班牙船队之伍,将殖民者运往美洲、非洲和其他地方。[6]

与此同时,凿船虫(一种蛤蜊)和其他有钻木行为的双壳纲贝类也在进行"殖民"(即拓殖)。它们有个诨名为"船蛆",因其有着长长的肉质身体,偏爱木制帆船,这些蛤蜊以漂浮的幼虫开始它们的旅程,幼虫在船体和木制码头上落脚,并吸附其上。一旦它们长到足够大,这些毁灭性的软体动物就开始在船体、船坞、堤坝、栈桥和码头上钻孔。它们造成的破坏是史诗级的,从1731年荷兰堤坝的坍塌,到1919—1921年旧金山附近栈桥和码头的崩塌。[7]受到这些蛤蜊侵袭的船只包括一些著名的船只,例如弗朗西斯·德雷克爵士(Sir Francis Drake)的"金鹿"号(The Golden Hind),还有捕鲸船"埃塞克斯"号(The Essex),后者因船蛆侵蚀严重受损,以至于当一头大型抹香鲸猛烈撞击它时,它破裂并沉没了。[8]年轻的小说家赫尔曼·梅尔维尔(Herman Melville)以这次鲸鱼袭击为灵感写了一本书,却没有承认船蛆在鲸鱼战胜人类捕食行为中起到了关键作用。[9]

船蛆又是如何以其长且多肉的身体进行钻孔的呢？这些蛤蜊没有两片明显的壳瓣包裹它柔软的部分，而是在其前端生有一对小的、起棱的钙质壳，壳足够坚硬，可以磨损木质组织。它们钻孔时旋转壳体：顺时针方向，逆时针方向，然后再重来一次，同时还上下移动。[10]这个动作会撕裂植物纤维。树木耗时几个世纪生长出这些纤维，被肆意地砍伐及加工，削减成木板条或木桩。一旦安全地在它们的新家安置好，这些蛤蜊就会分泌一层薄薄的白色方解石，以加固它们的钻孔，并保护自己，同时继续生长和侵蚀。在它们的尾端，那两片称作"铠"的钙质结构靠近外部木质表面，提供了进一步的保护。[11]最终，许多世代的蛤蜊形成了重叠的孔洞，表现为长长的、有方解石里衬的管道。至少2500年来，这些钻木双壳纲贝类的集体行动损害了人类船只的完整性，削弱了那些本该在长途航行中保持船身浮力的部分。[12]木制帆船还扩大了不同物种船蛆的分布范围，每次出海都会引入新的掠食者，侵入船坞和其他船只。[13]

欧洲人，后来还有美国人，曾试图对抗这些海洋机会主义者，但都以失败告终。他们尝试使用不同类型的木材、化学处理、频繁修复等方法，但收效甚微。[14]至19世纪末，随着船只开始利用煤炭产生的蒸汽自行行驶（从而为未来全球海平面上升做出了早期贡献），造船工艺也从木制船体转向了金属船体。[15]更晚时候，石油以另一种方式用于发展玻璃纤维和其他塑料制品，应用于船体上。从那之后，船只就不大容易因为蛤蜊而沉没，却更有可能遭受武装冲突、暗礁还有（当然咯）冰山的损害。

因此，大多数在海洋环境中漂浮的船只——从救生船到大型的货船——都配备了船体，以阻止或排斥这些极其有害的双壳纲贝类，尽管木制的船坞、防波堤和其他沿海结构仍然在不断地受到侵蚀。然而，无论我们如何努力，这些蛤蜊以及其他腐蚀浮木的海洋生物侵蚀者依然栖息在树木片段上。这些树木片段离开了陆地，在大海上航行，只要其完整性还允许，就能继续漂流下去。此外，蛤蜊并不是唯一磨碎或取食木材的海洋动物。举个例子：在消耗沿海那些曾经的树木残余方面，被称为"蚀船虫"的甲壳动物也承担着类似的角色。然后，还有漂浮在深海区域上方的木材，它们最终会下沉至海渊深度，一旦在海底静止，就会吸引新的生物侵蚀者，包括更多的蛤蜊和其他甲壳动物。

只要有树木存在，它们的遗骸就会流向大海。正如我们之前所了解的，最早的森林由紧密排列的植物组成，它们长得足够高，足以被称为"树"，始于大约3.9亿年前的泥盆纪。[16]这些植物之所以能够垂直生长，要归功于维管组织的演化，这些组织提供了足够的硬胀度，把苔类和藓类都抛在身后，兀自挺立。那些树还发展出庞大的根系，并以更高的密度聚集，有助于固定土壤，并永久地改变了河流的形态。在这些演化创新之前，大多数河流都是辫状河道，被沉积物阻塞，有许多狭窄交织的河道。[17]然而，树木根系保持土壤，使河流进入了低沉积物时期，形成了现在为人熟知的单一河道蜿蜒曲线模式，伴有切割的河滩、点状堤坝、防洪堤等。如果不是由于这种生态-地质的相互作用，马克·吐温(Mark Twain)的《密西西比河上的生活》(*Life on the Mississippi*，1883年)、音乐剧《演艺船》(*Show Boat*，1927年)以及其他受蜿蜒河流启发的创意作品肯定会受到截然不同的待遇。

就在森林出现后不久，来自这些植物的木质残余物被冲入河流，顺水而下。距离泥盆纪海洋最近的森林向沿海河流贡献了它们的木质碎片，沿海河流最终流入海路，向那些环境里添加了前所未有的大量有机物质。这些过量的有机物，反过来为海洋环境里的好氧细菌提供了过剩的食物，后者消耗了过多的氧气，导致缺氧的海洋环境。[18]与此同时，森林和海洋也都充当了碳汇，吸收并存储了大量的碳，从而降低二氧化碳的水平，引发全球变冷，就好比是从床上拽走了一条毯子。由于这种降温，海平面下降，整体上缩减了海洋面积，同时还将低氧区域扩散至那些地区。[19]由于许多无脊椎动物和鱼类需要氧气进行呼吸，于是它们死亡了，海洋生态系统崩溃了，一场大规模生物灭绝事件消灭了几乎80%的海洋和陆地上所有物种。[20]这都是你干的好事儿，泥盆纪森林。

时间快进到大约2亿年后的侏罗纪早期。截至彼时，地球还经历了另外两次大规模生物灭绝事件，分别在二叠纪晚期（距今2.52亿年）和三叠纪晚期（距今2.01亿年）。[21]许多陆地植物在这两次灭绝事件中幸存下来，且幸存者有足够丰富的多样性，以在每次灭绝事件后重新填充森林，以及长出新的不同的森林。由于树木是优秀的生命体（然而终究是为自身着想），它们构成了许多陆地生态系统的基础，栖息着昆虫和其他无脊椎动物，以及早期的恐龙、翼龙、哺乳动物和其他陆地动物。[22]

在三叠纪晚期生物大灭绝之后，侏罗纪早期陆地植被有所恢复，树木重新变得茂盛。来自沿海森林的枯木也再次漂离陆地，驶向海洋，而要到很久之后，大型舰队、赛艇会、游轮和亿万富翁或超级反派的游艇才能步其后尘。然而，这些木材重新涌入海洋环境，并不足以压垮世界海洋和分解者，也没有引发大规模的灭绝事件。这些原木中至少有一部分随着海洋洋流漂浮了数年，关于这些长时间的侏罗纪航行，我们的证据正是化石化的原木自身，上面装饰着巨大的海百合。

正如此前提到的，海百合是一种动物，属于棘皮动物门。棘皮动物还包括海星、海参（或称海黄瓜）、海胆等。和海黄瓜一样，海百合的昵称也带有植物学的意味，叫作"sea lilies"（意为"海中百合"）。然而，海百合早在维管植物（更别说开花植物了）之前就已经存在于海洋中。最早的海百合自奥陶纪时期演化，距今约4.8亿年。[23]无论是化石还是现代海百合，在外观上都和开花植物类似，因为一些海百合在其基部有分枝状的“根”，这些“根”连接着细长的茎（或称柄）以及沿其长度分布的线状分支。茎上还生着冠部，饰有“花瓣”。这些花瓣围绕着中央的球形突出部分，呈辐射状排列，令人联想起典型花朵（生有雄蕊和雌蕊）中的花托。然而，若更仔细观察，你就会发现“茎”实际是由一系列方解石环叠加在一起构成的，而细长的“分支”则是称为卷枝（或蔓枝）的突出物。顶部的“花瓣”更类似于腕，但由方解石骨板制成，带有薄且如梳子般的毛状物（即羽枝）；羽枝导向沿其腕长度分布的食沟（又称步带沟）。最后，海百合“百合花”中心的“花托”是它的萼，由一组排列复杂的方解石骨板镶嵌而成。[24]这里是消化系统所在地，包括口和肛门——每个超凡脱俗的动物都需要消化系统处理食物，提供能量。海百合不仅仅是动物，还是精致的生物。海百合令你喜极而泣，因为地球上竟然有这样复杂和壮丽的生物，而它存在了如此之久。

诚然，我还没有见过活的海百合（并对此颇为气恼），但我见过许多已经死去的海百合，以及无数已故的棘皮动物的碎片。海百合是（并曾经是）悬浮物摄食者，这意味着它们用腕来收集悬浮在海水里的有机物颗粒，通过它们的羽枝来过滤，并将收集来的食物导向食沟，送进自己的口中。[25]大多数海百合曾经是（如今依然是）固着性的，它们附着在一个地方，终其余生都在那里度过。然而，还有一些海百合会游泳，且游姿优美。海百合那布满羽枝的腕推动着它们穿越水域，动作迷人。[26]其他可移动的海百合则用它们的腕沿着海底爬行。至少有一只海百合曾被冲到侏罗纪中期的海岸上，那里如今是葡萄牙。实际上，它在爬向自己的死亡，它的躯体依然停留在自己足迹的尽处。[27]

在它们存在的最初约3亿年间，海百合主要生活在海底，定居并附着在软质或硬质基底上，保持不动。[28]然而，从侏罗纪早期开始，一些海百合变成了“游牧者”，它们附着在漂浮的树干上，任由这些木质船只带它们漂洋过海，度完此生。我们之所以知道这一点，完全要感谢这些令人惊叹的海百合，它们在德国侏罗纪早期岩石中与化石树干直接相连。

我永远都不会忘记，那是我第一次了解这些侏罗纪海百合，以及它们对木材的依附关系：不是通过阅读书籍或浏览网站，而是亲眼见到了真实的事物。1995年，我在德国进行了一次充满乐趣且具有地质学教育意义的访问。其间，我的一位古生物学家朋友，莱茵霍尔德·莱因菲尔德(Reinhold Leinfelder)，带着我从斯图加特(他当时的家)出发，前往霍尔茨马登和豪夫博物馆来了个一日游。这间博物馆藏有一组世界知名的化石展览，由一家家族企业策划组织。他们在一处被称作波西多尼亚页岩(Posidonia Shale，德语为Posidonienschiefer)的地区开采了一处侏罗纪早期(距今约1.8亿年)的页岩。[29]这种细粒深灰色的岩石曾被错误地标记为“板岩”，一度用作屋顶和铺路石。但是，这个家族所有者伯恩哈德·豪夫(Bernhard Hauff)雇佣的采石工人却不断地在这种页岩中发现保存完好的化石，发现频率足以证明这些化石值得复原和修理。豪夫和其他人最终建造了现场博物馆以展示这些化石，如今它是德国最大的私人博物馆。[30]霍尔茨马登采石场的化石包括菊石、鲨鱼、硬骨鱼类、海洋鳄鱼和蛇颈龙，但最著名的是它的鱼龙属(*Ichthyosaurus*)化石。一些鱼龙不仅包括完整的骨骼，甚至还有它们原始皮肤薄膜状的碳化轮廓。此外，有些来自波西多尼亚页岩的母鱼龙在活胎生产之前死亡，它们的后代是尾部先出生，却永远地被困在了母体之内。[31]

没错，这些实体化石令我印象深刻。我还记得那个年轻的自己，面对着展出的古生物学宝藏，毫不害羞地傻看着，目瞪口呆，惊叹不已。但有一件化石标本最让我记忆犹新，因其壮丽的外观，也由于它提出了一个古生物学之谜。那是一块页岩，附着了一根长达14米的化石原木，原木上栖息着100多个海百合。这块页岩陈列在墙上，好似一件巨型的视觉艺术作品。其细节吸引人近距离观察，而其尺寸也需要人们后退一步，以获得观看视角。一些海百合（物种 *Seirocrinus subangularis*）生有几米长的柄，它那巨大的腕、轮廓清晰的羽枝和其他部位都完美地保存了下来，而原始的木头——它曾是侏罗纪早期森林里的一棵树——如今不过是薄薄一片，是其前身的碳化残留物。

当我从最初那无言的敬畏中回过神来，我记得自己兴奋地跟莱茵霍尔德讨论起这个宏伟壮丽的化石集群。他向我解释到，有关它的起源，当时有一个占主流的假说。恰如其分地说，这些海百合是悬浮物摄食者，其自身也处于悬浮状态。它们的基部附着在原木底部的表面上，身体其余部分则悬挂于水下。当原木在海面或附近上下浮动时，海百合的腕和羽枝就像渔网一样，捕捉水中悬浮的有机物质。根据海百合的大小判断，原木必定在海上漂浮了很多年，一路上不断地搭载新的乘客。然而，在某一时刻，原木吸收了足够的水分，搭载了足够多的海百合，失去了浮力，便会沉入海底。那个环境中氧气含量极低，没有动物去干扰原木和其小伙伴们。后来，沉积物埋葬了这根原木，将它和其乘客封存，直到大约1.8亿年之后人类使之重见天日。

这个化石组合引人注目，它有个昵称为“豪夫标本”（Hauff specimen）。这是我首次了解到中生代时期海洋物种（海百合类）如何适应漂浮的陆地碎片（木头）。尽管在如今的海洋中，我们对这种关系已经习以为常。还记得藤壶吗？现如今，那些甲壳动物通常附着在浮木及其他漂流物体之上，就像一些海葵、苔藓虫和其他动物一样。然而在中生代早期，这种生活方式并不寻常，尤其是如这般极端的例子。

我刚刚描述的似乎是一个简单明了的案例：树木被冲入大海，漂浮了很长时间，海百合在其上栖居，最终它们一同沉入海底，被埋葬，化石化，但在1.8亿年后被人类发现。然而，这是真实的故事吗？我们科学家提出了备择假设，或者你可以说是不同的故事，但基于同样的证据。

例如,海百合是否真的随着原木一起在洋面附近漂浮?或者,它们是不是在木头沉入海底后才附着其上的呢?嗐,那些科学家,他们竟敢怀疑这个如此完美而简单的故事!

关于豪夫标本,另一种解释同样指出:这根原木来自陆地,它确实漂浮到了海上,并且海百合是在原木于海上漂浮时附着其上的——这些结论很难去否定。然而,若我们考虑原木漂浮的时间量,以及海百合是何时附上原木的,问题就会进入不同的领域。替代假说认为:原木那多孔的组织可能已经浸满水分,导致其立即沉到海底,只有在那时海百合才附着上去。这个"沉没处"假说的支持者还指出,那么多身体强壮的海百合,它们的重量使原木加重,助其更快地下沉。在这种情况下,海百合的幼虫在水里漂浮,直到它们发现一个硬质基底(原木)安家落户、进食和生长,但这是在海底。[32]从那时起,它们的茎就向上伸出海底,通过摄取食物发展成为庄严的海百合群兽,与其说是"海中百合",不如说更像是"海中向日葵"。

但是,这个替代假说中有一个致命缺陷,即波西多尼亚海床毁灭性的特质。完美保存的鱼龙母亲产子和其他动物的化石,以及页岩中极高的有机碳含量,都暗示这片海洋的底层水几乎没有氧气。[33]在这些未来的化石被埋葬之前,没有动物取食腐肉或分解它们,因为在这个无氧区,没有动物可以生存,哪怕只是一次短暂的到访。同样,由于海百合是动物,需要氧气才能生存,它们的幼虫就不可能存活于这个可怕的环境,更不用说在一块原木上栖居、幸存,且生长到足以形成已知最蔚为壮观的化石海百合群落之一了。

然而,截至2020年,这个国际性神秘木头的确切性质仍未解密,直到古生物学家亚伦·亨特(Aaron Hunter)及其同事发表了一份全面详尽的报告,阐释了有关这块原木和其上的海百合群落。[34]他们使用的工具之一,是借助数学方法来检验"漂流筏"假说。首先,他们绘制并计算出海百合沿着原木(“基部”)长度附着的位置,以及它们“冠部”的位置,其中大多数的萼和触手离化石原木都有1米以上的距离。然后,他们观察了基部和冠部的空间分布,并测试了这些分布是否沿着原木均匀分布,或者它们是否显示出聚类偏好。研究者推断,如果原木真的曾作为海百合的大型“游轮”,它的悬浮物摄食者乘客应该聚集在后部(船尾)以获取最佳进食,而不是前部(船头)。在这个位置,它们会导致原木的那一端更深地浸入水里。比起靠近水面的位置,这会传递更多的有机物美食。另一方面,如果海百合没有聚集在一端,而是分散分布在整块原木之上,这种随机分布更有利于将原木视为生物群的底层栖息地。[35]

研究者的空间分析清晰地显示出海百合朝着原木的一端聚集,相应地,该端会更深地沉入水里,有助于海百合取食悬浮物,因为它们是垂挂下来的。根据对海百合生长速率的计算,以及水分渗入木头的孔隙并使原木饱和以致沉入海底所需的时间,科学家估计这块原木携带海百合漂浮了大约15—20年。海百合分布不均匀,这也告诉我们,当原木在侏罗纪的海上漂浮时,附着更少海百合的那一端更靠近海面。[36]

尽管这些化石可能令人赞叹,但温和的读者们也许会心生质疑:豪夫标本与生物侵蚀,尤其是海上木材的生物侵蚀有什么关系呢?为了回答这个问题,请注意我关于这个化石集群**没有**提到的内容,但此前在讨论西班牙无敌舰队沉没时提到过:有钻木行为的双壳纲贝类。这种疏忽,并非因为我忘了,而是由于侏罗纪早期没有钻木的双壳纲贝类。换言之,在有钻木双壳纲贝类的海域里,这种令人难以想象的极端现象——巨大的海百合在木头上定殖(它们在海上漂浮了15—20年)——是完全不可能的。没有木头,就没有巨大的海百合。因此,在侏罗纪早期之后不久,巨型海百合大航海的黄金时代就结束了,它们“航海船只”的减少导致了它们的灭绝。

破坏木材的双壳纲贝类又是如何出现的？有一支蛤蜊谱系，通常会在岩石或珊瑚中钻孔，它们获得了一些共生的小伙伴，帮助其侵入和分解它们在海洋中发现的这些外来有机材料。

钻木蛤蜊物种之一是“船蛆”，经常会被单独拎出来，指责它们毁坏了人造木制物品，从船只到船坞，再到威尼斯的门。但是，这个物种在生物侵蚀之时并非单枪匹马，因为海洋中有钻木行为的蛤蜊物种多样、数量庞大且分布广泛。仅蛀船蛤属（*Teredo*）自身就有大约15个物种，其他属包括节铠船蛆属（*Bankia*）、古琴船蛆属（*Lyrodus*）、马特海笋属（*Martesia*）、食木海笋属（*Xylophaga*）和*Nausitora*属等，且每个属都有多个物种。[37]尽管钻木蛤蜊通常被分为两大“科”，即蛀船蛤科（Teredinidae）和蛀木蛤科（也称食木海笋科，Xylophagaidae），但那些群体都有着较近的共同祖先，并且都属于海笋科分支。[38]海笋科还包括在岩石上钻孔和侵蚀坚实基底的蛤蜊，这反过来表明钻木蛤蜊所起源的谱系早就具备了钻进坚硬物质的能力。基于它们的生存环境，钻木蛤蜊通常也可分为两类。举个例子，蛀船蛤科的大多数蛤蜊，如蛀船蛤属，生活在浅海环境中的木材里，比如海湾和红树林。相比之下，蛀木蛤科的大多数蛤蜊，例如食木海笋属，栖息在那些以某种方式进入深海环境的木头中。[39]然而，还有一种巨型船蛆（名为*Kuphus polythalamius*），它们根本不生活在木材之中，而是栖居在菲律宾和西太平洋的其他地方的浅海泥沙里。[40]这种蛤蜊的壳瓣相较于其长长的肉质身体很小，它在自己周围分泌出一层钙质覆盖物。它是由钻木蛤蜊演化而来的。巨型船蛆也是世界上现存最长的双壳纲贝类，有些标本可长达1.5米。

在取食方面，钻木蛤蜊是悬浮物摄食者。和在岩石上钻孔的蛤蜊一样，它们也有两个水管，用于吸入悬浮的有机物质（入水管），还有一个用于排出废物（出水管）。这些长长的水管伸出贝壳，靠近它们钻孔的顶部入口附近的木材表面,而蛤蜊的壳则位于底部。[41]与钻木昆虫不同,蛤蜊不会直接嚼食木材,而是通过钻孔穿透木材。几乎所有的钻木蛤蜊都要从木材中获取营养,但并不是以直接的方式。如同任何一种涉及多个实体的关系一样,这很复杂。这些蛤蜊的鳃中生活着寄生细菌,细菌凭借化学手段分解木材中的纤维素,并将之转化成蛤蜊可以消化的有机化合物。[42]蛤蜊的消化道包括胃、肠和盲囊。盲囊是附加在胃上的囊袋,用于存储和消化木材。

由于钻木蛤蜊继承了来自钻岩蛤蜊的能力,它们在钻入木质组织时,运动和方法就极为相似。早在20世纪60年代末期,它们的钻孔方法首次被描述,不同的物种之间略有差异。例如,马特海笋(又名细纹鸥蛤,*Martesia striata*)就通过扩展和收缩它们那肌肉发达的足部,将其壳向下推入钻孔中;同时,其肌肉收缩或松弛,在一定程度上,这组成对的动作使壳瓣相应地合拢和张开。[43]这使得壳体能够前后摇摆,且同时做顺时针和逆时针旋转。壳体沿着木头向上、向下、横向移动以及旋转,通过动作组合刮擦木头,加深钻孔。蛤蜊会继续这些动作,直到壳体完全位于木头的表面之下。谈到它们的钻孔行为,背蛀木蛤(*Xyloph-aga dorsalis*)壳体移动的方式与马特海笋极为相似,但不同之处在于,前者闭壳肌的扩展和收缩是交替进行的,而不是成对进行的。[44]这两个物种的行为都遵循所描述的"钻孔周期",我在此就不加详述了,因为它们确实名副其实。只需要知道,马特海笋的钻孔周期最快每15秒一次,而背蛀木蛤则是大约每10秒一次。

这些蛤蜊所生成的雕刻,形状呈粗短至长的圆柱体,但横截面呈圆形,在其底部膨胀成球状。因此,这些痕迹通常被描述为"棍棒状",不过它们更像是用来攻击的棒子,而不是专门的球棒。[45]描述这些钻孔有一个更有趣的说法,即"细长的泪珠",或更加高贵地称之为"鲁珀特亲王之泪"。[46]后者是为了纪念莱茵河的鲁珀特亲王,这是一位17世纪

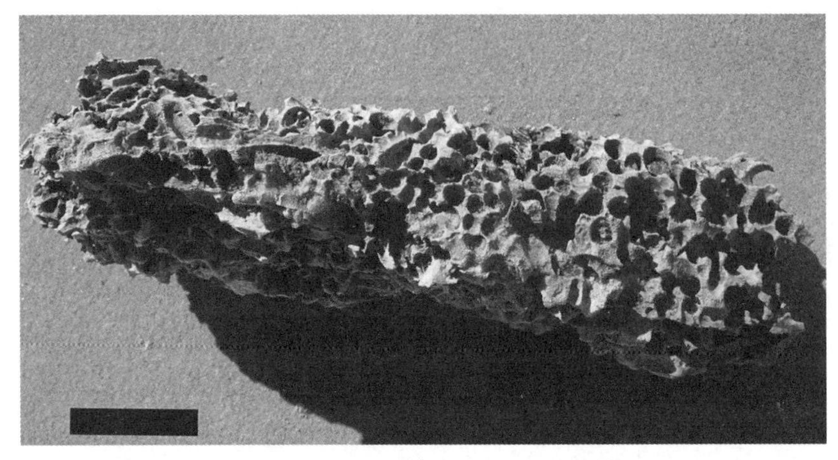

A

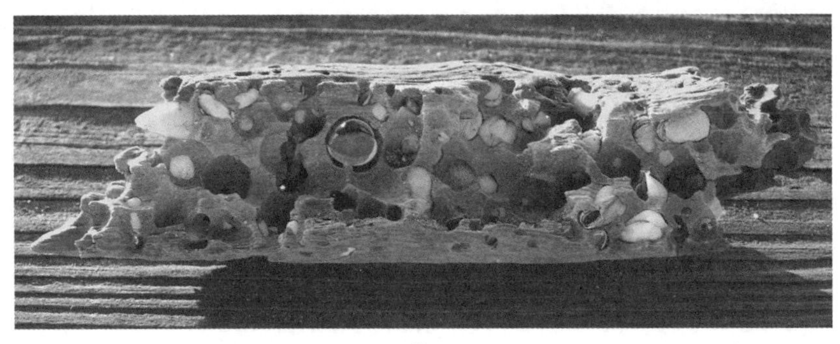

B

图8.1 被双壳纲贝类钻孔的漂流木。A:由钻木蛤蝌雕刻的漂流木,但木头上没有留下它们的壳。地点:佐治亚州奥萨博岛。比例尺:10厘米。B:由蛤蝌(马特海笋)雕刻的漂流木,它们之前的栖息处依然留有它们的壳。地点:佐治亚州萨佩洛岛

的战士科学家。他展示了将熔融玻璃滴入冰水中,会形成蝌蚪形状的固体玻璃,且有着特殊的物理性质。在较细的木质基底中,蛤蝌的壳还会在钻孔的壁上留下条纹,而在较粗糙的材料中,除去壁上的条纹,原始的木纹也可能会变得显而易见。

一只钻木的双壳纲贝类可以钻多少木材呢?仅凭一己之力,单只蛤蝌并不能侵蚀太多木材,因为它们通常身体较薄,而且受限于可供钻

孔的木材数量。然而,这些蛤蜊似乎从不独自钻孔,它们通常密集地分布,无论是在单独一块漂流木上,还是在船体、船坞桩子和木制义肢上。若给定一处平面,上面有许多这些蛤蜊造成的洞,我们可以测量缺失的木材体积。并且,只要给予足够长的时间和恰当的工具,科学家就能计算出这些生物侵蚀的体积和速率。

在2015年,海洋生物学家迪娃·阿蒙(Diva Amon)和她的同事进行了一项研究。他们在三个深海地点放置木头,深度范围从500米到4700米以上。然后,他们取回这些样本,以了解生物侵蚀的体积和速率。[47]通过这些实验,科学家计算出食木海笋属不同物种所形成的单个钻孔的体积范围。他们估算,木材侵蚀速率可高达每年22%,并且100只食木海笋属个体每年能侵蚀60立方厘米的木材。[48]这些数量听起来可能不显多,而一旦数百万只蛤蜊在短短几年之内参与其中,这些数量就会迅速积累。在这项研究中,阿蒙和其他人使用了计算机断层扫描(CT),生成这些钻孔的精美三维模型,其中许多模型里还保留有钻孔制造者食木海笋属生物的贝壳。

在2021年的一项研究中,海洋生物学家艾琳·瓜尔内里(Irene Guarneri)和她的同事成功地将X射线和数学方法相结合,计算出蛤蜊所形成的单个钻孔的体积。[49]在这项研究中,研究人员将木板放置在意大利海岸线上的三个浅水区域,将其浸泡三个月,然后把这些木板从海中取出,并放入X射线机中。由此产生的2D图像(即射线影像)清晰地显示出蛤蜊在木材中挖出的通道,科学家应用几何学将其转化成体积数据。当一些问题得到巧妙的解决后,他们成功地在贝壳直径和其钻孔体积之间建立了相关关系。这意味着当他们在射线影像中看到贝壳时,他们只需简单地测量生物侵蚀者贝壳的尺寸,就能估算被生物侵蚀的木材体积。

有了这样的工具和方法,科学家们就能可靠地预测生物侵蚀的速率、生物侵蚀的数量,以及在浅海或深海环境里,相较于其他蛤蜊,哪些蛤蜊生物侵蚀的程度更大或更小。所有这些不仅令人着迷,而且切实可行,有助于我们更好地理解这些动物如何影响了我们的建筑环境——每年给我们造成了数亿美元的损失。[50]然而,关于这种理解,最重要的方面可能与这些蛤蜊的悠久传承有关。

在木材上钻孔的双壳纲贝类似乎有着单一起源论,即由在岩石上钻孔的祖先演化而来,并且与它们获得细菌助手用以消化木材的过程相一致。此外,在双壳纲贝类5亿年的历史中,这一演化创新是最重要的发展之一。现代钻木蛤蜊演化自在岩石上钻孔的蛤蜊的一个谱系,此一同源性得到了共享遗传学的有力支持,也就是核糖体RNA(rRNA)。[51] rRNA证据还表明,消化纤维素的细菌与某些在岩石上钻孔的蛤蜊之间存在共生关系,其发生时间大约在同时期,从而实现了这一伟大的"木质进步"。[52]这种演化上的相互依存性,类似于现代木蠊和白蚁通过它们共享的共生细菌表现其有较近的共同祖先。利用木材的双壳纲贝类单一起源之后,它们扩展分布到不同的海洋生境。其中,蛀船蛤属及其近缘物种栖息在靠近海洋表面的木材中,而食木海笋属及其近缘物种则在深海平原上钻木为生。[53]

海洋中的钻木蛤蜊可能起源自侏罗纪中期至晚期,大约在1.65亿—1.6亿年前。这一时间范围可以更为缩短,得益于那个时期前后的化石漂流木的发现。举个例子,那个在漂流木上的巨大海百合群落来自1.8亿年前,表明在当时没有蛤蜊或其他海洋动物在木材上钻孔。同样地,来自波兰侏罗纪中期(大约在1.67亿年前)海洋沉积物中的化石木材,其周围有大量的腹足纲动物化石,但这些软体动物是食植动物,而不是侵蚀木材的动物。[54]这块化石木材引人注目,也是由于它有所**缺失**:没有钻孔,也没有钻木的双壳纲贝类。相比之下,来自古巴侏罗纪晚期(大约1.6亿年前)的化石木材,其所包含的钻孔就和现代蛤蜊在

A

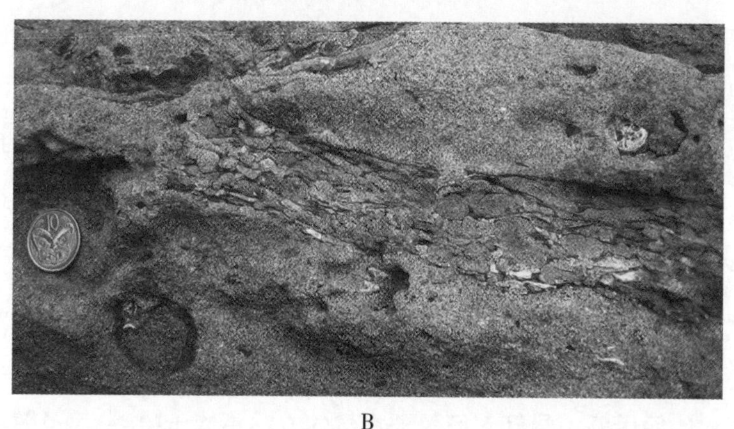

B

图8.2　木材被海洋双壳纲贝类钻孔的化石示例。A：罗汉松属（*Podocarpus*）树干化石的横截面，其上有海洋双壳纲贝类的钻孔。来自澳大利亚西部的温达利亚放射虫岩（Windalia Radiolarite，白垩纪，距今约1.1亿年）；标本展示在位于盐湖城的犹他州自然历史博物馆。B：原木化石上有双壳纲贝类的钻孔，钻孔内含有砂岩。标本来自新西兰地质层Tirikohau Formation（中新世，距今约2000万年）

漂流木中留下的钻孔极为相似。[55]比起侏罗纪晚期那些案例,白垩纪的案例就更普遍了,这表明在中生代的其余时间里,钻木蛤蜊的数量变得丰富,分布也更加广泛了。

从侏罗纪晚期到近现代,由钻木蛤蜊生成的遗迹化石被归类到船蛆迹(*Teredolites*)遗迹属,该名称间接表明现代蛀船蛤属的蛤蜊制造了非常相似的痕迹。[56]船蛆迹可以根据两个标准来识别。第一个特征是它的形状,呈粗短到长的圆柱形钻孔,横截面呈圆形,在底端变宽,底座为圆形,早先被描述为"棍棒状"。第二个特征,也是极为重要的特征,即这些钻孔必须存在于化石木材中,或者由后来填充了钻孔的沉积物铸造形成。关于后一种船蛆迹,我见过许多例子。其中,曾经承载钻孔蛤蜊的化石漂流木已然消失,但排列紧密、填充着砂石的钻孔却显示出漂流木那幽灵般的轮廓,为"火爆的俱乐部"(crowded clubs)一词赋予新的含义*。值得注意的是,在同一块木头中,大多数现代和化石钻孔竟然成功地错开彼此,仿佛这些蛤蜊在尊重邻里之间的界限。和甲虫幼虫在木材里制造的管道类似,在同一集群中,不同尺寸的钻孔也能反映出蛤蜊的生长阶段:从钻孔双壳纲贝类的"婴幼儿"时期,到全尺寸的成虫。[57]在一些幸运的情况下,生成这些遗迹化石的蛤蜊,其实体化石位于船蛆迹的末端。这是比较罕见的案例,即痕迹的制造者和其最后的行为直接关联。[58]

蛤蜊于侏罗纪时期开始分解木材,之后有两类侵蚀木材的甲壳动物最终加入了蛤蜊的"蚀木行动",分别是生活在浅海里的蚀船虫,以及深海里的铠甲虾。尽管它们侵蚀木材的方法不同于蛤蜊,而且效果也不那么显著,但这些甲壳动物仍然为海洋木材循环增添了它们的影响。已知最古老的铠甲虾实体化石来自侏罗纪中期,或者说就在钻木蛤蜊

---

* 这里是作者的幽默。原文为"crowded clubs",club 可表示"俱乐部",也有"棍、棒"的含义。所谓"新的含义"在此指排列紧密的棒状船蛆迹。——译者

开始出现之前不久,这也许是巧合,但也可能不是。[59]铠甲虾的遗迹化石尚未发现,并且非常难以与实际的龙虾或其他十足目动物的遗迹化石区分开来,无论是从化石木材中提取的足迹,还是夹捏的痕迹。幸运的是,以木为食的甲壳动物在遗迹化石中有所体现。在2020年的一项研究中,化石足迹学家在来自加拿大阿尔伯塔省白垩纪早期(距今约1.1亿年)的化石木材中识别出蚀船虫的钻孔。[60]这些遗迹化石被归类到名为*Apectoichnus*的遗迹属,为我们提供了更深刻的见解,说明在1亿多年的时间里,海洋木材生物侵蚀不仅仅涉及蛤蜊。

无论看起来多么不可能,在陆地木材和海洋钻木蛤蜊以及其他无脊椎动物之间,这种长期关系不仅都发生了,而且还持续存在,并且很可能将会延续到未来。只要森林继续将枯死的树木送入海洋,且人类继续在海洋或其周边环境中使用枯死树木的遗骸,这些蛤蜊就将继续生存和钻孔。

一旦古生物学家和地质学家意识到,有钻木行为的海洋动物在过去所形成的遗迹化石有其丰富性和广泛性,他们就开始思考如何运用这一知识来解释世界海洋的历史。尽管森林和海洋之间的相互关系可能看似违反直觉,但前述那些观察应该会为地质学家提供线索,以在地质记录中识别海平面何时上升、下降或保持稳定。要解释这些变化,其中一个重要部分在于识别出有钻木行为的海洋蛤蜊及其他动物的遗迹化石。

当来自森林的木材沉积在浅水环境中时,它并不总是整株的树木,甚至也不仅仅是树木的根部或树枝。相反,大多数木材在物理上被分解成微小的碎片。这些碎片处于悬浮的状态,极易被携带,并在很久以后,在离它们初始生长地点很远的地方沉积下来。河流可以携带这一最初的木质负荷,从森林到海洋,在沿途以水流,以布满岩石的河床,进一步使木材分解。一旦进入海洋环境,海浪和潮汐(它们冲刷着沿海生境里的树木)就会将木材分解,正如蛤蜊和蚀船虫的所为一样。我有时曾在佐治亚州的海滩上看到这样的植物碎片堆积,经河流冲刷,由海浪携带——退潮期间明显可见,表现为大面积的深褐色层,看起来就像是湿润的咖啡渣。[61] 而在有更多木质材料和海洋相遇的地方,比如在热带三角洲,这种有机物碎片形成了厚厚的层,被沉积物掩埋并压缩。但如果海平面上升,海浪侵蚀了上面的沉积物,这些紧密压实的木质组织层就会暴露在海底。这就是碎木渣转化为木质基底之时。在这样的基底上,海洋钻木蛤蜊的浮游幼虫下沉,在其上定居。至于木材是新鲜抑或陈旧,它们并不知道,也不在乎。在它们看来,这是家园,也是食物。

多亏了化石足迹学家和地质学家,我们得知,这种带有其特征性钻孔的木质基底表面至少自侏罗纪晚期以来就存在,并且这些表面与过去海平面的变化有关。1984年,三位化石足迹学家——理查德·布罗姆利、乔治·彭伯顿(George Pemberton)和雷·拉赫马尼(Ray Rahmani)——发表了一篇学术论文,他们报告了白垩纪晚期(距今约7000万年)煤层顶部里的海洋蛤蜊钻孔的遗迹化石(即船蛆迹)。[62] 这些钻孔以自然铸造的形式保存,由上方的沙子填充,呈现出精美而清晰的结构。一些遗迹化石还包含着其制造者的贝壳,这与浅海环境中的钻木蛤蜊有关。基于这一发现,有关化石木质基底及其遗迹化石,作者们提出了新视角,同时强调它们作为地质标记的重要性。

当一组同时发现的遗迹化石可以和某组特定的古环境条件联系起来,且地质记录中有多例这样的组合时,化石足迹学家便称其为"遗迹相"(ichnofacies,其中ichno意为"痕迹",而facies意为"外观")。[63] 遗迹相已经成为地质学家的有用工具。他们解释随着时间推移发生的环境变化,利用遗迹化石组合来代表从陆地到深海的各种环境。然而,关于这些海洋木质基底和其遗迹化石,布罗姆利和他的同事提出了一个重要观点：它们与在软质基底、坚实基底或硬质基底上形成的遗迹相完全不同。大多数沉积地质学家可能更习惯于讨论后面几种。毕竟，这些层并非由矿物组成，而是由曾经位于陆地上的有机物质组成，它们后来在海洋底部形成了广阔的表面。因此，这些化石足迹学家提出：海洋木质基底上的遗迹化石集群有独特之处，应将其归类并命名为"船蛆迹遗迹相"（*Teredolites* ichnofacies）。

自从这篇论文于1984年发表以来，地质学家已经发现了许多其他化石木质基底，它们均符合船蛆迹遗迹相的定义。[64]然而，比仅仅为事物命名更重要的是，由于这些化石化的木质基底，地质学作为一门科学取得了进步。一次又一次，地质学家将这个遗迹相和海平面上升联系在一起。在那里，他们可以指着一处表面——其上满是由有钻木行为的海洋蛤蜊及其他动物留下的遗迹化石——满怀信心地说：海水上升，并越过了那个地方，造成了一次海侵。[65]与气候变化相关的现代海侵也同样侵蚀着富含木材的旧日海岸沉积物，暴露出这些更古老的层，以便于有钻木行为的现代海洋动物在其间安家落户。那么，从这个意义上说，过去和现在的蚀木动物交会在一处，无论是在概念上还是实际上。

演化以我们并非总能预测的方式运作，这使得有关演化创新的新发现更加令人兴奋。最近有一项发现，让化石足迹学家、生态学家、生物学家和其他热爱博物学新发现的人们欣喜若狂。这是2019年的一项研究，报告称在菲律宾发现了一个淡水蛤蜊新物种，它能在岩石中钻孔。这些蛤蜊生活在菲律宾中南部保和岛的阿巴坦河里。尽管当地居民知晓它们的存在，但此前科学家们并不了解它们及其在岩石上钻孔的方式。由海洋生物学家J. 鲁本·希普韦（J. Reuben Shipway）领导的科学家小组给这种蛤蜊命名为阿巴坦石船蛆（*Lithoredo abatanica*），并从解剖学、生活习性、遗传学、生物化学以及（最重要的）钻孔行为等角度，对其进行了深入全面的研究。[66]在阿巴坦河的局部地区，这些蛤蜊钻入了裸露的石灰岩基岩，制造出足够多的孔洞，为生活在河里的其他无脊椎动物提供栖息地。从这个角度看，它们是生态系统的工程师，在这条河流生态系统中开辟出新的生态位。

直到那时，化石足迹学家、淡水生态学家以及许多其他自然科学家都会毫不犹豫地同意：钻进岩石这活儿最适合有钻岩行为的海洋蛤蜊来做。确实，淡水动物极少钻入岩石，代表物种仅有少数类型的昆虫幼虫与一种淡水贻贝（名为*Lignopholas fluminalis*），后者和有钻岩行为的海洋蛤蜊有近缘关系。[67]同样，人们也不知道在淡水环境里存在钻木的双壳纲贝类。因此，这一发现促使我们所有人修改自己的心理记录，并通过新的"孔洞"看待事物。

在这个奇妙的科学发现故事中，演化转折是：这些能钻入岩石的淡水蛤蜊实际上是凿船虫（或称船蛆），它们演化自有钻木行为的海洋物种。是否它们在其前端生有小而起棱的壳瓣，后端生有铠，中间是一条长长的肉质身体呢？没错。其基因是否表明它们与海洋里的仿船蛆属（*Teredora*）有很近缘的关系？是的。它们的鳃里是否也有微生物共生体呢？答案还是肯定的。然而，它们缺少盲囊，这是钻木蛤蜊用于消化木材的标配内脏器官。同样，它们的消化道内不含木质物质，而是充满了矿物质，与石灰岩中的矿物相匹配，表明它们正在取食石灰岩。

那么，这个物种的起源是什么呢？就像许多河流一样，阿巴坦河与海洋相连。因此，以前是航海物种的凿船虫，其数个世代的幼虫都以某种方式溯流而上，进入河流系统，且一些幼虫适应了低盐度的水。此外，在缺少木材的地方，那些幼虫找到了石灰岩，在其上定居，并钻孔进入到里面。由于无需木材作为食物，也就不需要盲囊了。它可能先是成为一个痕迹器官（类似于我们的阑尾），后来就逐渐消失了。这些凿船虫还以石灰岩作为食物，也许是通过消耗岩石上的绿藻和蓝细菌来获取的，同时由悬浮的有机物作为饮食补充。[68]截至本文写作时，在其鳃上“搭便车”的细菌共生体的确切作用仍然未知，但阿巴坦石船蛆显然已经将其消化纤维素的小伙伴替换成了更适宜取食岩石的助手。简而言之，自然选择最终导致海洋钻木蛤蜊的后裔发出如下宣言：“没有木头？无所谓。”

在超过1.5亿年的演化过程里，对这些生物侵蚀性的双壳纲贝类而言，从钻入岩石，到钻入木头，再到钻入岩石，这种行为的转变完成了一种演化循环。这类似于四足类水生脊椎动物的演化过程：它们爬上陆地，经过数百万年的演化，又再次爬回海洋，重新成为水生动物。正是通过生物侵蚀领域的这种和其他例子，大自然继续让我们感到惊奇。

深海的钻木蛤蜊与其他动物共享它们的黑暗领域，这些动物不以死木为食，而是取食掉落自上方的脊椎动物尸体，这是由不可避免的重力和死亡共同献上的餐点。在肉被消耗后，这些脊椎动物的骸骨便暴露无遗，有一组特殊的消费者开始对这些尸体的骨架进行处理，改变它们原先坚固的本质，将其转化成营养物质。这些动物以死者为生，并且远离地球阳光普照的表面——它们究竟是谁呢？

第九章

深海的食骨者

当地球历史上最大的动物呼出了最后一口气，并坠落后，几乎没有发出任何声音。这看似矛盾的现象之所以发生，倒不是因为没有人亲临现场听到，而在于蓝鲸的身体和下方物体之间隔着数千米的海洋。由于受到水的摩擦，下降变得缓慢，也许需要将近一个小时。这是一段向下的旅程，从阳光普照到晦暗不明，再到漆黑，它的轮廓和愈发寒冷的周遭环境融为一体。压力以其生前无法体验的方式挤压着鲸鱼的身体，并压缩气体，加速了下降的过程。这个曾经的生命体，一旦它大面积接触到深海沉积物，由于下降速度减缓，由于肉身与泥浆触碰之轻柔，碰撞声被减弱：那更像是一记沉闷的声响，而不是猛烈的撞击。

那些不幸位于此次撞击地点的海底动物，它们要么被上方约150吨的重量压碎，要么被推入淤泥之中，很可能无法重新浮上水面。在那里，它们被埋葬了，躯体和数百万具曾为生命体的骨架遗骸相融合。有些动物能够感知巨大的干扰正在逼近，而且能游泳、爬行或是挖洞，它们就会采取行动。随后，待鲸鱼的尸体在其最后的位置尘埃落定，其中一些动物就会返回，准备取食。皮肤是最先被吃完的，这个最外层被深海鱼类探测、剥离和刺穿，例如睡鲨、盲鳗和鼠尾鳕。大多数取食是以小块为单位进行的，而其他的则被分成比人类还宽的大块。栖息在底部的甲壳动物也加入这些游泳的动物当中，包括大王具足虫（或称巨型等足虫)、端足目动物和铠甲虾。章鱼也溜了进来,随着这些动物取食;生着细腕的蛇尾也是如此。就像在陆地上一样,一些食客利用脊椎动物解剖结构提供的空隙,通过孔道——耳朵、口、肛门,尤其是眼睛——进入尸体的内部。一旦获准进入,这些食客就从内部取食,削弱了这头先前的鲸鱼曾经光滑的轮廓。它的组织为数目众多、各种各样的动物提供能量,可达数月甚至数年之久。与此同时,鲸鱼尸体周围和底部的区域发生了化学变化:由于腐烂组织的轻微降落、食腐动物的排泄物以及微生物的繁殖,水域和沉积物变得富含有机物质。悬浮物摄食者在尸体下方和周围的沉积物中定殖,微生物生命也蓬勃发展。这些微生物包括异养细菌和化合古菌,后者超级适应在寒冷无光的环境里生存。

食腐动物通过生物学介导剥离尸体上的脂肪,最终露出骨骼。一副巨大的胸腔在皮肤、肌肉和鲸脂下面显现,这些肋骨曾一度保护着肺、消化道和世界上最大的心脏。这颗心脏曾经由重约180千克的泵血肌肉组成。脊椎骨位于这些肋骨界定的拱顶之上,宛若一座向死者致敬的大教堂,在此举行着纪念的盛宴。头骨上逐渐显现出一处处裸露的斑块,呈白色区域扩展,最终连成一片,更加清晰地定义出曾经容纳动物大脑的位置——那是一个有感知和自我关爱能力的大脑。在鲸鱼的前端,细密的鲸须勾勒出它以前的嘴巴。这里是曾经的生命体获取营养物质之地,如今正将其精髓传递给新的生命。

这种矿物生物质的显露吸引来一群新的、完全不同的食物获取者。它们的数量成千上万,使用酸液钻进密实的皮质骨,以及下面更加多孔的松质骨。这些行为暴露出更多底下的骨头,其中许多都充满着富含脂类的骨髓。蠕虫在消化这些部分的同时,也为微生物、线虫和其他多毛纲动物提供入口,让它们在其中生存并取食。这些蠕虫就是食骨蠕虫属(*Osedax*),是生命周期依赖于骨头的多毛纲动物。

在几年的时间里，骨头曾经清晰的轮廓消失了，它们此前的边缘被密集分布的食骨蠕虫磨蚀和重新定义，呈现出一层粉红色的绒毛。蠕虫侵入内部骨骼，也促进了厌氧细菌的生长。厌氧细菌将富含脂类的骨头中的硫酸盐转化为硫化物，在尸体坠落的地点周围，释放出一种生物地球化学混合物。喜爱硫化物的微生物垫扩展开来，它们的有机物吸引来一些植食性动物，例如帽贝和其他腹足纲动物。如果有人能够走出潜水器，并闻一闻水的气味，在毁灭性的压力夺走所有的感官知觉之前，这些硫化物散发出的臭鸡蛋味儿就能瞬间把人击垮。

几十年后，这个骨架几乎无法辨认，它的大部分已经为其他生物的生命周期做出了贡献。此时一群新的附着性滤食动物进入并覆盖在骨架残骸之上。滤食动物聚集在这里，为的是该地点周围高浓度的悬浮有机物质，这是深渊中成千上万个类似的地点之一，处于不同的演替阶段，但连接着从厌氧细菌到鲨鱼的各种生命形式。这时，鲸鱼的坚硬部分就成为蛤蜊和其他固着动物的附着表面。该地点在某种程度上成为"礁"，但没有珊瑚、鹦嘴鱼或其他丰富多彩的生物群，我们通常会将它们与近表层世界的礁环境联系起来。

因此，这位浅海的生态系统"工程师"在其往生后，在深海继续担任另一种类型的工程师。当它在世，50多年来改变了上方的世界；生命终结后，50多年里，在一个完全不同的生态系统中，它推动了一个群落的多样性和演化未来。这是一处在有生之年它永远都无法访问的地方。这是一场生态演替，在地球上最难以抵达的地方之一，来自光明领域的最庞大的"工程师"与当地一些最小的生态系统"工程师"不经意间形成共谋。此时此地，深海里的食骨者正重新索回那些庞然大物的躯体。

在过去的5500万年里，鲸类生死的过程中，深海群落里的"演员阵容"随着时间的推移而有所调整。一些关系保持不变，或者根据气候变化和演化变化而相应地发生改变。幸运的是,鲸鱼骸骨上的遗迹化石显示出谁在取食,以及何时取食,其中还包括那些本来可能不会留下任何身体残骸的动物的痕迹。

深海盆地覆盖了超过60%的地球表面,而人类直到最近才发展出技术手段,以抵达和探索这些广阔、黑暗和寒冷的区域。因此,在很大程度上,我们是不谙世事的探险者,仍在观察那里的情况,以及那些地方与鲸类如何建立联系。在18世纪和19世纪,捕鲸活动密集,其后果也使得20世纪的鲸类种群大幅减少。我说"大幅减少",但其实想表达的是其反义词(更糟糕的意义),因为原始鲸类仅有大约10%的数量幸存下来。[1]这种鲸类的稀缺,意味着人类在深海底部遇到死亡鲸鱼的机会就好比中彩票。因此,不足为奇的是,人类于1969年在月球上行走,这比人类在深海发现一具鲸鱼骨架(1977年)还要早8年,再过10年,海

图9.1　鲸鱼的骨架残骸作为一处生态群落的基础,与细菌垫、双壳纲贝类、螃蟹以及食骨蠕虫共同生活在1674米的海洋深处。这具鲸鱼尸体于1998年在此地安顿,因此该群落在其上、内部和周围生长仅有6年的时间。该照片由克雷格·史密斯(Craig Smith)于2004年1月拍摄,通过美国国家海洋和大气管理局(NOAA)公共领域发布

洋生物学家才评估出他们称之为"鲸落"的生态学意义。[2]而幸运的是,我们现在正处于鲸落研究的复兴时期,无论是深海科学家在研究潜水时偶然遇到的鲸落,还是有意将此前搁浅的鲸鱼遗骸放置在海底进行实验。

通过这项深入的研究,海洋生物学家勾勒出鲸鱼死后其骨架经历的四个基本阶段,从整个鲸体到前鲸鱼自身的残影:

1. 全程自助餐阶段:适于可移动的食腐动物(或称"清道夫"),例如鲨鱼、盲鳗和十足目动物;

2. 机会主义者定殖阶段:物种利用鲸鱼尸体周围富含有机物的沉积物和裸露的骨骼,作为食物和家园,例如食骨蠕虫;

3. "臭鸡蛋"阶段:厌氧细菌将骨头脂质里的硫酸盐转化为硫化物,形成一个只有"硫爱好者"(即亲硫)生物才能忍受的硫化氢气圈;

4. 鲸鱼礁阶段:在此阶段,骨骼中所有的有机物质消耗殆尽;只剩一些被侵蚀的骸骨,作为深海中的硬质基底,供悬浮物摄食者附着,例如深海蛤蜊。[3]

基于海洋科学家迄今为止的观察,第一阶段(清道夫阶段)可能需要数月至1年以上的时间,第二阶段(有机物富集阶段)可能需要将近5年,第三阶段(亲硫阶段,也称"化能自养阶段")也许要经历数十年,而第四阶段(礁岩阶段)则发生在第三阶段的所有食物都耗尽之后。[4]到目前为止,第四阶段仅仅是预测,尚未观察到。然而,考虑到海洋生物学家估计海洋盆地中有数千个鲸落事件,且它们的生态演替阶段互相重叠,并形成一个连续体,有关其死后历史的更完整画面无疑会在不久的将来出现。无论如何,这些关于鲸落的发现已经彻底改变了我们对深海生态的理解,同时也显示出这个生态系统有多么依赖那些关键生物,例如食骨蠕虫。

发生在浅海的鲸落和在深海的鲸落有着不同的生态过程,研究鲸落的海洋生物学家也会格外注意区分。浅海鲸落通常发生在水深不超过200米的大陆架上。由于这些环境能接受到光照，它们的生态系统基础更多地依赖于进行光合作用的浮游植物。浅海中的动物生命也大为不同，有更多的食腐动物，以及更多的附着性无脊椎动物，如海绵、苔藓虫、双壳纲贝类和珊瑚。在这个混合环境里还有一些好氧细菌，它们在较暖的水域中会促进分解过程。由于这些因素的综合作用，在浅海环境里，鲸鱼尸体往往会更快地消失。[5]与此同时，在深海环境下，化能合成生物——如从硫化物和硫酸盐中获取能量的微生物——是构成这些生态系统的基础，并且分解过程是厌氧的。较低的气温使细菌分解减缓，同时也限制了动物的繁殖速率、生长速度和生物多样性。尽管深海中的食腐动物为数众多、各种各样，但它们可能不及浅海大陆架环境中的物种那么丰富。在深海中，为什么鲸落创造的生态系统可能比成年鲸鱼的实际寿命还要长？上述这些便都是原因。这是一种生态回响，持续影响着深海生物的未来世代。

关于鲸鱼死后的另一个特点是：它死亡，并不意味着它停止移动。例如，通常生活在浅海大陆架上方的鲸鱼，其尸体可能会沉积在深海中。这种情况多发生在鲸鱼尸体的肺部尚有空气留存，且细菌腐败产生足够的气体助其上浮时，它便可以随着海面洋流自由漂移。[6]古生物学家略带恶趣味地称之为“膨胀漂浮”假说。他们以此来解释陆地动物（如恐龙）的尸体或尸体残片是如何被埋在海底沉积物中的。[7]鲸鱼的尸体也有可能下沉，重新浮出水面，然后“扬帆远航”，离开其当初死亡的地点，沉入更深的水域。只有当海洋的表层有足够多的食腐动物（像是鲨鱼和其他鱼类，以及海鸟），且它们刺穿尸体，释放里面的气体，致其下沉后，鲸鱼最终的垂直旅程才会发生。[8]

基于这些关于鲸鱼尸体的观点，我们可以添加“时间”作为一个考量因素。随着时间的推移，鲸落和食骨蠕虫很可能会促进深海动物的快速演化，提升这些曾经“眼不见，心不念”的深海环境的生物多样性。深海平原那严酷的物理环境——低温、高压、极端缺氧以及不稳定的食物来源——必然会推动自然选择，使那些生理效率更高的特征受到选择偏爱。研究食骨蠕虫的海洋生物学家还思考过，这些蠕虫的不同物种是否代表着生态位分化——它们对骸骨使用略微不同的取食方式，以减少对有限资源的直接竞争。[9]食木海笋属和其他有钻木行为的海洋动物可能代表着增加深海生物多样性的“木质进步”；[10]而相比之下，食骨蠕虫和其以骸骨为中心的生物群落，则更像是在极端环境里的生态系统演变中的“骨质进步”。这些食骨蠕虫的演化无疑会改变深海里物质和能量的流动。同时，它们在鲸落那复杂的生态演替中也充当着关键物种。

像食骨蠕虫这样的软体蠕虫是如何能进入鲸鱼骨架，并将其转化成“鲸鱼尘埃”的呢？正如生命历史上的许多其他情况，自然选择有助于这一过程的发生。然而，和许多其他生命形式分解硬质基底的例子一样，此过程也需要多个物种的协助。

食骨蠕虫属归于多毛纲，因此它们和那些能钻入软体动物外壳及石灰岩的多毛纲动物，还有其他分段的（即环节动物门）蠕虫，如蚯蚓和吸血的水蛭，都有着较近的共同祖先。食骨蠕虫物种以及它们最近的亲缘物种，都属于一类多毛纲动物，称作西伯加虫科（Siboglinidae），它们几乎完全生活在深海环境中，无论是在沉积物里，抑或附着在硬质基底上。[11]西伯加虫科蠕虫的一些首选栖息地包括：甲烷冷泉，在这里冻结的甲烷从海底释放出来；板块构造边缘附近的海底热泉；有机物质富集的地区，比如植物或动物物质过度投放的地方，包括木材坠落和鲸鱼坠落。[12]因此可以说，尤其是与生活在浅海环境中的多毛纲动物相比，这些多毛纲动物生活在极端的环境里，有独特的生态因素在起作用。

我们对食骨蠕虫的了解有多久了呢？打个简单的比方：如果该属名是一个人的话，他将属于Z世代，因为直到2004年它才被命名。最早亲眼看见活体食骨蠕虫的人是罗伯特·弗里恩霍克（Robert Vrijenhoek）和其他海洋科学家。彼时是2002年，他们于加利福尼亚州蒙特雷湾，在一艘名为“西方飞行者”（Western Flyer）的研究船上，通过名为Tiburn的遥控潜水器观察到食骨蠕虫真实的色彩。[13]正如许多伟大的科学发现，这次发现也是机缘巧合，因为他们的目标原是使用声呐寻找深海蛤蜊。当声呐信号之一显示在海底几乎2900米深处有巨型物体时，他们派出Tiburn前往查看。随后，科学家们惊讶地看到了一头灰鲸（*Eschrichtius robustus*）的骨架图像，但边缘却呈现出红色的毛茸茸的物质。这层“毛茸茸的物质”后来被证明是食骨蠕虫羽毛状的鳃。成千上万只蠕虫牢牢地嵌在骸骨之中，这一发现肯定既异常激动人心，又令人毛骨悚然。Tiburn收集了这些蠕虫的样本，它们很快被确认为是其他深海多毛类蠕虫（西伯加虫科）的近缘物种，但在其他方面对科学界而言则是新的发现。因此，在2004年，格雷戈里·劳斯（Gregory Rouse）、莎娜·戈费雷迪（Shana Goffredi）和弗里恩霍克发表了一篇学术论文，命名了新属*Osedax*（其中os意为“骨”，而edax意为“吃”），该属有2个物种。[14]截至本文写作之时，这几位生物学家和其他人已经命名了30多个食骨蠕虫的物种，它们遍布太平洋、大西洋、印度洋以及地中海，其中包括无疑是有史以来最引人注目的物种名称*Osedax mucofloris*，翻译过来就是“食骨鼻涕花”蠕虫*。

食骨蠕虫没有嘴巴，但它必须取食骨头。实际上，想要领会食骨蠕虫那令人难以置信的奇异性，也许最好的方式就是关注它所缺失的东西：口、胃、肛门和眼睛。由于它们是多毛类蠕虫，它们也没有腿，但其

---

* 物种名称*Osedax mucofloris*中，muco-有“黏液”之意，floris意为“花”，因此创造出一个既幽默又特别的名称“食骨鼻涕花”蠕虫。——译者

圆柱形且分段的蠕虫躯干顶部生有羽毛状的鳃，底部有宽大的根状结构。它们的颜色也沿其长度有所变化，因为它们的鳃和躯干通常呈现出粉红色到红色，但其根部可以是黄色、绿色或橙色。食骨蠕虫属的所有物种都分泌黏液，这一特征使其被亲切地称作"鼻涕虫"，尽管它们在枯骨之上和内里的取食行为也使其得了个诨名"僵尸虫"。食骨蠕虫那精细的鳃从水中提取溶解的氧气，再将氧气输送给蠕虫和在其根组织里生活的有氧细菌。食骨蠕虫的根部产生一种碳酸，可以溶解磷灰石，即骨骼的主要矿物成分。[15]这种酸可以腐蚀骨骼的最外层表面，以便它们能将根延伸到下层有更多孔洞的骨骼内，其中富含有营养的骨髓。这里就是脂肪(脂类)在细菌的辅助下被消化的地方，而这些细菌实际上生活在食骨蠕虫的细胞内；反过来，蠕虫也会消化其中的一些细胞。尽管如此，食骨蠕虫并非纯脂肪饮食，它们可以通过让其细菌消化胶原蛋白——结缔组织中的一种常见蛋白质——来改变其饮食。[16]

雌性食骨蠕虫是最先到达裸露骨骼的，以游动的幼虫形式，它们通过钻入骨头来安家落户。几乎每一只栖息于骨头中的食骨蠕虫都是它们物种的雌性。当它们从根部分泌酸时，这些蠕虫会制造一个圆形孔作为入口，以及一条短的垂直通道和下方的空间。在这里，它们将躯干和根部(分别地)安置其间，上方则是摆动的鳃。[17]由于大多数食骨蠕虫物种的躯干只有1—3毫米宽，因此入口只略宽一些。[18]根据物种的不同，雌性食骨蠕虫的长度范围从小熊软糖到"蠕虫软糖"不等，即2—8厘米。在入口孔和垂直通道的下方，根部溶解骨骼，并横向扩展，形成比入口孔宽得多的廊道。

随着雌性蠕虫的成熟，它们收集成百上千的微小雄性幼虫，并将它们保存在环绕躯干的明胶管道内层，形成一个完全由雄性组成的眷群。说到"微小"，我指的是成数量级的尺寸差异，即雌性蠕虫的体积要比雄性大上数千倍。[19]鉴于如此微小的体积，雄性食骨蠕虫终其一生，目的仅仅是获取足够的物质和能量来产生精子,使卵子受精。不出所料,它们也是寄生者,依靠辛勤劳作的雌性蠕虫提供保护。然而,生物学是建立在例外之上的,有一种特殊的蠕虫物种——普里阿普斯食骨蠕虫(*Osedax priapus*)——就打破了其亲缘物种的"矮小受俘的雄性"这一趋势。普里阿普斯食骨蠕虫的雄性会长到完全成年的尺寸,大约是成年雌性的1/3。[20]这些雄性也通过在骸骨中独立生活以求自给自足。而如果它们生活在自己的钻孔里,它们又是如何交配的呢?它们会伸出身体,将身体伸展到大约为正常长度的10倍,以接触到其他一些蠕虫。[21]所有这些特征相加,使得雄性的普里阿普斯食骨蠕虫轻松地达到了食骨蠕虫雄性气质的巅峰。作为"生育之神"蠕虫,它们不仅诠释了其物种名称,而且超出了期望*。

考虑到在生活方式上,食骨蠕虫有别于普通蠕虫,它们的钻孔也相应地有其独特之处。首先,它们只能在骨骼或牙齿上建造家园和取食,而不能在岩石、贝壳或木材中。这意味着食骨蠕虫的钻孔是取决于基底的痕迹。其次,它们的痕迹有着完全不同的尺寸,反映出原始痕迹制造者的躯干和根部宽度之间的差异。钻孔的尺寸和形状也可能随着每只蠕虫个体的成长而变化:相对年轻的蠕虫会形成较为简单的钻孔,而较年长的蠕虫则制造更为复杂的钻孔。[22]最后,针对不同类型的骨骼,例如密实的皮质骨和多孔的松质骨,食骨蠕虫表现出灵活的行为,也会影响其钻孔的形态。[23]

如前所述,食骨蠕虫钻孔的入口(孔径)直径小,呈圆形轮廓,大多数与短且垂直的通道相联结,通道在下方扩展成为腔室。那么,到底有多小和多短,宽又几何呢?根据对食骨蠕虫9个不同物种制造的钻孔的测量,孔径的宽度范围为0.3—1.9毫米,天使发面(angel hair pasta)和

---

* 普里阿普斯食骨蠕虫(*Osedax priapus*):该名称中,普里阿普斯(Priapus)是希腊神话中的生殖之神。——译者

细意面(capellini)能置于其间,但意式直面(spaghetti)则不能。通道深度为0.9—6.5毫米,不及标准图钉打出的孔洞长度的一半。钻孔的腔室同样微小,体积为2.2—98.5立方毫米不等,最大体积还不到标准滴管中一滴液体的1/5。[24]

尽管食骨蠕虫的痕迹在个体上相当微小,但它们的倍增效应却是巨大的。因此,一旦生物学家和古生物学家意识到食骨蠕虫分布广泛、物种多样且数量极其丰富,同时在取食骸骨方面表现出冷酷的专注,他们便开始谈论"食骨蠕虫效应"。[25]尽管"食骨蠕虫效应"听起来可能像是源自空间或时间的异常,比如来自欧拉巨型地表,但实际上它更类似于电视剧《绝命毒师》(*Breaking Bad*)里的情节。在该剧的一集中,两名主角试图通过用酸溶解受害者的尸体,来掩盖一起谋杀案(剧透警告:酸溶解的可不仅是尸体)。类似地,数十亿只可以溶解骨头的蠕虫在广阔的海洋里行动,经过漫长的地质时间跨度,其效应可能是在鲸鱼的任何部分被埋葬和化石化之前,就从海底抹去了无数鲸鱼的骨架。也即,这些微小的蠕虫在世界上最大动物的化石记录中造成了巨大的空白。

幸运的是,鲸鱼化石仍然相对丰富,并且一些标本足够完整,令古生物学家在未来还有大量的骨头进行研究。然而,得知许多鲸鱼化石标本和物种的遗骸根本没有机会得以保存,着实令人唏嘘。因此,蠕虫效应指向了生物侵蚀一个新且重要的方面,这是古生物学家此前未曾考虑到的。一旦食骨蠕虫的祖先开始采用溶解骨骼的方式,大型海洋脊椎动物的化石记录就开始逐渐消失,仿佛在过去的1亿年里,有谁在不断按下和松开"删除"按钮。

在食骨蠕虫和其他食骨动物演化之前,当然必须要有骨头。尽管在自然专题和纪录片中,脊椎动物过于频繁地充当主角,但这些动物是从海洋无脊椎动物演化而来的,后者相对不那么受人喜爱。在寒武纪

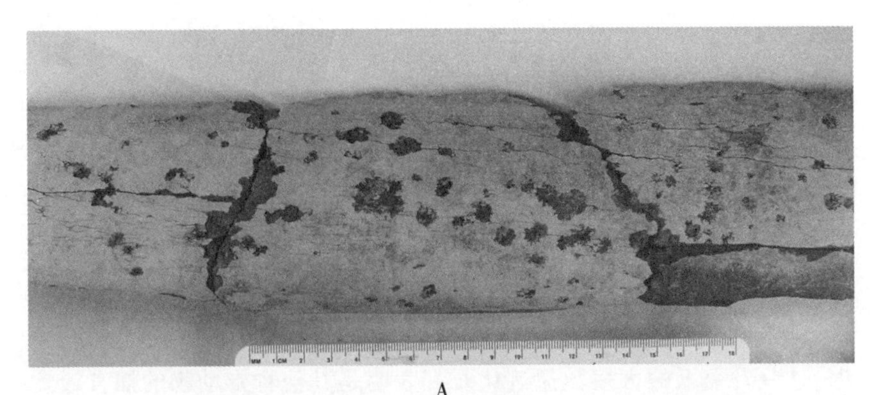

A

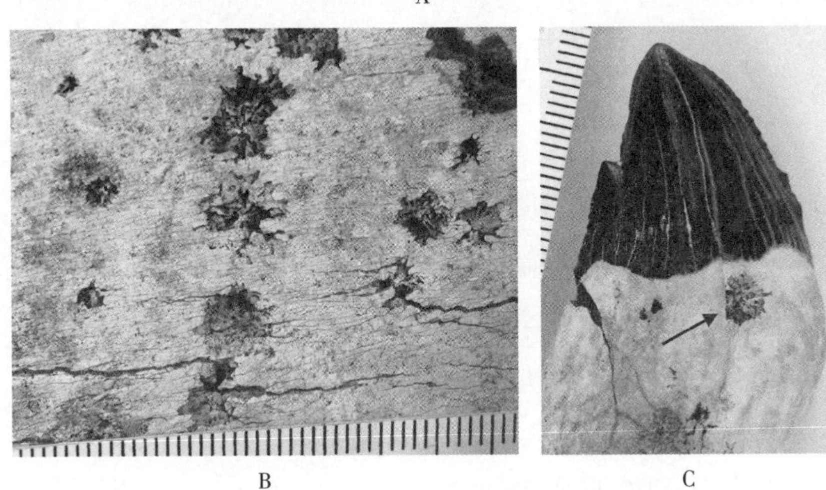

B C

图9.2　鲸鱼的骸骨和牙齿，其上的孔洞可能是在渐新世（距今约3000万至2800万年）由食骨蠕虫所致，标本来自南卡罗来纳州阿什利地层（Ashley Formation）。A：鲸鱼*Micromysticetus*的下颌骨，上面有许多类似食骨蠕虫的钻孔。B：钻孔特写。C：食骨蠕虫在鲸鱼*Ankylorhiza*牙齿上留下的钻孔（箭头所指），这是一例鲸鱼死后形成的牙齿龋洞。照片中的比例以毫米为单位；所有照片均由罗伯特·博塞内克（Robert Boessenecker）提供，标本现藏于梅斯·布朗自然历史博物馆（位于南卡罗来纳州的查尔斯顿学院）

（大约5.2亿年前），海洋无脊椎动物的一个谱系演化成了海洋脊索动物，成为脊椎动物的前身。[26]这些脊椎动物的祖先，其显著特征包括鳃裂、向上的（背部）脊索以加固它们的背部，以及其循环系统中有背主动脉。随后，这些脊索动物的一些分支演化出从水中提取钙和磷的能力，产生磷灰石，从而形成了骨骼和牙齿。这种脊椎动物的生物矿化几乎与无脊椎动物的生物矿化同时发生，后者生成了方解石和霰石。[27]我们至今仍不能完全理解，这种骨骼演化的巧合是不是演化响应——针对变化中的海洋化学组成，或是捕食者-被捕食者动态，抑或是两者皆有。无论如何，这一切发生了，如今我们置身其中。

在中生代之前，海洋动物的骨骼极少显示出无脊椎动物取食的证据，这些骨骼上的大多数遗迹化石都表明是其他脊椎动物的捕食或食腐行为所致。这并不奇怪，因为只有少数一些古生代海洋脊椎动物体形足够大，足以形成规模壮观的死后生态群落。然而，我相信古生物学家们必然会喜于看到证据表明，比如说，泥盆纪的巨型鱼类或其他类似的脊椎动物在其葬礼上吸引了各种各样、数量众多的生物群体。不管怎样，让我们重新审视本章的开篇场景，但以其他动物取代蓝鲸，它们同样体形巨大、丰满多肉，并且吸引着各种深海食腐动物。尽管鲸类代表了脊椎动物演化中质量的巅峰，但一些昔日的海洋脊椎动物，其体形可与大多数现代鲸类媲美，甚至已然超过。这些庞大的竞争者是中生代的海洋爬行动物，以及一些鱼类。

为了简单起见，让我们首先看一下中生代海洋爬行动物，并将它们分为6个群组，其中大多数此前已经介绍过：楯齿龙、鱼龙、蛇颈龙、沧龙、鳄鱼和海龟。在这些群体中，楯齿龙目在三叠纪晚期灭绝，而鱼龙目在白垩纪中期已然消失。大约6600万年前，当白垩纪晚期生物大灭绝发生时，它几乎毁灭了陆地上（恐龙）和海洋中（沧龙，蛇颈龙）所有的大型动物。因此，在这6个中生代爬行动物群组中，鳄鱼和海龟仍与我们同在，尽管只有少数鳄鱼冒险进入了海洋环境。[28]大型爬行动物的这种巨大差异意味着，与过去约6600万年的时间相比，中生代的海洋为底栖食腐动物提供了更多的有鳞的食物。这种差异进一步表明，直到大约5500万年前鲸类演化伊始，专门以爬行动物尸体为食的底栖食腐动物要么已经灭绝，要么勉强维持，在约1000万年的时间里，它们取食除了爬行动物和鲸类之外的脊椎动物。

楯齿龙体形粗壮结实，是最早适应沿海环境的爬行动物之一，它们于三叠纪时期从陆地栖息的祖先演化而来，时间恰在二叠纪末生物大灭绝后不久。[29]你可能还记得，二叠纪末生物大灭绝后软体动物种群数量激增，楯齿龙借此时机演化出能磨碎贝壳的牙齿，这对它们十分有效，直到不再适用为止。然而，没有任何一种楯齿龙体形庞大，有些仅有约3米长。[30]曾有一段时期，楯齿龙和鱼龙共享着三叠纪的海洋，但后者群体在三叠纪末生物大灭绝中幸存下来，在整个侏罗纪和白垩纪部分时期繁荣发展，直至灭绝。[31]即便如此，三叠纪的鱼龙也不容忽视，因为其中一些变得体形巨大。例如，来自北美洲和中国三叠纪中期及晚期的萨斯特鱼龙属(*Shastasaurus*)，还有来自内华达州(美国)三叠纪晚期的秀尼鱼龙属(*Shonisaurus*)，它们的长度超过20米，[32]几乎与标准半挂式卡车的长度相匹敌。

蛇颈龙目(Plesiosauria)生物，尤其是短颈上龙，同样有一些体形庞大的物种，比如来自北欧侏罗纪晚期的上龙属(*Pliosaurus*)，还有来自澳大利亚白垩纪早期的克柔龙属(*Kronosaurus*)。上龙属的一些物种可能长达15米，而克柔龙属有10—11米长。[33]稍晚时候，沧龙登上了中生代海洋的舞台(约1亿年前)，截至它们在白垩纪的鼎盛时期终结时，其中一些物种——例如霍夫曼沧龙(*Mosasaurus hoffmanni*)——长度可超过15米。[34]

至于海龟，体形最大的是白垩纪晚期的帝龟属(*Archelon*)，长约4.5米，宽约4米，比一辆紧凑型轿车还要大，可谓海龟中的翘楚。[35]中生代海洋里的鳄目动物在其体形上差异很大，但也有少数，比如北美洲白垩纪晚期的恐鳄属(*Deinosuchus*)，足以令霸王龙心胆俱裂。以澳大利亚的湾鳄(也称咸水鳄，*Crocodylus porosus*)为例——它是已知最大的现代鳄鱼——然后将其长度翻倍，你就得到了恐鳄属（体长约10—12米），其巨大的体形可以引起至少2倍的"哎呀"感叹之声。[36]

现在，让我们将这些中生代海洋爬行动物与现代的"杀手鲸"（*Orcinus orca*）进行比较，或者使用后者不那么具有控告性的名称——虎鲸。当今最大的虎鲸约有8米长，[37]这却仅仅是三叠纪鱼龙（萨斯特鱼龙属和秀尼鱼龙属）长度的1/3，是最大的蛇颈龙（上龙属）、沧龙（沧龙属）和鳄鱼（恐鳄属）长度的一半。最重的虎鲸约为6吨，虽然仅仅通过其骸骨来推测灭绝已久的海洋爬行动物的重量是有问题的，但我们仍然相当地确信，最大的鱼龙、蛇颈龙和沧龙远比这些鲸鱼重得多。事实上，它们的体形肯定超过了大多数现代须鲸的物种，或至少与其尺寸范围有所重合。

最后但同样重要的是，一些中生代的鱼类也可能曾充当巨大的骨粉资源储备，其中包括已知最大的硬骨鱼类，例如来自侏罗纪中期至晚期（约1.65亿至5500万年前）的利兹鱼属（*Leedsichthys*）。据估计，该属的标本长度可达14—16米，与最大的上龙属和沧龙属体形相当。[38]

让我们把一个漫长的海洋爬行动物和鱼类故事变得稍稍简短：在中生代时期，浅海和深海底群落都有大量机会取食大型脊椎动物的肉和骨——它们的尸体由上方掉落。是否有证据表明当时发生过这种"摸黑进餐"呢？是的。但于彼时的海洋环境中，尤其是在白垩纪之前，对骨骼的生物侵蚀与今日相比有很大不同。例如，截至我写下这些文字时，还没有人报告过海洋无脊椎动物取食楯齿龙骸骨的遗迹化石，或者任何其他与三叠纪海洋爬行动物相关的化石。这一切都在侏罗纪时期发生了改变。

在侏罗纪晚期（约1.6亿年前），至少发生过一次"鱼龙坠落"，并且参与其间的骨骼侵蚀者另有一组，和我们在"鲸落"上所见非常不同。

2014年，古生物学家西尔维娅·达尼塞(Silvia Danise)和同事进行了一项研究，他们描述了来自英国南部的大眼鱼龙属(*Ophthalmosaurus*)的骨骼，上面留有动物的遗迹化石，这些动物既是食腐者又是啃食者。[39]食腐行为的证据包括一些肋骨上有小而浅的短凹槽，古生物学家将其解释为有牙齿的鱼类的痕迹。他们进一步推断这些切口来自食腐行为，而不是捕食，因为和鱼龙的体形相比，切口是如此微小。

然而，更为有趣的是，在鱼龙肋骨上也有啃食的痕迹。动物究竟如何在鱼龙骸骨上啃食呢？或者，一个更好的问题可能是：**为什么**会有动物啃食鱼龙的骸骨呢？诱使某种无脊椎动物来刮擦这些骸骨表面，最佳的办法就是以有机营养物质覆盖骸骨，如此美味，使得它们无法抗拒，只能刮啃。没错，我当然是在谈论微生物薄膜，以及那些热爱硬质基底上微生物薄膜的生物：海胆。在这种情况下，当鱼龙的骸骨暴露在海底时，细菌和藻类形成了薄薄的一层。这些薄膜吸引着海胆。海胆巧妙地利用它们那“亚里士多德提灯”(咀嚼器)，从骸骨上刮食有机物质；同时，每一下刮擦，它们也在侵蚀着骸骨。[40]它们的活动形成了五点星状凹槽，毫无疑问，这就是由棘皮动物造成的，而在骸骨附近留有海胆类生物*Rhabdocidaris*的刺，进一步确认了这些痕迹可能的制造者。[41]除了较大的遗迹化石之外，骸骨上层表面还有许多极微小的管道，后者被归因于细菌、藻类和真菌。

总体而言，这些古生物学家提出了“鱼龙坠落”的生态阶段，和现代鲸落的生态阶段极为类似：(1)可移动的食腐动物(鱼类)游过来，大块咀嚼鱼龙尸体上的肉；(2)机会主义动物，如腹足纲动物和蛤蜊，利用不断变化的局部条件，且定居于此；(3)微生物垫生长，随之而来的是刮食微生物垫的食草动物；(4)先前尸体所在地变成一处新的礁岩群落。[42]这组遗迹化石集食腐、刮擦和微生物钻孔于一处，是关于中生代海洋爬行动物坠落的首例报告，它有助于确定这些坠落和新生代鲸落之间的相似性及主要区别。

关于中生代大型海洋动物尸体坠落的演化，现代和白垩纪时期的骸骨都提供了更令人着迷的见解。例如，在2008年，几位研究者注意到与白垩纪蛇颈龙骸骨密切关联的腹足纲动物化石，随后他们推测这些螺类可能代表着某“蛇颈龙死亡坠落”群落的一部分。[43] 2010年，香农·约翰逊(Shannon Johnson)和其同事发现了现代深海腹足纲动物的两个新物种，它们以鲸鱼的骸骨为食，由此使得那些推测变得更加真实。[44]这些现代腹足纲动物代表着一个新的属*Rubyspira*，生物学家将其划分成两个物种，即*R. osteovora*和*R. goffredi*。这些螺类在一具灰鲸骸骨之上和附近发现，位于加利福尼亚州蒙特雷海底峡谷，深度约2900米。它们的胃和粪便里有骸骨碎片，这显然已经引起了怀疑。而随后，这些螺体内的碳同位素和氮同位素比例也与蠕虫体内测得的比例相匹配，进一步证实了它们的食骨“罪行”。[45]无论如何，研究人员得出结论，其中一个物种*R. goffredi*直接取食骸骨，而另一物种*R. osteovora*则取食鲸鱼尸体周围沉积物中的骨片残渣。

随后，有关食骨群落的演化，白垩纪爬行动物的骸骨提供了接下来的线索，这有助于化石和现代鲸落的研究者更加了解食骨群落。2015年，西尔维娅·达尼塞和尼古拉斯·希格斯(Nicholas Higgs)进行了一项研究，他们描述了来自英国南部1.1亿—1亿年前的蛇颈龙和海龟骸骨中类似于食骨蠕虫留下的钻孔。[46]这一遗迹化石的证据有助于扩展这些蠕虫的地质范围，同时与分子系统发生相一致，后者暗示了它们起源自白垩纪。达尼塞和希格斯还指出，海龟、鸟类和鱼类可能在白垩纪之后的数百万年间维持着食骨蠕虫的生存，而这些蛇颈龙的骸骨则位于浅海沉积物当中。这表明现代深海食骨蠕虫的祖先很可能起源于更温暖、清澈的水域。直到后来，这些蠕虫才在生态上分化为“浅海”和“深海”物种，这可能是由于大型须鲸的出现和扩散，且它们越来越多地游入开阔的海洋环境,并在此死亡。

啃食菊石的沧龙,它们的骨骼是否也曾被转化为食物呢?所有的迹象都指向肯定的答复,这在两次连续的发现中得到了证明——涉及经过改变的沧龙骸骨。在2019年,古生物学家马里亚内拉·塔莱维(Marianella Talevi)和索莱达·布赖齐瑙(Soledad Brezina)进行了一项研究,他们描述了一块来自南极洲的沧龙椎骨,发现于距今约6700万年的岩石中,时间正值沧龙灭绝之前。[47]椎骨的一部分被微小的钻孔穿透,对此古生物学家得出结论:这些钻孔是由细菌和真菌所致,而不是蠕虫或其他动物。除去这是首例报告在沧龙骸骨上发现钻孔之外,古生物学家还注意到微生物生物侵蚀者是沿着骨骼中原有的血管通道进行侵蚀的。此外,只有椎骨的最外层部分被生物侵蚀,这可能意味着该层表面暴露于海床之上,而其余部分则埋在下方的沉积物里。

在2020年,有一项关于沧龙和海龟骸骨的研究。这些骨骼与来自南极洲的骸骨年代相同(距今约6700万年),但该样本来自荷兰,结果显示它们同样遭到了生物侵蚀。约翰·贾格特(John Jagt)和其他荷兰研究者仔细检查了这些骨骼。它们来自沧龙的两个属[沧龙属、扁掌龙属(*Plioplatecarpus*)]和异侧龟属(*Allopleuron*)海龟。[48]这些骨头上留有鱼类牙齿的凿痕,以及善啃食的海胆那独特的五点星状凹槽。鱼类遗迹化石可能是由鲨鱼剥离骨头上最后一点肉时留下的,而海胆的钻孔想必是它们刮食骸骨上的藻类所致,就像它们侏罗纪晚期的前辈在英格兰对鱼龙骸骨所做的那样。

尽管这些例子表明,行为极似于食骨蠕虫的蠕虫和其他侵蚀骸骨的生物都对中生代爬行动物的骸骨有所作用,然而白垩纪晚期生物大灭绝引起的大型骨骼的严重短缺,应该对这类活动产生了一些抑制。那么,在鲸类演化并开始掉落尸体之前,它们取食或以其他方式侵蚀过哪些动物的骨骼呢？在古生物学家更加了解现代食骨蠕虫及其他海洋骸骨侵蚀者那惊人的食骨能力之后，这个问题得到了更好的回答。有了这些知识，他们便知道该寻找什么。他们更仔细地检查非鲸类脊椎动物的化石骨骼，以寻找类似食骨蠕虫的遗迹化石。

但就在古生物学家开始寻找布满蠕虫孔洞的化石骨骼之前，海洋生物学家已经跳出了鲸类范畴，考虑其他现代动物的骨骼作为食骨蠕虫的食物。在2008年的一项研究中，威廉·琼斯（William Jones）、香农·约翰逊和其他几名研究者设计并进行了一项实验，诱使食骨蠕虫钻进了牛骨。[49]所有的骨头都是由家牛（*Bos taurus*）非自愿"捐献"的股骨，并经过纵向切割，以露出内部的骨表面。然后，研究人员使用束线带将这些股骨紧固在一个垂直的聚氯乙烯（PVC）管"树"的6条分支上。这棵"树"安置在一个充满混凝土的塑料桶里——它或许应该获得国家艺术奖，作为对肉类工业的批评，或者被选为有史以来最糟糕的圣诞树。遥控潜水器将这些"骨树"运载至加利福尼亚州蒙特雷海岸外水域的4个地点，深度从385米到2893米不等。后续的观察显示，这个近海区域已知有8种食骨蠕虫物种，在其中一处地点，仅两个月之内，就有6个物种在牛骨上定殖，尽管在最浅的地点耗时将近一年。繁殖活动也已然列入了它们的日程，一些雌性蠕虫正在产卵，并吸引来通常极微小的雄性，作为眷群。

在这项研究后不久，在2011年，一些海洋生物学家与格雷戈里·劳斯进行了一项"跟鱼有关的"测试，以了解食骨蠕虫的饮食偏好。在这项实验中，他们将鲨鱼软骨、硬骨鱼碎片以及一根牛股骨放入金属网笼中，然后将它们置于蒙特雷以西约1000米深的地方。[50]这些网笼靠近一具蓝鲸的尸体，以方便吸引当地的食骨蠕虫幼虫。它们被放置了5个月，确保幼虫有充足的时间找到这些样本。果然，有3种食骨蠕虫的物种发现了牛骨和鱼骨——尽管鲨鱼软骨完全被破坏了，但这可能不是食骨蠕虫所为。和此前的实验一样，带有受精卵的雌性和雄性也在现场，这表明在短短的5个月内，它们迁入、取食骨头并开始繁殖。简而言之，这两个实验巧妙地证明，非鲸类哺乳动物和鱼的骨头对至少几种食骨蠕虫物种而言效果不错，显示出蠕虫能够在“海陆大餐”之间自如切换，同时还有时间制造“鼻涕虫宝宝”。

在2009年，海洋生物学家抛出一纸“化石足迹学的战书”，要找到食骨蠕虫制造的遗迹化石，古生物学家很快便接受了这个挑战。在2011年的一项研究中，斯特芬·基尔（Steffen Kiel）和其同事报告在潜水鸟骸骨上发现类似食骨蠕虫的钻孔，该样本来自美国华盛顿州渐新世（距今约2300万年）的岩石。这是食骨蠕虫取食非哺乳动物骨骼的首例化石证据。[51] 在2013年，同一组研究人员在渐新世鲸类骸骨和牙齿上以及鱼骨中记录到更多的食骨蠕虫钻孔，样本同样来自华盛顿州。[52] 在这些发现之间，2012年，尼古拉斯·希格斯和一组研究人员在一根喙鲸的骨头上发现了食骨蠕虫的遗迹化石，样本来自意大利上新世（仅300万年前）。[53] 迪娃·阿蒙在她研究深海木材钻孔时使用过微型计算机断层扫描方法，采用类似方法，科学家创建了痕迹表面下的3D图像，这令他们能够将现代食骨蠕虫痕迹的形态与这些遗迹化石联系起来。因此，这些研究者对识别它们感到信心十足，并为其分配了一个遗迹属，属名为*Osspecus*（其中os意为“骨”，specus意为“洞穴”）。

考虑到先前所有这些对食骨蠕虫钻孔（无论现代或化石）的研究，以及它们在各种动物（无论过去或现在）骨骼中的存在，对海洋生物学家而言，深入研究它们钻透骨头的能力非常有意义。在这种情况下，他们设计了一个“深海尸体项目”，旨在更好地与古生物学家建立联系。至于选择用于项目研究的动物，还有哪个比美洲短吻鳄（*Alligator mississippiensis*）更合适的呢？毕竟它们是激发中生代怀旧情愫的标志性灵感动物。

在2019年,克雷格·麦克莱恩(Craig McClain)和其他几名海洋生物学家取来三具成年短吻鳄的尸体,长度为1.7—2.0米不等,借用遥控潜水器将它们放置在美国墨西哥湾沿岸深海的海底,位于密西西比河三角洲以南,深度约为2000米。[54]他们用重物锚定了尸体,以保持它们位于海底,同时用浮标标记位置,以便遥控潜水器过后可以找到它们。2019年2月14日,第一具短吻鳄尸体放置成功,没超过一天,它就成为一顿浪漫的情人节晚餐,一群大王具足虫(*Bathynomus giganteus*)立即开始在尸体上大快朵颐。两天之内,大王具足虫就已经暴露出短吻鳄的肋骨,并在尸体之上和内部,为了最佳取食地点而互相打斗。第二具短吻鳄的尸体于2019年2月20日沉入海底,当53天后他们回访时,它所有的软组织都消失了,强烈的食腐作用只留下了骨头。它的骨头还吸引了一个健康的食骨蠕虫种群,趋于成熟的雌性蠕虫钻入了骨头,在其中定居并以之为食——这些食骨蠕虫是在墨西哥湾沿岸首次发现的,属于一个新的物种。[55]至于第三具短吻鳄的尸体,它于2019年4月15日放置,无人知晓到底发生了什么,因为当8天之后(4月23日)生物学家检查放置地点时,它全然消失了。在那8天中,某时某刻,一种未被识别的大型海洋食腐动物显然决定"打包",而不是"堂食"。重物、约束物和浮标标记是其尸体曾经存在的唯一迹象,而这些不那么引发食欲的物品离开了短吻鳄最初的放置地点,距离略远于8米。麦克莱恩和其同事据此推测,最有可能的肇事者是一种大型鲨鱼,它极其适应在深海觅食。

总体而言,这些结果显示,短吻鳄不仅是深海食腐动物的美味,它们的骸骨也能为食骨蠕虫提供栖息之所。后面这一点,尤其对古生物学家和化石足迹学家是个好兆头,他们现在可以扩大其搜索范围,在中生代和新生代时期海洋沉积物里鳄目动物的骸骨中,寻找这些独特的钻孔。

在过去20年左右，对于现代鲸落，以及食骨蠕虫或类似食骨蠕虫的动物在化石骸骨中的遗迹化石，相关研究取得了积极进展，为我们揭示了海洋骨骼1亿年的历史。它们作为硬质基底，焕发了“第二次生命”。随着食骨蠕虫的演化，骨骼成为这些机会主义动物的家园、食物资源和育儿场所。在这个意义上，在浅海和深海环境里，已死的鲸类、鱼类、陆地哺乳动物、鸟类和爬行动物的骨骼，犹如那些在同样地方坠落的木材一样，拥有它们专属的食木群落，或是如森林中的枯立木，有着咀嚼木材的昆虫和啄木鸟。然而，在更广泛的层面上，这些蠕虫又是另一个例子，表明生物侵蚀者如何成为生态系统的工程师，它们位于营养循环的中心，甚至影响了演化的过程。[56]

因此，现代食骨蠕虫的祖先对海洋动物的骸骨进行的生物侵蚀，很可能是由中生代大型爬行动物和鱼类的骸骨所“启动”的。但之后，该生物侵蚀活动通过鱼类、海龟、鳄目动物和海鸟的骨头得以维持。在最终进入“鼻涕虫黄金时代”之前，这些事件都是必要的步骤。这个黄金时代可能是拜新生代鲸类的演化所赐，在此期间，地球历史上最大的动物令这些深海的微小食骨者得以持续存在。

第十章

更多的骸骨可供挑选

当我未来的妻子露丝初次搬进来时，她带来了一个牛头骨，那是她去新墨西哥州旅行时在路边发现的纪念品。我们郑重其事地将它挂在我们家外面庭院的一堵砖墙上。出于我们对博物学和相关珍品的共同热爱，牛头骨的阴森可怖与家庭的温馨氛围融为一体，每当我们透过滑动的玻璃门看向院子时，它都令人赏心悦目。

不幸的是，我们的庭院装饰物并没有如人所愿地留下来，因为在我们的佐治亚州小镇上住着一些毛茸茸的、会破坏骨头的小生物，它们从树上下来，啃食骨头。一天，我听到院子里传来一阵持续的、有节奏的抓挠声，意识到这些"不怀好意"的小野兽的存在。出于好奇，我瞥向滑动玻璃门外，看到了生物侵蚀的罪魁祸首正在作案。这是一只灰松鼠（*Sciurus carolinensis*），正待在牛头骨上无情地啃食着。我看着它的头不停地上下移动，它的门齿在牛头骨表面滑动，同时它还发出与动作相呼应的声音。这只灰松鼠很可能是从附近的某棵橡树到我们的庭院稍事停留——橡树的树枝上有几处巢穴，每处巢穴里都住着一个松鼠家族。但我没有赶走它，反而一直观察并研究它和其他松鼠，只要它们在牛头骨上，我就会尽量观察。毕竟，这是正在我们庭院上演的自然历史，也是我接近科学的良机。

这场由松鼠引发的磨损始于2008年，直至2014年结束，那时牛头骨已经被减损到只剩下一块残片，钉子再也无法固定剩余的部分了。灰松鼠个体的平均寿命低于10年，[1]但如果生活环境里有许多鹰和汽车，它们的平均寿命大约是5—7年。基于这点考虑，估计在此地会有几代松鼠吃过这块头骨。无论如何，牛头骨的逐渐消失是一场无意而为之的“保存实验”，惊喜美妙。我真希望自己当时能更像一名科学家，测量和记录骨头的减损过程。然而，有时“家”会让人逃避这些责任。

松鼠属于啮齿动物。所有的啮齿动物都有显著的门齿，它们非常善于使用。在北美洲，北美河狸（*Castor canadensis*）就是一个很好的例子，它们的牙齿受铁元素强化加固，助其砍伐树木，最终重塑了生态系统。[2]然而，由于北美河狸伐木，那些栖息在树上的松鼠暂时无家可归。松鼠咀嚼时，未必会吞下树皮和形成层。没错，松鼠会啃咬橡子和其他坚果，但它们也会剪断细枝，以收获成串的坚果，或收集树枝来建巢。[3]不过，啮齿动物的牙齿生长有一个可怕之处：如果它们不定期磨损牙齿，牙齿就会持续生长。[4]假使任由其生长，它们的门齿就会从嘴巴里突出来，并在下颌下方卷曲，最终会妨碍它们取食任何东西，无论是坚果还是其他食物。松鼠和其他啮齿动物刮食骨头的一个附加动机是有利于其自身的骨骼，因为骨头中的矿物质（磷灰石）为它们的饮食提供了迫切需要的钙质。[5]在非城市环境中，对于需要啃食的松鼠、老鼠和其他啮齿动物而言，骨头可能更容易获得。相比之下，城市地区的松鼠在日常饮食中添加钙质的机会就要少得多。因此，我们的邻居松鼠一定感到幸运无比，能够找到这种由牛头骨提供的丰富的磷灰石作为膳食补充。

由于无意之间在自家院落里上了一堂化石足迹学课，我开始对松鼠和其他啮齿动物啃食骨头一事产生兴趣，并去搜集更多的信息。事实证明，尽管许多啮齿动物会沿着骨头刮擦牙齿，但它们可能会有不同的动机。例如，褐鼠（*Rattus norvegicus*）喜食更新鲜、多孔的骨头（松质骨),其内还有脂肪,它们吸收热量的同时也补充了矿物质。[6]另一方面,灰松鼠选择不那么新鲜、干燥、缺少脂肪或其他有机物的骨头,它们啃食密实的骨头(皮质骨)。鉴于取食骨头的偏好差异和骨头的尸龄有关,学会区分鼠类和松鼠的齿痕对鉴定尸龄就非常有用。

尽管如今哺乳动物因其噬骨的能力而备受关注,但一些昆虫——例如某些甲虫、白蚁等——也是食骨者。无论是通过攻击或是取食,非

图10.1　灰松鼠啃食过的牛头骨,前后对照图。A:完整的牛头骨悬挂在砖墙上,以一只成年猫[安息吧,米莎(Misha)]和"忏悔节"(Mardi Gras)的珠串作为尺寸参考。照片摄于2008年3月9日。B:同一牛头骨的残片,其大部分被有生物侵蚀行为的灰松鼠磨损。照片摄于2013年12月21日。C:骨头上齿痕的特写照片,与灰松鼠门齿的宽度和形状相匹配

哺乳纲的脊椎动物也会刺穿或折断骨头。试问,昆虫和脊椎动物通过啃咬、压碎或其他方式改变骸骨到底有多长时间了?针对此问题,最好的答案就是去观察现代动物如何处理新近死亡的骨头,以及研究实体化石(骸骨)和遗迹化石(骸骨上的孔洞)。这些会告诉我们是谁在啃食骨骼碎片,何时进食,以及最重要的:原因何在。没错,遗骨能够泄露天机,而其上的孔洞也可以。

如今,能钻孔进入骨头的昆虫相对较少,但在过去可能更为常见,尤其是考虑到中生代恐龙是怎样留下大量的骸骨,且其中一些体积巨大。中生代侵蚀骨头的昆虫与今天影响着骨头的昆虫,两者之间存在明显的关联,因为能反映此类行为的遗迹化石与现代痕迹非常相似。因此,在开展我们的研究时,仔细审视那些以重塑骨骼闻名的现代昆虫显得十分恰当。这些六足的骨骼消耗者包括甲虫、白蚁、蚂蚁和其他一些昆虫。

最著名的侵蚀骨头的昆虫是皮蠹科甲虫。这些甲虫都属于皮蠹科(Dermestidae)演化支,有一系列常见名称,例如毛毡皮蠹、腐肉皮蠹、兽皮皮蠹、火腿皮蠹、皮革皮蠹以及皮蠹。[7]鉴于这些名称中有三个涉及哺乳动物躯体最外层的覆盖物,且有一个名称涉及通常意义上的尸体,人们可能会得到(正确)印象:皮蠹科甲虫是食腐动物。皮蠹科甲虫包括了近百种皮蠹属(*Dermestes*)物种,它们是小型(长度不足10毫米)、深色的甲虫,尤其擅长剥离附着在脊椎动物尸体上干燥的肉质部分。[8]它们可谓协同作业,一起完成壮举——大量的成年皮蠹用上颚抓住皮肤、肌肉、肌腱以及其他软组织,并取食。皮蠹属昆虫的某些物种,例如白腹皮蠹(*D. maculatus*),因其“制造骨架”的能力备受推崇,博物馆和大学的科学家们早就用它们来给收藏品和陈列展品“清理”骸骨,该做法延续至今,起码可以令实习生免除一项恼人的工作。[9]

尽管成年甲虫以取食软组织为主，它们却热衷于啃食那些近骨头表面处的少量组织，而甲虫的上颚就会在骨头上留下成对的凹槽。[10] 而且，皮蠹造成的许多骨头损伤与其生命周期密不可分。从虫卵孵出后，幼虫就要为成年做准备了，它们也以骨头上干燥的软组织为食，在前几代成虫留下的刮痕上再添加它们的取食痕迹。几周后，当幼虫准备化蛹时，它们会刻凿出烧瓶状的化蛹室，"瓶颈"大约和初始幼虫一样宽，腔室呈球形至卵形，嵌入骨头内。[11] 然而，由于皮蠹幼虫在干燥的软组织内部和下方建造化蛹腔室，且这些组织随后都会腐烂，因此骨骼化石中可能无法保存完整的腔室形态。由皮蠹幼虫制造的其他孔洞还包括：低起伏（小于1毫米）直线或曲线凹槽，具有U形或V形横截面；点蚀（或凹坑）；环状痕迹；玫瑰花结状痕迹。所有这些痕迹在骨头表面都有可能紧密排列或彼此重叠。[12]

鉴于白蚁通常与毁坏树木相关联，这些昆虫很可能是皮蠹意料之外的"断骨事业"盟友。无论如何，一些白蚁的抓痕、点蚀和其他减损骨头的行为都是有案可考的。[13] 和皮蠹科甲虫类似，白蚁用它们的上颚咬入骨头，形成星状凹坑和长且平行的划痕，或者通过磨损使骨头表面变得平滑。有些研究者甚至曾报告在热带环境中发现了白蚁在骨头上留下的痕迹。[14] 然而，白蚁为什么会侵蚀骨头呢，尤其是在可获得木材或其他纤维素来源的情况下？在2020年的一项研究中，考古学家露辛达·巴克韦尔（Lucinda Backwell）和她的同事得出结论：这些白蚁有时会在埋葬的尸骨周围定殖，它们采集长在新鲜骨头上的真菌，同时食用骨头化石上的矿物质。[15] 前一种行为类似于石鳖、腹足纲动物和海胆类动物从基底上刮下藻类时会在岩石上留有划痕。一些侵蚀骨头的白蚁也取食角蛋白，这是构成蹄、爪、角及毛发的主要蛋白质。这些组织都分布在骨头之上，因此使得位居下方的部分更容易受到白蚁的破坏。[16]

在钻蚀骨头的昆虫名单上，蚂蚁是相对较新的成员，但考虑到它们的普遍性和广泛的适应性，这并不稀奇。然而，昆虫学家和古生物学家同样面临的挑战之一，就是区分骨骼中的蚂蚁痕迹和白蚁痕迹。真社会性昆虫的这两个演化支都有数千个物种，所有物种的劳动分工都和等级相关——例如工蚁、兵蚁和蚁后——这导致了物种内部出现一系列不同且复杂的行为。因此，在区分白蚁和蚂蚁的化石足迹方面，当科学家们承认存在一些技术上的不确定性时，我们应该表示理解。

尽管如此，对现代人类骨骼中蚂蚁痕迹的最新研究见解仍有助于澄清蚂蚁痕迹和白蚁痕迹之间的一些区别。在2018年，人类学家马修·吴（Matthew Go）进行的一项研究中，他报告了一个居住在人类骸骨中的蚁群，并且蚁群也改造了骸骨。[17]在菲律宾马尼拉的一处公墓，当他和研究助手开始检查一具暂时埋在麻袋里的骸骨时，恰好有了这个意外的发现。就在这个可能令人不安的时刻，蚂蚁突然从麻袋和骨骼里涌出。而且，从骨骼中爬出来的一些蚂蚁是携带幼虫的工蚁，表明骨骼内部存在一个繁殖群落。随后，马修·吴利用这个意想不到的机会展开科学研究，为化石形成学（即对化石生成的研究）、化石足迹学和古生物学做出了贡献——其中之一是，他鉴别出这些进行生物侵蚀的蚂蚁是尼兰德山蚁属（*Nylanderia*）的一种，诨名“疯蚁”，[18]只不过此前没人知道它们竟会疯狂到去钻蚀骸骨。

昆虫刮擦骨头、将之磨碎或在其上钻孔，最早的遗迹化石证据来自三叠纪中期（大约2.37亿年前），发现于巴西南里奥格兰德州的地层。[19]恐齿龙兽（*Dinodontosaurus*）四肢骸骨上的钻孔清晰可见，呈圆形至卵形的孔、圆柱形管道、浅槽以及椭圆形腔室。这是一种大型、生有长牙的合弓纲（也称兽形纲，Synapsid）草食性动物，生活在南美洲三叠纪中期。经由伏尔泰·内图（Voltaire Neto）和一组来自巴西及南非的古生物学家描述，这些遗迹化石表明其“昆虫制造者”很可能是食腐动物。它们在骸骨相对新鲜之时就来采食，同时可能也在其内完成了化蛹。更重要的是，这些遗迹化石可以证实：在二叠纪末大灭绝之后不到1500万年，有嚼食骨头行为的昆虫就已经演化了。

在三叠纪中期和中生代其余地质时期之间，有食骨行为的昆虫显然变得更加普遍和多样化，因为其遗迹化石出现在那个时期的恐龙和其他陆地脊椎动物的骸骨中。古生物学家也越发擅长发现和鉴定在恐龙骸骨里的昆虫遗迹化石，尤其是当他们关注了研究食骨昆虫的昆虫学家们的观察报告。在白垩纪晚期生物大灭绝之后，食骨昆虫显然与少数陆地脊椎动物一同幸存下来，因为它们的遗迹化石出现在古近纪时期的爬行动物、鸟类和哺乳动物的骸骨中。[20]因此，这些有生物侵蚀特性的昆虫继续存在，有些甚至在我们人类祖先的遗骸上留下了它们的印记。[21]骸骨成为这些昆虫取食、生长和繁殖的场所，就这样，它们和我们产生了交集。

国家恐龙化石保护区（或称恐龙国家纪念公园）位于美国犹他州弗纳尔北部，由美国国家公园管理局管理。这里不仅是纪念公园，更是一方圣地，致敬美国西部侏罗纪晚期（约1.5亿年前）最具标志性的一些恐龙。[22]明星恐龙包括：草食性、长颈且体重巨大的迷惑龙（也即雷龙，*Apatosaurus*）、圆顶龙（*Camarasaurus*）和梁龙（*Diplodocus*）——这些均为蜥脚亚目动物（sauropods）；肉食性且令人生畏的异特龙（*Allosaurus*）——一种兽脚亚目恐龙（theropod）；原始的典型美国剑龙（*Stegosaurus*）——它们是草食性恐龙，头部很小，脊背生有板状物，还有一条带着“尾刺”的尖尾巴。[23]保护区欢迎到访的游客驱车观光。人们凝视着这里干旱且斑驳的景观，同时想象着地表之下隐藏的骨骼化石，它们代表的是一只只鲜活的恐龙。

然而，当现实如此清晰地展现在国家恐龙化石保护区采石场展览厅里时，“探地术”（或称风水）就不会再限制人们的想象力。在这幢建筑物里,展览体现出恐龙保护区的独特之处:一块侏罗纪晚期莫里逊组(Morrison Formation)的岩石露头,上面有令人惊叹的浅浮雕般的化石。这块露头,其砂岩和泥岩层在构造力的作用下向上倾斜,展示了约1500块保存精美的恐龙骨骼——从尾骨到股骨,骨头的体积亦大小不一。自从美国古生物学家厄尔·道格拉斯(Earl Douglass)于1909年发现了这处含有恐龙骸骨的岩层,露头的外表就成了一件艺术品,将自然与人工融合。工匠们勤奋地执行着他们自己的"生物侵蚀",显露出部分骸骨,供学者研究和公众观赏。[24]展览厅内有两条人行道,一条在地面,另一条位于上方,令游客在沿着足球场长的岩层漫步时目瞪口呆,同时发出啧啧的赞美之声。

然而,在恐龙化石保护区,以及展览厅外莫里逊组地层的恐龙骸骨里,可能还隐藏着数百万个其他化石。古生物学家近距离接触恐龙骨架,细心求索,线索在他们面前自行展开。这些便是昆虫在恐龙骸骨之上或里面留下的遗迹化石,就在骸骨的前主人恐龙死亡后不久,且在它们被深埋之前。

在2008年和2020年的研究中,古生物学家记录了莫里逊组地层中恐龙骸骨上种类繁多的昆虫钻孔,引人注目。在2008年的一项研究中,古生物学家布鲁克斯·布里特(Brooks Britt)和其同事描述了一副来自美国怀俄明州梅迪辛博的圆顶龙骨架,其上有昆虫钻孔。[25]这些遗迹化石包括各种凹槽、点蚀、坑道以及沟痕。凹槽是成对的约1毫米长的凿痕,显然由昆虫成对的上颚所致。这在深浅不一的点蚀里也明显可见。而这些昆虫不仅刮擦骨头表面,它们也进行了长时间且深入的刺探,在骨头上留下曲折的坑道,很明显,它们是在食用下面那富含脂类、多孔的骨头。[26]昆虫的排泄物可以进一步证实其取食骨头的行为。在一些坑道和其他钻孔里还填塞着大量1毫米宽的碎骨渣,像极了排泄物,这些骨骼纤维素可被视作痕迹中的痕迹。研究者们得出结论:这些钻孔和现代皮蠹甲虫制造的钻孔几乎完全相同,大多数钻孔可能是由喜食骸骨的侏罗纪甲虫幼虫留下的。[27]

在美国科罗拉多州弗鲁塔附近,有一个地方名为迈格特-摩尔采石场(Mygatt-Moore Quarry),这里是科罗拉多州西部莫里逊组地层恐龙骸骨层最丰富的地方之一。2020年,学者在此地对含有孔洞的恐龙骸骨进行了研究。在过去30多年里,在此地点工作的古生物学家和地质学家一致认为:在那个偶尔才能接收到水的池塘里,有各种沉积物和成千上万的骸骨。[28]奇怪的是,几乎全部的骸骨只代表了两个属的恐龙:蜥脚亚目的迷惑龙属和兽脚亚目的异特龙属。在此地点,经过数十年的研究和挖掘其中的古生物学宝藏,地球科学家们还注意到,在迈格特-摩尔采石场出土的许多骸骨上都携带着侵蚀骨头的动物的残迹。一些遗迹化石是凹槽,由刃状的牙齿所致,这与异特龙和其他兽脚亚目的恐龙有关,因为它们以迷惑龙和自己同类的尸体腐肉为食。[29]然而,骸骨中还有其他痕迹,尺寸则小得多,大多数深度不到1毫米,或是宽度不足几毫米。

这些微小的痕迹描绘出一幅更广阔的图景,即保存并最终掩埋了这些恐龙骸骨的原初环境,同时暗含着一种氛围。古生物学家朱莉·麦克休(Julie McHugh)和她的同事在近900块骨头上发现了超过2000个小的遗迹化石。在全世界所有记载中,这是化石足迹学领域发现的数量最多的侏罗纪骨骼沉积物。[30]在所有检查过的骨骼中,研究者将大约16%的骨骼遗迹化石解释为主要由昆虫所致。这些痕迹包括点蚀、玫瑰花结、刮痕、沟痕,以及其他在骨头边界处的此类侵蚀,古生物学家将这些归因于皮蠹甲虫。不过,他们还将一些钻孔归因于至少两种未知的昆虫,可能还包括保存在骸骨层中的腹足纲动物,后者也许是在有机物上刮食时弄碎了骨头。[31]

数以千计的恐龙骸骨从世界各地搜集而来,时间跨度从三叠纪晚期到白垩纪晚期,其上均含有昆虫积极啃食恐龙骨头的证据。因此,尽管古生物学家可能会说有关食用恐龙骨头的昆虫证据稀少,但我们依然可以完全确信昆虫取食过恐龙。

地质时间荏苒,空间转移,我们来到了位于加利福尼亚州洛杉矶的拉布雷亚沥青坑(或称拉布雷亚焦油坑,La Brea Tar Pits)和乔治·C. 佩奇博物馆。"拉布雷亚"(la brea)来自西班牙语,翻译成中文就是"沥青",因此"拉布雷亚沥青坑"实际是语义重复。尽管如此,如果这样命名是出自由衷的热爱,我们倒也不会在意。拉布雷亚沥青坑由多个密集分布的坑组成,坑里充满黑色碳氢化合物(更准确地称是"沥青")。在大约5万年前的晚更新世,原油开始冒出来,继而在近地表处累积形成沥青。[32]这些沥青坑里陷着一个生物群,从花粉颗粒到巨型动物,它们下沉到黏稠的深度,身体便和氧气及有氧细菌隔绝开来。由此,腐烂过程被延缓,骨头、树叶、昆虫以及更多的东西得以保存。[33]这种特质最终成就了此地,使之成为全世界蕴藏最丰富的晚更新世化石沉积层,自20世纪初起,有超过100万的骸骨被修复、整理和编码。

是谁的骸骨被埋在这些悲惨的石油坑里?在博物馆外,一个沥青坑提供了答案:一座仿真大小的玻璃纤维雕塑再现了一家猛犸象的悲剧。猛犸象妈妈陷在沥青之中,它嘶吼着向正上方的小象和象爸爸做最后的告别。是的,拉布雷亚里的遗骸是哥伦比亚猛犸象(*Mammuthus columbi*)和另一种来自北美洲的大象,即美洲乳齿象(*Mammut americanum*)。沥青坑里还有许多其他大型的草食性哺乳动物,例如大地懒、北美野牛、骆驼、马、鹿、羚羊和貘。[34]奇怪的是,在拉布雷亚沥青坑,肉食性动物比例极高,约占所有脊椎动物的90%,这个比例远高于它们在原本生态系统中的丰度。[35]这些昔日的肉食性动物,最引人注目的是美洲剑齿虎(*Smilodon fatalis*)和巨型短面熊(*Arctodus simus*),还包括美洲

图10.2 侏罗纪晚期(约1.5亿年前)场景的艺术再现,位于现今美国科罗拉多州西部的迈格特–摩尔采石场。骸骨上的痕迹由皮蠹甲虫和同类相食的异特龙属所致。绘者:布莱恩·恩格(Brian Engh)。图片见于McHugh et al.,"Decomposition of dinosaurian remains"和Drumheller et al.,"High frequencies of theropod bite marks"

拟狮(*Panthera atrox*)、美洲豹(*Panthera onca*)、恐狼(*Canis dirus*)等。为什么会有如此之多的捕食性动物呢？一个假说是:每当有一份丰盛、多毛的“鲜肉套餐”不经意间闯进沥青池,并被困住,它就会吸引来数量众多、种类各异的饥饿食客,这些食客也会身陷其中,继而“招徕”更多的肉食性动物——陷阱、死亡、重复。[36]

骨头上的牙齿痕迹确切地告诉我们,在拉布雷亚沥青坑哪些肉食性动物以草食性动物为食。然而,骸骨上的昆虫遗迹化石却带给我们更多信息,不仅仅是“遗骨捐献者”和生物侵蚀者的身份。关于沥青坑里被昆虫啃食的骸骨,在2013年有一项研究,古生物学家安娜·霍尔登(Anna Holden)和她的论文合著者指出:在拉布雷亚,有昆虫遗迹化石的骸骨显然不多见,但它们提供了有用的信息,足以弥补其数量上的稀

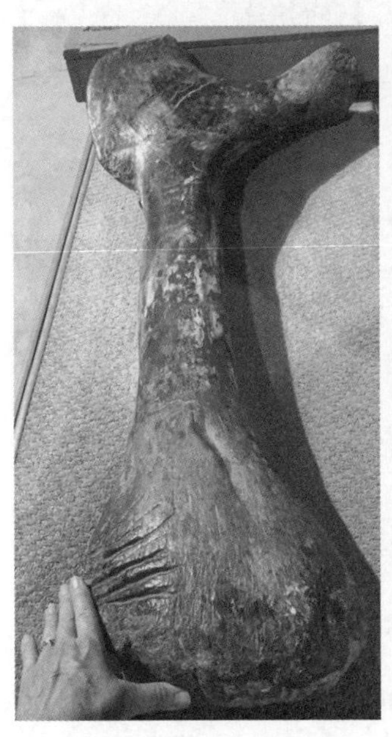

A

B

图10.3 来自莫里逊组地层(侏罗纪晚期)的迷惑龙属(蜥脚亚目)骨骼上的牙齿痕迹,被认为是兽脚亚目食肉恐龙异特龙属所致。A:迷惑龙的坐骨,左下方有牙齿痕迹。B:有条纹的沟痕特写,由锯齿状牙齿在骨头上划过所致。该标本陈列在美国科罗拉多州弗鲁塔的恐龙之旅博物馆

A

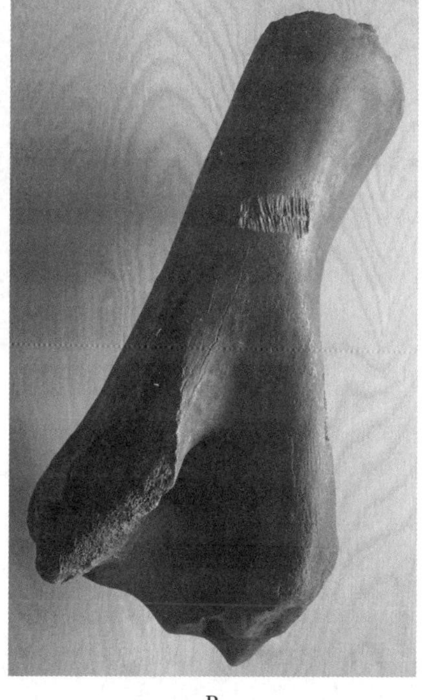

B

图10.4 骸骨中昆虫和啮齿动物的遗迹化石。A：恐龙骸骨中的昆虫钻孔（点蚀和玫瑰花结），来自莫里逊组地层；该标本在美国犹他州国家恐龙化石保护区展览。B：哺乳动物骸骨上有啮齿动物的牙齿痕迹，来自拉布雷亚沥青坑（晚更新世）。该标本在洛杉矶乔治·C. 佩奇博物馆展览

缺。[37]首先，昆虫似乎避而不吃肉食性动物的骨头。其次，它们大多选择骆驼、野牛和马的足部骨头，而不是较大的四肢骨、椎骨或头骨部分。尽管如此，最令人惊讶的发现却是：遗迹化石来自两种不同的甲虫。皮蠹曾在现场，和它们自中生代以来的行为一样，留下了其独特的挖掘痕迹。但同在现场的还有拟布甲科（Tenebrionidae）甲虫，此前人们并不知道它们也取食骨头。

拟布甲科甲虫有个更通俗的名称：黑暗甲虫。这个诨名指向它们的拉丁名词根 tenebrio，意为"黑暗的追随者"。例如，橱柜内装面粉的口袋，多数人都曾在那里面与黑暗甲虫不期而遇。拟布甲科昆虫代表

性物种有近2万种,它们生性食腐,以植物和动物的残骸充饥,不过人们此前仅限于怀疑黑暗甲虫以骸骨为食。[38]因此,霍尔登和她的同事们在描述甲虫钻孔化石的同时,也开展活体实验,选取了在现代家鸡与猪的骨头上进食的皮蠹(白腹皮蠹)和拟布甲科甲虫[粉虫属(*Tenebrio*)及伪金针虫属(*Eleodes*)]。通过这些实验,霍尔登及其同事证明:拟布科甲虫制造的钻孔更大且范围更广,这直接归因于它们的上颚比皮蠹的大4倍。[39]在相同的沥青沉积物中有大量的皮蠹和拟布科甲虫的实体化石,它们也可以被合理地认为是那些钻孔的肇事者。

尽管这项研究的结果令人印象深刻,但我还是应该提及,拉布雷亚沥青坑沉积物中的昆虫遗迹化石为研究者提供了一个理想的情况,因为他们还得到了保存完美的昆虫实体化石,并可以指认说:"就是它干的!"相比之下,在几乎所有其他的情形中——从三叠纪至近现代的化石骨骼里——我们都没有任何昆虫实体。因此,化石骨骼中的昆虫遗迹化石最为重要之处便在于:它们几乎始终是我们拥有的昆虫和脊椎动物相互作用的唯一证据。

每当我回想起我妻子的牛头骨以及它逐渐被松鼠消耗,这件事总令我不禁思索:哺乳动物是从何时起有磨损骨头之行为的?有蚀骨行为的昆虫起源于三叠纪中期,相比之下,来自中国的恐龙骸骨上留有已知最古老的可被归结为哺乳动物的齿痕,时间上溯到侏罗纪晚期(约1.6亿年前)。[40]尽管这些遗迹化石之间相隔几乎8000万年之久,但我们还是可以了解到:至侏罗纪晚期,昆虫和哺乳动物就已经在改造骨头了,而且该行为可能持续了整个白垩纪。尽管如此,中生代恐龙骸骨上哺乳动物的遗迹化石依然稀少,大多数遗迹化石来自白垩纪晚期。[41]因此,这意味着要么在几乎1亿年的时间里,哺乳动物很少刮擦恐龙骸骨,不然(更有可能的)就是我们尚未识别出它们的遗迹化石。

有侵蚀骸骨行为的昆虫和哺乳动物在白垩纪晚期(大约6600万年前)遭遇了一场重创。由于陨石撞击地球及其导致的生态后果,在地质史上的一瞬间,陆地上大骨架的动物便全部灭绝了。由于现代皮蠹、白蚁和其他蚀骨昆虫还存活于世,且继续它们的啃食行为,我们可以假定其祖先中至少有一些陨石撞击的幸存者。但我们无从知晓,究竟是有蚀骨行为的哺乳动物祖先幸免于难,还是这种行为在哺乳动物中再次独立演化,最终导致这样的情况:城市里居住的松鼠必须咀嚼更多的牛骨头。

然而,我们确切知道的是,现代草食性哺乳动物取食骨头和肉食性动物没有直接的关联,其取食骨头的行为实际上比人们想象的更为普遍。例如,老鼠和豪猪也在骨头上磨它们的门齿;松鼠出自同样的理由啃食骨头,既要为日常饮食添加钙质,也可以打磨其持续生长的牙齿。[42]不过,如果你对松鼠啃食骨头的行为感到惊讶,那么当你得知鹿和它某些有蹄的近缘种也会吃"骨骼零食"时,你可能就会极度震惊。咀嚼骨头的草食性有蹄类哺乳动物(有蹄类动物)包括至少7个种的鹿、大角羊、大黑马羚、大羚羊、捻角羚、角马,还有家畜,如绵羊、山羊和猪。[43]也许最使人毛骨悚然的例子是,最近有记录显示一只白尾鹿(*Odocoileus virginianus*)竟然啃食了人类的骸骨。[44]

在有侵蚀骨头行为的有蹄类草食性动物中,更有趣的是那些看似严格吃素、食木本植物枝叶的动物,也是世界上最高的哺乳动物:长颈鹿。长颈鹿有一套保存完好的骨骼化石记录,展示了它们的演化过程,从最初的短脖子祖先到后来以长脖子闻名于世。[45]鉴于它们那令人惊叹的高度(4.0—5.5米),长颈鹿可以吃到各种各样生于高处的植物,凭借敏捷的舌头和灵活的上唇抓住并拔下枝头的叶片。这种解剖学特性弥补了它们上颌没有门齿的缺憾。然而,长颈鹿的下颌生有门齿和犬齿,上下颌均生有坚固的前臼齿和臼齿。[46]这些牙齿每日都在发挥作用，即磨碎树叶和细枝，同时也非常适应磨碎骨头。不过需要澄清一下，长颈鹿并不是真的咬碎和吞食整块骨头，事实上它们只是沿着骨头表面刮擦牙齿，来满足其需求：更像是在摄取钙质作为膳食补充，而不是真正享用骨头大餐。[47]

长颈鹿和其他有蹄类哺乳动物啃食骨头时留下的痕迹非常特别，通常被描述为“叉状的Z字形”。这些凿痕一分为二（状似“叉子”），且成组的叉子会顺着骨骼边缘改变方向（即排成“Z字形”，或称曲折线）。由于大多数参与啃食的牙齿生有平坦的表面，因此痕迹的横截面较多呈U字形，而非V字形。相比之下，当肉食性哺乳动物以其尖尖的牙齿在骨头上刮擦后，典型的留痕是垂直向下的孔洞，或有着V字形的横截面。[48]

就留在骨头上的咬痕而言，昆虫与草食性哺乳动物有别于肉食性脊椎动物。学会识别其间的差异对古生物学家来说是一项实用方便的技能。举例来说，通过这些咬痕，他们可以判断出一块骨骼化石曾经的用途：（昆虫）取食鲜肉和骨骼，同时也繁殖新的世代；（啮齿动物）刮擦骨头来磨短牙齿，也摄取钙质；或者是（有蹄类动物）仅为了获取钙质。古人类学家也从这些知识中获益，他们可以更精确地辨别来自非肉食性动物和肉食性动物的痕迹，其中也包括来自人类或人类近缘物种的痕迹——他们借助石制工具来切割骨头。[49]

这也让我们关注以脊椎动物为食的肉食性动物留下的痕迹，无论是过去还是现在，尤其是那些不仅极度适应食肉，而且也擅长压碎骨头的动物。基于这样的证据，我们至少可以知道这种压碎骨头、钻孔、抓挠和其他破坏行为始于几时，以及如何发生。

亚利桑那州的石化林国家公园常用昵称是“三叠纪公园”，这是有充分理由的。部分是因为，这里是世界上了解三叠纪晚期（约2.37亿至

2.01亿年前)大陆生态系统的最佳地点之一;另外,它是个公园,由美国国家公园管理局管理。[50]如前所述,该公园因其异常丰富、体形巨大、色彩斑斓、充满矿物质的针叶树树干而得名。这些树干躺卧在秦里层(Chinle Formation)植被稀疏、干燥裸露的荒原之上。

然而,有关地球历史的这一片段,石化林国家公园持有的证据远远不只是树。对于大多数经常在该公园工作的古生物学家而言,这里的实体化石才是"公园明星"。这些实体化石除了针叶树的残余外,还有许多维管束植物的残余,以及淡水马蹄蟹、甲壳动物、昆虫和软体动物。代表性的脊椎动物有硬骨鱼、名为宽额蜥(*Metoposaurus*)的巨型两栖动物,以及名为主龙类(Archosauria)的爬行动物演化支。[51]主龙类动物包括披甲且多刺的坚蜥目(Aetosauria)、重达几吨的草食性下孔类(Synapsida)生物,以及植龙目(Phytosauria)和劳氏鳄目(Rauisuchia)生物,后两者的外貌都酷似巨型鳄鱼。恐龙也曾在场,但多半是微不足道的,威慑力不及它们三叠纪晚期的同类。20世纪90年代末,我多次到访石化林国家公园,研究其遗迹化石——包括(前文提到的)昆虫在树木上留下的钻孔、类似小龙虾的生物挖掘的洞穴、脊椎动物的足迹及粪化石。[52]为了研究粪化石,我招募了一名本科生艾莉森·沃尔(Allison Wahl)做科研帮手。除了在粪化石中发现被磨碎的骨头外,沃尔最重要的发现是粪化石里有细小的洞穴,她将其解释为食粪昆虫幼虫的杰作。[53]

尽管来自石化林的粪化石显示彼时昆虫和脊椎动物的粪便有相互作用,而粪化石中含有骨骼成分也证明,在当时的环境下,至少一些脊椎动物以其他脊椎动物为食。首要怀疑的捕食者包括蒙托龙、劳氏鳄目以及植龙目生物,这些无疑都是肉食性动物。蒙托龙和植龙目生物栖息在水中,很可能被限制在河道及其河岸之内;而劳氏鳄目生物有较长的腿,也许会到陆地上猎食。[54]粪化石是排泄在陆地上,还是纯天然的厕所里——溪流和湖泊,虽然我们无法确定,但掌握此信息是帮助辨识粪便主人的另一个因素。

幸运的是,我涉足该领域没多久,关于石化林和秦里层就有了新的研究,为在三叠纪晚期“谁吃谁”揭示出更多的信息。2014年,古生物学家斯蒂芬妮·德鲁姆赫勒(Stephanie Drumheller)和她的同事描述了两块来自新墨西哥州秦里层的大型劳氏鳄的股骨。[55]这两块股骨上有多组D形孔洞。这些孔洞顶部较宽,向底部逐渐变尖,并以不同的深度刺穿骨骼。孔洞明显不是昆虫所为,而是大型肉食动物的痕迹。此外,两块股骨中的较大者——属于一只长达8—9米的劳氏鳄——描述了一只敢于攻击这头大型捕食者的动物,还有一枚嵌在孔洞里的牙齿表明:有一只植龙目动物咬了劳氏鳄至少一口。[56]更妙的是,这枚牙齿和其他四个附近孔洞周围的骨头显示出愈合的迹象,这意味着劳氏鳄依然生机勃勃,且成功逃脱了植龙的袭击。之后,德鲁姆赫勒和其同事根据一枚牙齿重新构建了整头动物,以估算攻击者的体积。基于一个简单的原则,即牙齿越大,植龙体形越大,研究者得出结论:它长约5—6米,虽然不及劳氏鳄那般庞大,但也足够咬伤对方了。[57]

起初,植龙是如何咬到劳氏鳄的呢?尤其考虑到它们生活在理应分隔的领域内,是各自生境里的顶级捕食者:一个在水中(植龙),一个在陆地上(劳氏鳄)。也许劳氏鳄走到河边想要饮水,却粗心大意地落水了,又或者植龙就像一些现代鳄鱼,爬到岸上散散步。无论如何,植龙这一口咬得足够深,刺穿了劳氏鳄的皮肤和肌肉,直抵其股骨表面。要么是植龙啃咬用力过猛,要么是劳氏鳄闪避给力,植龙下颚上一枚牙齿被扯掉,最终保存下来,成为这场三叠纪巨兽“世纪之战”的纪念。

就这样,欢迎你来到骸骨的世界:它们伤痕累累、千疮百孔、碎成齑粉,在死者的残存之上以遗迹化石之姿继续存留于世。

在骨骼演化后不久,其他的有骨动物就演化出了破坏它们的方法。

这种破坏的证据，因基底、解剖结构和行为的不同而异——我喜欢称之为"化石足迹学的神圣三位一体"（阿门）。就骨头上的遗迹而言，基底由磷灰石矿物组成，且要考虑它们的主人彼时是活着还是已经死亡。如果已经死亡，我们就必须探究它们已经死去了多久。还有，单块骨头也可以具有不同的密度：外部是致密的皮质骨，而底部是多孔的松质骨。谈到解剖学，脊椎动物在骨头里留下的痕迹多半与牙齿和颌内其他有骨的部位有关，但也有可能是由角或其他武器造成的。考虑到在过去3亿多年里，脊椎动物的牙齿虽然形态众多，但一些牙齿也颇具独特性，古生物学家通常能够把齿痕和制造痕迹的牙齿（因此也就是动物）关联起来。最后，行为指的是咬痕或其他类型的撞击如何反映了意图，或者一块愈合的骨头如何同时体现出一次失败的攻击和一次成功的逃脱。

脊椎动物从制造骨骼到破坏骨骼，该行为之转变最早的例证来自

图10.4　来自新墨西哥州秦里层（三叠纪晚期）的骸骨，其内有一排牙齿痕迹（如箭头所指），由大型植龙所为。该标本展于新墨西哥州自然历史博物馆（位于美国新墨西哥州阿尔伯克基市）

泥盆纪，该时期有时也被称作“鱼类的时代”。自志留纪之后，泥盆纪是一个游泳脊椎动物爆炸性多样化的时期。在这些鱼类中，盾皮鱼纲动物（Placodermi）尤为突出。盾皮鱼纲动物（其中placo意为“平板”，derm意为“皮”）就好似彼此竞争一般，看谁能建造出最坚硬的身体铠甲来抵御捕食者，以紧密排列的骨板覆盖住身体的上部、下部和侧面。从软体到硬体，这是“海洋捕食革命”中脊椎动物发生转变的一个例证；这场革命同样影响到了古生代早期的有壳无脊椎动物。[58]

脊椎动物对脊椎动物的捕食威胁始于大约泥盆纪早期，并且随着颌骨的演化，威胁程度明显加剧了。最早在世界海洋里游泳的鱼类缺少这种解剖结构，这意味着它们更多是被动地搜集食物。举例来说，现代无颌鱼类，比如七鳃鳗，就以寄生的方式生活，它们吸附在活鱼身上，以其血肉为食。[59]相比之下，咬合需要一个杠杆系统，类似于能破坏外壳的蟹类使用的杠杆，还需要能使之开裂、压碎以及刺穿坚固防御的身体器官，例如牙齿或喙。这种适应性改变了脊椎动物此后的演化历史，使得许多动物谱系能够杀死并食用各种“严格包装”的食物。

所有的有颌脊椎动物都属于有颌超纲（Gnathostomata）演化支（其中gnathos意为“颌”，stomata意为“嘴”）。[60]从演化的遗传视角来看，包含在此演化支内的脊椎动物范围大到惊人。想想看，所有现代鲨鱼、魟、硬骨鱼、两栖动物、爬行动物、鸟类以及哺乳动物包含60 000多个物种：它们全部都属于有颌类。现在，将这一成员范围扩大到已经灭绝的脊椎动物——从盾皮鱼纲动物到长毛象——它们在4亿多年前从一个共同的祖先分化而来。颌部可能是起源于无颌鱼类最前部的两三个鳃弓。通过做减法，这个假说在一定程度上得到了支持：现代无颌鱼类有9个鳃弓，而有颌鱼类有7个鳃弓。[61]经过数千个世代，这些鳃弓演变成具有相对部位的铰链，即一个上颌骨和一个下颌骨。上下颌骨均由结缔组织加固，由肌肉系统提供动力，并附生着具有切割功能的边刃，例如骨头锋利的边缘或牙齿。被确认的最古老的有颌鱼类实体化石来自志留纪(约4.3亿年前),然而在奥陶纪中期(约4.65亿年前)的岩石里也发现了更古老且有可能来自有颌类动物的化石碎片,令人着迷。[62]

在有颌类动物发展的早期,颌骨的致命作用就很明显了。随着能破坏外壳的鱼类的出现,且它们以有壳软体动物和腕足动物为食,硬体无脊椎动物就毫无悬念地成了盘中餐。正如来自波兰的泥盆纪中期(约3.9亿年前)海百合上的痕迹所显示:体形稍小的盾皮鱼甚至可以咬穿海百合。[63]这些微小的啃咬导致了巨大的变化:海百合演化出针对鱼类攻击的防御策略,它们发展出更厚的骨板,缩回它们的腕,或者显示出标志着毒性的警戒色。[64]这些适应性变化最终导致在侏罗纪时期,数量惊人的海百合群落依附在原木上到处漂浮,直到能在木头上钻孔的蛤出现,才终结了浮游生物这盛大的排场。

当然,盾皮鱼不会仅限于捕食无脊椎动物,很快它们就互相蚕食起来。古生物学家奥列格·列别杰夫(Oleg Lebedev)等人在2009年开展过一项研究,他们发现来自东欧各处的多种泥盆纪鱼类化石上均有伤口。[65]愈合的伤口表明,这些动物是在活着时被咬伤的,并且它们受伤后存活的时间够久,足以令咬伤痊愈。相比之下,那些其上有咬痕却没有愈合迹象的化石,它们或者是在被捕杀取食的过程中被咬伤,或是死后不久被食腐动物取食过。这些古生物学家们还发现,在泥盆纪,其他有颌鱼类会袭击盾皮鱼类,并且发生频率不低。盾皮鱼类顶部和体侧的骨板上有伤口,显示出攻击多来自上方和侧面,而不是后面和下方。齿痕和咬痕的形状表明袭击者可能是如下生物:棘鱼(类似鲨鱼的鱼类),节甲鱼(模仿鲨鱼的盾皮鱼),以及早期鲨鱼。[66]肉鳍鱼类(Sarcopterygii)也位于疑似攻击者之列。至少在一些标本中,与捕食相关的咬痕可表明:它们的盾皮鱼捕食者会挑战那些体形过大的鱼类,试图咬下超出它们咀嚼能力的分量。这些以及其他原因也许能够解释为什么捕食者的攻击有时候会失败。然而，我们也必须记住“幸存者偏差”理论，并考虑到这些盾皮鱼类的咬痕化石来自推迟了死亡的鱼类，而那些被杀死或吃掉的鱼类残骸却可能没有得以保存。

鲜有古生物学家不承认邓氏鱼属(*Dunkleosteus*)生物是泥盆纪盾皮鱼类鼎盛时期的代表，这种身披甲壳的鱼统治着所有盾皮鱼类。邓氏鱼属包括10个物种，广泛分布于泥盆纪晚期最后2000万年间，是泥盆纪晚期(约3.58亿年前)大灭绝事件终结了邓氏鱼的海洋恐怖霸权。[67] 最有名的邓氏鱼物种是泰雷尔邓氏鱼(*Dunkleosteus terrelli*)*，一种在当时与众不同、亦后无来者的海洋捕食者。想想看，一条鱼长约9米，重量可达几吨，且周身所覆不是鳞片，而是骨质盔甲。盔甲的覆盖范围如此之广，连眼周都有一圈骨板。这些“会游泳的坦克”名副其实，邓氏鱼凭借极其有效的进攻武器来增强防卫，难以对付。它们没有牙齿，而是生有刃状的骨板，运作起来就像巨大多齿的修枝剪刀。邓氏鱼以迅雷不及掩耳之势张开大嘴，急剧变化的外界压力将它们面前任何倒霉的猎物吸入口中。在那里，只需一咬，猎物就会折为两半，哪怕生有骨甲也无济于事。

尽管古生物学家们自19世纪末期就已经知晓邓氏鱼实体化石的情况，并在北美洲、欧洲和非洲发现了邓氏鱼属不同物种的残骸，却很少有人曾试图更多地了解邓氏鱼的行为。诚然，任何人凝视着完整的邓氏鱼头骨时，出自纯粹的生存本能，都会脱口而出道：“捕食者！”然而，有关邓氏鱼肉食行为的细节却依然含糊不清。幸运的是，在过去的几十年里，古生物学家对邓氏鱼进行了更为仔细的研究，并确认这些鱼就是罪魁祸首，在泥盆纪时期进行了极其可怕的啃咬。

---

* 该名称是为了纪念业余古生物学家杰伊·泰雷尔(Jay Terrell)，他于1867年在美国俄亥俄州首次发现了邓氏鱼的化石。——译者

古生物学家菲利普·安德森(Philip Anderson)和马克·韦斯特尼特(Mark Westneat)于2007年发表的研究显示,邓氏鱼的咬合取决于他们所谓的"四杆联动结构"。[68]这之后,关于邓氏鱼以及它那高超的捕食技能的推测就不再如此神秘了。"四杆联动结构"是指关节和杠杆之间的连接,有4个关节用于打开和关闭颌骨,而"联动杆"就是关节之间的连接物,同时肌肉群带动颌骨运动。他们的研究结果——基于计算机模拟来推断颌部运动——令人惊讶。用安德森和韦斯特尼特的话来说,"在脊椎动物发展史上,邓氏鱼拥有最强大的咬合力之一"。[69]模拟显示,这类巨型盾皮鱼能在短短20毫秒就张开嘴巴,甚至你都来不及说出"邓氏鱼"这几个字。然后,不出30—40毫秒它就关上嘴巴,这意味着吸力之后,骨板的切割运动紧随而来。[70]要知道,那是怎样有力的切割!一条长度为6米的邓氏鱼,据估算,它颌部前端的咬合力可达4400牛顿,而颌部后端的咬合力可达5300牛顿。[71]考虑到快速吸力和瞬间切割的致死组合,我们把握十足地推测,任何猎物,只要邓氏鱼的口腔容纳得下,都不会保有全尸或存活超过1秒钟。

抛开计算机模拟不谈,脾气暴躁的古生物学家也许会合理地要求来自化石记录的实际证据,以证明邓氏鱼属生物比任何其他已知的古生代动物有着更强的咀嚼能力。幸运的是,化石记录对此"义不容辞"。在2016年,古生物学家李·霍尔(Lee Hall)和其合著者开展了一项研究,他们报告称泥盆纪晚期盾皮鱼的骨板上有多处咬痕。[72]这些攻击留下的遗迹化石包括深深的沟痕、断裂的骨头和弯曲的骨头,分布在几个盾皮鱼头骨的侧面和上方,然而没有一处显示出愈合的迹象。此外,伤口多半形成于盾皮鱼身体骨甲上可能的薄弱之处,例如眼睛正下方、鳃的附近,或者是头部骨甲和身体其他部位的连接处。这些冲击带来的可怕后果,以及伤口的尺寸和形状,统统归咎于一种鱼和它那骇人的有锐利边缘的嘴:邓氏鱼。

你可能会为此感到好奇，是哪种盾皮鱼能够承受邓氏鱼的多次啃咬，却仍然能有些残余部分留存于化石记录中？嘿，当然是邓氏鱼啦！[73] 又是什么促使这些巨型盾皮鱼互相啃咬呢？同类相食是一种可能性，类似于腹足纲动物玉螺会以它们的亲戚作为晚餐。而另一个(更加可能的)原因是：邓氏鱼之间的打斗是出于竞争，这些巨型的竞争对手在泥盆纪的海洋里为资源而战。想象一下，这样的战斗近乎传奇，却很可能昙花一现，它们不宜拍成剧情长片，而更适合做成社交平台上的短视频。

对于那些远古巨型海洋捕食者的发烧友而言，遗憾的是，在泥盆纪晚期灭绝事件中，邓氏鱼和所有其他盾皮鱼属生物都在生命这袭织锦上永远地消失了。然而，关于随后出现的有颌鱼类，以及有颌鱼类最终孕育出了它们自己威风凛凛的血肉消费者，霍尔和其合著者研究的邓氏鱼残片之一提供了线索。骨板上有一连串细细的划痕，很可能是一条小型的鱼留下的，彼时它在取食邓氏鱼残骸上的腐肉。这是一场低调的预演，它们是拥有断骨技能的王者，代表生物是地球历史上海洋脊椎动物中最成功的演化支之一：鲨鱼。

在泥盆纪“鱼类时代”，第一批鲨鱼游走在那些名称更显奇特的鱼类身旁：盾皮鱼、棘鱼和肉鳍鱼。我们之前了解过魟和它们弄碎贝壳的方式，这些鱼和鲨鱼享有较近的共同祖先，且属于同一个演化支(板鳃亚纲)。如今，鲨鱼(鲨总目动物的通称)包括500多个物种，在世界上广泛分布。鲨鱼的尺寸也各有不同，从长度尚不及成人鞋子、约15厘米的侏儒鲨(*Etmopterus perryi*)，到最大的鲸鲨(*Rhincodon typus*)。[74] 这种滤食性的鲨鱼(即鲸鲨)，同时也是现存最大的鱼类，有些甚至可能超过15米，超过了一艘普通帆船的长度(约10米)。如果鲨鱼能够将人类从它们的海洋上劝退，最有可能这样做的就是格陵兰鲨(*Somniosus microcephalus*)，因为它是寿命最长的脊椎动物，年龄也许可以高达400岁。[75]视其物种而定，鲨鱼可以生活在阳光充足的浅海区，也可以是在几千米以下的海洋深处。

与它们的硬骨鱼伙伴不同，鲨鱼颌部支撑结构的主要成分是软骨。然而，为了弥补缺乏矿物质支撑的缺憾，大多数鲨鱼都生有一系列牙齿——它们如刀刃一般尖利，呈锯齿状，且能令生物毙命，好不威风。和我们人类以及许多其他脊椎动物不同，鲨鱼能够持续更新替换已经脱落的牙齿，这意味着一条鲨鱼终其一生能为化石记录贡献几百颗牙齿。鲨鱼进行"器官贡献"的同时，还在脊椎动物的骸骨上留下了无数刮擦、刺孔和刻痕。根据它们的遗迹化石推断，这些鱼能够咬进甚至咬穿骨头历时久矣，超过3.5亿年，从泥盆纪晚期一直延续到今天。

鉴于鲨鱼在四次生物大灭绝中幸存下来，一份鲨鱼啃咬受害者的名单将构成世界上最长且最丰富的菜单之一。这些生物，其化石上有鲨鱼的咬痕，或是骸骨里留有鲨鱼的牙齿，它们按照其英文首字母顺序排列如下：鸟类、硬骨鱼、鲸目动物（包括齿鲸和须鲸）、鳄鱼、恐龙、沧龙、鳍足动物（海豹、海象及它们的近亲）、蛇颈龙、翼龙和海龟。[76]为什么鲨鱼会取食如此多种类的脊椎动物呢？原因之一是，海洋通常含有自产和外界输入的动物蛋白。就后者而言，如果海里的鲨鱼吃厌了"海鲜"，它们也可能会依赖偶尔的外界输入，也即被卷进海里的陆地动物的躯体。古生物学家甚至还记录到被鲨鱼咬过的粪化石，由此人们真正地接受了"鲨鱼吃大便"的戏谑观点。[77]

在现代鲨鱼中，谁的咬合力最强呢？该头衔显然应该属于世界上最大的掠食性鱼类：大白鲨（*Carcharodon carcharias*）。成年雌性大白鲨长度可达6米，重量几乎有2吨；成年雄性大白鲨在这两项数据上紧随其后。[78]尽管这些鲨鱼常被不公正地污蔑为贪婪的杀手——人肉甜美又可口，它们从不错失任何品尝的机会——然而，它们对人类的袭击其实是极为罕见的。相比于新英格兰地区产出的“肌肉松软的猎物”(即人类),大白鲨更喜欢捕食海洋哺乳动物(海豹和海狮)。话虽如此,其饮食偏好十分广泛,因为它们同时还捕食其他鱼类(包括其他鲨鱼)、海鸟、海獭、鲸目动物和海龟。[79]

连海龟都能被咬死,这代表着巨大的咬合力。尽管人类对大白鲨的迷恋和恐惧已久,但我们主要关注的仍是它们切割骨头的强大力量带来的结果。2008年,古生物学家斯蒂芬·罗(Stephen Wroe)和许多合著者开展了一项研究,帮助人们更好地量化了大白鲨咬合的过程。[80]在研究中,他们采用了数学方法,同时对大白鲨解剖结构进行计算机建模。科学家建模时的严谨态度部分体现在:他们也考虑到鲨鱼的颌部是由软骨支撑的,这个解剖学上的差异会影响鲨鱼颌部的压力和张力的分布。他们的研究结果表明:一条大小适中、长度为2.5米的样本,其口腔前端的咬合力可达1600牛顿,而后端的咬合力几乎翻倍(3100牛顿)。[81]随着个体体积增大,例如一只长达6.4米、重量3324千克的大白鲨,前颌和后颌的咬合力可能分别达到9320牛顿和18 216牛顿,十分惊人。如此强劲的力量,再加上巨大、刀刃般锋利的锯齿形牙齿,意味着大白鲨能够轻松地折断或压碎猎物的骨头。猎物的遭遇向来如此,它们的命运无法改变。这些观点表明,现实情况比我们曾经所想的更令人震惊。

尽管如此,我们不能只讨论大白鲨的咬合力,而不提及全部鲨总目动物中咬合力最大的鲨鱼。这就是巨齿拟噬人鲨[*Otodus* (*Carcharocles*) *megalodon*],常被简称为巨齿鲨(*Megalodon*),又或者,它亲密的朋友和电影界喊它“The Meg”。尽管它们彻底灭绝久矣,但这种身形庞大的鲨鱼和其他耳齿鲨属(*Otodus*)的物种曾经栖息在地球的海洋中,从距今约2000万年的中新世一直到“仅仅”350万年前的上新世。[82]巨齿鲨最初被分类为大白鲨的近缘物种,但实际上它们在亲缘上与现代鲭鲨关系更为密切。[83]巨齿鲨的牙齿巨大、尖锐且边缘有锯齿结构，它的实体化石记录以牙齿为主，最大的牙齿轻易就能覆盖住大多数成年人的手掌，长度为16—19厘米。这些牙齿也证明了它们为何被称作“巨齿鲨”，因为“Megalodon”就意为“大大的牙”。那么，巨齿鲨到底有多大呢？答案取决于你请教哪位古生物学家。研究者使用多种技术，根据其牙齿来推断巨齿鲨的体形，大多数估算结果为：长度可达15—20米，重量超过50吨，[84]相当于中生代最大的海洋爬行动物。为什么它的体形如此之大？古生物学家们提出了假说：巨齿鲨巨大的体形是对捕食鲸鱼的适应性，因为那时的鲸鱼也趋于更大的体形。

巨型鲨也有强大的咬合力。2008年，斯蒂芬·罗和他的同事计算了大白鲨的咬合力，在同一研究中，他们还对一头假定体重超过50吨的巨齿鲨进行估算，得出其颌前部和后部的咬合力分别是93 127牛顿和18 2201牛顿。[85]2021年，古生物学家安东尼奥·巴雷尔（Antonio Ballell）和温贝托·费伦（Humberto Ferrón）进行了一项研究，他们模拟了相似尺寸的巨齿鲨的牙齿压力，得到数据如下：门齿的穿刺力约为49 000牛顿，臼齿的穿刺力约为96 000牛顿。[86]

想象着你是一只猎物，正在水面漫不经心地漂浮或游泳，突然一头约50吨重的鲨鱼疾速地从下方靠近你。它甚至无须咬你，只要和这头鲨鱼相撞，任何比它小的生物都会死于非命。不过这是古生物学家的一桩憾事：一条体形足够大的鲨鱼会将猎物生吞活剥，这些致命的邂逅不太可能留下过多的证据。然而，一些骨骼化石还是记录下鲸鱼与巨齿鲨或相近物种的相互影响。例如，在委内瑞拉发现的一块上新世鲸鱼脊椎骨，其内就嵌着一枚巨齿鲨的牙齿，证据确凿。[87]另一处巨齿鲨攻击的痕迹由刻痕组成，在三块中新世鲸鱼尾椎骨上发现，样本来自马里兰州海岸。[88]其中一块尾椎骨上有几颗相邻牙齿留下的刻痕，与巨齿鲨牙齿的排列相符，令这条鲨鱼有理由发问：“是谁卡在我的牙缝里了?”由于这些伤口是位于鲸鱼的尾椎骨上,因此啃咬之目的很可能是想致其残废。然而,在所有被推测是巨齿鲨的遗迹化石中,也许最引人注目的是那颗有三道划痕的鲸鱼牙齿。并且,这不是普通鲸鱼,而是一头掠食性的抹香鲸。[89]这颗牙齿来自北卡罗来纳州中新世或上新世(700万至300万年前)的沉积物,很可能属于一头长达4米的抹香鲸。考虑到食腐动物通常不太喜欢食用鲸鱼的头部,这些划痕——由两次连续啃咬所致——更有可能是来自一场袭击,旨在陷鲸鱼于死地。这条和其他证据均可表明:巨齿鲨以它那绝无仅有的咬合力捕杀和取食鲸鱼。

三叠纪晚期的灭绝事件之后,一个相对小型的爬行动物演化支出现了:鳄形超目(Crocodylomorpha)。它们成为所有四足动物演化支中最为成功的一支,在侏罗纪和白垩纪,广泛扩展至陆地及水生环境。在白垩纪晚期(距今6600万年),它们在生物大灭绝中幸存,取得了进一步的成功,而正是此次事件导致了它们的主龙类远亲(包括恐龙和翼龙)的灭绝。时至今日,鳄型超目的代表动物有鳄目动物的24个物种(包括鳄鱼和短吻鳄),主要分布在温带至热带地区的淡水环境里。[90]然而在过去,鳄型超目的物种呈多样化,从鬣蜥般大小的植食性陆栖动物,到可怕的、沿海而居的肉食性动物。后者以恐鳄属为代表,长度可达11米之多,活跃于白垩纪晚期(约8000万至7500万年前)。[91]

在骸骨中,鳄目动物的牙齿遗迹化石几乎和它们的演化支一样古老。然而,最具代表性的中生代遗迹化石来自白垩纪晚期(约8000万至6600万年前)。其中一些遗迹化石是无价之宝,它们阐明了鳄目动物和恐龙之间的生态关系,否则我们可能就会不甚明了。例如,来自犹他州白垩纪晚期凯帕罗维兹组(Kaiparowits Formation)的幼年恐龙骨头,其上有鳄目动物的牙齿痕迹,以及一颗“执意”留在骸骨里的牙齿,这些告诉我们:体积较小的鳄目动物会捕食幼年恐龙。[92]这个证据表明:不同体形的鳄目动物可能不会为了相同的食物资源而竞争。在新泽西州的海洋沉积物里发现了一块白垩纪晚期的恐龙遗骨,其上的牙齿遗迹化石同样表明:恐龙的残骸被冲向大海,而沿海栖息的鳄鱼会以那些肿胀的浮尸充饥。[93]

幸运的是,现代鳄目动物给我们提供了尚存于世的实例:那些擅长啃咬的蜥形动物可以用来和它们灭绝已久的近缘物种相比较。这意味着科学家们能够直接测量鳄目动物的咬合力,并检查现存动物的骸骨,看其上是否有鳄目动物的牙齿和颌部留下的钻孔,或将骨头粉碎。针对短吻鳄和鳄鱼咬合力的实验——在过去的25年里,古生物学家格雷格·埃里克森(Greg Erickson)和其同事开展了许多研究——包括使用他们一向戏称为"咬合棒"的仪器,用它可以直接测量一头鳄目动物咬合时施加的力量。2012年,埃里克森等人发表了一篇文章,汇总了所有尚存的鳄目动物物种咬合力的测量数据。[94]他们的实验结果引人注目,同时表明:在等质量条件下,现代鳄目动物是当今我们所知的咬合力最强的动物(很遗憾,鲨鱼)。结果还显示,现代鳄目动物的体积与咬合力呈相关关系。美洲短吻鳄(又称密西西比河鳄,*Alligator mississippiensis*)其咬合力范围在2400—9500牛顿之间,令人惊叹,然而它们却输给了来自澳大利亚的咸水鳄,后者被记录到的咬合力高达16 400牛顿。[95]

获悉这些数据后,研究者们制定了统计预测模型,将之应用于已经灭绝的鳄目动物,来重新建构远古时代的咬合力。那么,恐鳄属动物情况如何呢?给定一只成年恐鳄属动物的质量(约5吨),并沿用现代鳄目动物咬合力的趋势规律,基于此推断其咬合力超过102 000牛顿,与巨齿鲨咬合力区间范围重合。[96]这也意味着,当我们说"霸王龙是白垩纪晚期顶级的掠食者"时,前面永远都要加上个限定语,也即"陆地上"。

然而，我们依然喜欢谈论霸王龙。不知何故，它的名称或缩写（*T. rex*）被强塞进几乎每一篇古生物学的新闻报道里。比如这句："三叶虫都死绝了2亿年，第一只霸王龙才在地球上漫步。"尽管如此，我还是极不情愿地承认，霸王龙值得钦佩——其吱吱嘎嘎咀嚼骨头的能力，也许是所有陆地动物中最厉害的。咬穿其他恐龙的骨头，对它而言简直就是小菜一碟。

但是，在不使用"活体律师"的情况下*，古生物学家是如何检测和计算霸王龙的咬合力呢？他们试着复制出在恐龙骸骨里观察到的遗迹化石。在1996年，古生物学家格雷格·埃里克森和肯尼思·奥尔森（Kenneth Olson）描述过这些遗迹化石：钻孔精确地显示出霸王龙的牙齿刺穿三角龙（*Triceratops*）髋骨的位置。[97]在另一篇文章中，埃里克森和其他研究者报告了他们尝试模拟这些遗迹化石，并测量造成这样的钻孔所需的咬合力。[98]首先，他们将油灰注入钻孔塑形，以此确认霸王龙是钻孔的始作俑者，这一过程也巧妙地塑造出了霸王龙的牙齿模型。（古生物学家有时将霸王龙的牙齿工具称为"致命香蕉"，因为成熟个体牙齿边缘呈锯齿状，其长度和宽度都形似这种早餐浆果。）随后，实验者们制作出霸王龙牙齿的金属模型，将它们安装到一台巨型咬合模拟器里。模拟器在咬合力度和假牙刺穿深度之间建立相关关系。他们的结果显示，当咬合力为6410—13 400牛顿时，留在牛骨上的痕迹与三角龙骸骨上的痕迹相符。[99]这项及此后许多其他研究都支持了一个较为公正的观点：霸王龙咬劲大、咬得深，这有助于它们对付活的、不停挣扎的猎物，也能咬穿恐龙遗骸的皮肤、肌肉和骨头。

有更多的证据表明霸王龙将骨头纳入其日常饮食，这体现在它们的化石废物中。20世纪90年代，第一块被推测属于霸王龙的粪化石发

---

* 这里是作者的幽默，笑梗来自电影《侏罗纪公园》（1993）中的著名场景：霸王龙冲出防护电网袭击人类，倒霉的律师成了它的第一道美食。——译者

现于加拿大萨斯喀彻温省白垩纪晚期弗兰奇曼层(Frenchman Formation)。这块旧日粪便的沉积物,估算其体积超过2升,组成成分是由磷灰石黏合在一起的恐龙骨骼碎片。在1998年的一篇论文中,古粪便学家卡伦·陈和其他几名科学家对其进行过报道,他们称赞这是一块"国王尺寸"(即特大号)的粪化石,只可能是被排泄在残暴君王——霸王龙的宝座之上。[100]不过,粪化石里的碎骨也表明霸王龙通过咀嚼使骨头断裂,而不是一口吞下大块的骨头。2017年,古生物学家保罗·吉尼亚克(Paul Gignac)和格雷格·埃里克森对霸王龙的颌部运动、咬合力和牙齿压力进行了研究,他们的实验支持了卡伦·陈和其同事的推论。[101]他们有力地证明了这种恐龙的进食方式在至少两个方面不同寻常。其一,它具有巨大的咬合力——经过重新计算,为35 000牛顿——以及在撞击时可以粉碎骨头的牙齿压力。其二,它在同一位置反复地咀嚼食物,不断地咬裂这些骨头,从而使骨头化作小碎片。这些适应性行为令研究者们可以宣称:霸王龙犯下了"极其严重的噬骨之罪"。

鉴于霸王龙那令人惊骇的咬合力,以及它嚼食骨头的证据无可辩驳,人们也许会思考:当另一种恐龙误与这种兽脚亚目动物狭路相逢,它又如何逃脱得掉呢?然而,我们确实知道有一些恐龙被霸王龙咬伤后依然活了下来。试问,你去哪里观看这样的证据呢?就去拜访位于科罗拉多州的丹佛自然和科学博物馆吧!在一间展室里有一架恐龙标本,每次到访,我都为之深深着迷,可能是因为它也令我想起我的学术职业生涯。这是一只连接埃德蒙顿龙(*Edmontosaurus annectens*)的骨架。它是一种大型草食性的鸭嘴龙科动物(Hadrosauridae),俗称鸭嘴龙,于白垩纪晚期(7000万至6600万年前)生活在北美洲西部地区。而这就是一位幸存者。它陈列在那里,四脚着地,抬头看向自己的左侧,它的背部笔直且与地面平行,摆出一副警觉的姿势。当你的目光从左移向右,从头部开始,沿着它的躯干看下去,你可能会注意其骨骼有一种令人愉悦的对称性,而如此张扬的美感却令几块被损坏的尾椎骨更加醒目。根据一位古生物学家肯尼思·卡彭特(Kenneth Carpenter)的观点,就是在这几节尾椎骨处,一头霸王龙用它的颌部夹住了一只活的、很可能惊恐万分的埃德蒙顿龙。[102]但这不是死亡的标志,而是标识着成功逃脱和随后的痊愈——那之后,这只鸭嘴龙活了很长时间,足以令伤骨修复。

在长达一个世纪的研究中,霸王龙及其亲缘物种被认定是顶级掠食者。当好莱坞顾问杰克·霍纳(Jack Horner)以一个不同的观点激起了古生物学家群体的愤慨,争论便出现了。在他1993年出版的著作《完整的霸王龙》(*The Complete T. Rex*)中,霍纳提出:与其说霸王龙是捕食者,不如说它们是食腐者。[103]自那时起,许多霸王龙的遗迹化石证明了霍纳的观点并不成立,包括丹佛的埃德蒙顿龙标本,以及其他愈合的霸王龙咬痕,其中至少有一处愈合的牙齿痕迹,内里甚至还留有一枚霸王龙的牙齿。[104]霸王龙会拒绝一只已经死亡的埃德蒙顿龙或三角龙提供的美餐吗?当然不会。正如大多数现代肉食性动物,为了每天都能吃到肉,它们能在捕食者和食腐者之间自由地切换。

考虑到获取食物、争夺领地和寻求配偶是许多动物生活的正常组成部分,人们有充分的理由发出疑问:霸王龙们是否也曾因利益诱使,彼此啃咬呢?2021年,古生物学家凯莱布·布朗(Caleb Brown)及其同事进行了一项有趣的研究,他们对此问题的回答是经过科学研究和论证的:"是的。然而……"在其研究中,他们检查了来自约200个不同霸王龙物种的500多块面部骨骼,并记录下超过半数的骨头有已经愈合的损伤。[105]令人惊讶的是,进一步的研究表明:所有的损伤都是由其他霸王龙啃咬导致,且啃咬痕迹和愈合的伤口大多集中在上颌骨和下颌骨。这暗示着霸王龙之间的打斗是非致命的,通过啃咬对方的脸部留下未来的伤疤。然而,这样的咬痕在幼年霸王龙中并不存在,仅见于半成熟

A

B

图10.5　白垩纪晚期的鸭嘴龙(连接埃德蒙顿龙)骨架,其尾椎骨上有愈合的咬伤痕迹。该标本陈列于丹佛自然和科学博物馆(位于美国科罗拉多州丹佛)。A:标本全貌。箭头标记处为咬痕位置;以三角龙头骨作为比例尺。B:受伤的尾椎骨特写

至成熟的个体。此外,啃咬伤口上的牙齿间距进一步说明它们来自相同体形的个体。

这种异常现象引导布朗和他的合著者提出了这一假设:这些遗迹化石代表了性成熟的霸王龙彼此间竞争的行为。尽管他们无法确定施加啃咬和被咬双方的性别,但研究者还是有充足的理由推断:这是雄性霸王龙在争夺配偶。其他生活在三叠纪晚期到白垩纪晚期的兽脚亚目

恐龙,它们的面部骨骼上也有伤痕,同样可以证明那些动物个体之间存在竞争。[106]尽管如此,更接近鸟类的兽脚亚目恐龙,其面部骨骼上没有这类伤痕。这些恐龙大概率有羽毛覆盖,它们缺乏这种咬痕表明:一旦羽毛变得司空见惯,可以用来尽炫耀之能事,兽脚亚目恐龙个体间的性竞争就从咬破脸的对决变成了顾颜面的"舞蹈比赛"。

在中生代,大型鳄形超目动物和恐龙以各自生态系统中体积较大的脊椎动物为食,而哺乳动物却多半远离了它们的日常路径。哺乳动物居住在洞穴或其他地方,避免了被当成小零食的境遇。然而,正所谓以其人之道还治其人之身,哺乳动物的化石证明:它们至少会食用恐龙的一些组成部分。例如,像我们先前了解到的,侏罗纪晚期牙齿遗迹化石表明:小型哺乳动物会啃咬恐龙骸骨。但是,我们也知道有一种负鼠大小的哺乳动物——爬兽属(*Repenomamus*),来自中国白垩纪早期(约1.25亿年前)——它们不仅在几块恐龙骸骨碎片上刮擦,也吃整个恐龙本身。[107]的确,那是一只恐龙幼崽,一种草食性恐龙:鹦鹉嘴龙属(*Psittacosaurus*);但它的骨骼在一只爬兽的胸腔里。这象征着中生代物种间的因果循环——哺乳动物世世代代,或者被生吞活剥,或者被踩在脚下。

白垩纪晚期生物大灭绝(6600万年前)之后,哺乳动物填补了空出来的生态位。它们迅速地多样化,在接下来大约1000万年的时间里,几乎占据了全部的生态环境。[108]在那个时期,肉食性哺乳动物在演化之路上突飞猛进,不同凡响。它们当中一些发展出超级棒的咀嚼骨头的本领,威力持续至今天。在如今这些食骨者当中,近期地质历史上其祖先拥有庞大体形的动物有:猫科动物(狮子、老虎),熊科动物(熊)以及其他动物(噢,天哪!)。然而,在哺乳动物中,以弄断其他哺乳动物骨头闻名于世的当属现代鬣狗(又名土狼),例如来自非洲的斑鬣狗(也称斑点土狼,*Crocuta crocuta*)和条纹鬣狗(也称条纹土狼,*Hyaena hyaena*)。

鬣狗生有强壮的颌骨和坚固的牙齿，它们一直都令古生物学家、化石形成学家和动物学家深深地着迷，因其能够拆散和弄碎其他哺乳动物的骸骨，也包括我们人类祖先的遗骸。[109]

然而，意想不到的哺乳动物粉碎骨骼冠军不在陆地上，而是曾生活在海里。那是一种鲸鱼：龙王鲸属（简称龙王鲸，*Basilosaurus*）。由于齿鲸谱系演化速度极快——从小马驹般大小到新生代早期更加适合鲸鱼的比例，因此它们的掠食能力一部分要归功于更大尺寸的头骨和颌部肌肉组织。[110]虽说它的名字有个不正确的后缀"saurus"*，但龙王鲸可不是爬行动物，它生活在始新世晚期（距今约4000万至3400万年）。龙王鲸属的一个物种（西陶德龙王鲸，*B. cetoides*）分布在美国南部，另一个物种伊西斯龙王鲸（*B. isis*）分布在非洲北部和中东地区。[111]在它的时间切片里，龙王鲸可能是当时地球上最大的动物。其成年个体长度可达18—20米，比大多数的现代抹香鲸都要大。龙王鲸也是肉食性动物，无论它游至何处，对鲨鱼、硬骨鱼以及其他齿鲸而言都是个坏消息。仔细查看龙王鲸的牙齿，还可以进一步看到因咬穿坚硬物体而造成的损伤。然而，它们牙齿上的划痕和其他轻微的磨损迹象表明：龙王鲸也会扩大饮食范围，取食有壳软体动物和甲壳动物。[112]不管怎样，龙王鲸的牙齿都告诉我们：它们会咀嚼食物，而不仅仅是咬和吞咽。

2015年，古生物学家埃里克·斯尼夫利（Eric Snively）及合著者发表了一项研究：他们计算出龙王鲸的咬合力，最大值可达到20 000牛顿。[113]这个数字远远超过任何陆地哺乳动物咬合力的计算值，无论是现存于世还是业已灭绝的。事实上，如此之咬合力使得龙王鲸跻身于"咀嚼类别"，与中生代巨型海洋爬行动物更相似。我还应当提及的是，伊西斯龙王鲸是龙王鲸属两个物种里较小的一种，这意味着西陶德龙

* saurus来自希腊文，意为"蜥蜴"，因此作者说这是一个不正确的后缀。——译者

王鲸的咬合力可能略胜一筹。

昆虫和脊椎动物作为骨骼消耗者历史悠久，而早期的哺乳动物开始断骨之举，令人赞叹。基于此，新生代的其他哺乳动物也演化出了分解坚硬物体的能力，包括岩石、贝壳和木材。在这些哺乳动物中，有一些是有史以来最大的陆地动物，但它们还包括一个物种——它以其生物侵蚀的作用改变了整个星球，对地球表面和生物群产生了持久的影响。

第十一章

钻孔最大且最多的动物

当一头大象需要盐时，它会移山来获取盐。在埃尔贡山的侧面——这是一座横亘于肯尼亚和乌干达交界的休眠火山[1]——在那里，世世代代的大象正是如此，它们在山脉侧面挖凿出宴会厅般大小的洞穴，作为它们渴望盐的持久证据。就岩石而言，象牙挖出的火山沉积物相对较软，但也足够坚实，足以构成山的基础。

在过去的大约10 000年，于某个时期，一些非洲草原象（又名非洲象，*Loxodonta africana*）发现了这些矿物质沉积，开始用它们的象牙破坏分解岩石，并用象鼻子摄取含盐的岩石块。关于这些沉积物的知识，比如在何处可以找到它们，以及如何开采，显然是由象群中的母象首领传承，由此代代相传。随着时间的推移，大象创造出基图姆洞穴（Kitum Cave），以及该洞穴以南（肯尼亚境内）其他30多个洞穴，其中一些深达150米，宽达60米——借此，大象"磨蚀"出通往山脉的路径，亦能沿其返回。[2]如今，洞穴内壁上纵横交错着线性的划痕，其宽度及深度都和象牙的尺寸相匹配。这些划痕是由象牙向上、向下和向侧面运动造成的。就这样，洞穴壁被削弱了，会导致偶尔的顶部坍塌，从而抬升了洞穴底部，并使得大象和洞穴本身向上移动。洞穴内和附近的大象粪便证实了它们取食岩石的习性。粪便内夹杂着块状的岩石，它们作为矿物质膳食补充，曾经穿肠过肚。所有这些线索，还有目睹大象在分解并取食基岩，令人们不可避免地得出结论：这些大象，身高可达4米，体重超过6吨，也是最大的现存的岩石生物侵蚀者。[3]

出于对盐或其他矿物质的需要，哺乳动物引发了岩石的显著变化，这要么是罕见的，要么是未被充分认识的。地质学家查尔斯·伦德奎斯特(Charles Lundquist)和威廉·瓦恩多(William Varnedoe)假定答案是后者，也即一些岩石中的大洞简单地被归类为“洞穴”，而实际上它们可能是大型草食性动物取食岩石的结果。在2005年的一篇文章中，他们将这种地质特征称为“盐摄取洞穴”(salt-ingestion caves)，以基图姆洞穴和肯尼亚境内类似的由大象制造的洞穴为主要例证。[4]在他们的定义中，盐摄取洞穴需要满足两个条件。首先，它必须符合洞穴的定义，即岩石中的空洞足够大，可容一名成年人进入。其次，它必须是由脊椎动物形成的空洞，且取食岩石的目的是获取盐分。有关由哺乳动物舔食或以其他方式分解岩石形成的现代洞穴，类似的例子还包括位于亚洲中部的阿尔泰山脉，以及位于不列颠哥伦比亚省(加拿大)、柬埔寨、沙捞越(马来西亚)和密西西比州(美国)的洞穴。[5]谈到密西西比州的这个洞穴[人们言简意赅地称为“岩石之家洞穴”(Rock House Cave)]，在19世纪中叶，人们认定其来源和哺乳动物有关。从那时起，科学家们认为白尾鹿和北美野牛(*Bison bison*)——这两种原产于该地区的动物——是洞穴最初形成的原因，而后其体积又被牛类扩大。

盐摄取洞穴的遗迹化石是否以巨型动物刻成的巨型钻孔形式存在呢？伦德奎斯特和瓦恩多提出，至少有一处来自智利的洞穴情况是如此，即米隆登洞穴(西班牙语名称为la Cueva del Milodón，英文名称为Milodon Cave)。这个以及附近的其他洞穴，很可能由更新世的大地懒制造(或至少是由其扩大的)，例如达尔文地懒(*Mylodon darwinii*)——为纪念著名的“藤壶热爱者”查尔斯·达尔文而命名。这项洞穴创造的功劳归属于地懒，是因为在这些洞穴里发现了它的骨骼、毛茸茸的皮肤残片，还有尺寸和地懒体积相对应的粪化石。[6]其他可能是由哺乳动物形成的洞穴也存在于塞浦路斯，那里曾栖息着塞浦路斯侏儒河马（*Hippopotamus minor*）和塞浦路斯侏儒象（*Palaeoloxodon cypriotes*）。在塞浦路斯，沿海的洞穴中保存有这两个物种的许多骸骨，它们曾于该岛栖息，直至大约10 000—9000年前灭绝。[7]它们被称作"侏儒"象和"侏儒"河马，是因为相较于它们在大陆上的同类，其体形明显偏小；尽管如此，这两个物种可能重达200千克，仍然属于庞然大物。无论如何，这些动物又是如何"缩水"的，尤其是与更新世-全新世巨型动物的平均体形相比？这是由于一直以来，塞浦路斯是地中海岛屿，和亚洲其他地区隔离，侏儒象和侏儒河马的祖先想必是通过游泳抵达岛屿的，并且数量足够多，可以繁衍后代。后来，在它们这块岛屿上，有限的资源令自然选择更偏好体形较小的个体，有利于它们的生存和繁衍，最终使得它们和体形较大的祖先有了显著的区别。[8]在2008年，古生物学家埃莱夫塞里奥斯·哈基斯特科蒂斯（Eleftherios Hadjisterkotis）和戴维·里斯（David Reese）进行了一项研究。他们推断，这些大象和河马可能已经"扩建"了此前便存在的洞穴，就在它们寻找水源、庇护所和矿物质，也包括盐的同时。[9]

其他的可被归因于更新世巨型动物的洞穴包括在阿根廷和巴西的隧道，它们曾一度被视为由地下水侵蚀形成的侵蚀地貌特征，但后来被认定是动物的杰作。阿根廷和巴西的古生物学家确认，这些隧道——其中一些宽度超过4米、高度为2米——昔日曾为大地懒和巨型犰狳的家园，它们在更新世时期分布于南美洲。[10]就像是运用独特的画笔和画法的艺术家一样，隧道壁上深长的划痕和大地懒及犰狳的巨大爪子相匹配，揭示出划痕的创造者。然而，尽管这些结构可能令人印象深刻（而且确实如此），但它们是洞穴，而不是钻孔。之所以要做这种学究式的区分，是因为阿根廷的大部分隧道在非固结的沉积物中形成。另外，巴西的隧道穿过了深度风化的基岩。这些基岩足够柔软，可容大地懒和犰狳向内挖掘，并穿越其中。[11]因此，尽管化石足迹学家可以理所应当地指出，这些是已知最大的非人类制造的洞穴，但他们也能公开地承认，盐摄取洞穴可视作已知最大的非人类动物留下的钻孔。

基于对最大的生物侵蚀动物的了解，哪些动物是生物侵蚀的终极冠军呢？它们能够破坏分解岩石、贝壳、木材和骨头，具有相当的规模，确保其痕迹一定会比物种自身的存在更为持久，同时还对其他数千个物种产生深远的影响。作为这个物种的代表性例子，请照照镜子。又或者，如果没有反光的表面可用，那就看一下“六位祖父”*当前的照片，这是拉科塔苏族对现今南达科他州一处引人注目的岩石露头的称呼。[12]大约17亿年前，花岗岩由深层次岩浆冷却形成，[13]自那时起，经过风化和生物的共同作用，被抬升并受到侵蚀。在这里，存在一座迅速形成的生物侵蚀结构，雕琢着过去几百年来四位先人的面容。**并非巧合的是，这四位伟人在世的岁月相加起来，也正代表了一段前所未有且加速的生物侵蚀时期，尤其是采矿、钻探和伐木活动带来的侵蚀。采矿包括对煤炭的开采，以及对石油和天然气的钻探，它们的燃烧导致大气中的二氧化碳水平上升，自这四位伟人中最年长者诞生以来增加了33%，仅在他们的雕像完成后的80年中，二氧化碳含量就增加了25%。[14]因此，当你凝视着自己的脸庞，或是这几位近代历史人物的面容，请花一些时间来思考，你正在端详的是一个过渡物种，但它通过其生物侵蚀作用改变了地球的历史，就在惊人短暂的时间之内。

大象和人类共同生活已有数十万年的时间，尤其是在它们的共同

---

* 此处原文是Tȟuŋkášila Šákpe，为美国原住民拉科塔苏族的语言。——译者

** 这里指的是坐落于美国南达科他州的拉什莫尔山国家纪念公园，俗称“美国总统山”，在巨大的花岗岩上雕刻着美国四位伟大的总统。——译者

发源地：非洲。已知最古老的大象化石来自摩洛哥，可追溯至古新世（约5800万年前）。在超过5000万年的时间里，大象得以演化，遍布非洲各地，直到灵长类的某一支谱系从树上下来，来到地表，与象群共舞。[15]大象在全球范围内均有分布，这得益于板块构造作用。板块构造作用关闭了一条将非洲与欧亚大陆隔开的海路，从而为大象提供通道，能够前往那些陆地板块。

一旦进入这些新的环境，大象就迅速演化，未来几个世代选择并继承了诸多特征，包括庞大的体形和动物社会凝聚力。多亏了遗迹化石，我们可以知道，在大约700万年前，大象已经开始以扩展家庭的形式群居生活。在阿布扎比有一处壮观的大象化石足迹遗址，它展示着13头体形各异的大象——可能包括至少一头成年母象首领，以及较年轻的象群成员——一同跋涉，它们的足迹轨迹与一头更大的、独行的公象足迹交叉。[16]在更晚的时期（以大象的时间尺度来看），猛犸象和其他大象漫步于现今俄罗斯和阿拉斯加之间的白令海峡。它们从北极地区向南移动，穿越美洲，途经赤道，最终到达两大洲的大西洋和太平洋沿海地区。[17]这是一段卓越的旅程，大象进入除去澳大利亚和南极洲之外的所有大陆。这是大型哺乳动物所有谱系中所取得的最伟大的壮举之一，值得我们敬畏和尊重。我们还可以确定，所有种类的大象在其旅程中都改变了它们的环境，无论是如同那些在非洲、亚洲和北美洲的盐摄取洞穴，还是通过其他的方式。

在美洲大象历史的晚期，一些猛犸象和其他巨型动物开启了一种不同形式的生物侵蚀。如果不是现代动物也在进行同样的行为，我们很可能就会视而不见。和大象相关的证据存在于加利福尼亚州沿海的岩石中，更具体地说，是在索诺马县。该县以葡萄种植和发酵制成受欢迎的饮品而闻名。一直以来，索诺马沿海的这些岩石露头和巨石有个昵称，即“猛犸岩”（Mammoth Rocks）。该昵称十分简洁，却富有戏剧性，总结出了它们假设的起源。[18]

然而,这种对岩石的磨损远不及在山腰上挖掘洞穴那般明显,后者的目的是摄取盐分,源自一种不同的生物学需求。体形庞大、多毛、恒温,这些特征对寄生虫极具吸引力,它们轻易就能找到具有这些特质的哺乳动物,并附着其上。那些携有过多寄生虫(例如虱子和蜱)的动物必须找到缓解瘙痒和其他不适的方法,这些都是由它们无意间搭载的小旅客们导致的。因此,它们进行摩擦。但作为大象,它们摩擦得"煞有介事"。和洞穴的形成类似,许多世代的猛犸象、乳齿象(或称长毛象)、地懒、骆驼以及其他曾经是北美洲本土动物的大型哺乳动物,可能都对这些岩石的"抛光"有所贡献。[19]不过位置较低的抛光区可能来自野牛和更小的哺乳动物,它们也经受着同样的不适,包括更近时期才引入的家养牛;而最高的区域离地面约4米,这就限制了是哪些动物在何地及何时摩擦。

考虑到这样的需求和它们庞大的体形,猛犸象、乳齿象以及其他大型哺乳动物在加利福尼亚州的海岸线寻找耐用的岩石露头,以解其痒。这些岩石主要由燧石和蓝片岩组成,它们(分别)起源于沉积和变质,于深海中形成,但后来在随后的地质事件中缠结和扭曲,形成了一种被称作"混杂堆积"的地质混乱体。[20]这些岩石曾经是海底海沟的一部分,在侏罗纪和白垩纪时期,碰撞的板块形成了海沟,而靠近表面的海域是鱼龙、蛇颈龙和沧龙的栖息之所。这些区域的海洋沉积物在热量和压力的作用下被挤压,转化成为岩石。后来,就像是雪被犁成坚实的薄片一样,岩石相互推移,堆叠在一起,被推向朝着陆地的环境。[21]很久以后,在大约120 000年前的更新世时期,位于当今海岸的附近,一些岩石被海浪侵蚀,形成了海蚀柱。这些过程发生之时,海平面比今天高出5—6米,但由于地壳构造隆起,这些岩石现在位于当前的海岸线之上。考虑到圣·安德烈亚斯断层(San Andreas Fault)就在这些岩石附近的海域,这并不令人意外。这是一处转换断层,太平洋和北美洲地壳板块在这里发生相对移动。[22]因此,正如埃尔贡火山的岩石一样,这些曾经的海蚀柱是地壳动荡的另一种结果,它影响了大象的生活,并且代表着大象修改那场动荡产物的过程。

图 11.1 照片为加利福尼亚州索诺马州立公园中的“猛犸岩”。这些变质岩已经成为古老的刮擦地点,被更新世巨型动物群磨损,表面变得光滑。图中右侧有人类作为尺寸参考。照片由 Thewellman 拍摄,来自维基共享资源

除了这种异常“抛光”的位置高度之外,是否还有其他证据支持这些岩石的侵蚀源于动物呢?它们相对于海洋的位置是证据之一,因为这些曾经的海蚀柱,其面向海洋、顺着离岸风的一侧没有被抛光,而背向离岸风的一侧却有着光滑的表面。这种质感上的对比意味着,当大型动物抵着岩石移动身体时,它们也在寻求保护,以防受到海风的不断侵袭。抛光的表面还和岩石的尖角及边缘有紧密的相关关系,这些部位可能是成了最大程度缓解瘙痒的地点。此外,通过扫描电子显微镜更仔细地观察岩石表面,可以发现许多细长但微小的平行划痕,这是毛茸茸的动物身体在岩石上来回移动时留下的标志性痕迹,这些身体富含细粒石英质沉积物。[23]哺乳动物的毛发本身过于柔软,无法侵蚀岩石,但附着在毛发上的砂粒和淤泥却可以,就像是软底鞋沾上了沙砾,

日积月累，能够磨损古老建筑的石阶。这些表面纹理上的线性划痕与未抛光的表面形成鲜明对照——后者具有环形划痕，那是由波浪推动的小石子和卵石在昔日的海蚀柱上留下的。[24]另外，关于这些岩石变化的起源，又一支持证据是来自非洲和亚洲的现代实例：能缓解寄生虫不适的表面。在这些地区，大象定期洗"泥浆浴"，同时抵着树木或岩石摩擦身体。动物园也安装了用来摩擦的柱子，为他们的大象和犀牛提供舒适的环境，这些柱子也产生了类似的纹理。由此，化石足迹学家和古生物学家可以合理地提出，这些痕迹能用来类比可能反映着相同行为的遗迹化石。

支持这些"猛犸岩"起源的最终证据是猛犸象和其他哺乳动物的实体化石，它们证实，在该地区确实存在着体形巨大的"摩擦者"。例如，在这些岩石以南几公里处发现了一头哥伦比亚猛犸象（*Mammuthus columbi*）的骸骨，并且在索诺马县和邻近的马林县，也出土了更多的更新世巨型动物的遗骸，包括美洲乳齿象（*Mammut americanum*）、拟驼（*Camelops hesternus*）、大地懒（*Glossotherium harlani*）以及两个已经灭绝的北美野牛物种，即长角野牛（或称宽额野牛，*Bison latrifons*）和古风野牛（*Bison antiquus*）。[25]所有这些动物都是潜在的"岩石抛光者"，根据其各自不同的高度产生不同的影响，但除了最高的动物之外，它们的痕迹都有重叠。后来，现代家养的牛和马在那些古老的痕迹下方添加了自己的摩擦痕迹。因此，这些被抛光的石头是生物侵蚀遗迹化石的极好例证，它们也是"集体项目"的产物，而近期才出现的家养动物姗姗来迟，在它们既定的时间之后才有所贡献。

细粒沉积物是如何附着在哺乳动物身上的呢？随风飞扬的黏土、淤泥和砂粒，都会随着时间的推移黏附并聚集在毛发之上，特别是如果这只哺乳动物很少在水中洗澡。然而，若要获取这些颗粒，一个更直接和有效的办法就是洗"尘土浴"或"泥浆浴"。说到"尘土浴"，我曾在黄石国家公园一些原本是草地的区域见过裸露、干燥的土壤凹陷，宽度可达2米，这标志着栖息于此的北美野牛经常在凹陷中侧身翻滚或仰卧翻滚。[26]尘土由干燥黏土和淤泥组成，有助于驱逐那些讨厌的寄生虫，或令其窒息。不过，“泥浆浴”可能效果更好，因为寄生虫被泥浆包裹，可以通过摩擦去除。现代大象正是这样做的，它们寻找泥泞的水潭，作为纯天然防晒、降温和治疗寄生虫的途径。在记录这些行为的视频中，大象明显心情愉悦，坐在泥浆中，四下里打滚，用泥浆遮盖住它们的身体。[27]正如人们所能想象的，一群重型的哺乳动物进行如此激烈的活动，不仅可以扩大这些泥泞的水潭，还能使沉积物重新分布，从一个地方到大象之后漫步途经的任何地方。

猛犸象和其他更新世动物是否洗过“泥浆浴”，然后用泥浆和它们的运动磨损了当地的岩石呢？很有可能是这样，并且在索诺马海岸上，猛犸岩主要部分之间有一个不太显眼却相当大(0.5公顷)的凹陷区域，这暗示着在此处可能曾经发生愉快的洗浴。目前，湿地植物生长在这个凹陷区域，渗透到那里的地下水促进了它们的生长。然而，该凹陷区的位置和大小也表明其先前可能是一个打滚用的泥浆坑。[28]由此，人们可以想象沿着这片海岸的更新世壮丽景观，在大约20 000年前，此地有类似猛犸岩这样的地标作为熟悉的“景点”，却处于不同的生态系统中，那里栖息着巨大的动物，是它们塑造了这些地标。

谈到生活在非洲的现代人类祖先，他们与象共舞，尽管体形小得多，但同样在重塑他们的生态系统，尤其是通过无意或有意地使用火。这些早期的人类，以及其直系祖先，比如南方古猿和其他人属(*Homo*)的物种，他们的生物侵蚀活动以将岩石、贝壳、木材和骨头改造成工具为主。在大约300万年前，早期人类的近缘物种开始制造石器，他们选择燧石和同样富含二氧化硅的岩石，这些岩石被另一块相似的岩石击打后会破裂,由此形成更为精细的刃口。[29]这项被称作"加压剥片法"的技术制成了最早的刀片,用于剥离哺乳动物的皮与肉,并从骨骼上切下肉。这些行为也在骨骼上留下了独特的痕迹,称作"骨表面修饰",或简称为BSM。[30]其他的工具包括独立使用的斧子和锤子,但后来被固定在雕刻的木柄上使用。

尽管这些对坚硬基质的改变只需对材料本身进行适度的生物侵蚀,但在后来,这些工具却促成了陆地生态系统的重大变化。举个例子,岩石和木质资源经过改造制成的工具被用作武器,使得这些相对瘦小、行动缓慢的哺乳动物能够猎杀体形更大、速度更快的哺乳动物,而在某些情况下这可能加速了它们的灭绝。[31]最终,人类步大型哺乳动物(包括大象)之后尘,走出非洲,纵贯欧亚大陆。一路上,他们利用坚硬的材料打造出新工具,同时也通过被重塑的岩石、贝壳、木材和骨头留下了证据。

至于骨头,发生了一种生物侵蚀的重新利用,在此过程中,最大的生物侵蚀者的坚硬部分被改造成了工具,而改造者正是最具生物侵蚀的物种的亲戚们。位于意大利罗马附近,在40万年前的沉积层中,考古学家挖掘出近百件工具,它们是由大象肢体骨骼的主干部分(骨骺)制成的。[32]这些工具——其中一些具有尖角和刀刃——被解释为主要是刮削器和平整器,后者用于按压和平滑干燥的哺乳动物皮毛。在埃塞俄比亚,骨器可以追溯到160万—130万年前,这就提供了一个最早的时间点,解释人类的"亲戚"(人族,Hominini)何时开始使用脊椎动物遗骸,并作为他们技术的一部分,这也是对岩石和木材等原材料的补充。[33]后来,在沿海文化中,海洋软体动物的贝壳被添加到重新加工的坚硬物品中,制成了为生存所需的实用物品。无论人们去往非洲、亚洲、欧洲还是澳大利亚,所有这些耐久的手工艺品都被随身携带,或是现场制作,这一过程持续了数十万年。

在美洲,人类是何时开始对岩石、贝壳、木头和骨头进行生物侵蚀的呢?最近在新墨西哥州发现的人类足迹显示,至少23 000年前,人类就已生活于北美洲;而来自乌拉圭某遗址中的“骨表面修饰”表明,在大约30 000年前,该地曾有人类的存在。[34]无论人类是何时抵达的,这些痕迹和其他证据都告诉我们,在这场从亚洲出发的旅程中,大象曾先人类一步,然而却不得不再次应对人类。让我们回到欧洲,在西班牙南部,在有大象足迹的同一地点和地层中,还出现了尼安德特人的足迹,这也暗示着这些人和那些庞然大兽之间的关系——它们共享着一处景观,同时也由于他们的存在,共同改变着景观。[35]

动物学家曾一度视非人类动物使用工具为反常现象,且令人可憎,他们坚持认为工具是我们与“低等”生物的分界线。幸运的是,这种以人类为中心的荒谬观念已经被摒弃,“动物使用工具”的观念在不断传播,而利用物体完成日常生活任务的动物名单也在不断增长。例如,我们之前了解到:鱼类在岩石上撞击蛤蜊;海鸥从高空抛掷软体动物,砸在坚硬结实的表面,使其外壳破碎;海獭挑选石头,在它们的胸前以石敲击蛤蜊,或是用贝壳捶打岩石表面,以岩石作为石砧。在所有这些情况中,使用工具旨在快速破坏坚硬的材料,同时动物也利用其他坚硬的材料帮助完成破裂,或者说通过这种方式进行生物侵蚀。

非人类灵长类动物,尤其是猴子和猿类的一些物种,同样有着使用硬质工具的行为。在某些猴子中,它们使用工具的方式与海獭极为相似:以岩石作为锤子,另用岩石作为石砧。只不过,这些灵长类不是敲碎蛤蜊,而是砸开营养丰富的坚果。尽管这种行为的持久效应远不及(比方说)在火山山脉上挖出洞穴那样令人印象深刻,但猴子也确实会产生影响,它们凭借撞击磨损了岩石的表面。对这种工具使用的研究带来了更多的惊喜,举个例子:这种生物侵蚀并不仅仅是“寻找坚果、砸碎坚果”行为的结果；相反，它反映出一个更为审慎且复杂的决策过程，涉及对工具和坚果的同时使用，最终让我们对猴子文化有更多的了解。

在对巴西的髯悬猴（或称胡须卷尾猴，*Sapajus libidinosus*）进行的几项研究中，灵长类动物学家多萝西·法拉加西（Dorothy Fragaszy）和其他科学家证实，这些猴子自身就是科学家暨工程师。[36]首先，卷尾猴挑选那些能用双手拾取的石头，但同时要足够坚硬，经得住向它们最爱的坚果上敲击，坚果通常来自巴西棕榈树（*Orbignya* sp.）以及其他棕榈树。其次，这些猴子选择了具有相当体积、耐用且固定的石头，无论是巨大的石块还是岩石露头，以便当把坚果抵在中间，用另一块硬石头敲击时，这些石头不会移动。最后，也是最重要的是，卷尾猴习得了在石砧上放置坚果的最佳位置，这样坚果就不会从表面滚落，无论是敲击之前还是之后。

为了更精确地测试这些观察结果，法拉加西和她的同事沿着坚果表面标记了一些线（经线），用线来显示坚果在水平表面上停止滚动时

图11.2　一只年轻的髯悬猴将一粒种子放在石砧之上，正准备用“岩石锤子”砸开它。拍摄地点：巴西的卡皮瓦拉山。照片由蒂亚戈·法洛蒂科（Tiago Falótico）拍摄，来自维基共享资源

的位置。然后,他们将带有标记的坚果交给猴子,猴子迅速地开始敲击坚果。科学家们观察到,卷尾猴几乎总是将坚果置于石砧的表面上,且经线与垂直方向的夹角小于30°,这样,在击打过程中和之后,坚果还能保持在原位。[37]在研究中最有趣且充满自嘲意味的环节是:科学家让志愿者们蒙上眼睛,令其尝试着复制卷尾猴的方法,把他们"变成"了猴子。在失去视觉的情况下,人类不得不通过感知其在砧面上的稳定性来放置坚果。接下来,志愿者们并没有盲目地用石头砸坚果——这是一件憾事,研究者必然是错过了录制滑稽镜头的机会。尽管如此,他们确实把坚果放在了与卷尾猴相同的位置,证实这个方法是可行的。[38]关于坚果的稳定性,更多以人类进行的测试同样可以证实,猴子确实找到了最佳的放置位置,以便更易于敲破这些富含营养的美味。

尽管坚果本身并没有导致石砧表面的下降,但是卷尾猴挥舞着石锤在石砧上反复碰撞,这确实侵蚀了石砧表面,在这些岩石上形成了许多茶碟形的凹陷,直径不等。这些凹陷反过来有助于防止坚果在敲击时到处滚动,这意味着有经验的卷尾猴可能会寻找这些长期使用的石砧。[39]此外,保存在附近的"锤子岩石"被反复使用,并且随着时间的推移传承下去,这可能会使得它们的原始体积逐渐缩小。相比之下,大多数石砧都留在原地,暗示着一处石砧可能经历了数以万计次的击打,来自几千块石头,持续了成百上千年。日积月累,石砧上的矿物质也变得松动,由风雨侵蚀并带走,这意味着它们通过缺失的部分记录着自己的历史。在2019年,蒂亚戈·法洛蒂科和其同事记录了在巴西发现的由猴子制造的石器,已有3000年的历史,从而证实了卷尾猴长期的生物侵蚀作用。[40]

所以,随着时间的流逝,岩石的侵蚀反映出卷尾猴世世代代都在调整其敲坚果的方式,以适应不同和不断变化的石砧表面,这需要灵活的思维和定期变换战术。然而,关于这项研究,最大的意义可能在于它显示出硬质工具的重要性:硬质工具可以在代际间传递,同时传承的还有其使用方法。[41]一旦被选择和使用,石锤就会传递给新的使用者,由前几代的成年卷尾猴教授使用方法,同时旧的石砧也被保留下来。偶尔根据需求,卷尾猴会制造新的石锤,但选择石砧是基于其稳定性和可靠性,它们始终保持在最初发现时的地点。

这种双重形式的生物侵蚀——密实的木质组织被岩石打碎,以及岩石作为工具产生磨损——表明最早的灵长类生物侵蚀可能是怎样发生的。此外,它还告诉我们文化的重要性,以及经过验证的技术和知识应该传承给未来世代,而这在我们人类中,最终也导致了由动物引起的生物侵蚀,其规模是史无前例的。

每当我初次(或第二次)与人交谈,我告诉对方自己是一名古生物学家时,一些心怀善意的人就会将我和考古学家混为一谈,后者研究人类文物;或者把我想成古人类学家,而他们研究的是化石记录和人类的演化。因此,我通常的回答就是冒出一句电影《神探飞机头》(*Ace Ventura*)里的台词:"我不搞人类。"这有助于我简短地给予解释,为什么自己也不是罗斯·盖勒(Ross Geller)、艾伦·格兰特(Alan Grant),或者(我还希望是呢)艾丽·塞特勒(Ellie Sattler)。* 同时,我也会解释说,尽管恐龙骨骼并非我专攻的领域,我却大爱恐龙的足迹以及其他痕迹,这种爱足以让我为它们书写一本大部头的研究专著。[42]如果他们依然在和我交谈呢?那就太棒啦,因为随后我们就可以深入探讨一些真正令人激动的事物,比方说月螺的钻孔。

---

* 这几位都是影视作品中的人物。罗斯·盖勒是美国情景喜剧《老友记》(*Friends*)里的主角之一,任博物馆古生物学家;艾伦·格兰特是电影《侏罗纪公园》里的古生物学家,而艾丽·塞特勒是该电影中女性角色,职业是古植物学家。——译者

然而,我们有一种方法可以弥合考古学、古人类学和古生物学之间的分歧,那就是通过化石足迹学。曾几何时——也就是说,在上新世时期(约400万至300万年前)——现代人类的祖先留下了许多关于他们行为的痕迹,例如脚印和石器,最终还有使用石器在骨骼上刻下的痕迹。[43]如前所述,最早的由人族制造的石器都是些简单的器具,通过用一些岩石敲打其他岩石而制成,这套方法也很快揭示出哪些岩石更软或更硬。这意味着最早使用石器的人族——就像巴西的卷尾猴一样——已经掌握了莫式硬度标的主要概念,并将其应用于岩石鉴别,该行为遥遥领先于大学里修地质导论课的学生。人族还应用了其他方式的生物侵蚀,表现为改变骨骼、木材和贝壳。在某种意义上,纵观灵长类动物的历史,在现代人类出现之前,南方古猿和人属最早的代表性物种是最熟练且多样化的生物侵蚀者。在其后续的演化历程中,这些知识产生了显著的影响,特别是对某个物种而言——最终,他们变得最为平淡无奇(同时,表现出最大的"钻孔"特性)*。

人类是从何时起开始大规模地成为生物侵蚀者,显著改变岩石和其他硬质材料的?人类发现某些矿物质或岩石可用于制造工具,或作为其他资源,在这个方面而言,那仅仅是一个开始。随后,这样的认识促使了采矿的兴起,无论是简单地捡拾并搬运河床上的岩石,还是深掘土壤以寻找更多"合适"的材料。艺术表达也需要找到适当坚硬的物质,刻入岩石,制作岩画。这些画通常以雕刻的手法,描绘了被矛或箭头猎杀的动物。又或者,较软的工具用来在岩石壁上制造象形文字,但这种艺术形式得以实现,需要通过碾碎矿物质获得颜料。例如红赭石,它来自非洲南部斯威士兰的恩圭尼亚矿山的赤铁矿,开采时间可追溯

---

* 原文是boring,英文中bore可表示"使厌烦",也有"钻孔"之意。在此,作者既指人类这个物种平淡无奇,也暗含了人类在生物侵蚀方面的巨大破坏性。——译者

到40 000多年前，使得该地点成为已知最古老的人类矿山。[44]

随着铜器时代的开始，人们发现了金属矿床以及后续的处理方法，以提取金属，这些可追溯到至少8000年前。[45]起初，金属矿石的冶炼使用可再生的木材燃料，但对燃料更大量的需求就意味着砍伐更多的树木。后来，随着发现了一种密实的、富含有机物的黑色岩石（煤）可以作为蒸汽动力的燃料，人们也开始开采煤矿。到了19世纪中叶，石油矿床和天然气的燃料潜力变得引人注目，[46]这导致了钻机的发展。钻机用矿床中提取的金属制造，并由煤炭提供动力，这些都进一步引发了更多的生物侵蚀。就这样，人类-生物侵蚀的妖怪已经挣脱了魔瓶，因为更为密集的采矿、钻探和其他工序彻底撕裂了曾经坚固的岩石。因此，我们作为一个社会、文明和物种，正在面临诸多挑战，而人类那规模庞大的生物侵蚀正是根本原因，同时也决定了许多其他物种的命运。

20世纪60年代，我在印第安纳州长大，而我却渴望深深地潜入一片海洋，任何海洋。这种强烈的渴望，有着地理位置上的不合时宜，至少有一部分是由雅克·库斯托（Jacques Cousteau）*引发的。我观看他进行水肺潜水，或是把自己和其他人塞进小型潜水器，深入海底，一路上永远激动人心，摆脱尘嚣俗世。幸运的是，我的父母给予了关注：我是他们的古怪小孩，我渴望水域环境。尽管收入有限，但他们还是为我在当地的YMCA（基督教青年会）报名参加游泳课程，而不是选择（比方说）买份牙科保险。于是我学会了游泳，最终在这项运动上还不算糟糕，而这引发了与水有关的新梦想。那时，我听说有人能够长距离游泳，包括横渡英吉利海峡，或者如果你是法国人，就是“拉芒什海峡”（La

---

* 雅克·库斯托（1910—1997），法国海军军官、探险家、生态学家、电影制片人、摄影家、作家、海洋及海洋生物研究者、法兰西学院院士，同时也是水肺的共同发明者。——译者

Manche,法语意为"袖子")。然而,也许是由于查看了地图,并发觉英国和法国之间的距离(约33千米),那之后我决定转而练习长跑。

当然,由于船只的发明和不断改造,无论是木制船或其他类型,人们都无须从英国游泳去法国,反之亦然。但是,开车呢?起初,渡轮帮助实现了"汽车的梦想",它们载着车辆横穿海峡,往返其间。可能至少有一些人(也即,美国人),整个旅程他们都坐在自己的汽车里,在驾驶员的位置上,想象着这是一场公路旅行。更多的开明之士支持铁路旅行,他们同样渴望火车能载着旅客平稳前行,从一处陆地抵达另一处陆地。最终,商业的召唤、推动和推进深入到支撑英吉利海峡的基岩中,演变成为人类历史上第三长的隧道,被称作英吉利海峡隧道(或译作"英法海底隧道"),许多美国游客称之为"Chunnel",或者是"袖子下的隧道"——你猜对了。

鉴于木制帆船相对缓慢,行驶于水上,并且有钻木行为的蛤蜊很容易致其沉没,人类便构想了一些方法,为着往返于法国和英国之间,且同时仍然使用陆地交通方式——或者更确切地说,是地下交通。整个19世纪初,法国和英国的科学家及工程师都在解决这一愿望,他们提议在海峡底下挖掘一条隧道。[47]由于这些计划制定于汽车出现之前,因此当时在人们的想象中,铁路将成为主要的交通工具。在1882年,对于这条隧道的热情甚至导致了勘探性质的生物侵蚀:英国和法国分别使用以煤炭岩为动力的岩石打钻机,挖掘出长达3.5千米的联合隧道。[48]然而,这一努力仅仅代表了海峡宽度的10%左右,而巨大的挖掘之梦一直被推迟到20世纪末。随着地质信息、工程策略以及更为有争议的政治和经济问题得以解决,施工便于1988年开始,使用了隧道掘进机,从两端启动,最终在中间相遇。[49]6年之后,英吉利海峡隧道正式开通,这是一项壮举,它建立了海底连接,已经远远超出了19世纪人们的想象。的确,当隧道和水域两侧的高速铁路连接起来时,搭乘火车从

图 11.3　与英吉利海峡隧道相关的地下地质的横截面图，这是最大的人造生物侵蚀结构之一。图片由 Commander Keane 绘制，来自维基共享资源

伦敦到巴黎可以仅需两个多小时。

英吉利海峡隧道可能是人类想象力和技术的产物，但它能被实现，却是得益于地质条件。首先，沉积岩非常适合这项任务，它需要承载巨大的“钻孔”。考虑到隧道上方充满水，且重力持续存在，上覆和下方的地层都要尽量减少断裂的发生，并以其他方式防止水分渗入隧道。岩石也必须足够坚固，以避免隧道在上方地层和水的重压下坍塌，但同时要足够柔软，以便让隧道掘进机能够穿过。基于对下卧层的地震勘测，以及钻孔获取的岩石样本，地质学家和工程师决定使用白垩纪地层之一，即西梅尔伯里白垩质泥灰岩，它将会胜任他们那宏伟的生物侵蚀工程。[50]这个地层的下部也衬着一层不透水的白垩纪地层，即海绿泥灰岩。泥灰岩是呈微粒状的岩石，由黏土和粉粒沉积物组成，且同时含有碳酸钙和硅酸盐矿物的混合物。一旦检测到并绘制出两个地层之间的接触面，该接触面就被用作指导，为操作隧道掘进机的工人提供参考。[51]

顺便提一下，白垩纪泥灰岩中含有碳酸钙沉积物，这些沉积物内包含了单细胞海藻和原生动物的矿化遗骸，其中许多还显示出钻孔，由蓝细菌、藻类和真菌所致。白垩纪的牡蛎和其他软体动物的外壳中也含有这些痕迹，以及生物侵蚀性的海绵留下的痕迹。这意味着当隧道掘进机穿过泥灰岩时，由生命引起的最大钻孔之一正在影响一些最小的钻孔——这是对固体物质的剥离，它们形成的时间可追溯到超过7000万年前。

本书的一个共同主题是：从微生物到大象，生物侵蚀以其各种不同的形式，对地球的海洋、大气和陆地表面产生影响，持续时间几乎与生命存在的时间一样长。这段悠久的历史，其证据存在于痕迹当中，有时还体现在身体部位的痕迹上，它们共同反映了生命分解岩石、贝壳、木材和骨头所用的方法，可谓多种多样。一个伴随的主题是，生物侵蚀将继续影响我们的海洋和陆地表面，以许多和过去相同的方式。生物侵蚀的效应将传递至岩石、贝壳、木材和骨头，无论它们源自何处：磨损岩石的蓝细菌、真菌和地衣；刮擦岩石的石鳖和海胆；嚼食珊瑚的鹦嘴鱼；在贝壳上钻孔的螺类和压碎贝壳的螃蟹；于木材上钻孔的甲虫、蛤蜊和啄木鸟；食骨蠕虫；咬碎骨头的鲨鱼和鬣狗；又或者，是侵蚀山体的大型动物。

除了这些过去、现在和未来的生物侵蚀痕迹，还有那些在过去数百万年间，被人类亲戚改变的岩石、贝壳、木材和骨头。这种硬质物质的降解，在过去的10 000年间急剧加速。而且在短短几百年间，伴随着工业革命，技术的爆炸式发展也在使曾经坚固的事物消磨殆尽。这些人为开采的矿井和岩石中的钻孔、被压碎的贝壳、伐倒的树木、惨遭屠戮的骸骨，以及对耐久材料的其他改变，都必将成为地质记录的一部分，无论我们的后世子孙能否目睹。此外，露天矿和竖井矿井、钻探以及水力压裂——使地层深度裂解，以便更易于提取碳氢化合物——的间接影响，以及砍伐森林、畜牧业等活动，都将继续影响非人类生物侵蚀者的生活。

最后,随着全球气温的升高,预计在21世纪的剩余时间内,我们可以想见海平面将显著上升,这些多出来的水来自大陆冰盖。[52]在海洋温度和酸度快速变化的环境里,那些能够生存下来的海洋蓝细菌、藻类、真菌和无脊椎动物,将开始侵蚀在海洋边缘处人类文明的硬质基质。在现今石灰石建筑物矗立的地方,它们的表面将变得坑坑洼洼,这是生命在硬质基底上持续存在的证据。这是一种生物过程,它在过去超过30亿年里经历了所有其他全球性的灾难。只要地球还在提供岩石、贝壳、树木或骨头,生命就会侵蚀它们,将它们的精华还给下一轮的更新,事物会再次变得坚固,尽管只是暂时的。

致 谢

这本书的总体主题,最初是在2018年涌现的,但其框架和背景研究完成于2019年夏天。彼时我在位于佐治亚州的雷本盖普附近的汉比奇艺术和科学创意中心参加驻留项目。因此,我首先要感谢汉比奇中心,他们给予我一片宁静的"桃源",让我进行创造性的思考,有助于我深入展开主题和细节。

在多次被潜在的出版商拒绝之后(那是他们的损失),我的作家经纪人劳拉·伍德(Laura Wood,就职于文学代理机构FinePrint Literary),在芝加哥大学出版社为此书找到了完美的归宿。芝加哥大学出版社的高级编辑约瑟夫(乔)·卡拉米亚[Joseph (Joe) Calamia]协助我完成这本书的孕育和问世,几乎所有这一切都发生在2020—2022年,那是我们集体度过的动荡时期。感谢你们,劳拉和乔,使我最初不同寻常的书籍构想变为现实。

在整个过程中,手稿从电脑屏幕上重新排版的电子文档转变为其他不同的形式,我也要感谢芝加哥大学出版社的编辑和制作人员。特别感谢安贾莉·阿南德(Anjali Anand)和萨拉·贝克曼(Sara Bakerman),他们对主要文本和图表进行了初步处理,还有塔玛拉·加塔(Tamara Ghattas),她在手稿进入制作阶段时负责编辑工作。自由编辑玛丽安娜·塔托姆(Marianne Tatom)对手稿进行了专业编辑,帮我避免了许多文学上的尴尬,特雷莎·沃尔纳(Theresa Wolner)则为其精心制作了书后索引。我还要感谢对初稿进行外部审查的约翰·朗(John Long),以及一位匿名审阅人。他们的评论、建议和修正帮助我的手稿焕然一新，从一份粗糙的初稿变得更加流畅。当然，若读者在书中发现任何文字或事实上的错误（通常在第一页），那都完全归咎于我。

我曾冥思苦想，要找到一个合适的开篇短诗来开启这本书。最终，13世纪波斯诗人穆罕默德·鲁米（大多数人称他为“鲁米”）以他的智慧启发了我。因此，我要感谢我的邻居兼朋友礼萨·萨梅尼（Reza Sameni），他为我提供了鲁米最初引语的恰当解释，使我更加深刻地理解诗句的背景。

化石足迹学是一门研究生命痕迹的科学，而我是一位化石足迹学家，了解其他许多位化石足迹学家。他们大多数（和我一样）同时也是古生物学家，有些则是喜欢和化石足迹学家合作的古生物学家或生物学家。在这份无疑十分简略的名单中，他们按照姓氏首字母顺序排列如下：博比（Bobby）和萨拉·博塞内克（Sarah Boessenecker）夫妇、理查德·布罗姆利、路易西·比阿图瓦（Luis Buatois）、卡洛斯·内图·卡瓦略（Carlos Neto de Carvalho）、米歇尔·卡塞伊（Michelle Casey）、卡伦·陈、阿尔·柯伦（Al Curran）、斯蒂芬妮·德鲁姆赫勒、托尼·艾克戴尔（Tony Ekdale）、豪尔赫·杰尼塞（Jorge Genise）、帕特里克·格蒂（Patrick Getty）、乔迪·吉尔伯特（Jordi Gilbert）、默里·金格拉斯（Murray Gingras）、罗兰·戈德林（Roland Goldring）、默里·格雷戈里（Murray Gregory）、阿什利·霍尔（Ashley Hall）和李·霍尔、斯特芬·亨德森（Stephen Henderson）、丽贝卡·亨特-福斯特（ReBecca Hunt-Foster）、帕特里夏·凯利（Patricia Kelley）、莱茵霍尔德·莱因菲尔德、马丁·洛克利（Martin Lockley）、加芙列拉·曼加诺（Gabriela Mángano）、拉杰克·米库拉斯（Radek Mikuláš）、雷娜塔·吉马良斯·内图（Renata Guimarães Netto）、乔治·彭伯顿、塞西莉亚·皮罗内（Cecilia Pirrone）、托马斯·里奇（Thomas Rich）、安德鲁·林茨伯格（Andrew Rindsberg）、若阿纳·罗德里格斯（Joana Rodrigues）、安娜·桑托斯、多尔夫·赛拉赫(Dolf Seilacher)、凯蒂·史密斯(Katy Smith)、艾尔弗雷德·尤赫曼(Alfred Uchman)、特雷弗·瓦尔(Trevor Valle)、帕特里夏·维克斯-里奇(Patricia Vickers-Rich)、克里斯蒂·维萨吉(Christy Visaggi)、萨莉·沃克(Sally Walker),以及安德烈亚斯·韦策尔(Andreas Wetzel)。这些科学家中,有几位我认识已经超过30年,而有些业已去世。其中,帕特里克是最近去世的。幸运的是,他们留下了持久的思想痕迹,帮助我们继续跟他们学习知识。

位于佐治亚州亚特兰大的埃默里大学是我的学术之家,30多年来,本科生们教会我很多,我要由衷感谢他们。这些学生不仅给予我动力,还赐给我经验,让我有机会将时常复杂的科学概念以更简单(但绝不简化)的方式传达给普通受众,而非学术同行。我祝愿他们在个人的探索中一切顺利,并希望他们知道,是他们培养我成为今日的科学家、教师和作者,对此我尤为珍视。

一直以来,我的写作习惯都得到了我妻子露丝的肯定和支持,但与以往的作品相比,对我们而言,这本书更具挑战性。2019年底,我认真地开始写作本书,就在COVID-19(新型冠状病毒)大流行于2020年初席卷全球之前。在疫情可怕的影响之下,其间夹杂着经济动荡、为人权抗议、备受争议的选举、一场政治叛乱、气候变化引起的灾难、战争罪行等诸多事件,我却仍设法书写有关自然历史,以文字、句子和段落的形式。在如此惨淡的背景下,我对那些受苦难的人们充满了深切的同情,由于情绪耗竭产生的压力,我的写作本可以轻易地停滞不前,人们会表示理解。但我要感谢露丝,在大家都经历如此艰难的时期之际,她依然持有耐心,给予鼓励。谢谢你,露丝,为你的坚强,为你的爱。

最后,尽管我们竭力改变着这个星球,使其更适宜我们居住,且仅为着人类自己;但痕迹制造者们肯定会包括那些比我们更持久的物种,以及那些分解岩石、贝壳、木材和骨骼,甚至包括我们自身设计和结构的物种。感谢你们,教我们了解你们的生活和演化历程,为我们提供了极为必要的视角。在地球历史上,让我们共同分享这一短暂微小的时光。

注 释

第一章

1. L. M. Chiappe and M. Qingjin, *Birds of Stone: Chinese Avian Fossils* (Baltimore: Johns Hopkins University Press, 2016); B. L. Stinchcomb, *Mesozoic Fossils II: The Cretaceous Period* (Atglen, PA: Schiffer Publishing, 2015).

2. M. J. Everhart, *Oceans of Kansas: A Natural History of the Western Interior Sea* (Bloomington: Indiana University Press, 2017).

3. B. T. Huber et al., "The rise and fall of the Cretaceous hot greenhouse climate," *Global and Planetary Change* 167 (2018): 1-23; W. W. Hay. "Toward understanding Cretaceous climate—an updated review," *Science China Earth Sciences* 60 (2017): 5–19.

4. C. N. de Carvalho (ed.), *Icnologia de Portugal e Transfronteriça* [*Ichnology of Portugal and Cross-Border*]. *Comunicações Geológicas* 103 (2016).

5. A. Santos et al., "Two remarkable examples of Portuguese Neogene bioeroded rocky shores: new data and synthesis," *Comunicações Geológicas* 103 (2016): 121–30.

6. 在一篇1966年的研究论文中，A. 康拉德·诺伊曼(A. Conrad Neumann)首次提出了"生物侵蚀"(bioerosion)这个术语，报告了有关现代海绵生物侵蚀的内容: A. C. Neumann, "Observations on coastal erosion in Bermuda and measurements of the sponge, *Cliona lampa*," *Limnology and Oceanography* 11 (1966): 92–108。

7. A. J. Martin, *Life Traces of the Georgia Coast: Revealing the Unseen Lives of Plants and Animals* (Bloomington: Indiana University Press, 2013); A. J. Martin, *Dinosaurs Without Bones: Dinosaur Lives Revealed by Their Trace Fossils* (New York: Pegasus Books, 2014); A. J. Martin, *The Evolution Underground: Burrows, Bunkers, and the Marvelous Subterranean World Beneath Our Feet* (New York: Pegasus Books, 2017); A. J. Martin, *Tracking the Golden Isles: The Natural and Human Histories of the Georgia Coast.* (Athens: University of Georgia Press, 2020).

8. P. Brannen, *The Ends of the World: Volcanic Apocalypses, Lethal Oceans, and Our Quest to Understand Earth's Past Mass Extinctions* (New York: Ecco, 2017); R. Black, *The Last Days of the Dinosaurs: An Asteroid, Extinction, and the Beginning of Our World* (New York: St. Martin's Press, 2022).

9. D. Erwin and J. Valentine, *The Cambrian Explosion: The Construction of Animal Biodiversity* (Greenwood Village, CO: Roberts and Company, 2013). 尽管其科学细节现在有些过时，但我还是推荐阅读以下书籍，它是一部古生物学的经典之作: S. J.

Gould, *Wonderful Life: The Burgess Shale and the Nature of History* (New York: W. W. Norton, 1990)。

10. B. Deline et al., "Evolution and development at the origin of a phylum," *Current Biology* 30 (2020): 1672–79; A. Kroh, "Phylogeny and classification of echinoids," *Developments in Aquaculture and Fisheries Science* 43 (2020): 1–17.

第二章

1. S. Hamada and H. D. Slade, "Biology, immunology, and cariogenicity of *Streptococcus mutans*," *Microbiological Review* 44 (1980): 331–84; S. Mounika and J. M. Nithya, "Association of Streptococcus mutans and Streptococcus sanguis in act of dental caries," *Journal of Pharmaceutical Sciences and Research* 7 (2015): 764–66; A. L. Bisno et al., "Diagnosis of strep throat in adults: are clinical criteria really good enough?," *Clinical Infectious Diseases* 35 (2002): 126–29.

2. P. D. Marsh, "Dental plaque as a biofilm: the significance of pH in health and caries," *Compendium of Continuing Education in Dentistry* 30 (2009): 76–78.

3. B. Wopenka and J. D. Pasteris, "A mineralogical perspective on the apatite in bone," *Materials Science and Engineering, C* 25 (2005): 131–43.

4. G. Falini et al., "Control of aragonite or calcite polymorphism by mollusk shell macromolecules," *Science* 271 (1996): 67–69; S. B. Pruss et al., "Calcium isotope evidence that the earliest metazoan biomineralizers formed aragonite shells," *Geology* 46 (2018): 763–66.

5. W. W. Gerberich et al., "Toward demystifying the Mohs hardness scale," *Journal of the American Chemical Society* 98 (2015): 2681–88.

6. S. G. Dashper and E. C. Reynolds, "Lactic acid excretion by *Streptococcus mutans*," *Microbiology* 142 (1996): 33–39. 此外，由于《异形》是我最喜爱的科幻电影之一，我提到了这部电影，至少在一定程度上，这与主角（异形）利用化学生物侵蚀来对抗其对立角色（人类）有关，而且这是剧情的重要组成部分。当人类试图毁灭这些可怜的、被误解的生物时，异形血液的腐蚀性使得人类的选择受到了莫名的限制；而这些生物实际上只是需要进食和孵化出异形的幼体。

7. C. F. Demoulin et al., "Cyanobacteria evolution: insight from the fossil record," *Free Radical Biology & Medicine* 140 (2019): 206–23.

8. A. C. Allwood et al., "Stromatolite reef from the Early Archaean era of Australia," *Nature* 441 (2006): 714–18.

9. B. E. Schirrmeister, "Cyanobacteria and the Great Oxidation Event: evidence from genes and fossils," *Palaeontology* 58 (2015): 769–85; A. P. Gumsley, "Timing and tempo of the Great Oxidation Event," *Proceedings of the National Academy of Sciences* 114 (2017): 1811–16.

10. A. Oren and S. Ventura, "The current status of cyanobacterial nomenclature un-

der the 'prokaryotic' and the 'botanical' code,'" *Antonie Van Leeuwenhoek* 110 (2017): 1257–69.

11. Demoulin et al., "Cyanobacteria evolution."

12. L. Sagan, "On the origin of mitosing cells," *Journal of Theoretical Biology* 14 (1967): 225–74. 马古利斯当时与著名的天文学家和科学传播者卡尔·萨根(Carl Sagan)结婚,随后改用了他的姓氏,但后来以她的原姓发表作品。

13. M. W. Gray, "Lynn Margulis and the endosymbiont hypothesis: 50 years later," *Molecular Biology of the Cell* 28 (2017): 1285–87.

14. A. Bodył et al., "Organelle evolution: *Paulinella* breaks a paradigm," *Current Biology* 22 (2012): R304–6.

15. A. Pantazidou et al., "Euendolithic shell-boring cyanobacteria and chlorophytes from the saline lagoon Ahivadolimni on Milos Island, Greece," *European Journal of Phycology* 41 (2006): 189–200.

16. B. S. Guida and F. Garcia-Pichel, "Extreme cellular adaptations and cell differentiation required by a cyanobacterium for carbonate excavation," *Proceedings of the National Academy of Sciences* 113 (2016): 5712–17.

17. Guida and Garcia-Pichel, "Extreme cellular adaptations."

18. I. Glaub et al., "The role of modern and fossil cyanobacterial borings in bioerosion and bathymetry," *Ichnos* 8 (2001): 185–95; I. Glaub et al., "Microborings and microbial endoliths: geological implications," in *Trace Fossils: Concepts, Problems, Prospects*, ed. W. Miller III (Amsterdam: Elsevier, 2007): 368–81; I. Glaub and K. Vogel. "The stratigraphic record of microborings," *Fossils & Strata* 51 (2004): 126–35.

19. S. Golubic et al., "Diversity of marine cyanobacteria," in *Marine Cyanobacteria*, ed. L. Charpy and A. W. D. Larkum (Monaco, *Bulletin de l'Institut Oceanographique* Special Issue 19 [1999]): 53–76.

20. S.-J. Balog, "Boring thallophytes in some Permian and Triassic reefs: bathymetry and bioerosion," in *Global and Regional Controls on Biogenic Sedimentation. I. Reef Evolution*, ed. J. Reitner et al. (*Göttinger Arbeiten Geologic Paläontologie* 2 [1996]): c305–9.

21. K. Vogel et al., "Experimental studies on microbial bioerosion at Lee Stocking Island (Bahamas) and One Tree Island (Great Barrier Reef, Australia): Implications for paleobathymetric reconstructions," *Lethaia* 33 (2000): 190–94.

22. J. B. Anderson et al., "Clonal evolution and genome stability in a 2500-year-old fungal individual," *Proceedings of the Royal Society of London, B* 285 (2018): 20182233.

23. G. A. Hoysted et al., "A mycorrhizal revolution," *Current Opinion in Plant Biology* 44 (2018): 1–6.

24. R. Gacesa et al., "Rising levels of atmospheric oxygen and evolution of Nrf2," *Scientific Reports* 6 (2016): 27740.

25. S. Bengston, "Fungus-like mycelial fossils in 2.4-billion-year-old vesicular basalt," *Nature Ecology & Evolution* 1 (2017): 0141.

26. T. Gan et al., "Cryptic terrestrial fungus-like fossils of the early Ediacaran Period," *Nature Communications* 12 (2021): 641.在加拿大的岩石中发现了可能是更古老的(10亿年前)真菌化石,但这些真菌也有可能曾生活在海洋里: C. C. Loron et al., "Early fungi from the Proterozoic Era in Arctic Canada," *Nature* 570 (2019): 232–35。

27. R. Honegger et al., "Fertile *Prototaxites taiti*: a basal ascomycete with inoperculate, polysporous asci lacking croziers," *Philosophical Transactions of the Royal Society, B* 373 (2018): 20170146.

28. A. Cherchi et al., "Bioerosion by microbial euendoliths in benthic foraminifera from heavy metal-polluted coastal environments of Portovesme (south-western Sardinia, Italy)," *Biogeosciences* 9 (2012): 4607–20; T. B. de Oliveira et al., "Thermophilic fungi in the new age of fungal taxonomy," *Extremophiles* 19 (2015): 31–37.

29. S. Golubic et al., "Endolithic fungi in marine ecosystems," *Trends in Microbiology* 13 (2005): 229–35.

30. Golubic et al., "Endolithic fungi."

31. Golubic et al., "Endolithic fungi."

32. Glaub et al., "Microborings and microbial endoliths"; N. Meyer et al., "Ichnodiversity and bathymetric range of microbioerosion traces in polar barnacles of Svalbard," *Polar Research* 39 (2020): 3766.

33. T. H. Nash, *Lichen Biology* (Cambridge: Cambridge University Press, 2008).

34. Nash, *Lichen Biology*.

35. R. A. Armstrong, "The use of the lichen genus *Rhizocarponin* in lichneometric dating with special reference to Holocene glacial events," in *Advances in Environmental Research*, ed. J. A. Daniels (Hauppauge, NY: Nova Science Publishers, 2015), 23–50.

36. Nash, *Lichen Biology*.

37. J. Chen et al., "Weathering of rocks induced by lichen colonization: a review," *Catena* 39 (2000): 121–46.

38. J. Chen et al., "Weathering of rocks."

39. J. Chen et al., "Weathering of rocks."

40. J. Chen et al., "Weathering of rocks."

41. J. Chen et al., "Weathering of rocks."

42. S. M. Morrison et al., "The paleomineralogy of the Hadean Eon revisited," *Life* 8 (2018): 64.

43. M. Brown et al., "Plate tectonics and the Archean Earth," *Annual Review of Earth and Planetary Sciences* 48 (2020): 291–320.

44. D. C. Catling and K. J. Zahnle, "The Archean atmosphere," *Science Advances* 6 (2020): eaax1420.

45. Brown et al., "Plate tectonics and the Archean Earth."

46. T. M. McCollum, "Miller-Urey and beyond: what have we learned about prebiotic organic synthesis reactions in the past 60 years?," *Annual Review of Earth and Planetary Sciences* 41 (2013): 207–29; M. S. Dodd et al., "Evidence for early life in Earth's oldest hydrothermal vent precipitates," *Nature* 543 (2017): 60–64.

47. T. M. Lenton and S. J. Daines, "Matworld—the biogeochemical effects of early life on land," *New Phytologist* 215 (2016): 531–37.

48. Gumsley, "Timing and tempo of the Great Oxidation Event."

49. J. P. Pu et al., "Dodging snowballs: geochronology of the Gaskiers glaciation and the first appearance of the Ediacaran biota," *Geology* 44 (2016): 955–58.

50. F. H. Gleason et al., "The roles of endolithic fungi in bioerosion and disease in marine ecosystems. I. General concepts," *Mycology* 8 (2017): 205–15; F. H. Gleason et al., "The roles of endolithic fungi in bioerosion and disease in marine ecosystems. II. Potential facultatively parasitic anamorphic ascomycetes can cause disease in corals and molluscs," *Mycology* 8 (2017): 216–27.

第三章

1. R. Levi-Setti, *The Trilobite Book: A Visual Journey* (Chicago: University of Chicago Press, 2014).

2. F. J. A. Slieker, *Chitons of the World: An Illustrated Synopsis of Recent Polyplacophora* (Ancona: L'Informatore Piceno, 2000).

3. A. Kinder, "*Cryptochiton stelleri:* giant Pacific chiton," *Animal Diversity Web* (Online), 访问日期为2021年10月28日，网址为 https://animaldiversity.org/accounts/Cryptochiton_stelleri/。

4. I. Irisarri et al., "A mitogenomic phylogeny of chitons (Mollusca: Polyplacophora)," *BMC Ecology and Evolution* 20 (2020): 22.

5. Slieker, *Chitons of the World.*

6. D. Joester and L. R. Brooker, "The chiton radula: a model system for versatile use of iron oxides," in D. Faivre, *Iron Oxides: From Nature to Applications*, ed. D. Faivre (Hoboken, NJ: Wiley, 2016), 177–206.

7. N. Sealey, *Bahamian Landscape: Introduction to the Geology and Physical Geography of the Bahamas* (3rd ed.) (New York: Macmillan Publishing, 2006).

8. D. T. Gerace, *Life Quest: Building the Gerace Research Centre, San Salvador, Bahamas* (Port Charlotte, FL: Book-Broker Publishers, 2011).

9. H. A. Curran and B. White, "Ichnology of Holocene carbonate eolianites on San Salvador Island, Bahamas: diversity and significance," in *Proceedings of the 9th Symposium on the Geology of the Bahamas and other Carbonate Regions*, ed. H. A. Curran and J. E. Mylroie (San Salvador, Bahamas: Gerace Research Centre, 1999), 22–35; A. J. Mar-

tin, *Trace Fossils of San Salvador* (San Salvador Island, Bahamas: Gerace Research Centre, 2006).

10. Slieker, *Chitons of the World.*

11. B. M. Lawson, *Shelling San Sal: An Illustrated Guide to Common Shells of San Salvador Island, Bahamas* (San Salvador Island, Bahamas: Gerace Research Centre, 1993).

12. T. F. Donn and M. R. Boardman, "Bioerosion of rocky carbonate coastlines on Andros Island, Bahamas," *Journal of Coastal Research* 4 (1988): 381–94.

13. M. A. Fedonkin et al., *The Rise of Animals: Evolution and Diversification of the Kingdom Animalia* (Baltimore: Johns Hopkins University Press, 2007).

14. M. A. Fedonkin et al., "New data on *Kimberella*, the Vendian mollusc-like organism (White Sea region, Russia): palaeoecological and evolutionary implications," in *The Rise and Fall of the Ediacaran Biota*, ed. P. Vickers-Rich and P. Komarower (London: *Geological Society of London, Special Publications* 286 [2007]), 157–79.

15. Fedonkin et al. 2007, "New data on *Kimberella.*"

16. M. A. Fedonkin and B. M. Waggoner, "The Late Precambrian fossil *Kimberella* is a mollusc-like bilaterian organism," *Nature* 388 (1997): 868–71.

17. J. G. Gehling et al., "Scratch traces of large Ediacara bilaterian animals," *Journal of Paleontology* 88 (2015): 284–98; R. P. Lopes and J. C. Pereira, "Molluskan grazing traces (ichnogenus *Radulichnus* Voigt, 1977) on a Pleistocene bivalve from southern Brazil, with the proposal of a new ichnospecies with *Radulichnus tranversus* connected to chitons (vs. *R. inopinatus*)," *Ichnos* 26 (2019): 141–57.

18. M. Gingras et al., "Possible evolution of mobile animals in association with microbial mats," *Nature Geoscience* 4 (2011): 372–75.

19. A. J. Martin, *The Evolution Underground*, 具体参见第 7 章 "Playing Hide and Seek for Keeps" (pp. 183–213),该章节提供了"农学革命"假说发展的概述,并引用了该主题的主要文献。

20. H. Hua et al., "Borings in *Cloudina* shells: complex predator-prey dynamics in the terminal Neoproterozoic," *Palaios* 18 (2003): 454–59.

21. S. Reynolds and J. Johnson, *Exploring Geology* (4th ed.) (New York: McGraw-Hill Education, 2016).

22. G. Nichols, *Sedimentology and Stratigraphy* (2nd ed.) (Oxford: Wiley-Blackwell, 2013).

23. J. A. MacEachern et al., "The ichnofacies paradigm: a fifty-year perspective," in *Trace Fossils: Concepts, Problems, Prospects*, ed. W. M. Miller III (Amsterdam: Elsevier, 2007), 52–77; J. A. MacEachern et al., "Uses of trace fossils in genetic stratigraphy," in *Trace Fossils: Concepts, Problems, Prospects*, ed. W. M. Miller III (Amsterdam: Elsevier, 2007), 110–34.

24. M. A. Wilson, "Macroborings and the evolution of bioerosion," in *Trace Fossils: Concepts, Problems, Prospects*, ed. W. M. Miller III (Amsterdam: Elsevier, 2007), 356–67.

25. Wilson, "Macroborings and the evolution of bioerosion."

26. D. E. G. Briggs. "The Cambrian explosion," *Current Biology* 25 (2015): R864–68.

27. T. Servais and D. A. T. Harper, "The Great Ordovician Biodiversification Event (GOBE): definition, concept and duration," *Lethaia* 51 (2018): 151–64.

28. M. A. Wilson and T. J. Palmer, "Patterns and processes in the Ordovician Bioerosion Revolution," *Ichnos* 13 (2006): 109–12.

29. C. Van Der Wal and S. Y. W. Ho, "Molecular clock," *Encyclopedia of Bioinformatics and Computational Biology* 2 (2019): 719–26.

30. M. Dohrmann and G. Wörheide, "Dating early animal evolution using phylogenomic data," *Scientific Reports* 7 (2017): 3599.

31. G. D. Love et al., "Fossil steroids record the appearance of Demospongiae during the Cryogenian Period," *Nature* 457 (2008): 718–21; D. A. Gold et al., "Sterol and genomic analyses validate the sponge biomarker hypothesis," *Proceedings of the National Academy of Sciences* 113 (2016): 2684–89.

32. I. Bobrovskiy et al., "Algal origin of sponge sterane biomarkers negates the oldest evidence for animals in the rock record," *Nature Ecology & Evolution* 5 (2021): 165–68.

33. E. C. Turner, "Possible poriferan body fossils in early Neoproterozoic microbial reefs," *Nature* 596 (2021): 87–91.

34. S. S. Asadzadeh et al., "Hydrodynamics of sponge pumps and evolution of the sponge body plan," *eLife* 9 (2020): e61012.

35. Asadzadeh et al., "Hydrodynamics of sponge pumps."

36. Asadzadeh et al., "Hydrodynamics of sponge pumps."

37. Asadzadeh et al., "Hydrodynamics of sponge pumps."

38. K. Rützler, "The role of burrowing sponges in bioerosion," *Oecologia* 19 (1975): 203–16; S. A. Pomponi, "Cytological mechanisms of calcium carbonate excavation by boring sponges," *International Review of Cytology* 65 (1980): 301–19; R. G. Bromley and A. D'Alessandro, "Ichnological study of shallow marine endolithic sponges from the Italian coast," *Rivista Italiana di Paleontologia e Stratigrafia* 95 (1989): 279–340.

39. D. M. de Bakker et al., "Quantification of chemical and mechanical bioerosion rates of six Caribbean excavating sponge species found on the coral reefs of Curaçao," *PLOS ONE* 13 (2018): e0197824.

40. 德国古生物学家和地质学家海因里希·格奥尔格·布龙(Heinrich Georg Bronn, 1800—1862)最初为巷状钻孔道命名,但他并不知道是什么导致了这些钻孔:H. G. Bronn, "*Lethaea geognostica, 2: Das Kreide und Molassen–Gebirge*" (1837–

1838): 545–1350。到了20世纪中叶，海绵被认为是这些独特钻孔的制造者: C. L. Schönberg, "A history of sponge erosion: from past myths and hypotheses to recent approaches," in *Current Developments in Bioerosion*, ed. M. Wisshak and L. Tapanila (Berlin: Springer), 165–202。

41. Wilson, "Macroborings and the evolution of bioerosion."

42. R. W. Rouse and F. Pleijel, *Polychaetes* (Oxford: Oxford University Press, 2001).

43. Rouse and Pleijel, *Polychaetes*.

44. J. Lachat and D. Haag-Wackernagel, "Novel mobbing strategies of a fish population against a sessile annelid predator," *Scientific Reports* 6 (2016): 33187.

45. L. H. Spencer et al., "The risks of shell-boring polychaetes to shellfish aquaculture in Washington, USA: A mini-review to inform mitigation actions," *Aquaculture Research* 52 (2020): 438–55.

46. S. M. Haigler, "Boring mechanism of *Polydora websteri* inhabiting *Crassostrea virginica*," *American Zoologist* 9 (1969): 821; R. G. Bromley and A. D'Alessandro, "Bioerosion in the Pleistocene of southern Italy: ichnogenera *Caulostrepsis* and *Maeandropolydora*," R*ivista Italiana di Paleontologia e Stratigrafia* 89 (1983): 283–309; M. Çinar and E. Dagli, "Bioeroding (boring) polychaete species (Annelida: Polychaeta) from the Aegean Sea (eastern Mediterranean)," *Journal of the Marine Biological Association of the United Kingdom* 101 (2021): 309–18.

47. Bromley and D'Alessandro, "Bioerosion in the Pleistocene of southern Italy."

48. Bromley and D'Alessandro, "Bioerosion in the Pleistocene of southern Italy."

49. Wilson, "Macroborings and the evolution of bioerosion."

50. Wilson, "Macroborings and the evolution of bioerosion"; M. El-Hedeny et al., "Bioerosion and encrustation: evidences from the Middle–Upper Jurassic of central Saudi Arabia," *Journal of African Earth Sciences* 134 (2017): 466–75.

51. F. K. McKinney and J. B. C. Jackson, *Bryozoan Evolution* (Chicago: University of Chicago Press, 1989).

52. Z. Zhang et al., "Fossil evidence unveils an early Cambrian origin for Bryozoa," *Nature* 599 (2021): 251–55.

53. McKinney and Jackson, *Bryozoan Evolution*.

54. Wilson, "Macroborings and the evolution of bioerosion."

55. P. D. Taylor et al., "*Finichnus*, a new name for the ichnogenus *Leptichnus* Taylor, Wilson and Bromley 1999, preoccupied by *Leptichnus* Simroth, 1896 (Mollusca, Gastropoda)," *Palaeontology* 56 (2013): 456.

56. A. J. Southward (ed.), *Barnacle Biology* (Boca Raton, FL: CRC Press, 2018).

57. A. M. Power et al., "Mechanisms of adhesion in adult barnacles," in *Biological Adhesive Systems*, ed. J. von Byern and I. Grunwald (Vienna: Springer, 2010), 153–68.

58. Southward, *Barnacle Biology*.

59. C. R. Darwin, *Living Cirripedia, A Monograph on the Sub-class Cirripedia, with Figures of All the Species. The Lepadidœ; or, Pedunculated Cirripedes* (London: Ray Society, vol. 1, 1851–1852); C. R. Darwin, *Living Cirripedia, The Balanidœ*, (*or Sessile Sirripedes*); *the Verrucidœ* (London: Ray Society, vol. 2, 1854). 达尔文长期研究藤壶,促成了其演化理论的发展,对此该书提供了概述: R. Stout, *Darwin and the Barnacle* (New York: W. W. Norton, 2004)。

60. Southward, *Barnacle Biology*; B. K. K. Chan et al., "The evolutionary diversity of barnacles, with an updated classification of fossil and living forms," *Zoological Journal of the Linnean Society* 193 (2021): 789–846.

61. Chan et al., "The evolutionary diversity of barnacles."

62. Wilson, "Macroborings and the evolution of bioerosion."

63. P. D. Taylor and M. A. Wilson, "Palaeoecology and evolution of marine hard substrate communities," *Earth-Science Reviews* 62 (2003): 1–103; Wilson, "Macroborings and the evolution of bioerosion."

64. "*Lithophaga* Röding, 1798," World Register of Marine Species (WoRMS), MolluscaBase editors (2021), MolluscaBase, *Lithophaga*, 访问日期为 2021 年 10 月 29 日, 世界海洋物种目录, https://www.marinespecies.org/aphia.php?p=taxdetails&id=138220。

65. B. Witherington and D. Witherington, *Living Beaches of Georgia and the Carolinas: A Beachcombers Guide* (Sarasota, FL: Pineapple Press, 2011).

66. L. S. Fang and P. Shen, "A living mechanical file: the burrowing mechanism of the coral-boring bivalve *Lithophaga nigra*," *Marine Biology* 97 (1988): 349–54.

67. K. Kleeman, "Biocorrosion by bivalves," *Marine Ecology* 17 (1996): 145–58.

68. Kleeman, "Biocorrosion by bivalves."

69. J. B. Benner et al., "Macroborings (*Gastrochaenolites*) in Lower Ordovician hardgrounds of Utah: sedimentologic, paleoecologic, and evolutionary implications," *Palaios* 19 (2004): 543–50; Wilson and Palmer, "Patterns and processes in the Ordovician Bioerosion Revolution"; Wilson, "Macroborings and the evolution of bioerosion."

70. L. Tapanila et al., "Bivalve borings in phosphatic coprolites and bone, Cretaceous-Paleogene, Northeastern Mali," *Palaios* 19 (2004): 565–73; C. I. Serrano-Brañas et al., "*Gastrochaenolites* Leymerie in dinosaur bones from the Upper Cretaceous of Coahuila, north-central Mexico: Taphonomic implications for isolated bone fragments," *Cretaceous Research* 92 (2018): 18–25.

71. K. Sato and R. G. Jenkins, "Mobile home for pholadoid boring bivalves: first example from a Late Cretaceous sea turtle in Hokkaido Japan," *Palaios* 35 (2020): 228–36.

72. W. I. Ausich and G. D. Webster (eds.), *Echinoderm Paleobiology* (Bloomington: Indiana University Press, 2008).

73. Ausich and Webster, *Echinoderm Paleobiology*. 当然,在人类身上,这个开口在成年时期会发生象征性的逆转,获得高级别的"政治职务"。

74. Ausich and Webster, *Echinoderm Paleobiology*.

75. Ausich and Webster, *Echinoderm Paleobiology*.

76. E. Voultsiadou and C. Chintiroglou, "Aristotle's lantern in echinoderms: an ancient riddle," *Cahiers de Biologie Marine* 49 (2008): 299–302.

77. T. S. Klinger and J. M. Lawrence, "The hardness of the teeth of five species of echinoids (Echinodermata)," *Journal of Natural History* 19 (1984): 917–20; M. Reich and A. B. Smith, "Origins and biomechanical evolution of teeth in echinoids and their relatives," *Palaeontology* 52 (2009): 1149–68; S. R. Stock, "Sea urchins have teeth? A review of their microstructure, biomineralization, development and mechanical properties," *Connective Tissue Research* 55 (2014): 41–51.

78. R. G. Bromley, "Comparative analysis of fossil and recent echinoid bioerosion," *Palaeontology* 18 (1975): 725–39; Wilson, "Macroborings and the evolution of bioerosion."

79. O. Mokady et al., "Echinoid bioerosion as a major structuring force of Red Sea coral reefs," *Biological Bulletin* 190 (2006): 367–72.

80. Bromley, "Comparative analysis of fossil and recent echinoid bioerosion"; U. Asgaard and R. G. Bromley, "Echinometrid sea urchins, their trophic styles and corresponding bioerosion," in *Current Developments in Bioerosion*, ed. M. Wisshak and L. Tapanila (Berlin: Springer, 2008), 279–303; A. Santos et al., "Role of environmental change in rock-boring echinoid trace fossils," *Palaeogeography, Palaeoclimatology, Palaeoecology* 432 (2015): 1–14.

81. G. E. Farrow and J. A. Fyfe, "Bioerosion and carbonate mud production on high-latitude shelves," *Sedimentary Geology* 60 (1988): 281–97; M. Wisshak, *High-Latitude Bioerosion: The Kosterfjord Experiment* (Berlin: Springer, 2006).

82. L. A. Buatois et al., "Quantifying ecospace utilization and ecosystem engineering during the early Phanerozoic—The role of bioturbation and bioerosion," *Science Advances* 6 (2020): eabb0618.

83. Brannen, *The Ends of the World*, 以及其中的参考文献。

84. S. Singh et al., *Global Climate Change* (Amsterdam: Elsevier, 2021).

85. M. Wisshak et al., "Ocean acidification accelerates reef bioerosion," *PLOS ONE* 7 (2012): e45124; C. H. L. Schönberg et al., "Bioerosion: the other ocean acidification problem," *ICES Journal of Marine Science* 74 (2017): 895–925.

86. C. H. L. Schönberg and J.-C. Ortiz, "Is sponge bioerosion increasing?," *Proceedings of the 11th International Coral Reef Symposium* (2008): 520–23; Wisshak et al., "Ocean acidification accelerates reef bioerosion"; M. Achtalis et al., "Sponge bioerosion on changing reefs: ocean warming poses physiological constraints to the success of a photosymbiotic excavating sponge," *Scientific Reports* 7 (2017): 10705.

第四章

1. 确实应该为鹦嘴鱼制作一整本摄影作品以示敬意,因为它们完全值得。但与此同时,你也可以通过阅读田野指南书籍获得视觉欣赏,感受其令人惊叹的色彩和形状组合,例如: E. H. Kaplan and S. L. Kaplan, *A Field Guide to Coral Reefs: Caribbean and Florida* (Boston: Houghton Mifflin, 1999)。

2. J. T. Streelman et al., "Evolutionary history of the parrotfishes: biogeography, ecomorphology, and comparative diversity," *Evolution* 56 (2002): 961–71; J. H. Choat et al., "Patterns and processes in the evolutionary history of parrotfishes (Family Labridae)," *Biological Journal of the Linnean Society* 107 (2012): 529–57.

3. R. M. Bonaldo et al., "The ecosystem roles of parrotfishes on tropical reefs," *Oceanography and Marine Biology: An Annual Review* 52 (2014): 81–132, 以及其中的参考文献。A. C. Siqueira et al., "The evolution of traits and functions in herbivorous coral reef fishes through space and time," *Proceedings of the Royal Society, B* 286 (2019): 20182672.

4. Bonaldo et al., "The ecosystem roles of parrotfishes on tropical reefs."

5. R. R. Warner, "Mating behavior and hermaphroditism in coral reef fishes," *American Scientist* 72 (1984): 128–36; B. M. Taylor, "Drivers of protogynous sex change differ across spatial scales," *Proceedings of the Royal Society, B* 281 (2014): 0132423.

6. A. S. Grutter et al., "Fish mucous cocoons: the 'mosquito nets' of the sea," *Biology Letters* 7 (2010): 292–94.

7. Grutter et al., "Fish mucous cocoons."

8. Grutter et al., "Fish mucous cocoons."

9. Bonaldo et al., "The ecosystem roles of parrotfishes on tropical reefs."

10. D. R. Bellwood and O. Schultz, "A review of the fossil record of the parrotfishes (Labroidei: Scaridae) with a description of a new *Calotomus* species from the Middle Miocene (Badenian) of Austria," *Annals Naturhistorisches Museum Wien* 92 (1991): 55–71; Siqueira et al., "The evolution of traits and functions."

11. R. Syed and S. Sengupta, "First record of parrotfish bite mark on larger foraminifera from the Middle Eocene of Kutch, Gujarat, India," *Current Science* 116 (2019): 363–65.

12. C. Baars et al., "The earliest rugose coral," *Geological Magazine* 150 (2012): 371–80; J. Stolarski et al., "The ancient evolutionary origins of Scleractinia revealed by azooxanthellate corals," *BMC Evolutionary Biology* 11 (2011): 316.

13. R. Osinga et al., "The biology and economics of coral growth," *Marine Biotechnology* 13 (2011): 658–71.

14. Bonaldo et al., "The ecosystem roles of parrotfishes on tropical reefs."

15. Bonaldo et al., "The ecosystem roles of parrotfishes on tropical reefs"; T. C. Adam et al., "Comparative analysis of foraging behavior and bite mechanics reveals com-

plex functional diversity among Caribbean parrotfishes," *Marine Ecology Progress Series* 597 (2018): 207–20.

16. I. D. Lange et al., "Site-level variation in parrotfish grazing and bioerosion as a function of species-specific feeding metrics," *Diversity* 12 (2020): 379.

17. M. A. Marcus et al., "Parrotfish teeth: stiff biominerals whose microstructure makes them tough and abrasion-resistant to bite stony corals," *ACS Nano* 11 (2013): 11858–65.

18. Marcus et al., "Parrotfish teeth."

19. K. W. Gobalet, "Morphology of the parrotfish pharyngeal jaw apparatus," *Integrative and Comparative Biology* 29 (1989): 319–31.

20. Gobalet, "Morphology of the parrotfish."

21. P. Frydl and C. W. Stearn, "Rate of bioerosion by parrotfish in Barbados reef environments," *Journal of Sedimentary Research* 48 (1978): 1149–58.

22. R. T. Yarlett et al., "Constraining species–size class variability in rates of parrotfish bioerosion on Maldivian coral reefs: implications for regional-scale bioerosion estimates," *Marine Ecology Progress Series* 590 (2018): 155–69.

23. Frydl and Stearn, "Rate of bioerosion by parrotfish."

24. Bonaldo et al., "The ecosystem roles of parrotfishes on tropical reefs."

25. M. M. Rice et al., "Macroborer presence on corals increases with nutrient input and promotes parrotfish bioerosion," *Coral Reefs* 39 (2020): 409–18.

26. K. D. Clements et al., "Integrating ecological roles and trophic diversification on coral reefs: multiple lines of evidence identify parrotfishes as microphages," *Biological Journal of the Linnean Society* 120 (2017): 729–51.

27. K. L. Cramer et al., "Prehistorical and historical declines in Caribbean coral reef accretion rates driven by loss of parrotfish," *Nature Communications* 8 (2017): 14160.

28. Bonaldo et al., "The ecosystem roles of parrotfishes on tropical reefs."

29. Bonaldo et al., "The ecosystem roles of parrotfishes on tropical reefs."

30. Bonaldo et al., "The ecosystem roles of parrotfishes on tropical reefs."

31. R. M. Bonaldo and D. R. Bellwood, "Parrotfish predation on massive *Porites* on the Great Barrier Reef," *Coral Reefs* 30 (2011): 259–69; Rice et al., "Macroborer presence on corals."

32. D. R. Bellwood. "Direct estimate of bioerosion by two parrotfish species, *Chlorurus gibbus* and *C. sordidus*, on the Great Barrier Reef, Australia," *Marine Biology* 121 (1995): 419–29.

33. Yarlett et al., "Constraining species–size class variability."

34. C. T. Perry et al., "Linking reef ecology to island building: parrotfish identified as major producers of island-building sediment in the Maldives," *Geology* 43 (2015):

503–6.

35. J. P. Terry and J. Goff, "One hundred and thirty years since Darwin: 'reshaping' the theory of atoll formation," *The Holocene* 23 (2013): 615–19.

36. K. M. Morgan and P. S. Kench, "Parrotfish erosion underpins reef growth, sand talus development and island building in the Maldives," *Sedimentary Geology* 341 (2016): 50–57.

37. Yarlett et al., "Constraining species–size class variability."

38. J. F. Bruno et al., "Climate change, coral loss, and the curious case of the parrotfish paradigm: why don't marine protected areas improve reef resilience?," *Annual Reviews of Marine Sciences* 11 (2019): 307–34.

39. Cramer et al., "Prehistorical and historical declines." 这一次我是认真的：海盗对浅海生态系统产生了负面影响，不仅仅是由偶尔的"走跳板"或"拖船底"* 引发的污染。

40. A. E. Berchtold and I. M. Côté, "Effect of early exposure to predation on risk perception and survival of fish exposed to a non-native predator," *Animal Behaviour* 164 (2020): 205–16.

41. Berchtold and I. M. Côté, "Effect of early exposure to predation."

42. I. C. Enochs et al., "Ocean acidification enhances the bioerosion of a common coral reef sponge: implications for the persistence of the Florida Reef Tract," *Bulletin of Marine Sciences* 91 (2015): 271–90; Bruno et al., "Climate change, coral loss."

43. Bonaldo et al., "The ecosystem roles of parrotfishes on tropical reefs"; T. M. Davidson et al., "Bioerosion in a changing world: a conceptual framework," *Ecology Letters* 21 (2018): 422–38.

44. J. M. Sigren et al., "Coastal sand dunes and dune vegetation: restoration, erosion, and storm protection," *Shore & Beach* 82 (2014): 5–12.

45. Martin, *Life Traces of the Georgia Coast*, 以及其中的参考文献。

46. Martin, *Life Traces of the Georgia Coast*.

第五章

1. Clarkson, *Invertebrate Palaeontology and Evolution*.

2. Servais and Harper, "The Great Ordovician Biodiversification Event."

3. R. A. Davis and D. Meyers, *A Sea Without Fish: Life in the Ordovician Sea of the Cincinnati Region* (Bloomington: Indiana University Press, 2009).

4. A. J. Martin, "A Paleoenvironmental Interpretation of the "Arnheim" Micromorph Fossil Assemblage from the Cincinnatian Series (Upper Ordovician), Southeastern Indiana and Southwestern Ohio" (MS thesis, Miami University, 1986); Dattilo et al., "Gi-

---

* 这两者都是昔日海盗处死俘虏的方法。——译者

ants among micromorphs: were Cincinnatian (Ordovician, Katian) small shelly phosphatic faunas dwarfed?," *Palaios* 31 (2016): 55–70.

5. 约翰·波普实际上是我见过的第一位古生物学家,为此我永远心怀感激,以及感谢他曾给予我的指导,彼时我还是一名年轻天真的研究生。起初,由于彼此间截然不同的背景和性格,我们相处得并不十分愉快;但我很高兴地说,在与他一起工作的三年里,我成长为一名更加认真专注的学者,而他也逐渐接受了我的轻松幽默之感。谢谢您,约翰。

6. Hua et al., "Borings in *Cloudina* shells."

7. R. D. C. Bicknell and J. R. Paterson, "Reappraising the early evidence of durophagy and drilling predation in the fossil record: implications for escalation and the Cambrian Explosion," *Biology Reviews* 93 (2018): 754–84.

8. M. G. Mángano et al., "The great Ordovician biodiversification event," in *The Trace-Fossil Record of Major Evolutionary Events*, ed. M. Mángano and L. Buatois (Dordrecht: Springer, 2016): 127–65; Servais and Harper, "The Great Ordovician Biodiversification Event."

9. L. A. Buatois et al., "Decoupled evolution of soft and hard substrate communities during the Cambrian Explosion and Great Ordovician Biodiversification Event," *Proceedings of the National Academy of Sciences* 113 (2016): 6945–48.

10. Wilson and Palmer, "Patterns and processes"; Mángano, "The great Ordovician biodiversification event"; Buatois et al., "Decoupled evolution of soft and hard substrate communities."

11. C. E. Brett and S. E. Walker, "Predators and predation in Paleozoic marine environments," in *The Fossil Record of Predation*, ed. M. Kowalewski and P. H. Kelley, *Paleontological Society Papers* 8 (2002): 93–118.

12. A. A. Klompmaker et al., "Increase in predator-prey size ratios throughout the Phanerozoic history of marine ecosystems," *Science* 356 (2017): 1178–80.

13. Brett and Walker, "Predators and predation in Paleozoic marine environments"; A. A. Klompmaker and P. H. Kelley, "Shell ornamentation as a likely exaptation: Evidence from predatory drilling on Cenozoic bivalves," *Paleobiology* 41 (2015): 187–201; G. J. Vermeij, "Gastropod skeletal defences: land, freshwater, and sea compared," *Vita Malacologica* 13 (2015): 1–25.

14. *Naticidae: MolluscaBase*, 2021, Naticidae Guilding, 1834, 世界海洋物种目录(WoRMS), http://www.marinespecies.org/aphia.php?p=taxdetails&id=145, 访问日期为2021年10月30日; *Muricidae: MolluscaBase*, 2021, MolluscaBase. Muricidae Rafinesque, 1815, 世界海洋物种目录(WoRMS), http://www.marinespecies.org/aphia.php?p=taxdetails&id=148, 访问日期为2021年10月30日。

15. S. S. Das et al., "Family Naticidae (Gastropoda) from the Upper Jurassic of Kutch, India and a critical reappraisal of taxonomy and time of origination of the family,"

Journal of Paleontology 93 (2019): 673–84; R. Saha et al., "Gastropod drilling predation in the Upper Jurassic of Kutch, India," *Palaios* 36 (2021): 301–12.

16. Brett and Walker, "Predators and predation in Paleozoic marine environments," 以及其中的参考文献; 古生代的宽脚螺也一度被"指控"存在寄生行为,尤其是对海百合类动物: A. Nützel, "Gastropods as parasites and carnivorous grazers: a major guild in marine ecosystems," in *The Evolution and Fossil Record of Parasitism*, ed. K. De Baets and J. W. Huntley, *Topics in Geobiology* 49 (Cham: Springer, 2021), 209–29。

17. Witherington and Witherington, *Living Beaches of Georgia and the Carolinas.*

18. Martin, *Life Traces of the Georgia Coast; Martin, Tracking the Golden Isles.*

19. Martin, *Life Traces of the Georgia Coast.*

20. M. R. Carriker, "Shell penetration and feeding by naticacean and muricacean predatory gastropods: a synthesis," *Malacologia* 20 (1981): 403–22; R. L. Kitching and J. Pearson, "Prey localization by sound in a predatory intertidal gastropod," *Marine Biology Letters* 2 (1981): 313–21.

21. E. S. Clelland and N. B. Webster, "Drilling into hard substrate by naticid and muricid gastropods: a chemo-mechanical process involved in feeding," in *Physiology of Molluscs*, ed. S. Saleuddin and S. Mukai (Boca Raton, FL: Apple Academic Press, 2021): 1896–916.

22. Martin, *Life Traces of the Georgia Coast*; Martin, *Tracking the Golden Isles*, 以及其中的参考文献。

23. A.A. Klompmaker et al., "An overview of predation evidence found on fossil decapod crustaceans with new examples of drill holes attributed to gastropods and octopods," *Palaios* 28 (2013): 599–613; J. Villegas-Martín et al., "A small yet occasional meal: predatory drill holes in Paleocene ostracods from Argentina and methods to infer predation intensity," *Palaeontology* 62 (2019): 731–56.

24. R. G. Bromley, "Concepts in ichnotaxonomy illustrated by small round holes in shells," *Acta Geológica Hispánica* 16 (1981): 55–64.

25. *Murex* (*Murex*) *pecten* [Lightfoot], 1786, *MolluscaBase*; 世界海洋物种目录(WoRMS), http://www.marinespecies.org/aphia.php?p=taxdetails&id=215663, 访问日期为2021年10月30日。

26. *Muricidae* [*Rafinesque*], 1815, MolluscaBase, 世界海洋物种目录(WoRMS), http://www.marinespecies.org/aphia.php?p=taxdetails&id=148, 访问日期为2021年10月30日。

27. C. L. Garvie, "Two new species of Muricinae from the Cretaceous and Paleocene of the Gulf Coastal Plain, with comments on the genus *Odontopolys* Gabb. 1860," *Tulane Studies in Geology and Paleontology* 24 (1991): 87–92; A. M. Sørensen and F. Surlyk, "Taphonomy and palaeoecology of the gastropod fauna from a Late Cretaceous rocky shore, Sweden," *Cretaceous Research* 32 (2011): 472–79.

28. Bromley, "Concepts in ichnotaxonomy."

29. Carriker, "Shell penetration and feeding"; G. S. Herbert et al., "Behavioural versatility of the giant murex *Muricanthus fulvescens* (Sowerby, 1834) (Gastropoda: Muricidae) in interactions with difficult prey," *Journal of Molluscan Studies* 82 (2016): 357–65.

30. A. A. Klompmaker et al., "The fossil record of drilling predation on barnacles," *Palaeogeography, Palaeoclimatology, Palaeoecology* 426 (2015): 95–111; J. H. Nebelsick and M. Kowalewski. "Drilling predation on Recent clypeasteroid echinoids from the Red Sea," *Palaios* 14 (1999): 127–44; C. A. Meadows et al., "Drill holes in the irregular echinoid, *Fibularia*, from the Oligocene of New Zealand," *Palaios* 30 (2015): 810–17.

31. C. Fouilloux et al., "Cannibalism," *Current Biology* 29 (2019): R1295–97.

32. Fouilloux et al., "Cannibalism."

33. S. Mondal et al., "Naticid confamilial drilling predation through time," *Palaios* 32 (2017): 278–87.

34. D. Chattopadhyay et al., "What controls cannibalism in drilling gastropods? A case study on *Natica tigrine*," *Palaeogeography, Palaeoclimatology, Palaeoecology* 410 (2014): 126–33.

35. A. Pahari et al., "Subaerial naticid gastropod drilling predation by *Natica tigrina* on the intertidal molluscan community of Chandipur, eastern coast of India," *Palaeogeography, Palaeoclimatology, Palaeoecology* 451 (2016): 110–23.

36. M. Nixon and J. Z. Young, *The Brains and Lives of Cephalopods* (Oxford: Oxford University Press, 2003).

37. J. Kluessendorf and P. Doyle, "*Pohlsepia mazonensis*, An early 'octopus' from the Carboniferous of Illinois, USA," *Palaeontology* 43 (2003): 919–26.

38. W. Malik, "Inky's daring escape shows how smart octopuses are," *National Geographic*, April 14, 2016, https://www.nationalgeographic.com/animals/article/160414-inky-octopus-escapes-intelligence.

39. J. K. Fin et al., "Defensive tool use in a coconut-carrying octopus," *Current Biology* 19 (2009): R1069–70.

40. S. L. de Souza Medeiros et al., "Cyclic alternation of quiet and active sleep states in the octopus," *iScience* 24 (2021): 102223.

41. M. E. Q. Pilson and P. B. Taylor, "Hole drilling by *Octopus*," *Science* 134 (1961): 1366–68; J. M. Arnold, "Some aspects of hole-boring predation by *Octopus vulgaris*," *American Zoologist* 9 (1969): 991–96; J. Wodinsky, "Penetration of the shells and feeding on gastropods by *Octopus*," *American Zoologist* 9 (1969): 997–1010.

42. J. Wodinsky, "Penetration of the shells and feeding."

43. W. B. Saunders et al., "*Octopus* predation on *Nautilus*: evidence from Papua New Guinea," *Bulletin of Marine Science* 49 (1991): 280–87; A. A. Klompmaker et al., "First fossil evidence of a drill hole attributed to an octopod in a barnacle," *Lethaia* 47

(2014): 309–12; D. Pech-Puch et al. "Chemical tools of *Octopus maya* during crab predation are also active on conspecifics," *PLOS ONE* 11 (2016): e0148922; A. A. Klompmaker and B. A. Kittle, "Inferring octopodoid and gastropod behavior from their Plio-Pleistocene cowrie prey (Gastropoda: Cypraeidae)," *Palaeogeography, Palaeoclimatology, Palaeoecology* 567 (2021): 110251.

44. Bromley, "Concepts in ichnotaxonomy"; R. G. Bromley, "Predation habits of octopus past and present and a new ichnospecies, *Oichnus ovalis*," *Bulletin of the Geological Society of Denmark* 40 (1993): 167–73.

45. S. K. Donovan, "A plea not to ignore ichnotaxonomy: recognizing and recording *Oichnus* Bromley," *Swiss Journal of Palaeontology* 136 (2017): 369–72.

46. A. A. Klompmaker and N. H. Landman, "Octopodoidea as predators near the end of the Mesozoic Marine Revolution," *Biological Journal of the Linnean Society* 132 (2021): 894–99.

47. Bromley, "Concepts in ichnotaxonomy." 这也不是理查德·布罗姆利最后一次嘲讽这些头足纲动物。2001年7月，我和他及其他人一起在萨佩洛岛（佐治亚州）进行实地考察时，我记得他贬低章鱼的智力，或者至少是对某只特定的章鱼。在那里，经过了一天漫长且炎热的野外考察后，当我们在佐治亚大学海洋研究所的住所享受着空调的舒适时，他从附近的窗台拿起一只螺壳，然后讲述了关于那只螺壳的奇妙故事。但在开始时，他指着螺壳顶部附近的一个小孔说道："这是一只非常愚蠢的章鱼。"

48. A.-F. Hiemstra, "Recognizing cephalopod boreholes in shells and the northward spread of *Octopus vulgaris* Cuvier, 1797 (Cephalopoda, Octopodoidea)," *Vita Malacologica* 13 (2015): 53–56.

49. P. H. Kelley, "Predation by Miocene gastropods of the Chesapeake Group: stereotyped and predictable," *Palaios* 3 (1988): 436–48; Klompmaker and Kelley, "Shell ornamentation as a likely exaptation."

50. G. P. Dietl, and R. R. Alexander, "Borehole site and prey size stereotypy in naticid predation on *Euspira* (*Lunatia*) *heros* Say and *Neverita* (*Polinices*) *duplicata* Say from the southern New Jersey coast," *Journal of Shellfish Research* 14 (1995): 307–14.

51. E. M. Harper and D. S. Wharton, "Boring predation and Mesozoic articulate brachiopods," *Palaeogeography, Palaeoclimatology, Palaeoecology* 158 (2000): 15–24.

52. S. Mondal et al., "Naticid confamilial drilling predation through time"; S. Mondal et al., "Latitudinal patterns of gastropod drilling predation through time," *Palaios* 34 (2019): 261–70.

53. D. Chattopadhyay and S. Dutta, "Prey selection by drilling predators: A case study from Miocene of Kutch, India," *Palaeogeography, Palaeoclimatology, Palaeoecology* 374 (2013): 187–96; J. A. Hutchings and G. S. Herbert, "No honor among snails: Conspecific competition leads to incomplete drill holes by a naticid gastropod," *Palaeogeog-*

raphy, Palaeoclimatology, Palaeoecology 379 (2013): 32–38.

54. Klompmaker et al., "Increase in predator-prey size ratios."

55. D. Chattopadhyay et al., "Effectiveness of small size against drilling predation: Insights from lower Miocene faunal assemblage of Quilon Limestone, India," *Palaeogeography, Palaeoclimatology, Palaeoecology* 551 (2020): 109742.

56. P. A. M. Gaemers and B. W. Langeveld, "Attempts to predate on gadid fish otoliths demonstrated by naticid gastropod drill holes from the Neogene of Mill-Langenboom, The Netherlands," *Scripta Geologica* 149 (2015): 159–83.

57. N. C. Chojnacki and L. R. Leighton, "Comparing predatory drillholes to taphonomic damage from simulated wave action on a modern gastropod," *Historical Biology* 26 (2014): 69–79.

58. M. A. Wilson and T. J. Palmer, "Domiciles, not predatory borings: a simpler explanation of the holes in Ordovician shells analyzed by Kaplan and Baumiller, 2000," *Palaios* 16 (2001): 524–25.

59. J. P. Zonnenveld and M. K. Gingras, "*Sedilichnus, Oichnus, Fossichnus,* and *Tremichnus:* 'small round holes in shells' revisited," *Journal of Paleontology* 88 (2015): 895–905.

60. S. K. Donovan and G. Hoare, "Site selection of small round holes in crinoid pluricolumnals, Trearne Quarry SSSI (Mississippian, Lower Carboniferous), north Ayrshire, UK," *Scottish Journal of Geology* 55 (2019): 1–5.

61. D. E. Bar-Yosef Mayer et al., "On holes and strings: earliest displays of human adornment in the Middle Palaeolithic," *PLOS ONE* 15 (2020): e0234924.

62. A. M. Kubicka et al., "A systematic review of animal predation creating pierced shells: implications for the archaeological record of the Old World," *PeerJ* 5 (2017): e2903.

63. Kubicka et al., "A systematic review of animal predation."

64. G. Schweigert et al., "New Early Jurassic hermit crabs from Germany and France," *Journal of Crustacean Biology* 33 (2013): 802–17.

65. A. Mironenko, "A hermit crab preserved inside an ammonite shell from the Upper Jurassic of central Russia: implications to ammonoid palaeoecology," *Palaeogeography, Palaeoclimatology, Palaeoecology* 537 (2020): 109397.

66. J. W. Martin et al., ed., *Decapod Crustacean Phylogenetics* (Boca Raton, FL: CRC Press, 2016).

67. E. C. F. de Souza et al., "Intra-specific competition drives variation in the fundamental and realized niches of the hermit crab, *Pagurus criniticornis*," *Bulletin of Marine Science* 91 (2015): 343–61.

68. J. A. Pechenik and S. Lewis, "Avoidance of drilled gastropod shells by the hermit crab *Pagurus longicarpus* at Nahant, Massachusetts," *Journal of Experimental Ma-*

rine Biology and Ecology 253 (2000): 17–32; J. A. Pechenik et al., "Factors selecting for avoidance of drilled shells by the hermit crab *Pagurus longicarpus*," *Journal of Experimental Marine Biology and Ecology* 262 (2001): 75–89.

第六章

1. Brett and Walker, "Predators and predation in Paleozoic marine environments"; S. E. Walker and C. E. Brett, "Post-Paleozoic patterns in marine predation: was there a Mesozoic and Cenozoic marine predatory revolution?," in *The Fossil Record of Predation*, ed. M. Kowalewski and P. H. Kelley, *Paleontological Society Papers* 8 (2002): 119–93.

2. D. M. Rudkin et al., "The oldest horseshoe crab: a new xiphosurid from Late Ordovician konservat-lagerstätten deposits, Manitoba, Canada," *Palaeontology* 51 (2008): 1–9; D. R. Smith et al., *Biology and Conservation of Horseshoe Crabs* (New York: Springer, 2009).

3. Smith, *Biology and Conservation of Horseshoe Crabs*; Martin, *Life Traces of the Georgia Coast*; Martin, *Tracking the Golden Isles.*

4. R. D. C. Bicknell et al., "Computational biomechanical analyses demonstrate similar shell-crushing abilities in modern and ancient arthropods," *Proceedings of the Royal Society*, B 285 (2018): 20181935.

5. Bicknell et al., "Computational biomechanical analyses."

6. Bicknell et al., "Computational biomechanical analyses"; R. S. Bicknell et al., "Biomechanical analyses of Cambrian euarthropod limbs reveal their effectiveness in mastication and durophagy," *Proceedings of the Royal Society of London, B* 288 (2021): 20202075.

7. A. Zacai et al., "Reconstructing the diet of a 505-million-year-old arthropod: *Sidneyia inexpectans* from the Burgess Shale fauna," *Arthropod Structure and Development* 45 (2016): 200–220.

8. R. Ludvigsen, "Rapid repair of traumatic injury by an Ordovician trilobite," *Lethaia* 10 (1977): 205–7; S. C. Morris and R. J. F. Jenkins, "Healed injuries in Early Cambrian trilobites from South Australia," *Alcheringa* 9 (1985): 167–77; B. Schoenemann et al., "Traces of an ancient immune system—how an injured arthropod survived 465 million years ago," *Scientific Reports* 7 (2017): 40330.

9. C. E. Schweitzer and R. M. Feldmann, "The Decapoda (Crustacea) as predators on Mollusca through geologic time," *Palaios* 25 (2010): 167–82; S. Kuratani, "Evolution of the vertebrate jaw from developmental perspectives," *Evolution and Development* 14 (2012): 76–92.

10. J. Cunningham and N. Herr, *Hands-On Physics Activities and Life Applications: Easy-to-Use Labs and Demonstrations for Grades 8–12* (New York: Wiley, 1994).

11. Cunningham and Herr, *Hands-On Physics Activities.*

12. J. W. Martin et al., *Decapod Crustacean Phylogenetics*; L. M. Tang, "Evolutionary history of true crabs (Crustacea: Decapoda: Brachyura) and the origin of freshwater crabs," *Molecular Biology and Evolution* 31 (2014): 1173–87.

13. C. E. Schweitzer and R. N. Feldmann, "The oldest Brachyura (Decapoda: Homolodromioidea: Glaessneropsoidea) known to date (Jurassic)," *Journal of Crustacean Biology* 30 (2010): 251–56; C. N. de Carvalho et al., "Running crabs, walking crinoids, grazing gastropods: behavioral diversity and evolutionary implications in the Cabeço da Ladeira lagerstätte (Middle Jurassic, Portugal)," *Comunicações Geológicas* 103 (2016): 39–54.

14. J. M. Wolf et al., "How to become a crab: phenotypic constraints on a recurring body plan," *BioEssays* 43 (2021): 2100020.

15. J. S. Weis, *Walking Sideways: The Remarkable World of Crabs* (Ithaca, NY: Cornell University Press, 2012).

16. Weis, *Walking Sideways.*

17. Weis, *Walking Sideways.*

18. E. Zipser and G. J. Vermeij, "Crushing behavior of tropical and temperate crabs," *Journal of Experimental Marine Biology and Ecology* 31 (1978): 155–72; M. D. Bertness and C. Cunningham, "Crab shell-crushing predation and gastropod architectural defense," *Journal of Experimental Marine Biology and Ecology* 50 (1981): 213–30.

19. Bertness and Cunningham, "Crab shell-crushing predation"; M. Ishikawa et al., "Snail versus hermit crabs: a new interpretation of shell-peeling predation on fossil gastropod associations," *Paleontological Research* 8 (2004): 99–108.

20. G. C. Cadée et al., "Gastropod shell repair in the intertidal of Bahía la Choya (N. Gulf of California)," *Palaeogeography, Palaeoclimatology, Palaeoecology* 136 (1997): 67–78.

21. E. S. Stafford et al., "Gastropod shell repair tracks predator abundance," *Marine Ecology* 36 (2015): 1176–84.

22. E. S. Stafford et al., "*Caedichnus*, a new ichnogenus representing predatory attack on the gastropod shell aperture," *Ichnos* 22 (2015): 87–102.

23. M. E. Kosloski, "Recognizing biotic breakage of the hard clam, *Mercenaria mercenaria* caused by the stone crab, *Menippe mercenaria*: An experimental taphonomic approach," *Journal of Experimental Marine Biology and Ecology* 396 (2011): 115–21; M. E. Kosloski and W. D. Allmon, "Macroecology and evolution of a crab 'super predator,' *Menippe mercenaria* (Menippidae), and its gastropod prey," *Biological Journal of the Linnean Society* 116 (2015): 571–81.

24. Martin, *Tracking the Golden Isles.*

25. Martin, *Tracking the Golden Isles.*

26. Bertness and Cunningham, "Crab shell-crushing predation."

27. T. C. Edgell et al., "Simultaneous defense against shell entry and shell crushing in a snail faced with the predatory shorecrab *Carcinus maenas*," *Marine Ecology Progress Series* 371 (2008): 191–98.

28. C. van der Wal et al., "The evolutionary history of Stomatopoda (Crustacea: Malacostraca) inferred from molecular data," *PeerJ* 5 (2017): e3844; C. Huag et al., "New records of Mesozoic mantis shrimp larvae and their implications on modern larval traits in stomatopods," *Palaeodiversity* 8 (2015): 121–33.

29. H. H. Thoen et al., "A different form of color vision in mantis shrimp," *Science* 343 (2015): 411–13.

30. J. S. Harrison et al., "Scaling and development of elastic mechanisms: the tiny strikes of larval mantis shrimp," *Journal of Experimental Biology* 224 (2021): jeb235465.

31. Harrison et al., "Scaling and development of elastic mechanisms."

32. Harrison et al., "Scaling and development of elastic mechanisms."

33. R. L. Crane et al., "Smashing mantis shrimp strategically impact shells," *Journal of Experimental Biology* 221 (2018): jeb176099.

34. Crane et al., "Smashing mantis shrimp."

35. Harrison et al., "Scaling and development of elastic mechanisms."

36. J. Pether, "*Belichnus* new ichnogenus, a ballistic trace on mollusc shells from the Holocene of the Benguela region, South Africa," *Journal of Paleontology* 69 (1995): 171–81.

37. 魟的"脸"是一种错觉，因为它的眼睛位于其身体的另一侧（在顶部或背部），而看起来像"眼睛"的实际上是它的鼻孔。不过，它的口确实长在正确的位置，看起来像是在微笑，通常摆出一副"蒙娜丽莎"式的笑容。

38. C. R. L. Amaral et al., "The mitogenomic phylogeny of the Elasmobranchii (Chondrichthyes)," *Mitochondrial DNA Part A* 29 (2018): 867–78.

39. R. M. Kempster et al., "Phylogenetic and ecological factors influencing the number and distribution of electroreceptors in elasmobranchs," *Journal of Fish Biology* 80 (2012): 2055–88.

40. M. R. Gregory et al., "On how some rays (Elasmobranchia) excavate feeding depressions by jetting water," *Journal of Sedimentary Petrology* 49 (1979): 1125–30; O. R. O'Shea et al., "Bioturbation by stingrays at Ningaloo Reef, Western Australia," *Marine and Freshwater Research* 63 (2011): 189–97.

41. A. P. Summers, "Stiffening the stingray skeleton: an investigation of durophagy in myliobatid Stingrays (Chondrichthyes, Batoidea, Myliobatidae)," *Journal of Morphology* 243 (2000): 113– 26; K. M. Rutledge et al., "Killing them softly: ontogeny of jaw mechanics and stiffness in mollusk-feeding freshwater stingrays," *Journal of Morphology* 280 (2018): 796–808.

42. Summers, "Stiffening the stingray skeleton."

43. M. A. Kolmann et al., "Intraspecific variation in feeding mechanics and bite force in durophagous stingrays," *Journal of Zoology* 304 (2018): 225–34.

44. Martin, *Life Traces of the Georgia Coast*.

45. M. R. Gregory, "New trace fossils from the Miocene of Northland, New Zealand, *Rosschachichnus amoeba* and *Piscichnus Waitemata*," *Ichnos* 1 (1991): 195–206.

46. J. D. Howard et al., "Biogenic sedimentary structures formed by rays," *Journal of Sedimentary Research* 47 (1977): 339–46; J. Martinell et al., "Cretaceous ray traces? An alternative interpretation for the alleged dinosaur tracks of La Posa, Isona, NE Spain," *Palaios* 16 (2001): 409–16.

47. Brannen, *The Ends of the World*.

48. Z.-Q. Chen et al., "Structural changes of marine communities over the Permian–Triassic transition: ecologically assessing the end-Permian mass extinction and its aftermath," *Global and Planetary Change* 73 (2010): 123–40.

49. D. Chu et al., "Early Triassic wrinkle structures on land: stressed environments and oases for life," *Scientific Reports* 5 (2015): 10109.

50. S. L. A. Cooper and D. M. Martill, "Pycnodont fishes (Actinopterygii, Pycnodontiformes) from the Upper Cretaceous (lower Turonian) Akrabou Formation of Asfla, Morocco," *Cretaceous Research* 116 (2020): 104607.

51. Martin, *Dinosaurs Without Bones*.

52. G. J. Vermeij and E. Zipser, "The diet of *Diodon hystrix* (Teleostei: —Tetraodontiformes): shell-crushing on Guam's reefs," *Bishop Museum Bulletin in Zoology* 9 (2015): 169–75.

53. A. M. Jones et al., "Tool use in the tuskfish *Choerodon schoenleinii*?," *Coral Reef* 30 (2011): 865; G. Bernardi, "The use of tools by wrasses (Labridae)," *Coral Reefs* 31 (2011): 39–39; K. J. Pryor and A. M. Milton, "Tool use by the graphic tuskfish *Choerodon graphicus*," *Journal of Fish Biology* 95 (2019): 663–67.

54. M. J. Benton, *Vertebrate Paleontology* (4th ed.) (Oxford: Wiley-Blackwell, 2014).

55. Benton, *Vertebrate Paleontology*.

56. Benton, *Vertebrate Paleontology*.

57. J. M. Neenan et al., "European origin of placodont marine reptiles and the evolution of crushing dentition in Placodontia," *Nature Communications* 4 (2013): 1621; J. M. Neenan et al., "Unique method of tooth replacement in durophagous placodont marine reptiles, with new data on the dentition of Chinese taxa," *Journal of Anatomy* 224 (2014): 603–13.

58. E. E. Maxwell and M. W. Caldwell, "First record of live birth in Cretaceous ichthyosaurs: closing an 80 million year gap," *Proceedings of the Royal Society, B* 270 (2003): S104–7.

59. J.-D. Huang et al., "Repeated evolution of durophagy during ichthyosaur radia-

tion after mass extinction indicated by hidden dentition," *Scientific Reports* 10 (2020): 7798.

60. M. J. Polcyn et al., "Physical drivers of mosasaur evolution," *Palaeogeography, Palaeoclimatology, Palaeoecology* 400 (2014): 17–27; W. B. Gallagher, "On the last mosasaurs: Late Maastrichtian mosasaurs and the Cretaceous-Paleogene boundary in New Jersey," *Bulletin de la Société Géologique de France* 183 (2012): 145–50.

61. A. S. Gale et al., "Mosasauroid predation on an ammonite—*Pseudaspidoceras*—from the Early Turonian of south-eastern Morocco," *Acta Geologica Polonica* 67 (2017): 31–46; E. G. Kauffman and J. K. Sawdo, "Mosasaur predation on a nautiloid from the Maastrichtian Pierre Shale, Central Colorado, Western Interior Basin, United States," *Lethaia* 46 (2013): 180–87.

62. T. Ikejiri et al., "Two-step extinction of Late Cretaceous marine vertebrates in northern Gulf of Mexico prolonged biodiversity loss prior to the Chicxulub impact," *Scientific Reports* 10 (2020): 4169.

63. D. D. Bermúdez-Rochas et al., "Evidence of predation in Early Cretaceous unionoid bivalves from freshwater sediments in the Cameros Basin, Spain," *Lethaia* 46 (2012): 57–70.

64. C. A. Brochu, "Alligatorine phylogeny and the status of *Allognathosuchus* Mook, 1921," *Journal of Vertebrate Paleontology* 24 (2004): 857–73.

65. 2015年,我被授予探险家俱乐部(Explorers Club)会员资格。为了庆祝这一职业里程碑,我参加了他们在纽约市举行的年会。在曼哈顿的探险家俱乐部总部,我终于见到了自己儿时的偶像——动物学家吉姆·福勒(Jim Fowler),他因主持《奥马哈野生王国互助会》而闻名。当我重回小时候的"迷弟"状态,感谢他激发了我对动物和动物行为的终生兴趣时,他面色和蔼地倾听,总之是一位非常友善的人。没错,有时你确实会和你的英雄相遇。

66. G. Sheffield and J. M. Grebmeier, "Pacific walrus (*Odobenus rosmarus divergens*): differential prey digestion and diet," *Marine Mammal Science* 25 (2009): 761–77.

67. N. Levermann et al., "Feeding behaviour of free-ranging walruses with notes on apparent dextrality of flipper use," *BMC Ecology* 3 (2003): 9.

68. R. A. Kastelein et al., "Oral suction of a Pacific walrus (*Odobenus rosmarus divergens*) in air and under water," *Z. Säugetierkunde* 59 (1994): 105–15.

69. M. K. Gingras et al., "Pleistocene walrus herds in the Olympic peninsula area: trace-fossil evidence of predation by hydraulic jetting," *Palaios* 22 (2007): 539–45.

70. D. W. MacDonald et al. (eds.), *Biology and Conservation of Musteloids* (Oxford: Oxford University Press, 2017).

71. R. G. Kvitek et al., "Sea otter foraging on deep-burrowing bivalves in a California coastal lagoon," *Marine Biology* 98 (1988): 157–67.

72. G. R. VanBlaricom, *Sea Otters* (Stillwater, MN: Voyageur Press, 2001).

73. J.A. Fujii et al., “Ecological drivers of variation in tool-use frequency across sea otter populations,” *Behavioral Ecology* 26 (2015): 519–26; M. Haslam et al., “Wild sea otter mussel pounding leaves archaeological traces,” *Scientific Reports* 9 (2019): 4417.

74. Haslam et al., “Wild sea otter.”

75. Haslam et al., “Wild sea otter.”

76. Haslam et al., “Wild sea otter.”

77. G. C. Cadée, “Size-selective transport of shells by birds and its palaeoecological implications,” *Palaeontology* 32 (1989): 429–37; Martin, *Life Traces of the Georgia Coast*.

78. A. P. Le Rossignol, “Breaking down the mussel (*Mytilus edulis*) shell: which layers affect oystercatchers' (*Haematopus ostralegus*) prey selection?,” *Journal of Experimental Marine Biology and Ecology* 405 (2011): 87–92.

79. 就像许多听起来过于完美却难以置信的故事一样,埃斯库罗斯被乌龟砸死的故事很可能是虚构的,因为希腊历史学者找不到相关记载。然而,被指控杀害他的鸟类和乌龟的后代仍然生活在希腊乡间,所以或许将来某日,会有某位毛发稀疏的人遭到相同的厄运。若此事真的发生,我们希望近旁就有一支古希腊戏剧歌队,能为这个故事提供客观的观点和解释。

80. C. A. Meyer and B. Thüring, “Dinosaurs of Switzerland,” *Comptes Rendus Palevol* 2 (2003): 103–17.

81. C. Püntener et al., “Under the feet of sauropods: a trampled coastal marine turtle from the Late Jurassic of Switzerland?,” *Swiss Journal of Geosciences* 112 (2019): 507–15.

82. M. Lockley, *Tracking Dinosaurs: A New Look at an Ancient World* (Cambridge: Cambridge University Press, 1991).

第七章

1. E. West, *The Last Indian War: The Nez Perce Story* (Oxford: Oxford University Press, 2009); M. Cheater, “Wolf spirit returns to Idaho,” *National Wildlife Federation*, August 1, 1998, https://www.nwf.org/Magazines/National-Wildlife/1998/Wolf-Spirit-Returns-to-Idaho.

2. L. D. Mech. and R. O. Peterson, “Wolf-prey relations,” in *Wolves: Behavior, Ecology, and Conservation*, ed. L. D. Mech and L. Boitani (Chicago: University of Chicago Press, 2010).

3. D. L. Garshelis et al., “Remarkable adaptations of the American black bear help explain why it is the most common bear: a long-term study from the center of its range,” in *Bears of the World: Ecology, Conservation and Management*, ed. V. Penteriana and M. Melletti (Cambridge: Cambridge University Press, 2021), 53–62.

4. M. A. Salamon et al., “Putative Late Ordovician land plants,” *New Phytologist* 218 (2018): 1305–9.

5. D. Edwards et al., "A vascular conducting strand in the early land plant *Cooksonia*," *Nature* 357 (1992): 683–85; P. Steemans et al. "Origin and radiation of the earliest vascular land plants," *Science* 324 (2009): 353.

6. Hoysted et al., "A mycorrhizal revolution"; A. J. Hetherington and L. Doland, "Stepwise and independent origins of roots among land plants," *Nature* 561 (2018): 235–38.

7. R. Ennos, *The Age of Wood: Our Most Useful Material and the Construction of Civilization* (New York: Scribner, 2020).

8. P. Larson, *The Vascular Cambium: Development and Structure* (Berlin: Springer-Verlag, 2012).

9. S. G. Pallardy, *The Woody Plant Body* (3rd ed.) (Cambridge, MA: Academic Press, 2008).

10. V. Trouet, *Tree Story: The History of the World Written in Rings* (Baltimore: Johns Hopkins University Press, 2020).

11. D. Edwards et al., "Coprolites as evidence for plant-animal interaction in Siluro-Devonian terrestrial ecosystems," *Nature* 377 (1995): 329–31.

12. J. A. Dunlop and R. J. Garwood, "Terrestrial invertebrates in the Rhynie chert ecosystem," *Philosophical Transactions of the Royal Society, B* 373 (2018): 20160493.

13. Edwards et al., "Coprolites as evidence."

14. C. C. Labandeira, "Deep-time patterns of tissue consumption by terrestrial arthropod herbivores," *Naturwissenschaften* 100 (2013): 355–64.

15. C. C. Labandeira, "Middle Devonian liverwort herbivory and anti-herbivory defense," *New Phytologist* 202 (2014): 247–58.

16. Y.-H. Wang et al., "Fossil record of stem groups employed in evaluating the chronogram of insects (Arthropoda: Hexapoda)," *Scientific Reports* 6 (2016): 38939.

17. C. Huag and J. T. Huag, "The presumed oldest flying insect: more likely a myriapod?," *PeerJ* 5 (2017): e3402; Dunlop and Garwood, "Terrestrial invertebrates."

18. B. Misof et al., "Phylogenomics resolves the timing and pattern of insect evolution," *Science* 346 (2014): 6210.

19. Labandeira, "Deep-time patterns"; C. C. Labandeira, "A paleobiologic perspective on plant–insect interactions," *Current Opinion in Plant Biology* 16 (2013): 414–21.

20. A. C. Scott, "Trace fossils of plant–arthropod interactions," in *Trace Fossils: Their Paleobiological Aspects*, ed. C. G. Maples and R. R. West, *Paleontological Society Short Course* 5 (1992): 197–223.

21. Labandeira et al., "A paleobiologic perspective."

22. S. K. Turner, "Constraints on the onset duration of the Paleocene-Eocene Thermal Maximum," *Philosophical Transactions of the Royal Society*, A 376 (2018): 20170082.

23. S. A. Marshall, *Beetles: The Natural History and Diversity of Coleoptera* (Richmond Hill, ON: Firefly Books, 2018).

24. F. Vega and R. Hofstetter (eds.), *Bark Beetles: Biology and Ecology of Native and Invasive Species* (Cambridge, MA: Academic Press, 2014).

25. L. R. Kirkendall et al., "Evolution and diversity of bark and ambrosia beetles," in *Bark Beetles: Biology and Ecology of Native and Invasive Species*, ed. F. Vega and R. Hofstetter (Cambridge, MA: Academic Press, 2014), 85–156.

26. Kirkendall et al., "Evolution and diversity."

27. J. P. Audley et al., "Impacts of mountain pine beetle outbreaks on lodgepole pine forests in the Intermountain West, U.S., 2004–2019," *Forest Ecology and Management* 475 (2020): 118403.

28. J. R. Meeker et al., "The Southern pine beetle *Dendroctonus frontalis* Zimmerman (Coleoptera: Scolytidae)," *Florida Department of Agricultural and Consumer Services, Entomology Circular* 369 (1995): 1–4; H. Li and T. Li, "Bark beetle larval dynamics carved in the egg gallery: a study of mathematically reconstructing bark beetle tunnel maps," *Advances in Difference Equations* (2019): 513.

29. K. M. Thompson et al., "Autumn shifts in cold tolerance metabolites in overwintering adult mountain pine beetles," *PLOS ONE* 15 (2020): e0227203.

30. Kirkendall et al., "Evolution and diversity."

31. S.-Q. Zhang et al., "Evolutionary history of Coleoptera revealed by extensive sampling of genes and species," *Nature Communications* 9 (2018): 205; V. Q. P. Turman et al., "A new trace fossil produced by insects in fossil wood of Late Jurassic–Early Cretaceous Missão Velha Formation, Araripe Basin, Brazil," *Journal of South American Earth Sciences* 109 (2021): 103266; D. Peris et al., "Origin and evolution of fungus farming in wood-boring Coleoptera—a palaeontological perspective," *Biological Reviews* 96 (2021): 2476–88.

32. M. V. Walker, "Evidence of Triassic insects in the Petrified Forest National Monument, Arizona," *Proceedings of the United States National Museum* 85 (1938): 137–41.

33. S. T. Hasiotis et al., "Research update on hymenopteran nests and cocoons, Upper Triassic Chinle Formation, Petrified Forest National Park, Arizona," in *National Park Service Paleontological Research, Technical Report* NPS/NRGRD/GRDTR-98/01, ed. V. L. Santucci and L. McClelland (1998), 116–21.

34. L. Tapanila and E. M. Roberts, "The earliest evidence of holometabolan insect pupation in conifer wood," *PLOS ONE* 7 (2012): e31668.

35. Tapanila and Roberts, "The earliest evidence."

36. Z. Feng et al., "Late Permian wood-borings reveal an intricate network of ecological relationships," *Nature Communications* 8 (2017): 556.

37. F. Legendre et al., "Phylogeny of Dictyoptera: dating the origin of cockroaches, praying mantises and termites with molecular data and controlled fossil evidence," *PLOS ONE* 10 (2015): e0130127; D. A. Evangelista et al., "An integrative phylogenomic approach illuminates the evolutionary history of cockroaches and termites (Blattodea)," *Proceedings of the Royal Society, B* 286 (2019): 20182076.

38. K. Maekawa and C. A. Nalepa, "Biogeography and phylogeny of wood-feeding cockroaches in the genus *Cryptocercus*," *Insects* 2 (2011): 354–68.

39. T. Chouvenc et al., "Termite evolution: mutualistic associations, key innovations, and the rise of Termitidae," *Cellular and Molecular Life Sciences* 78 (2021): 2749–69; C.A. Nalepa, "Origin of termite eusociality: trophallaxis integrates the social, nutritional, and microbial environments," *Ecological Entomology* 40 (2015): 323–35.

40. H. Ritter Jr., "Defense of mate and mating chamber in a wood roach," *Science* 143 (1964): 1459–60; Y. Park et al., "Colony composition, social behavior and some ecological characteristics of the Korean wood-feeding cockroach (*Cryptocercus kyebangensis*)," *Zoological Science* 19 (2002): 1133–39; Y. Park and J. Choe, "Territorial behavior of the Korean wood-feeding cockroach, *Cryptocercus kyebangensis*," *Journal of Ethology* 21 (2003): 79–85.

41. D. E. Bignell et al. (eds.), *Biology of Termites: A Modern Synthesis* (Dordrecht: Springer, 2011).

42. K. J. Howard and B. L. Thorne, "Eusocial evolution in termites and Hymenoptera," in *Biology of Termites: A Modern Synthesis*, ed. D. E. Bignell et al. (Dordrecht: Springer, 2011), 97–132.

43. S. K. Himmi et al., "X-ray tomographic analysis of the initial structure of the royal chamber and the nest-founding behavior of the drywood termite *Incisitermes minor*," *Journal of Wood Science* 60 (2014): 435–60; A. A. Eleuterio et al., "Stem decay in live trees: heartwood hollows and termites in five timber species in Eastern Amazonia," *Forests* 11 (2020): 1087.

44. J. I. Sutherland, "Miocene petrified wood and associated borings and termite faecal pellets from Hukatere Peninsula, Kaipara Harbour, North Auckland, New Zealand," *Journal of the Royal Society of New Zealand* 33 (2003): 395–414.

45. P. Vršanský et al., "Early wood-boring 'mole roach' reveals eusociality 'missing ring,'" *AMBA Projekty* 9 (2019): 1–28; Z. Zhao et al., "Termite colonies from mid-Cretaceous Myanmar demonstrate their early eusocial lifestyle in damp wood," *National Science Review* 7 (2020): 381–90; Z. Zhao et al., "Termite communities and their early evolution and ecology trapped in Cretaceous amber," *Cretaceous Research* 117 (2021): 104612.

46. Howard and Thorne, "Eusocial evolution."

47. J.-P. Colin et al., "Termite coprolites (Insecta: Isoptera) from the Cretaceous of

western France: a palaeoecological insight," *Revue de Micropaléontologie* 54 (2011): 129–39.

48. J. E. Francis and B. M. Harland, "Termite borings in Early Cretaceous fossil wood, Isle of Wight, UK," *Cretaceous Research* 27 (2006): 773–77; D. M. Rohr et al., "Oldest termite nest from the Upper Cretaceous of west Texas," *Geology* 14 (1986): 87–88.

49. E. M. Roberts et al., "Oligocene termite nests with in situ fungus gardens from the Rukwa Rift Basin, Tanzania, support a Paleogene African origin for insect agriculture," *PLOS ONE* 11 (2016): e0156847.

50. T. C. Harrington et al., "Isolations from the redbay ambrosia beetle, *Xyleborus glabratus*, confirm that the laurel wilt pathogen, *Raffaelea lauricola*, originated in Asia," *Mycologia* 103 (2011): 1028–36.

51. B. J. Bentz and A. M. Jönsson, "Modeling bark beetle responses to climate change," in *Bark Beetles: Biology and Ecology of Native and Invasive Species*, ed. F. E. Vega and R. W. Hofstetter (Cambridge, MA: Academic Press, 2014), 533–53.

52. Chouvenc et al., "Termite evolution."

53. P. A. Nauer et al., "Termite mounds mitigate half of termite methane emissions," *Proceedings of the National Academy of Sciences* 115 (2018): 13306–11.

54. K. Chin and B. D. Gill, "Dinosaurs, dung beetles, and conifers: participants in a Cretaceous food web," *Palaios* 11 (1996): 280–85.

55. Chin and Gill, "Dinosaurs, dung beetles, and conifers."

56. K. Chin, "The paleobiological implications of herbivorous dinosaur coprolites from the Upper Cretaceous Two Medicine Formation of Montana: why eat wood?," *Palaios* 22 (2007): 554–66.

57. K. Chin et al., "Consumption of crustaceans by megaherbivorous dinosaurs: dietary flexibility and dinosaur life history strategies," *Scientific Reports* 7 (2017): 11163.

58. Chin et al., "Consumption of crustaceans."

59. 有关皮德蒙特野生动物保护区的一般信息，他们的网站是一个很好的首要信息源：https://www.fws.gov/refuge/Piedmont/。

60. D. A. Sibley, *The Sibley Guide to Birds* (New York: Alfred A. Knopf, 2014).

61. R. N. Conner et al., *The Red-Cockaded Woodpecker: Surviving in a Fire-Maintained Ecosystem* (Austin: University of Texas Press, 2010).

62. D. C. Rudolph and R. N. Conner, "Cavity tree selection by red-cockaded woodpeckers in relation to tree age," *Wilson Bulletin* 103 (1991): 458–67; R. N. Conner et al., "Red-cockaded woodpecker nest-cavity selection: relationships with cavity age and resin production," *The Auk* 115 (1998): 447–54.

63. R. T. Engstrom and F. J. Sanders, "Red-cockaded woodpecker foraging ecology in an old-growth longleaf pine forest," *Wilson Bulletin* 109 (1997): 203–17.

64. B. Finch et al., *Longleaf, as Far as the Eye Can See* (Chapel Hill: University of North Carolina Press, 2012).

65. G. T. Lloyd et al., "Probabilistic divergence time estimation without branch lengths: dating the origins of dinosaurs, avian flight and crown birds," *Biology Letters* 12 (2016): 0160609.

66. C. Foth and O. V. M. Rauhut, "Re-evaluation of the Haarlem *Archaeopteryx* and the radiation of maniraptoran theropod dinosaurs," *BMC Evolutionary Biology* 17 (2017): 236.

67. D. T. Ksepka. "Feathered dinosaurs," *Current Biology* 30 (2020): R1347–53.

68. J. K. O'Connor et al., "A new enantiornithine from the Yixian formation with the first recognized avian enamel specialization," *Journal of Vertebrate Paleontology* 33 (2013): 1–12.

69. L. Xing et al., "A new enantiornithine bird with unusual pedal proportions found in amber," *Current Biology* 29 (2019): 2396–401.

70. D. J. Field et al., "Early evolution of modern birds structured by global forest collapse at the end-Cretaceous mass extinction," *Current Biology* 28 (2018): 1825–31.

71. D. T. Ksepka et al., "Oldest finch-beaked birds reveal parallel ecological radiations in the earliest evolution of passerines," *Current Biology* 29 (2019): 657–63.

72. J. M. McCullough et al., "A Laurasian origin for a pantropical bird radiation is supported by genomic and fossil data (Aves: Coraciiformes)," *Proceedings of the Royal Society, B* 286 (2019): 20190122.

73. V. L. de Pietri et al., "A new species of woodpecker (Aves; Picidae) from the early Miocene of Saulcet (Allier, France)," *Swiss Journal of Paleontology* 130 (2011): 307–14.

74. G. Mayr, "A tiny barbet-like bird from the Lower Oligocene of Germany: the smallest species and earliest substantial fossil record of the Pici (woodpeckers and allies)," *Auk* 122 (2005): 1055–63.

75. A. Manegold and A. Louchart, "Biogeographic and paleoenvironmental implications of a new woodpecker species (Aves, Picidae) from the early Pliocene of South Africa," *Journal of Vertebrate Paleontology* 32 (2012): 926–38.

76. R. C. Laybourne et al., "Feather in amber is earliest new world fossil of Picidae," *Wilson Bulletin* 106 (1994): 18–25.

77. R. Mikuláš and B. Zasadil, "A probable fossil bird nest, ?Eocavum isp., from the Miocene wood of the Czech Republic," *4th International Bioerosion Workshop Abstract Book* (Prague, Czech Republic, 2004), 49–51.

78. J.-Y. Jung et al., "A natural stress deflector on the head? Mechanical and functional evaluation of the woodpecker skull bones," *Advanced Theory and Simulation* 2 (2019): 1800152.

79. 全球最快鼓手比赛每年举办一次，通过一种名为Drumometer™的设备进行测量，该设备可以计算单次击鼓的次数（但需使用双手）。截至我写下这段文字之时（2021年11月），这项比赛的世界纪录由汤姆·格罗塞特（Tom Grosset）于2013年7月15日创造，他在60秒内完成了1208次击鼓。这个速度略高于每秒20拍，几乎和啄木鸟一样快。详情请参阅《汤姆·格罗塞特——官方认定全球最快鼓手——打破世界纪录》（*Tom Grosset—Official World's Fastest Drummer—Breaks World Record*）：https://youtu.be/Q9FrW-Wr-ds。

80. M. Elbroch and E. Marks, *Bird Tracks and Sign of North America* (Mechanicsburg, PA: Stackpole Books, 2001).

81. L. Wang et al., "Why do woodpeckers resist head impact injury: a biomechanical investigation," *PLOS ONE* 6 (2011): e26490.

82. Wang et al., "Why do woodpeckers."

83. Wang et al., "Why do woodpeckers"; Jung et al., "A natural stress deflector"; S. Van Wassenbergh et al., "Woodpeckers minimize cranial absorption of shocks," *Current Biology* 32 (2022): https://doi.org/10.1016/j.cub.2022.05.052.

84. S. A. Shunk, *Peterson Reference Guide to Woodpeckers of North America* (New York: Houghton Mifflin, 2016).

85. R. D. Magrath et al., "A mutual understanding? Interspecific responses by birds to each other's aerial alarm calls," *Behavioral Ecology* 18 (2007): 944–51; L. I. Hollén and A. N. Radford, "The development of alarm call behaviour in mammals and birds," *Animal Behaviour* 78 (2009): 791–800.

86. R. D. Stark et al., "A quantitative analysis of woodpecker drumming," *The Condor* 100 (1998): 350–56.

87. L. Imbeau and A. Desrochers, "Foraging ecology and use of drumming trees by three-toed woodpeckers," *Journal of Wildlife Management* 66 (2020): 222–31.

88. M. Garcia et al., "Evolution of communication signals and information during species radiation," *Nature Communications* 11 (2020): 4970.

89. Garcia et al., "Evolution of communication signals."

90. C. Reynolds et al., "The role of waterbirds in the dispersal of aquatic alien and invasive species," *Diversity and Distributions* 21 (2015): 744–54.

91. N. R. Johansson et al., "Woodpeckers can act as dispersal vectors for microorganisms," *Ecology and Evolution* 11 (2021): 7154–63.

92. M. A. Jusino et al., "Experimental evidence of a symbiosis between red-cockaded woodpeckers and fungi," *Proceedings of the Royal Society, B* 283 (2016): 20160106.

93. C. K. Vishnudas, "*Crematogaster* ants in shaded coffee plantations: a critical food source for rufous woodpecker *Micropternus brachyurus* and other forest birds," *Indian Birds* 4 (2008): 9–11.

94. Vishnudas, "*Crematogaster ants.*"

95. Vishnudas, "*Crematogaster ants*."

96. J. D. Styrsky and M. D. Eubanks, "Ecological consequences of interactions between ants and honeydew-producing insects," *Proceedings of the Royal Society, B* 274 (2007): 151–64.

97. L. A. Blanc and J. R. Walters, "Cavity-nest webs in a longleaf pine ecosystem," *The Condor* 110 (2008): 80–92.

98. A. B. Edworthy et al., "Tree cavity occupancy by nesting vertebrates across cavity age," *Journal of Wildlife Management* 82 (2018): 639–48.

99. K. L. Cockle and K. Martin, "Temporal dynamics of a commensal network of cavity-nesting vertebrates: increased diversity during an insect outbreak," *Ecology* 96 (2015): 1093–104.

100. Sibley, *Sibley Guide to Birds*.

101. S. Barve et al., "Lifetime reproductive benefits of cooperative polygamy vary for males and females in the acorn woodpecker (*Melanerpes formicivorus*)," *Proceedings of the Royal Society, B* 288 (2021): 20210579.

102. R. E. Harness and E. L. Walters, "Woodpeckers and utility pole damage," *IEEE Industry Applications Magazine* 11 (2005): 68–73. 另外，我不知道橡树啄木鸟是否曾经钻洞进入大脚怪（或称北美野人）的木制雕像；但我希望它们有过，因为啄木鸟的痕迹实际上代表了真实存在的动物。

第八章

1. R. Hutchinson, *The Spanish Armada* (New York: Thomas Dunne Books, 2013).

2. P. Palma and L. N. Samthakumaran, *Shipwrecks and Global "Worming"* (Oxford: Archaeopress, 2014).

3. J. A. Sokolow, *The Great Encounter: Native Peoples and European Settlers in the Americas, 1492–1800* (Abingdon: Taylor & Francis, 2016).

4. 尽管"巴哈马"（Bahamas）这个名字极易让人联想到它来源于西班牙语（其中"baha"意为"浅"，而"mar"意为"海"），但它实际上可能源自卢卡亚人对"大巴哈马岛"（Grand Bahama Island）的原始命名，简称为"巴哈马"：W. P. Aren, "Naming the Bahamas islands: history and folk etymology," in *Names and Their Environment*, ed. C. Hough and D. Izdebska (Glasgow: *Proceedings of the 25th International Congress of Onomastic Sciences*, 2014), 42–49。

5. D. Méndez, "Shipwrecked by worms, saved by canoe: the last voyage of Columbus," in *The Ocean Reader: History, Culture, Politics*, ed. E. P. Roordia (Durham, NC: Duke University Press, 2020), 297–304.

6. C. C. Mann, *1493: Uncovering the New World Columbus Created* (New York: Vintage Books, 2012).

7. A. Sundberg, "Molluscan explosion: the Dutch shipworm epidemic of the 1730s,"

Environment & Society Portal, *Arcadia* 14 (2015): 1–6; D. L. Nelson, "The ravages of *Teredo*: the rise and fall of shipworm in US history, 1860–1940," *Environmental History* 21 (2016): 100–124.

8. Palma and Samthakumaran, *Shipwrecks and Global "Worming"*; S. Gilman, "The clam that sank a thousand ships," *Hakai Magazine*, December 5, 2016, https://www.hakaimagazine.com/features/clam-sank-thousand-ships/.

9. 赫尔曼·梅尔维尔的经典小说《白鲸》(*Moby-Dick; or, The Whale*)最初于1851年10月18日在英国由理查德·本特利(Richard Bentley)出版商出版;同年11月14日,在美国由哈珀兄弟(Harper & Brothers)出版商出版。谷登堡计划(Project Gutenberg)提供了这部经典小说的免费电子版本,网址为:https://www.gutenberg.org/files/2701/2701-h/2701-h.htm。

10. D. L. Distel, "The biology of marine wood boring bivalves and their bacterial endosymbionts," *Wood Deterioration and Preservation* 845 (2003): 253–71; J. R. Voight, "Xylotrophic bivalves: aspects of their biology and the impacts of humans," *Journal of Molluscan Studies* 81 (2015): 175–86.

11. Distel, "The biology of marine wood boring bivalves."

12. A. G. Steinmayer and J. M. Turfa, "Effects of shipworm on the performance of ancient Mediterranean warships," *International Journal of Nautical Archaeology* 25 (1996): 104–21; C. A. Rayes et al., "Boring through history: an environmental history of the extent, impact and management of marine woodborers in a global and local context, 500 BCE to 1930s CE," *Environment and History* 21 (2015): 477–512.

13. L. M. S. Borges et al., "Diversity, environmental requirements, and biogeography of bivalve wood-borers (Teredinidae) in European coastal waters," *Frontiers in Zoology* 11 (2014): 13.

14. Nelson, "The ravages of *Teredo*."

15. S. P. Ville and J. Kearney, *Transport and the Development of the European Economy, 1750–1918* (London: Palgrave Macmillan, 1990).

16. Steemans et al., "Origin and radiation."

17. N. S. Davies and M. R. Gibling, "Paleozoic vegetation and the Siluro-Devonian rise of fluvial lateral accretion sets," *Geology* 38 (2010): 51–54.

18. S. I. Kaiser et al., "The global Hangenberg Crisis (Devonian–Carboniferous transition): review of a first-order mass extinction," *Geological Society, London, Special Publications* 423 (2015): 387–437.

19. Kaiser et al., "The global Hangenberg Crisis."

20. Kaiser et al., "The global Hangenberg Crisis."

21. Brannen, *The Ends of the World*.

22. T. Martin et al., "Triassic-Jurassic biodiversity, ecosystems, and climate in the Junggar Basin, Xinjiang, Northwest China," *Palaeobiodiversity and Palaeoenvironments*

90 (2010): 171–73.

23. W. I. Ausich et al., "Early phylogeny of crinoids within the pelmatozoan clade," *Palaeontology* 58 (2015): 937–52.

24. Clarkson, *Invertebrate Palaeontology and Evolution.*

25. Clarkson, *Invertebrate Palaeontology and Evolution.*

26.关于游泳的海百合,这段带有背景信息的优质视频是由美国国家地理协会制作的,发布日期为2017年2月17日:《瞧,迷人的海洋生物在水中滑行》(*Watch: Entrancing Sea Creature Glides through Water*)https://youtu.be/u6lJ7EEzak。

27. K. R. Brom et al., "Experimental neoichnology of crawling stalked crinoids," *Swiss Journal of Palaeontology* 137 (2018): 197–203; Carvalho et al., "Running crabs."

28. T. K. Baumiller et al., "Post-Paleozoic crinoid radiation in response to benthic predation preceded the Mesozoic marine revolution," *Proceedings of the National Academy of Sciences* 107 (2010): 5893–96.

29. H. Hess, "Lower Jurassic Posidonia Shale of southern Germany," in *Fossil Crinoids*, ed. H. Hess et al. (Cambridge: Cambridge University Press, 1999), 183–96; R. B. Hauff and U. Joger, "Holzmaden: prehistoric museum Hauff: a fossil museum since 4 generations (Urweltmuseum Hauff)," in *Paleontological Collections of Germany, Austria and Switzerland*, ed. L. Beck and U. Joger (Cham: Springer, 2018), 325–29.

30. Hauff and Joger, "Holzmaden."

31. A. J. van Loo, "Ichthyosaur embryos outside the mother body: not due to carcass explosion but to carcass implosion," *Palaeobiology and Palaeoenvironments* 93 (2013): 103–9.

32. H. W. Rasmussen, "Function and attachment of the stem in Isocrinidae and Pentacrinitidae: review and interpretation," *Lethaia* 10 (1977): 51–57.

33. H.-J. Röhl et al., "The Posidonia Shale (Lower Toarcian) of SW-Germany: an oxygen-depleted ecosystem controlled by sea level and palaeoclimate," *Palaeogeography, Palaeoclimatology, Palaeoecology* 165 (2001): 27–52.

34. A. W. Hunter et al., "Reconstructing the ecology of a Jurassic pseudoplanktonic raft colony," *Royal Society Open Science* 7 (2020): 200142.

35. Hunter et al., "Reconstructing the ecology."

36. Hunter et al., "Reconstructing the ecology." 但也请注意,化石足迹学大师兼古生物"侦探"多尔夫·赛拉赫通过精密的观察得出了类似的答案,而不是使用数学方法。有关详情,请阅读: A. Seilacher, "Developmental transformations in Jurassic driftwood crinoids," *Swiss Journal of Palaeontology* 130 (2011): 129–41。

37. *Teredo* Linnaeus, 1758, MolluscaBase, 世界海洋物种目录(WoRMS), http://www.marinespecies.org/aphia.php?p=taxdetails&id=138539, 访问日期为2021年11月7日。

38. D. L. Distel et al., "Molecular phylogeny of Pholadoidea Lamarck, 1809 sup-

ports a single origin for xylotrophy (wood feeding) and xylotrophic bacterial endosymbiosis in Bivalvia," *Molecular Phylogenetics and Evolution* 61 (2011): 245–54.

39. Distel et al., "Molecular phylogeny."

40. D. L. Distel et al., "Discovery of chemoautotrophic symbiosis in the giant shipworm *Kuphus polythalamia* (Bivalvia: Teredinidae) extends wooden-steps theory," *Proceedings of the National Academy of Science* 114 (2017): E3652–58.

41. M. Velásquez and R. Shipway, "A new genus and species of deep-sea wood-boring shipworm (Bivalvia: Teredinidae) *Nivanteredo coronata* n. sp. from the Southwest Pacific," *Marine Biology Research* 14 (2018): 808–15.

42. D. L. Distel and S. J. Roberts, "Bacterial endosymbionts in the gills of the deep-sea wood-boring bivalves *Xylophaga atlantica* and *Xylophaga washingtona*," *Biological Bulletin* 192 (1997): 253–61.

43. A. D. Ansell and N. B. Nair, "Shell movements of a wood-boring bivalve," *Nature* 216 (1967): 595; A. D. Ansell and N. B. Nair, "The mechanisms of boring in *Martesia striata* Linne (Bivalvia: Pholadidae) and *Xylophaga dorsalis* Turton (Bivalvia: Xylophaginidae)," *Proceedings of the Royal Society of London, B* 174 (1969): 123–33.

44. Ansell and Nair, "The mechanisms of boring."

45. R. G. Bromley et al., "A Cretaceous woodground: the Teredolites ichnofacies," *Journal of Paleontology* 58 (1984): 488–98.

46. L. Brodsley et al., "Prince Rupert's drops," *Notes and Records of the Royal Society of London* 41 (1986): 1–26.

47. D. J. Amon et al., "Burrow forms, growth rates and feeding rates of wood-boring Xylophagaidae bivalves revealed by micro-computed tomography," *Frontiers in Marine Science* 2 (2015): 1–10.

48. Amon et al., "Burrow forms."

49. I. Guarneri et al., "A simple method to calculate the volume of shipworm tunnels from radiographs," *International Biodeterioration & Biodegradation* 156 (2021): 105109.

50. Rayes et al., "Boring through history."

51. Distel et al., "Molecular phylogeny."

52. Distel et al., "Molecular phylogeny."

53. Distel et al., "Molecular phylogeny."

54. A. Kaim, "Non-actualistic wood-fall associations from Middle Jurassic of Poland," *Lethaia* 44 (2011): 109–24.

55. J. Villegas-Martín et al., "Jurassic *Teredolites* from Cuba: new trace fossil evidence of early wood-boring behavior in bivalves," *Journal of South American Earth Sciences* 38 (2012): 123–28.

56. Bromley et al., "A Cretaceous woodground."

57. Z. Belaústegui et al., "Ichnogeny and bivalve bioerosion: examples from shell and wood substrates," *Ichnos* 27 (2020): 277–83.

58. Belaústegui et al., "Ichnogeny and bivalve bioerosion."

59. R. H. B. Fraaije et al., "The oldest record of galatheoid anomurans (Decapoda, Crustacea) from Normandy, northwest France," *Neues Jahrbuch für Geologie und Paläontologie—Abhandlungen Band* 292 (2019): 291–97.

60. S. Melnyk et al., "A new marine woodground ichnotaxon from the Lower Cretaceous Mannville Group, Saskatchewan, Canada," *Journal of Paleontology* 95 (2020): 162–69.

61. Martin, *Life Traces of the Georgia Coast.*

62. Bromley et al., "A Cretaceous woodground."

63. MacEachern et al., "The ichnofacies paradigm."

64. C. E. Savrda et al., "Log-grounds and *Teredolites* in transgressive deposits, Eocene Tallahatta Formation (southern Alabama, USA)," *Ichnos* 12 (2005): 47–57; P. Monaco et al., "First documentation of wood borings (*Teredolites* and insect larvae) in Early Pleistocene lower shoreface storm deposits (Orvieto area, central Italy)," *Bollettino della Società Paleontologica Italiana* 50 (2011): 55–63; C. I. Serrano-Brañas et al., "*Teredolites* trace fossils in log-grounds from the Cerro del Pueblo Formation (Upper Cretaceous) of the state of Coahuila, Mexico," *Journal of South American Earth Sciences* 95 (2019): 102316.

65. M. K. Gingras et al., "Modern perspectives on the *Teredolites* ichnofacies: observations from Willapa Bay, Washington," *Palaios* 19 (2004): 79–88; MacEachern et al., "The ichnofacies paradigm."

66. J. R. Shipway et al., "A rock-boring and rock-ingesting freshwater bivalve (shipworm) from the Philippines," *Proceedings of the Royal Society, B* 286 (2019): 20190434.

67. I. N. Bolotov et al., "Discovery of a silicate rock-boring organism and macrobioerosion in fresh water," *Nature Communications* 9 (2018): 2882.

68. Shipway et al., "A rock-boring and rock-ingesting freshwater bivalve."

第九章

1. M. S. Savoca et al., "Baleen whale prey consumption based on high-resolution foraging measurements," *Nature* 599 (2021): 85–90.

2. 深海中首次观察到鲸落现象是在1977年2月19日，由美国海军潜水器机组人员发现：T. Vetter, *30,000 Leagues Undersea: True Tales of a Submariner and Deep Submergence Pilot* (自行出版, Tom Vetter Books)。然而，关于鲸落的首次科学发现和评估是在1987年，研究结果见于：C. R. Smith et al., "Vent fauna on whale remains," *Nature* 341 (1989): 27-28。

3. C. R. Smith et al., "Whale-fall ecosystems: recent insights into ecology, paleo-

ecology, and evolution," *Annual Review Marine Sciences* 7 (2015): 571–96.

4. Smith et al., "Whale-fall ecosystems."

5. S. Danise and S. Dominici, "A record of fossil shallow-water whale falls from Italy," *Lethaia* 47 (2014): 229–43.

6. M. J. Moore et al., "Dead cetacean? Beach, bloat, float, sink," *Frontiers in Marine Science* 7 (2020): 333.

7. J. C. Mallon et al., "A 'bloat-and-float' taphonomic model best explains the upside-down preservation of ankylosaurs," *Palaeogeography, Palaeoclimatology, Palaeoecology* 497 (2018): 117–27.

8. Moore et al., "Dead cetacean?"

9. N. D. Higgs et al., "The morphological diversity of *Osedax* worm borings (Annelida: Siboglinidae)," *Journal of the Marine Biological Association of the United Kingdom* 94 (2014): 1429–39.

10. Distel et al., "Molecular phylogeny of Pholadoidea Lamarck."

11. Y. Li et al., "Phylogenomics of tubeworms (Siboglinidae, Annelida) and comparative performance of different reconstruction methods," *Zoologica Scripta* 46 (2016): 200–213.

12. Y. Li et al., "Phylogenomics of tubeworms."

13. G. W. Rouse et al., "*Osedax*: bone-eating marine worms with dwarf males," *Science* 305 (2004): 668–71.

14. Rouse et al., "Osedax: bone-eating marine worms."

15. M. Tresguerres et al., "How to get into bones: proton pump and carbonic anhydrase in *Osedax* boneworms," *Proceedings of the Royal Society, B* 280 (2013): 20130625.

16. Tresguerres et al., "How to get into bones."

17. N. D. Higgs et al., "Bone-boring worms: characterizing the morphology, rate, and method of bioerosion by *Osedax mucofloris* (Annelida, Siboglinidae)," *Biological Bulletin* 221 (2011): 307–16.

18. Higgs et al., "Bone-boring worms."

19. G. W. Rouse et al., "A dwarf male reversal in bone-eating worms," *Current Biology* 25 (2015): 236–41.

20. Rouse et al., "A dwarf male reversal."

21. Rouse et al., "A dwarf male reversal."

22. Higgs et al., "The morphological diversity of *Osedax* worm borings."

23. Higgs et al., "The morphological diversity of *Oseda*x worm borings."

24. Higgs et al., "The morphological diversity of *Osedax* worm borings."

25. S. Kiel et al., "Fossil traces of the bone-eating worm *Osedax* in early Oligocene whale bones," *Proceedings of the National Academy of Sciences* 107 (2010): 8656–59.

26. Benton, *Vertebrate Paleontology*.

27. D. J. E. Murdock, "The 'biomineralization toolkit' and the origin of animal skeletons," *Biological Reviews* 95 (2020): 1372–92.

28. S. G. Platt et al., "Diet of the American crocodile (*Crocodylus acutus*) in marine environments of coastal Belize," *Journal of Herpetology* 47 (2013): 1–10.

29. Benton, *Vertebrate Paleontology*.

30. Benton, *Vertebrate Paleontology*.

31. Benton, *Vertebrate Paleontology*.

32. P. M. Sander et al., "Short-snouted toothless ichthyosaur from China suggests Late Triassic diversification of suction feeding ichthyosaurs," *PLOS ONE* 6 (2011): e19480.

33. R. B. J. Benson et al., "A giant pliosaurid skull from the Late Jurassic of England," *PLOS ONE* 8 (2013): e65989; V. Fischer et al. "Peculiar microphagous adaptations in a new Cretaceous pliosaurid," *Royal Society of Open Science* 2 (2015): 150552.

34. A. S. Schulp et al., "On diving and diet: resource partitioning in type-Maastrichtian mosasaurs," *Netherlands Journal of Geosciences—Geologie En Mijnbouw* 92 (2014): 165–70.

35. Everhart, *Oceans of Kansas*.

36. A. P. Cossette and C. A. Brochu, "A systematic review of the giant alligatoroid *Deinosuchus* from the Campanian of North America and its implications for the relationships at the root of Crocodylia," *Journal of Vertebrate Paleontology* 40 (2020): e1767638.

37. A. Berta, *Whales, Dolphins, and Porpoises: A Natural History and Species Guide* (Chicago: University of Chicago Press, 2015).

38. H. G. Ferrón et al., "Assessing metabolic constraints on the maximum body size of actinopterygians: locomotion energetics of *Leedsichthys problematicus* (Actinopterygii, Pachycormiformes)," *Palaeontology* 61 (2018): 775–83.

39. S. Danise et al., "Ecological succession of a Jurassic shallow-water ichthyosaur fall," *Nature Communications* 5 (2014): 4789.

40. Danise et al., "Ecological succession."

41. Danise et al., "Ecological succession."

42. Danise et al., "Ecological succession."

43. A. Kaim, "Chemosynthesis-based associations on Cretaceous plesiosaurid carcasses," *Acta Palaeontologica Polonica* 53 (2008): 97–104.

44. S. B. Johnson et al., "*Rubyspira*, new genus and two new species of bone-eating deep-sea snails with ancient habits," *Biological Bulletin* 219 (2010): 166–77.

45. Johnson et al., "*Rubyspira*."

46. S. Danise and N. D. Higgs, "Bone-eating *Osedax* worms lived on Mesozoic marine reptile deadfalls," *Biology Letters* 11 (2015): 20150072.

47. M. Talevi and S. Brezina, "Bioerosion structures in a Late Cretaceous mosasaur

from Antarctica," *Facies* 65 (2019): 1–5.

48. J. W. M. Jagt et al., "Episkeletozoans and bioerosional ichnotaxa on isolated bones of Late Cretaceous mosasaurs and cheloniid turtles from the Maastricht area, the Netherlands," *Geologos* 26 (2020): 39–49.

49. W. J. Jones et al., "Marine worms (genus *Osedax*) colonize cow bones," *Proceedings of the Royal Society, B* 275 (2008): 387–91.

50. G. W. Rouse et al., "Not whale-fall specialists, *Osedax* worms also consume fishbones," *Biology Letters* 7 (2011): 736–39.

51. S. Kiel et al., "*Osedax* borings in fossil marine bird bones," *Naturwissenschaften* 98 (2011): 51–55.

52. S. Kiel et al., "Traces of the bone-eating annelid *Osedax* in Oligocene whale teeth and fish bones," *Paläontologische Zeitschrift* 87 (2013): 161–67.

53. N. D. Higgs et al., "Evidence of *Osedax* worm borings in Pliocene (~3 Ma) whale bone from the Mediterranean," *Historical Biology* 24 (2012): 269–77.

54. C. R. McClain et al., "Alligators in the abyss: The first experimental reptilian food fall in the deep ocean," *PLOS ONE* 14 (2019): e0225345.

55. McClain et al., "Alligators in the abyss."

56. Smith et al., "Whale-fall ecosystems."

第十章

1. R. W. Thorington et al., *Squirrels: The Animal Answer Guide* (Baltimore: Johns Hopkins University Press, 2006).

2. A. Luebke et al., "Optimized biological tools: ultrastructure of rodent and bat teeth compared to human teeth," *Bioinspired, Biomimetic and Nanobiomaterials* 8 (2019): 247–53.

3. M. Elbroch, *Mammal Tracks and Sign: A Guide to North American Species* (Mechanicsburg, PA: Stackpole Books, 2003).

4. C. Rindali and T. M. Cole III, "Environmental seasonality and incremental growth rates of beaver (*Castor canadensis*) incisors: implications for palaeobiology," *Palaeogeography, Palaeoclimatology, Palaeoecology* 206 (2004): 289–301.

5. W. E. Klippel and J. A. Synstelien, "Rodents as taphonomic agents: bone gnawing by brown rats and gray squirrels," *Journal of Forensic Science* 52 (2007): 765–73, 以及其中的参考文献。

6. Klippel and Synstelien, "Rodents as taphonomic agents."

7. J. H. Frank et al., *American Beetles, Volume II: Polyphaga: Scarabaeoidea through Curculionoidea* (Boca Raton, FL: CRC Press, 2002).

8. Frank et al., *American Beetles.*

9. "Dermestarium",作者为密歇根大学动物学博物馆的斯蒂芬·H. 欣肖(Ste-

phen H. Hinshaw),该文章详细介绍了如何利用白腹皮蠹为博物馆清理骨骼: https://webapps.lsa.umich.edu/ummz/mammals/dermestarium/default.asp。

10. B. B. Britt et al., "A suite of dermestid beetle traces on dinosaur bone from the Upper Jurassic Morrison Formation, Wyoming, USA," *Ichnos* 15 (2008): 59–71.

11. L. D. Martin and D. L. West, "The recognition and use of dermestid (Insecta, Coleoptera) pupation chambers in paleoecology," *Palaeogeography, Palaeoclimatology, Palaeoecology* 113 (1995): 303–10.

12. Britt et al., "A suite of dermestid beetle traces"; K. S. Bader et al., "Application of forensic science techniques to trace fossils on dinosaur bones from a quarry in the Upper Jurassic Morrison Formation, northeastern Wyoming," *Palaios* 24 (2009): 140–58.

13. L. R. Backwell et al., "Criteria for identifying bone modification by termites in the fossil record," *Palaeogeography, Palaeoclimatology, Palaeoecology* 337 (2012): 72–87.

14. M. Tappen, "Bone weathering in the tropical rain forest," *Journal of Archaeological Science* 21 (1994): 667–73.

15. Blackwell et al., "Criteria."

16. B. P. Freymann et al., "Termites of the genus *Odontotermes* are optionally keratophagous," *Ecotropica* 13 (2007): 143–47.

17. M. C. Go, "A case of human bone modification by ants (Hymenoptera: Formicidae) in the Philippines," *Forensic Anthropology* 1 (2018): 116–23.

18. Go, "A case of human bone modification."

19. V. D. P. Neto et al., "Oldest evidence of osteophagic behavior by insects from the Triassic of Brazil," *Palaeogeography, Palaeoclimatology, Palaeoecology* 453 (2016): 30–41.

20. O. Fejar and T. M. Kaiser, "Insect bone-modification and paleoecology of Oligocene mammal-bearing sites in the Doupov Mountains, northwestern Bohemia," *Palaeontologia Electronica* 8 (2005): Article 8.1.8A.

21. E. J. Odes et al., "Osteopathology and insect traces in the *Australopithecus africanus* skeleton StW 431," *South African Journal of Science* 113 (2017): 1–7.

22. 国家恐龙化石保护区(或称恐龙国家纪念公园,由美国国家公园管理局管理),网址 https://www.nps.gov/dino/index.htm。

23. 侏罗纪晚期的剑龙,因其沿着背部排列的独特骨板以及尾巴上四个令人生畏的尖刺而闻名,古生物学家认为这些尖刺是用来抵御掠食性恐龙的。1982年,在一部漫画中,漫画家加里·拉森(Gary Larson)使用术语"尾刺"(thagomizer)指代尾巴上的这些刺—— 一个(时代错置的)穴居人正在教导其他穴居人,他指着一幅剑龙尾巴的插图,说道:"现在,这个末端被称为'尾刺'……以纪念已故的萨格·西蒙斯(Thag Simmons)。"自那时起,该术语就一直被欢乐的古生物学家所沿用。

24. K. Carpenter, "Rocky start of Dinosaur National Monument (USA), the world's

first dinosaur geoconservation site," *Geoconservation Research* 1 (2018): 1–20.

25. Britt et al., "A suite of dermestid beetle traces."

26. Britt et al., "A suite of dermestid beetle traces."

27. Britt et al., "A suite of dermestid beetle traces."

28. J. Foster et al., "Paleontology, taphonomy, and sedimentology of the Mygatt-Moore Quarry, a large dinosaur bonebed in the Morrison Formation, western Colorado: implications for Upper Jurassic dinosaur preservation modes," *Geology of the Intermountain West* 5 (2018): 23–93.

29. S. K. Drumheller et al., "High frequencies of theropod bite marks provide evidence for feeding, scavenging, and possible cannibalism in a stressed Late Jurassic ecosystem," *PLOS ONE* 15 (2020): e0233115.

30. J. B. McHugh et al., "Decomposition of dinosaurian remains inferred by invertebrate traces on vertebrate bone reveal new insights into Late Jurassic ecology, decay, and climate in western Colorado," *PeerJ* 8 (2020): e9510.

31. McHugh et al., "Decomposition of dinosaurian remains."

32. C. McNassor, *Images of America: Los Angeles's La Brea Tar Pits and Hancock Park* (Charleston, SC: Arcadia Publishing, 2011).

33. C. Stock (7th ed., revised by J. M. Harris), *Rancho La Brea: A Record of Pleistocene Life in California Science Series* 37 (Los Angeles: Natural History Museum of Los Angeles County, 1992).

34. 拉布雷亚沥青坑和博物馆的网站上提供了在该址发现的哺乳动物列表: https://tarpits.org/research-collections/tar-pits-collections/mammal-collections。

35. B. K. McHorse et al., "The carnivoran fauna of Rancho La Brea: Average or aberrant?," *Palaeogeography, Palaeoclimatology, Palaeoecology* 329–30 (2012): 118–23.

36. McHorse et al., "The carnivoran fauna of Rancho La Brea."

37. A. R. Holden et al., "Paleoecological and taphonomic implications of insect-damaged Pleistocene vertebrate remains from Rancho La Brea, Southern California," *PLOS ONE* 8 (2013): e67119.

38. Frank et al., *American Beetles*.

39. Holden et al., "Paleoecological and taphonomic implications."

40. F. J. Augustin et al., "The smallest eating the largest: the oldest mammalian feeding traces on dinosaur bone from the Late Jurassic of the Junggar Basin (northwestern China)," *The Science of Nature* 107 (2020): 32.

41. C. S. Ozeki et al., "Biological modification of bones in the Cretaceous of North Africa," *Cretaceous Research* 114 (2020): 104529; F. J. Augustin et al., "Dinosaur taphonomy of the Jurassic Shishugou Formation (Northern Junggar Basin, NW China): insights from bioerosional trace fossils on bone," *Ichnos* 28 (2021): 87–96.

42. Klippel and Synstelian, "Rodents as taphonomic agents"; J. T. Pokines et al.,

"The taphonomic effects of eastern gray squirrels (*Sciurus carolinensis*) gnawing on bone," *Journal of Forensic Identification* 66 (2016): 349–75.

43. J. M. Hutson et al., "Osteophagia and bone modifications by giraffes and other large ungulates," *Journal of Archaeological Science* 40 (2013): 4139–49.

44. L. A. Meckel et al., "White-tailed deer as a taphonomic agent: photographic evidence of white-tailed deer gnawing on human bone," *Journal of Forensic Sciences* 63 (2018): 292–94.

45. M. Agaba et al., "Giraffe genome sequence reveals clues to its unique morphology and physiology," *Nature Communications* 7 (2016): 11519; B. Shorrocks, *The Giraffe: Biology, Ecology, Evolution and Behaviour* (West Sussex: John Wiley & Sons, 2016).

46. Hutson et al., "Osteophagia and bone modifications."

47. Hutson et al., "Osteophagia and bone modifications."

48. Hutson et al., "Osteophagia and bone modifications."

49. M. M. Selvaggio, "Carnivore tooth marks and stone tool butchery marks on scavenged bones: archaeological implications," *Journal of Human Evolution* 27 (1994): 215–28.

50. 石化林国家公园(Petrified Forest National Park),由美国国家公园管理局管理,网址为https://www.nps.gov/pefo/index.htm。

51. W. G. Parker et al. (eds.), *A Century of Research at Petrified Forest National Park* (Flagstaff: Museum of Northern Arizona Bulletin No. 62, 2006).

52. A. J. Martin and S. T. Hasiotis, "Vertebrate tracks and their significance in the Chinle Formation (Late Triassic), Petrified Forest National Park, Arizona," in *National Park Service Paleontological Research* 3 (1998): 38–143; A. Wahl et al., "Vertebrate coprolites and coprophagy traces, Chinle Formation (Late Triassic), Petrified Forest National Park, Arizona," *National Park Service Paleontological Research* 3 (1998): 144–48.

53. Wahl et al., "Vertebrate coprolites and coprophagy traces."

54. Parker et al., *A Century of Research*.

55. S. K. Drumheller et al., "Direct evidence of trophic interactions among apex predators in the Late Triassic of western North America," *Naturwissenschaften* 101: (2014) 975–87.

56. Drumheller et al., "Direct evidence of trophic interactions."

57. Drumheller et al., "Direct evidence of trophic interactions."

58. Brett and Walker, "Predators and predation."

59. M. W. Hardisty, *Lampreys: Life Without Jaws* (London: Forrest Text, 2006).

60. Benton, *Vertebrate Paleontology*.

61. Kuratani, "Evolution of the vertebrate jaw."

62. I. J. Sansom et al., "Chondrichthyan-like scales from the Middle Ordovician of Australia," *Palaeontology* 55 (2012): 243–47.

63. P. Gorzelak et al., "Inferred placoderm bite marks on Devonian crinoids from Poland," *Neues Jahrbuch für Geologie und Paläontologie* 259 (2011): 105–12.

64. Gorzelak et al., "Inferred placoderm bite marks."

65. O. A. Lebedev et al., "Bite marks as evidence of predation in early vertebrates," *Acta Zoologica* 90 (2009): 344–56.

66. Lebedev et al., "Bite marks as evidence."

67. J. Pier, "The Devonian monster of the deep," *Palaeontologia Electronica* blog post, 该论文和以下研究论文相关: Z. Johanson et al., "Fusion in the vertebral column of the pachyosteomorph arthrodire *Dunkleosteus terrelli* ('Placodermi')," *Palaeontologia Electronica* 22.2.20 (2019), https://palaeo-electronica.org/content/2011-11-30-22-01-23/2528-the-devonian-monster-of-the-deep。

68. P. S. L. Anderson and M. W. Westneat, "Feeding mechanics and bite force modelling of the skull of *Dunkleosteus terrelli*, an ancient apex predator," *Biology Letters* 3 (2007): 76–79; P. S. L. Anderson and M. W. Westneat, "A biomechanical model of feeding kinematics for *Dunkleosteus terrelli* (Arthrodira, Placodermi)," *Paleobiology* 35 (2009): 251–69.

69. Anderson and Westneat, "Feeding mechanics and bite force modelling."

70. Anderson and Westneat, "A biomechanical model."

71. Anderson and Westneat, "A biomechanical model."

72. L. Hall et al., "Possible evidence for cannibalism in the giant arthrodire *Dunkleosteus*, the apex predator of the Cleveland Shale Member (Fammenian) of the Ohio Shale," *Journal of Vertebrate Paleontology, Programs and Abstracts Book* (2016): 148.

73. Hall et al., "Possible evidence for cannibalism."

74. D. A. Ebert et al., *Sharks of the World: A Complete Guide* (Princeton, NJ: Princeton University Press, 2013).

75. J. Nielsen et al., "Eye lens radiocarbon reveals centuries of longevity in the Greenland shark (*Somniosus microcephalus*)," *Science* 353 (2016): 702–4.

76. B. Pobiner, "Paleoecological information in predator tooth marks," *Journal of Taphonomy* 6 (2008): 373–97.

77. S. J. Godfrey and J. B. Smith, "Shark-bitten vertebrate coprolites from the Miocene of Maryland," *Naturwissenschaften* 97 (2010): 461–67.

78. J. I. Castro, *The Sharks of North America* (Oxford: Oxford University Press, 2011).

79. Castro, *The Sharks of North America.*

80. S. Wroe et al., "Three-dimensional computer analysis of white shark jaw mechanics: how hard can a great white bite?," *Journal of Zoology* 276 (2008): 336–42.

81. Wroe et al., "Three-dimensional computer analysis."

82. R. W. Boessenecker et al., "The Early Pliocene extinction of the mega-toothed

shark *Otodus megalodon*: a view from the eastern North Pacific," *PeerJ* 7 (2019): e6088.

83. J. A. Cooper et al., "Body dimensions of the extinct giant shark *Otodus megalodon*: a 2D reconstruction," *Scientific Reports* 10 (2020): 14596.

84. Cooper et al., "Body dimensions."

85. Wroe et al., "Three-dimensional computer analysis."

86. A. Ballell and H. G. Ferrón, "Biomechanical insights into the dentition of megatooth sharks (Lamniformes: Otodontidae)," *Scientific Reports* 11 (2021): 1232.

87. O. A. Aguilera et al., "Giant-toothed white sharks and cetacean trophic interaction from the Pliocene Caribbean Paraguaná Formation," *Paläontologische Zeitschrift* 82 (2008): 204–8.

88. S. J. Godfrey et al., "*Carcharocles*-bitten odontocete caudal vertebrae from the Coastal Eastern United States," *Acta Palaeontologica Polonica* 63 (2018): 463–68.

89. S. J. Godfrey et al., "*Otodus*-bitten sperm whale tooth from the Neogene of the Coastal Eastern United States," *Acta Paleontologica Polonica* 66 (2021): 1–5.

90. G. Grigg, *Biology and Evolution of Crocodylians* (Ithaca, NY: Cornell University Press, 2015).

91. D. R. Schwimmer, *King of the Crocodylians: The Paleobiology of* Deinosuchus (Bloomington: Indiana University Press, 2002).

92. C. A. Boyd et al., "Crocodyliform feeding traces on juvenile ornithischian dinosaurs from the Upper Cretaceous (Campanian) Kaiparowits Formation, Utah," *PLOS ONE* 8 (2013): e57605.

93. C. D. Brownstein, "Trace fossils on dinosaur bones reveal ecosystem dynamics along the coast of eastern North America during the latest Cretaceous," *PeerJ 6* (2018): e4973.

94. G. M. Erickson et al., "Insights into the ecology and evolutionary success of crocodilians revealed through bite-force and tooth-pressure experimentation," *PLOS ONE* 7 (2012): e31781.

95. Erickson et al., "Insights into the ecology."

96. Erickson et al., "Insights into the ecology."

97. G. M. Erickson and K. H. Olson, "Bite marks attributable to *Tyrannosaurus rex*: preliminary description and implications," *Journal of Vertebrate Paleontology* 16 (1996): 175–78.

98. G. M. Erickson et al., "Bite-force estimation for *Tyrannosaurus rex* from tooth-marked bones," *Nature* 382 (1996): 706–8.

99. Erickson et al., "Bite-force estimation."

100. K. Chin et al. "A king-sized theropod coprolite," *Nature* 393 (1998): 680–82.

101. P. M. Gignac and G. M. Erickson, "The biomechanics behind extreme osteophagy in *Tyrannosaurus rex*," *Scientific Reports* 7 (2017): 2012.

102. K. Carpenter, "Evidence of predatory behavior by carnivorous dinosaurs," *Gaia* 15 (1998): 135–44.

103. J. R. Horner and D. Lessem, *The Complete T. Rex* (New York: Simon & Schuster, 1993).

104. R. A. DePalma et al., "Physical evidence of predatory behavior in *Tyrannosaurus rex*," *Proceedings of the National Academy of Science* 110 (2013): 12560–64.

105. C. M. Brown et al., "Intraspecific facial bite marks in tyrannosaurids provide insight into sexual maturity and evolution of bird-like intersexual display," *Paleobiology* 48 (2021): doi: https://doi.org/10.1017/pab.2021.29.

106. D. H. Tanke and P. J. Currie, "Head-biting behavior in theropod dinosaurs: paleopathological evidence," *Gaia* 15 (1998): 167–84.

107. Y. Hu et al., "Large Mesozoic mammals fed on young dinosaurs," *Nature* 433 (2005): 149–52.

108. T. R. Lyson et al., "Exceptional continental record of biotic recovery after the Cretaceous–Paleogene mass extinction," *Science* 366 (2019): 977–83.

109. A. K. Behrensmeyer, "Terrestrial vertebrate accumulations," in *Taphonomy: Releasing the Data Locked in the Fossil Record*, ed. P. A. Allison and D. E. G. Briggs (New York: Plenum Press, 1991), 291–327.

110. N. D. Pyenson, "The ecological rise of whales chronicled by the fossil record," *Current Biology* 27 (2017): R558–64.

111. J. G. M. Thewissen, *The Emergence of Whales: Evolutionary Patterns in the Origin of Cetacea* (New York: Springer, 2013).

112. E. Snively et al., "Bone-breaking bite force of *Basilosaurus isis* (Mammalia, Cetacea) from the Late Eocene of Egypt estimated by finite element analysis," *PLOS ONE* 10 (2015): e0118380.

113. Snively et al., "Bone-breaking bite force."

第十一章

1. R. N. Scoon, "Mount Elgon National Park(s)," in *Geology of National Parks of Central/Southern Kenya and Northern Tanzania*, ed. R. N. Scoon (Cham: Springer, 2018), 81–90.

2. R. J. Bowell et al., "Formation of cave salts and utilization by elephants in the Mount Elgon region, Kenya," in *Environmental Geochemistry and Health*, ed. J. D. Appleton et al. (London: Geological Society Special Publication No. 113, 1996), 63–79; J. Lundberg and D. A. McFarlane, "Speleogenesis of the Mount Elgon elephant caves," in *Perspectives on Karst Geomorphology, Hydrology, and Geochemistry*, ed. R. S. Harmon and C. Wicks (Boulder, CO: Geological Society of America, 2006), 51–63.

3. C. J. Moss et al. (eds.), *The Amboseli Elephants: A Long-Term Perspective on a*

Long-Lived Mammal (Chicago: University of Chicago Press, 2011).

4. C. A. Lundquist and W. W. Varnedoe Jr., “Salt ingestion caves,” *International Journal of Speleology* 35 (2005): 13–18.

5. Lundquist and Varnedoe, “Salt ingestion caves.”

6. L. A. Borrero and F. M. Martin, “Taphonomic observations on ground sloth bone and dung from Cueva del Milodón, Ultima Esperanza, Chile: 100 years of research history,” *Quaternary International* 278 (2012): 3–11; B. van Geel et al., “Diet and environment of *Mylodon darwinii* based on pollen of a Late-Glacial coprolite from the Mylodon Cave in southern Chile,” *Review of Palaeobotany and Palynology* 296 (2021): 104549.

7. E. Hadjisterkotis and D. S. Reese, “Considerations on the potential use of cliffs and caves by the extinct endemic late Pleistocene hippopotami and elephants of Cyprus,” *European Journal of Wildlife Research* 54 (2008): 122–33.

8. P. Davies and A. M. Lister, “*Palaeoloxodon cypriotes*, the dwarf elephant of Cyprus: size and scaling comparisons with *P. falconeri* (Sicily-Malta) and mainland *P. antiquus*,” in *The World of Elephants* (Rome: International Congress Proceedings, 2001), 479–80.

9. Hadjisterkotis and Reese, “Considerations on the potential use of cliffs and caves.”

10. Martin, *The Evolution Underground*, 以及其中的参考文献。

11. Martin, *The Evolution Underground*.

12. 拉科塔苏族(Lakota Sioux)为布莱克山上的花岗岩露头命名为“Tȟuŋkášila Šákpe”(“六位祖父”)——后来更名为“拉什莫尔山”(Mount Rushmore)——这个名字来自拉科塔族医者尼古拉斯·布莱克·埃尔克(Nicolas Black Elk)向约翰·G. 奈哈特(John G. Neihardt)描绘的一个愿景。1931年,这份对话以书的形式出版,之后多次再版: B. Elk and J. G. Neihardt, *Black Elk Speaks: Being the Life Story of a Holy Man of the Ogala Sioux* (Albany: State University of New York Press, 2008)。

13. E. P. Kiver and D. V. Harris, *Geology of U.S. Parklands* (5th ed.) (New York: John Wiley & Sons, 1999).

14. 在拉什莫尔山上展示的四位美国总统中,第一位出生的是乔治·华盛顿(George Washington, 1732年),最后一位去世的是西奥多·罗斯福(Theodore Roosevelt, 1919年)。在1732年至1735年间,大气中的二氧化碳浓度为277 ppm,而在1919年该数值达到302 ppm。这表明,在这四位总统累计的寿命期间,大气中二氧化碳浓度增加了8%。当雕刻于1941年完成时,二氧化碳浓度为310 ppm。自1941年以来,该浓度已经增加了25%(413 ppm),自西奥多·罗斯福去世以来增加了37%。数据来源:https://www.co2levels.org/。

15. G. Haynes, *Mammoths, Mastodons, and Elephants* (Cambridge: Cambridge University Press, 1993).

16. F. Bibi et al., “Early evidence for complex social structure in Proboscidea from

a late Miocene trackway site in the United Arab Emirates," *Biology Letters* 8 (2012): 670–73.

17. Haynes, *Mammoths, Mastodons, and Elephants*.

18. 猛犸岩(Mammoth Rocks),加利福尼亚州公园与休闲部门(California Department of Parks and Recreation),网址:https://www.parks.ca.gov/?page_id=23566。

19. E. B. Parkman, "Rancholabrean rubbing rocks on California's north coast," *California State Parks, Science Notes Number* 72 (2007): 1–32; E. B. Parkman et al., "Extremely high polish on the rocks of uplifted sea stacks along the north coast of Sonoma County, California, USA," *Mammoth Rocks and the Geology of the Sonoma Coast, Northern California Geological Society Guidebook* (2010).

20. D. D. Alt and D. W. Hyndman, *Roadside Geology of Northern and Central California* (Missoula, MT: Mountain Press Publishing, 2000).

21. Alt and Hyndman, *Roadside Geology*.

22. Alt and Hyndman, *Roadside Geology*.

23. Parkman et al., "Extremely high polish."

24. Parkman et al., "Extremely high polish."

25. G. T. Jefferson, "A catalogue of late Quaternary vertebrates from California: part two, mammals," *Technical Reports Number* 7 (Los Angeles: Natural History Museum of Los Angeles County, 1991); Parkman et al., "Extremely high polish."

26. B. R. Coppedge et al., "Grassland soil depressions: Relict bison wallows or inherent landscape heterogeneity?," *American Midland Naturalist* 142 (1999): 382–92.

27. 关于这种行为的描绘,尤其是幼年大象的行为,请观看视频"Baby elephants enjoying a mud bath" (2021): https://vimeo.com/547960736。

28. Parkman, "Rancholabrean rubbing rocks"; Parkman et al., "Extremely high polish."

29. J. E. Lewis and S. Harmand, "An earlier origin for stone tool making: implications for cognitive evolution and the transition to *Homo*," *Philosophical Transactions of the Royal Society, B* 371 (2016): 20150233.

30. M. Domínguez-Rodrigo et al., "Artificial intelligence provides greater accuracy in the classification of modern and ancient bone surface modifications," *Scientific Reports* 10 (2020): 18862.

31. T. A. Surovell et al., "Test of Martin's overkill hypothesis using radiocarbon dates on extinct megafauna," *Proceedings of the National Academy of Sciences* 113 (2016): 886–91.

32. P. Villa et al., "Elephant bones for the Middle Pleistocene toolmaker," *PLOS ONE* 16 (2021): e0256090.

33. K. Sano et al., "A 1.4-million-year-old bone handaxe from Konso, Ethiopia, shows advanced tool technology in the early Acheulean," *Proceedings of the National*

Academy of Science 117 (2020): 18393–400.

34. M. R. Bennett et al., "Evidence of humans in North America during the Last Glacial Maximum," *Science* 373 (2021): 1528–31; R. A. Fariña, "Bone surface modifications, reasonable certainty, and human antiquity in the Americas: the case of the Arroyo Del Vizcaíno site," *American Antiquity* 80 (2017): 193–200.

35. Carvalho et al., "First tracks of newborn straight-tusked elephants (*Palaeoloxodon antiquus*)," *Scientific Reports* 11 (2021): 17311.

36. D. M. Fragaszy et al., "Wild bearded capuchin monkeys (*Sapajus libidinosus*) strategically place nuts in a stable position during nut-cracking," *PLOS ONE* 8 (2013a): e56182; D. M. Fragaszy et al., "The fourth dimension of tool use: temporally enduring artefacts aid primates learning to use tools," *Philosophical Transactions of the Royal Society, B* 368 (2013b): 20120410.

37. Fragaszy et al., "Wild bearded capuchin monkeys."

38. Fragaszy et al., "Wild bearded capuchin monkeys."

39. Fragaszy et al., "Wild bearded capuchin monkeys."

40. T. Falótico et al., "Three thousand years of wild capuchin stone tool use," *Nature Ecology & Evolution* 3: 1034–38.

41. Fragaszy et al., "The fourth dimension of tool use."

42. Martin, *Dinosaurs Without Bones.*

43. Lewis and Harmand, "An earlier origin for stone tool making"; S. P. McPherron et al., "Evidence for stone-tool-assisted consumption of animal tissues before 3.39 million years ago at Dikika, Ethiopia," *Nature* 466 (2010): 857–60. 然而，一些研究者指出，那些被认为是"工具痕迹"的，实际上很可能由非人族原因导致，例如鳄鱼咬伤、践踏和磨损。如需其他解释，请阅读：M. Domínguez-Rodrigo and L. Alcalá, "3.3-million-year-old stone tools and butchery traces? More evidence needed," *PaleoAnthropology* 2016 (2016): 46–53; S. D. Domínguez-Solera et al., "Equids can also make stone artefacts," *Journal of Archaeological Science: Reports* 40 (2021): 103260。

44. G. D. Bader et al., "The forgotten kingdom: new investigations in the prehistory of Eswatini," *Journal of Global Archaeology* 2021 (2021): 1–8.

45. T. Kerig, "Prehistoric mining," *Antiquity* 94 (2020): 802–5.

46. B. C. Black, *Crude Reality: Petroleum in World History* (2nd ed.) (Lanham, MD: Rowman and Littlefield, 2021).

47. P. M. Varley and C. D. Warren, "History of the geological investigations for the Channel Tunnel," in *Engineering Geology of the Channel Tunnel*, ed. C. S. Harris et al. (London: Thomas Telford, 1996), 5–18.

48. Varley and Warren, "History of the geological investigations."

49. C. D. Warren et al., "UK tunnels: geotechnical monitoring and encountered conditions," in *Engineering Geology of the Channel Tunnel*, ed. C. S. Harris et al. (London:

Thomas Telford, 1996), 219–43.

50. P. Magron, "General geology and geotechnical considerations," in *Engineering Geology of the Channel Tunnel*, ed. C. S. Harris et al. (London: Thomas Telford, 1996), 57–63.

51. "Channel tunnel," 地质学会(Geological Society), https://www.geolsoc.org.uk/GeositesChannelTunnel, 访问日期为2021年11月10日。

52. H. P. Horton et al., "Expert assessment of sea-level rise by AD 2100 and AD 2300," *Quaternary Science Reviews* 84 (2014): 1–6.

参考文献

印刷资料

Achtalis, M., R. M. van der Zande, C. H. L. Schönberg, J. K. H. Fang, O. Hoegh-Guldberg, et al. "Sponge biocrosion on changing reefs: ocean warming poses physiological constraints to the success of a photosymbiotic excavating sponge," *Scientific Reports* 7 (2017): 10705.

Adam, T. C., A. Duran, C. E. Fuchs, M. V. Roycroft, M. C. Rojas, B. I. Ruttenberg, et al. "Comparative analysis of foraging behavior and bite mechanics reveals complex functional diversity among Caribbean parrotfishes," *Marine Ecology Progress Series* 597 (2018): 207–20.

Agaba, M., E. Ishengoma, W. C. Miller, B. C. McGrath, C. N. Hudson, O. C. B. Reina, et al. "Giraffe genome sequence reveals clues to its unique morphology and physiology," *Nature Communications* 7 (2016): 11519.

Aguilera, O. A., L. Garcia, and M. A. Cozzuol. "Giant-toothed white sharks and cetacean trophic interaction from the Pliocene Caribbean Paraguaná Formation," *Paläontologische Zeitschrift* 82 (2008): 204–8.

Ahrens, W. P. "Naming the Bahamas islands: history and folk etymology," in *Names and Their Environment*, ed. C. Hough and D. Izdebska (Glasgow, *Proceedings of the 25th International Congress of Onomastic Sciences*, 2014): 42–49.

Allwood, A. C., M. R. Walter, B. S. Kamber, C. P. Marshall, and I. W. Burch. "Stromatolite reef from the Early Archaean era of Australia," *Nature* 441 (2006): 714–18.

Alt, D. D., and D. W. Hyndman. *Roadside Geology of Northern and Central California* (Missoula, MT: Mountain Press Publishing, 2000).

Amaral, C. R. L., F. Pereira, D. A. Silva, A. Amorim, and E. F. de Carvalho. "The mitogenomic phylogeny of the Elasmobranchii (Chondrichthyes)," *Mitochondrial DNA Part A* 29 (2018): 867–78.

Amon, D. J., D. Sykes, F. Ahmed, J. T. Copley, K. M. Kemp, P. A. Tyler, et al. "Burrow forms, growth rates and feeding rates of wood-boring Xylophagaidae bivalves revealed by micro-computed tomography," *Frontiers in Marine Science* 2 (2015): 1–10.

Anderson, J. B., J. N. Bruhn, D. Kasimer, H. Wang, N. Rodrigue, and M. L. Smith. "Clonal evolution and genome stability in a 2500-year-old fungal individual," *Proceedings of the Royal Society of London, B* 285 (2018): 20182233.

Anderson, P. S. L., and M. W. Westneat. "Feeding mechanics and bite force modelling of the skull of *Dunkleosteus terrelli*, an ancient apex predator," *Biology Letters* 3 (2007): 76–79.

Anderson, P. S. L., and M. W. Westneat. "A biomechanical model of feeding kinematics for *Dunkleosteus terrelli* (Arthrodira, Placodermi)," *Paleobiology* 35 (2009): 251–69.

Ansell, A. D., and N. B. Nair. "Shell movements of a wood-boring bivalve," *Nature* 216 (1967): 595.

Ansell, A. D., and N. B. Nair. "The mechanisms of boring in *Martesia striata* Linne (Bivalvia: Pholadidae) and *Xylophaga dorsalis* Turton (Bivalvia: Xylophaginidae)," *Proceedings of the Royal Society of London, B* 174 (1969): 123–33.

Armstrong, R. A. "The use of the lichen genus *Rhizocarponin* in lichneometric dating with special reference to Holocene glacial events," in *Advances in Environmental Research*, ed. J. A. Daniels (Hauppauge, NY: Nova Science Publishers, 2015), 23–50.

Arnold, J. M. "Some aspects of hole-boring predation by *Octopus vulgaris*," *American Zoologist* 9 (1969): 991–96.

Asadzadeh, S. S., T. Kiørboe, P. S. Larsen, S. P. Leys, G. Yahel, and J. H. Walther. "Hydrodynamics of sponge pumps and evolution of the sponge body plan," *eLife* 9 (2020): e61012.

Asgaard, U., and R. G. Bromley. 2008. "Echinometrid sea urchins, their trophic styles and corresponding bioerosion," in *Current Developments in Bioerosion*, ed. M. Wisshak and L. Tapanila (Berlin: Springer, 2008), 279–303.

Audley, J. P., C. J. Fettig, A. S. Munson, J. B. Runyon, L. A. Mortenson, B. E. Steed, et al. "Impacts of mountain pine beetle outbreaks on lodgepole pine forests in the Intermountain West, U. S., 2004–2019," *Forest Ecology and Management* 475 (2020): 118403.

Augustin, F. J., A. T. Matzke, M. W. Maisch, J. K. Hinz, and H.-U. Pfretzschner. "The smallest eating the largest: the oldest mammalian feeding traces on dinosaur bone from the Late Jurassic of the Junggar Basin (northwestern China)," *The Science of Nature* 107 (2020): 32.

Augustin, F. J., A. T. Matzke, M. W. Maisch, J. K. Hinz, and H.-U. Pfretzschner. "Dinosaur taphonomy of the Jurassic Shishugou Formation (Northern Junggar Basin, NW China): insights from bioerosional trace fossils on bone," *Ichnos* 28 (2021): 87–96.

Ausich, W. I., T. W. Kammer, E. C. Rhenberg, and D. F. Wright. "Early phylogeny of crinoids within the pelmatozoan clade," *Palaeontology* 58 (2015): 937–52.

Ausich, W. I., and G. D. Webster (eds.). *Echinoderm Paleobiology* (Bloomington: Indiana University Press, 2008).

Baars, C., M. G. Pour, and R. C. Atwood. "The earliest rugose coral," *Geological Magazine* 150 (2012): 371–80.

Backwell, L. R., A. H. Parkinson, E. M. Roberts, F. d'Erricoc, and J.-B. Huchete. "Criteria for identifying bone modification by termites in the fossil record," *Palaeogeography, Palaeoclimatology, Palaeoecology* 337 (2012): 72–87.

Bader, G. D., B. Forrester, L. Ehlers, E. Velliky, B. L. MacDonald, and J. Linstädter. "The forgotten kingdom: new investigations in the prehistory of Eswatini," *Journal of Global Archaeology* 2021 (2021): 1–8.

Bader, K. S., S. T. Hasiotis, and L. D. Martin. "Application of forensic science techniques to trace fossils on dinosaur bones from a quarry in the Upper Jurassic Morrison Formation, northeastern Wyoming," *Palaios* 24 (2009): 140–58.

de Bakker, D. M., A. E. Webb, L. A. van den Bogaart, S. M. A. C. van Heuven, E. H. Meesters, and F. C. van Duyl. "Quantification of chemical and mechanical bioerosion rates of six Caribbean excavating sponge species found on the coral reefs of Curaçao," *PLOS ONE* 13 (2018): e0197824.

Ballell, A., and H. G. Ferrón. "Biomechanical insights into the dentition of megatooth sharks (Lamniformes: Otodontidae)," *Scientific Reports* 11 (2021): 1232.

Balog, S.-J. "Boring thallophytes in some Permian and Triassic reefs: bathymetry and bioerosion," in *Global and Regional Controls on Biogenic Sedimentation. I. Reef Evolution*, ed. J. Reitner et al. (*Göttinger Arbeiten Geologic Paläontologie*, 2, 1996): c305–9.

Bar-Yosef Mayer, D. E., I. Groman-Yaroslavski, O. Bar-Yosef, I. Hershkovitz, A. Kampen-Hasday, B. Vandermeersch, et al. "On holes and strings: earliest displays of human adornment in the Middle Palaeolithic," *PLOS ONE* 15 (2020): e0234924.

Barve, S., C. Riehl, E. L. Walters, J. Haydock, H. L. Dugdale, and W. D. Koenig. "Lifetime reproductive benefits of cooperative polygamy vary for males and females in the acorn woodpecker (*Melanerpes formicivorus*)," *Proceedings of the Royal Society, B* 288 (2021): 20210579.

Baumiller, T. K., M. A. Salamon, P. Gorzelak, R. Mooi, C. G. Messing, and F. J. Gahn. "Post-Paleozoic crinoid radiation in response to benthic predation preceded the Mesozoic marine revolution," *Proceedings of the National Academy of Sciences* 107 (2010): 5893–96.

Behrensmeyer, A. K. "Terrestrial vertebrate accumulations," in *Taphonomy: Releasing the Data Locked in the Fossil Record*, ed. P. A. Allison and D. E. G. Briggs (New York: Plenum Press, 1991), 291–327.

Belaústegui, Z., F. Muñiz, R. Domènech, and J. Martinell. "Ichnogeny and bivalve bioerosion: examples from shell and wood substrates," *Ichnos* 27 (2020): 277–83.

Bellwood, D. R. "Direct estimate of bioerosion by two parrotfish species, *Chlorurus gibbus* and *C. sordidus*, on the Great Barrier Reef, Australia," *Marine Biology* 121 (1995): 419–29.

Bellwood, D. R., and O. Schultz. "A review of the fossil record of the parrotfishes (Labroidei: Scaridae) with a description of a new *Calotomus* species from the Middle Miocene (Badenian) of Austria," *Annals Naturhistorisches Museum Wien* 92 (1991): 55–71.

Bengston, S. "Fungus-like mycelial fossils in 2.4-billion-year-old vesicular basalt," *Nature Ecology & Evolution* 1 (2017): 0141.

Benner, J. B., A. A. Ekdale, and J. M. de Gibert. "Macroborings (*Gastrochaenolites*) in Lower Ordovician hardgrounds of Utah: sedimentologic, paleoecologic, and evolutionary implications," *Palaios* 19 (2004): 543–50.

Bennett, M. R., D. Bustos, J. S. Pigati, K. B. Springer, T. M. Urban, V. T. Holliday, et al. "Evidence of humans in North America during the Last Glacial Maximum," *Science* 373 (2021): 1528–31.

Benson, R. B. J., M. Evans, A. S. Smith, J. Sassoon, S. Moore-Faye, H. F. Ketchum, et al. "A giant pliosaurid skull from the Late Jurassic of England," *PLOS ONE* 8 (2013): e65989.

Benton, M. J. *Vertebrate Paleontology* (4th ed.) (Oxford: Wiley-Blackwell, 2014).

Bentz, B. J., and A. M. Jönsson. 2014. "Modeling bark beetle responses to climate change," in *Bark Beetles: Biology and Ecology of Native and Invasive Species*, ed. F. E. Vega and R. W. Hofstetter (Cambridge, MA: Academic Press, 2014), 533–53.

Berchtold, A. E., and I. M. Côté. "Effect of early exposure to predation on risk perception and survival of fish exposed to a non-native predator," *Animal Behaviour* 164 (2020): 205–16.

Bermúdez-Rochas, D. D., G. Delvene, and J. I. Ruiz-Omeñaca. "Evidence of predation in Early Cretaceous unionoid bivalves from freshwater sediments in the Cameros Basin, Spain," *Lethaia* 46 (2012): 57–70.

Bernardi, G. "The use of tools by wrasses (Labridae)," *Coral Reefs* 31 (2011): 39–39.

Berta, A. *Whales, Dolphins, and Porpoises: A Natural History and Species Guide* (Chicago: University of Chicago Press, 2015).

Bertness, M. D., and C. Cunningham. "Crab shell-crushing predation and gastropod architectural defense," *Journal of Experimental Marine Biology and Ecology* 50 (1981): 213–30.

Bibi, F., B. Kraatz, N. Craig, M. Beech, M. Schuster, and A. Hill. "Early evidence for complex social structure in Proboscidea from a late Miocene trackway site in the United Arab Emirates," *Biology Letters* 8 (2012): 670–73.

Bicknell, R. D. C., J. D. Holmes, G. D. Edgecombe, S. R. Losso, J. Ortega-Hernández, S. Wroe, et al. "Biomechanical analyses of Cambrian euarthropod limbs reveal their effectiveness in mastication and durophagy," *Proceedings of the Royal Society of London, B* 288 (2021): 20202075.

Bicknell, R. D. C., J. A. Ledogar, S. Wroe, B. C. Gutzler, W. H. Watson, and J. R. Paterson. "Computational biomechanical analyses demonstrate similar shell-crushing abilities in modern and ancient arthropods," *Proceedings of the Royal Society, B* 285 (2018): 20181935.

Bicknell, R. D. C., and J. R. Paterson. "Reappraising the early evidence of durophagy and drilling predation in the fossil record: implications for escalation and the Cambrian Explosion," *Biology Reviews* 93 (2018): 754–84.

Bignell, D. E., Y. Roisin, and N. Lo (eds.). *Biology of Termites: A Modern Synthesis* (Dordrecht: Springer, 2011).

Bisno, A. L., G. S. Peter, and E. L. Kaplan. "Diagnosis of strep throat in adults: are clinical criteria really good enough?," *Clinical Infectious Diseases* 35 (2002): 126–29.

Black, B. C. *Crude Reality: Petroleum in World History* (2nd ed.) (Lanham, MD: Rowman and Littlefield, 2021).

Black, R. *The Last Days of the Dinosaurs: An Asteroid, Extinction, and the Beginning of Our World* (New York: St. Martin's Press, 2022).

Blanc, L. A., and J. R. Walters. "Cavity-nest webs in a longleaf pine ecosystem," *The Condor* 110 (2008): 80–92.

Bobrovskiy, I., J. M. Hope, B. J. Nettersheim, J. K. Volkman, C. Hallmann, and J. J. Brocks. "Algal origin of sponge sterane biomarkers negates the oldest evidence for animals in the rock record," *Nature Ecology & Evolution* 5 (2021): 165–68.

Bodył, A., P. Mackiewicz, and P. Gagat. "Organelle evolution: *Paulinella* breaks a paradigm," *Current Biology* 22 (2012): R304R306.

Boessenecker, R. W., D. J. Ehret, D. J. Long, M. Churchill, E. Martin, and S. J. Boessenecker. "The Early Pliocene extinction of the mega-toothed shark *Otodus megalodon*: a view from the eastern North Pacific," *PeerJ* 7 (2019): e6088.

Bolotov, I. N., O. V. Aksenova, T. Bakken, C. J. Glasby, M. Y. Gofarov, A. V. Kondakov, et al. "Discovery of a silicate rock-boring organism and macrobioerosion in fresh water," *Nature Communications* 9 (2018): 2882.

Bonaldo, R. M., and D. R. Bellwood. "Parrotfish predation on massive *Porites* on the Great Barrier Reef," *Coral Reefs* 30 (2011): 259–69.

Bonaldo, R. M., A. S. Hoey, and D. R. Bellwood. "The ecosystem roles of parrotfishes on tropical reefs," *Oceanography and Marine Biology: An Annual Review* 52 (2014): 81–132.

Borges, L. M. S., L. M. Merckelbach, Í. Sampaio, and S. M. Cragg. "Diversity, environmental requirements, and biogeography of bivalve woodborers (Teredinidae) in European coastal waters," *Frontiers in Zoology* 11 (2014): 13.

Borrero, L. A., and F. M. Martin. "Taphonomic observations on ground sloth bone and dung from Cueva del Milodón, Ultima Esperanza, Chile: 100 years of research history," *Quaternary International* 278 (2012): 3–11.

Bowell, R. J., A. Warren, and I. Redmond. "Formation of cave salts and utilization by elephants in the Mount Elgon region, Kenya," in *Environmental Geochemistry and Health*, ed. J. D. Appleton, R. Fuge, and G. J. H. McCall (London: Geological Society Special Publication No. 113, 1996), 63–79.

Boyd, C. A., S. K. Drumheller, and T. A. Gates. "Crocodyliform feeding traces on juvenile ornithischian dinosaurs from the Upper Cretaceous (Campanian) Kaiparowits Formation, Utah," *PLOS ONE* 8 (2013): e57605.

Brannen, P. *The Ends of the World: Volcanic Apocalypses, Lethal Oceans, and Our Quest to Understand Earth's Past Mass Extinctions* (New York: Ecco, 2017).

Brett, C. E., and S. E. Walker. "Predators and predation in Paleozoic marine environments," in *The Fossil Record of Predation*, ed. M. Kowalewski and P. H. Kelley, *Paleontological Society Papers* 8 (2002): 93118.

Briggs, D. E. G. "The Cambrian explosion," *Current Biology* 25 (2015): R864–68.

Britt, B. B., R. D. Scheetz, and A. Dangerfield. "A suite of dermestid beetle traces on dinosaur bone from the Upper Jurassic Morrison Formation, Wyoming, USA," *Ichnos* 15 (2008): 59–71.

Brochu, C. A. "Alligatorine phylogeny and the status of *Allognathosuchus* Mook, 1921," *Journal of Vertebrate Paleontology* 24 (2004): 857–73.

Brodsley, L., C. Frank, and J. W. Steeds. "Prince Rupert's drops," *Notes and Records of the Royal Society of London* 41 (1986): 1–26.

Brom, K. R., K. Oguri, T. Oji, M. A. Salamon, and P. Gorzelak. "Experimental neoichnology of crawling stalked crinoids," *Swiss Journal of Palaeontology* 137 (2018): 197–203.

Bromley, R. G. "Comparative analysis of fossil and recent echinoid bioerosion," *Palaeontology* 18 (1975): 725–39.

Bromley, R. G. "Concepts in ichnotaxonomy illustrated by small round holes in shells," *Acta Geológica Hispánica* 16 (1981): 55–64.

Bromley, R. G. "Predation habits of octopus past and present and a new ichnospecies, *Oichnus ovalis*," *Bulletin of the Geological Society of Denmark* 40 (1993): 167–73.

Bromley, R. G., and A. D'Alessandro. "Bioerosion in the Pleistocene of southern Italy: ichnogenera *Caulostrepsis* and *Maeandropolydora*," *Rivista Italiana di Paleontologia e Stratigrafia* 89 (1983): 283–309.

Bromley, R. G., and A. D'Alessandro. "Ichnological study of shallow marine endolithic sponges from the Italian coast," *Rivista Italiana di Paleontologia e Stratigrafia* 95 (1989): 279–340.

Bromley, R. G., S. G. Pemberton, and R. A. Rahmani. "A Cretaceous woodground: the *Teredolites* ichnofacies," *Journal of Paleontology* 58 (1984): 488–98.

Bronn, H. G. "*Lethaea geognostica, 2: Das Kreide und Molassen–Gebirge*" (1837–1838), 545–1350.

Brown, C. M., P. J. Currie, and F. Therrien. "Intraspecific facial bite marks in tyrannosaurids provide insight into sexual maturity and evolution of bird-like intersexual display," *Paleobiology* 48 (2021): doi: https://doi.org/10.1017/pab.2021.29.

Brown, M., T. Johnson, and N. J. Gardiner. "Plate tectonics and the Archean Earth," *Annual Review of Earth and Planetary Sciences* 48 (2020): 291–320.

Brownstein, C. D. "Trace fossils on dinosaur bones reveal ecosystem dynamics along the coast of eastern North America during the latest Cretaceous," *PeerJ* 6 (2018): e4973.

Bruno, J. F., I. M. Côté, and L. T. Toth. "Climate change, coral loss, and the curious case of the parrotfish paradigm: why don't marine protected areas improve reef resilience?," *Annual Reviews of Marine Sciences* 11 (2019): 307–34.

Buatois, L. A., M. G. Mángano, N. J. Minter, K. Zhou, M. Wisshak, M. A. Wilson, et al. "Quantifying ecospace utilization and ecosystem engineering during the early Phanerozoic—the role of bioturbation and bioerosion," *Science Advances* 6 (2020): eabb0618.

Buatois, L. A., M. G. Mángano, R. A. Olea, and M. A. Wilson. "Decoupled evolution of soft and hard substrate communities during the Cambrian Explosion and Great Ordovician Biodiversification Event," *Proceedings of the National Academy of Sciences* 113 (2016): 6945–48.

Cadée, G. C. "Size-selective transport of shells by birds and its palaeoecological implications," *Palaeontology* 32 (1989): 429–37.

Cadée, G. C., S. E. Walker, and K. W. Flessa. "Gastropod shell repair in the intertidal of Bahía la Choya (N. Gulf of California)," *Palaeogeography, Palaeoclimatology, Palaeoecology* 136 (1997): 67–78.

Carpenter, K. "Evidence of predatory behavior by carnivorous dinosaurs," *Gaia* 15 (1998): 135–44.

Carpenter, K. "Rocky start of Dinosaur National Monument (USA), the world's first dinosaur geoconservation site," *Geoconservation Research* 1 (2018): 1–20.

Carriker, M. R. "Shell penetration and feeding by naticacean and muricacean predatory gastropods: a synthesis," *Malacologia* 20 (1981): 403–22.

de Carvalho, C. N. (ed.). *Icnologia de Portugal e Transfronteriça* [*Ichnology of Portugal and Cross-Border*], *Comunicações Geológicas* 103 (2016).

de Carvalho, C. N., Z. Belaústegui, A. Toscano, F. Muñiz, J. Belo, J. María Galán, et al. "First tracks of newborn straight-tusked elephants (*Palaeoloxodon antiquus*)," *Scientific Reports* 11 (2021): 17311.

de Carvalho, C. N., B. Pereira, A. Klompmaker, A. Baucon, J. A. Moita, P. Pereira, et al. "Running crabs, walking crinoids, grazing gastropods: behavioral diversity and evolutionary implications in the Cabeço da Ladeira lagerstätte (Middle Jurassic, Portugal)," *Comunicações Geológicas* 103 (2016): 39–54.

Castro, J. I. *The Sharks of North America* (Oxford: Oxford University Press, 2011).

Catling, D. C., and K. J. Zahnle. "The Archean atmosphere," *Science Advances* 6 (2020): eaax1420.

Chan, B. K. K., N. Dreyer, A. S. Gale, H. Glenner, C. Ewers-Saucedo, M. Pérez-Losada, et al. "The evolutionary diversity of barnacles, with an updated classification of fossil and living forms," *Zoological Journal of the Linnean Society* 193 (2021): 789–846.

Chattopadhyay, D., and S. Dutta. "Prey selection by drilling predators: a case study from Miocene of Kutch, India," *Palaeogeography, Palaeoclimatology, Palaeoecology* 374 (2013): 187–96.

Chattopadhyay, D., V. Gopal, S. Kella, and D. Chattopadhyay. "Effectiveness of small size against drilling predation: insights from lower Miocene faunal assemblage of Quilon Limestone, India," *Palaeogeography, Palaeoclimatology, Palaeoecology* 551 (2020): 109742.

Chattopadhyay, D., D. Sarkar, S. Dutta, and S. R. Prasanjit. "What controls cannibalism in drilling gastropods? A case study on *Natica tigrine*," *Palaeogeography, Palaeoclimatology, Palaeoecology* 410 (2014): 126–33.

Chen, J., H.-P. Blume, and L. Beyer. "Weathering of rocks induced by lichen colonization: a review," *Catena* 39 (2000): 121–46.

Chen, Z.-Q., J. Tong, Z.-T. Liao, and J. Chen. "Structural changes of marine communities over the Permian–Triassic transition: ecologically assessing the end-Permian mass extinction and its aftermath," *Global and Planetary Change* 73 (2010): 123–40.

Cherchi, A., C. Buosi, P. Zuddas, and G. De Giudici. "Bioerosion by microbial euendoliths in benthic foraminifera from heavy metal-polluted coastal environments of Portovesme (south-western Sardinia, Italy)," *Biogeosciences* 9 (2012): 4607–20.

Chiappe, L. M., and M. Qingjin. *Birds of Stone: Chinese Avian Fossils* (Baltimore: Johns Hopkins University Press, 2016).

Chin, K. "The paleobiological implications of herbivorous dinosaur coprolites from the Upper Cretaceous Two Medicine Formation of Montana: why eat wood?," *Palaios* 22 (2007): 554–66.

Chin, K., and B. D. Gill. "Dinosaurs, dung beetles, and conifers: participants in a Cretaceous food web," *Palaios* 11 (1996): 280–85.

Chin, K., R. M. Feldmann, and J. N. Tashman. "Consumption of crustaceans by megaherbivorous dinosaurs: dietary flexibility and dinosaur life history strategies," *Scientific Reports* 7 (2017): 11163.

Chin, K., T. T. Tokaryk, G. M. Erickson, and L. C. Calk. "A king-sized theropod coprolite," *Nature* 393 (1998): 680–82.

Choat, J. H., O. S. Klanten, L. van Herwerden, D. R. Robertson, and K. D. Clements. "Patterns and processes in the evolutionary history of parrotfishes (Family Labridae)," *Biological Journal of the Linnean Society* 107 (2012): 529–57.

Chojnacki, N. C., and L. R. Leighton. "Comparing predatory drillholes to taphonomic damage from simulated wave action on a modern gastropod," *Historical Biology* 26 (2014): 69–79.

Chouvenc, T., J. Šobotník, M. S. Engel, and T. Bourguignon. "Termite evolution: mutualistic associations, key innovations, and the rise of Termitidae," *Cellular and Molecular Life Sciences* 78 (2021): 274969.

Chu, D., J. Tong, H. Song, M. J. Benton, D. J. Bottjer, H. Song, et al. "Early Triassic wrinkle structures on land: stressed environments and oases for life," *Scientific Reports* 5 (2015): 10109.

Çinar, M., and E. Dagli. "Bioeroding (boring) polychaete species (Annelida: Polychaeta) from the Aegean Sea (eastern Mediterranean)," *Journal of the Marine Biological Association of the United Kingdom* 101 (2021): 309–18.

Clarkson, E. N. K. *Invertebrate Palaeontology and Evolution* (4th ed.) (Oxford: Wiley-Blackwell, 2013).

Clelland, E. S., and N. B. Webster. "Drilling into hard substrate by naticid and muricid gastropods: a chemo-mechanical process involved in feeding," in *Physiology of Molluscs*, ed. S. Saleuddin and S. Mukai (Boca Raton, FL: Apple Academic Press, 2021), 1896–916.

Clements, K. D., D. P. German, J. Piché, A. Tribollet, and J. H. Choat 2017. "Integrating ecological roles and trophic diversification on coral reefs: multiple lines of evidence identify parrotfishes as microphages," *Biological Journal of the Linnean Society* 120 (2017): 729–51.

Cockle, K. L., and K. Martin. "Temporal dynamics of a commensal network of cavity-nesting vertebrates: increased diversity during an insect outbreak," *Ecology* 96 (2015): 1093–104.

Colin, J.-P., D. Néraudeau, A. Nel, and V. Perrichot. "Termite coprolites (Insecta: Isoptera) from the Cretaceous of western France: a palaeoecological insight," *Revue de Micropaléontologie* 54 (2011): 129–39.

Conner, R. N., D. C. Rudolph, and J. R. Walters. *The Red-Cockaded Woodpecker: Surviving in a Fire-Maintained Ecosystem* (Austin: University of Texas Press, 2010).

Conner, R. N., D. Saenz, D. C. Rudolph, W. G. Ross, and D. L. Kulhavy. "Redcockaded woodpecker nest-cavity selection: relationships with cavity age and resin production," *The Auk* 115 (1998): 447–54.

Cooper, J. A., C. Pimiento, H. G. Ferrón, and M. J. Benton. "Body dimensions of the extinct giant shark *Otodus megalodon*: a 2D reconstruction," *Scientific Reports* 10 (2020): 14596.

Cooper, S. L. A., and D. M. Martill. "Pycnodont fishes (Actinopterygii, Pycnodontiformes) from the Upper Cretaceous (lower Turonian) Akrabou Formation of Asfla, Morocco," *Cretaceous Research* 116 (2020): 104607.

Coppedge, B. R., S. D. Fuhlendorf, D. M. Engle, B. J. Carter, and J. H. Shaw. "Grassland soil depressions: relict bison wallows or inherent landscape heterogeneity?," *American Midland Naturalist* 142 (1999): 382–92.

Cossette, A. P., and C. A. Brochu. "A systematic review of the giant alligatoroid Deinosuchus from the Campanian of North America and its implications for the relationships at the root of Crocodylia," *Journal of Vertebrate Paleontology* 40 (2020): e1767638.

Cramer, K. L., A. O'Dea, T. R. Clark, J.-X. Zhao, and R. D. Norris. "Prehistorical and historical declines in Caribbean coral reef accretion rates driven by loss of parrotfish," *Nature Communications* 8 (2017): 14160.

Crane, R. L., S. M. Cox, S. A. Kisare, and S. N. Patek. "Smashing mantis shrimp strategically impact shells," *Journal of Experimental Biology* 221 (2018): jeb176099.

Cunningham, J., and N. Herr. *Hands-On Physics Activities and Life Applications: Easy-to-Use Labs and Demonstrations for Grades 8–12* (New York: Wiley, 1994).

Curran, H. A., and B. White. "Ichnology of Holocene carbonate eolianites on San Salvador Island, Bahamas: diversity and significance," in *Proceedings of the 9th Symposium on the Geology of the Bahamas and other Carbonate Regions*, ed. H. A. Curran and J. E. Mylroie (San Salvador, Bahamas: Gerace Research Centre, 1999), 22–35.

Danise, S., and S. Dominici. "A record of fossil shallow-water whale falls from Italy," *Lethaia* 47 (2014): 229–43.

Danise, S., and N. D. Higgs. "Bone-eating *Osedax* worms lived on Mesozoic marine reptile deadfalls," *Biology Letters* 11 (2015): 20150072.

Danise, S., R. J. Twitchett, and K. Matts. "Ecological succession of a Jurassic shallow-water ichthyosaur fall," *Nature Communications* 5 (2014): 4789.

Darwin, C. R. *Living Cirripedia, A Monograph on the Sub-class Cirripedia, with Figures of All the Species. The Lepadidæ; or, Pedunculated Cirripedes* (London: The Ray Society, vol. 1, 1851–1852).

Darwin, C. R. *Living Cirripedia, The Balanidæ, (or Sessile Sirripedes); the Verrucidæ* (London: The Ray Society, vol. 2, 1854).

Das, S. S., S. Mondal, S. Saha, S. Bardhan, and Ranita Saha. "Family Naticidae (Gastropoda) from the Upper Jurassic of Kutch, India and a critical reappraisal of taxonomy and time of origination of the family," *Journal of Paleontology* 93 (2019): 673–84.

Dashper, S. G., and E. C. Reynolds. "Lactic acid excretion by *Streptococcus mutans*," *Microbiology* 142 (1996): 33–39.

Dattilo, B. F., R. L. Freeman, W. Peters, B. Heimbrock, B. Deline, A. J. Martin, et al. "Giants among micromorphs: were Cincinnatian (Ordovician, Katian) small shelly phosphatic faunas dwarfed?," *Palaios* 31 (2016): 55–70.

Davidson, T. M., A. H. Altieri, G. M. Ruiz, and M. E. Torchin. "Bioerosion in a changing world: a conceptual framework," *Ecology Letters* 21 (2018): 422–38.

Davies, N. S., and M. R. Gibling. "Paleozoic vegetation and the Siluro-Devonian rise of fluvial lateral accretion sets," *Geology* 38 (2010): 51–54.

Davies, P., and A. M. Lister. "*Palaeoloxodon cypriotes*, the dwarf elephant of Cyprus: size and scaling comparisons with *P. falconeri* (Sicily-Malta) and mainland *P. antiquus*," in *The World of Elephants* (Rome: International Congress Proceedings, 2001), 479–80.

Davis, R. A., and D. Meyers. *A Sea Without Fish: Life in the Ordovician Sea of the Cincinnati Region* (Bloomington: Indiana University Press, 2009).

Deline, B., J. R. Thompson, N. S. Smith, S. Zamora, I. A. Rahman, S. L. Sheffield, et al. "Evolution and development at the origin of a phylum," *Current Biology* 30 (2020): 1672–79.

Demoulin, C. F., Y. J. Lara, L. Cornet, C. François, D. Baurain, A. Wilmotte, et al. "Cyanobacteria evolution: insight from the fossil record," *Free Radical Biology & Medicine* 140 (2019): 206–23.

DePalma, R. A., D. A. Burnham, L. D. Martin, B. M. Rothschild, and P. L. Larson. "Physical evidence of predatory behavior in *Tyrannosaurus rex*," *Proceedings of the National Academy of Science* 110 (2013): 12560–64.

de Pietri, V. L., A. Manegold, L. Costeur, and G. Mayr. "A new species of woodpecker (Aves; Picidae) from the early Miocene of Saulcet (Allier, France)," *Swiss Journal of Paleontology* 130 (2011): 307–14.

de Souza, E. C. F., C. F. Estevão, A. Turra, F. P. P. Leite, and D. Gorman. "Intraspecific competition drives variation in the fundamental and realized niches of the hermit crab, *Pagurus criniticornis*," *Bulletin of Marine Science* 91 (2015): 343–61.

de Souza Medeiros, S. L., M. M. M. de Paiva, P. H. Lopes, W. Blanco, F. D. de Lima, J. B. C. de Oliveira, et al. "Cyclic alternation of quiet and active sleep states in the octopus," *iScience* 24 (2021): 102223.

Dietl, G. P., and R. R. Alexander. "Borehole site and prey size stereotypy in naticid predation on *Euspira (Lunatia) heros* Say and *Neverita (Polinices) duplicata* Say from the southern New Jersey coast," *Journal of Shellfish Research* 14 (1995): 307–14.

Distel, D. L. "The biology of marine wood boring bivalves and their bacterial endosymbionts," *Wood Deterioration and Preservation* 845 (2003): 253–71.

Distel, D. L., M. A. Altamia, Z. Lin, J. R. Shipway, A. Han, I. Forteza, et al. "Discovery of chemoautotrophic symbiosis in the giant shipworm *Kuphus polythalamia* (Bivalvia: Teredinidae) extends wooden-steps theory," *Proceedings of the National Academy of Science* 114 (2017): E3652–58.

Distel, D. L., M. Amin, A. Burgoyne, E. Linton, G. Mamangkey, W. Morrill, et al. "Molecular phylogeny of Pholadoidea Lamarck, 1809 supports a single origin for xylotrophy (wood feeding) and xylotrophic bacterial endosymbiosis in Bivalvia," *Molecular Phylo-*

genetics and Evolution 61 (2011): 245–54.

Distel, D. L., and S. J. Roberts. "Bacterial endosymbionts in the gills of the deep-sea wood-boring bivalves *Xylophaga atlantica* and *Xylophaga washingtona*," *Biological Bulletin* 192 (1997): 253–61.

Dodd, M. S., D. Papineau, T. Grenne, J. F. Slack, M. Rittner, F. Pirajno, et al. "Evidence for early life in Earth's oldest hydrothermal vent precipitates," *Nature* 543 (2017): 60–64.

Dohrmann, M., and G. Wörheide. "Dating early animal evolution using phylogenomic data," *Scientific Reports* 7 (2017): 3599.

Domínguez-Rodrigo, M., and L. Alcalá. "3.3-million-year-old stone tools and butchery traces? More evidence needed," *PaleoAnthropology* (2016): 46–53.

Domínguez-Rodrigo, M., G. Cifuentes-Alcobendas, B. Jiménez-García, N. Abellán, M. Pizarro-Monzo, E. Organista, et al. "Artificial intelligence provides greater accuracy in the classification of modern and ancient bone surface modifications," *Scientific Reports* 10 (2020): 18862.

Domínguez-Solera, S. D., J.-M. Maíllo-Fernández, E. Baquedano, and M. Domínguez-Rodrigo. "Equids can also make stone artefacts," *Journal of Archaeological Science: Reports* 40 (2021): 103260.

Donovan, S. K. "A plea not to ignore ichnotaxonomy: recognizing and recording *Oichnus Bromley*," *Swiss Journal of Palaeontology* 136 (2017): 369–72.

Donovan, S. K., and G. Hoare. "Site selection of small round holes in crinoid pluricolumnals, Trearne Quarry SSSI (Mississippian, Lower Carboniferous), north Ayrshire, UK," *Scottish Journal of Geology* 55 (2019): 1–5.

Donn, T. F., and M. R. Boardman. "Bioerosion of rocky carbonate coastlines on Andros Island, Bahamas," *Journal of Coastal Research* 4 (1988): 381–94.

Drumheller, S. K., M. R. Stocker, and S. J. Nesbitt. "Direct evidence of trophic interactions among apex predators in the Late Triassic of western North America," *Naturwissenschaften* 101: (2014) 975–87.

Drumheller, S. K., M. R. Stocker, and S. J. Nesbitt. "High frequencies of theropod bite marks provide evidence for feeding, scavenging, and possible cannibalism in a stressed Late Jurassic ecosystem," *PLOS ONE* 15 (2020): e0233115.

Dunlop, J. A., and R. J. Garwood. "Terrestrial invertebrates in the Rhynie chert ecosystem," *Philosophical Transactions of the Royal Society, B* 373 (2018): 20160493.

Ebert, D. A., M. Dando, and S. Fowler. *Sharks of the World: A Complete Guide* (Princeton, NJ: Princeton University Press, 2013).

Edgell, T. C., C. Brazeau, J. W. Grahame, and R. Rochette. "Simultaneous defense against shell entry and shell crushing in a snail faced with the predatory shorecrab *Carcinus maenas*," *Marine Ecology Progress Series* 371 (2008): 191–98.

Edwards, D., K. L. Davies, and L. Axe. "A vascular conducting strand in the early land plant *Cooksonia*," *Nature* 357 (1992): 683–85.

Edwards, D., P. A. Selden, J. B. Richardson, and L. Axe. "Coprolites as evidence for plant - animal interaction in Siluro - Devonian terrestrial ecosystems," *Nature* 377 (1995): 329–31.

Edworthy, A. B., M. K. Trzcinski, K. L. Cockle, K. L. Wiebe, and K. Martin. "Tree cavity occupancy by nesting vertebrates across cavity age," *Journal of Wildlife Management* 82 (2018): 639–48.

El-Hedeny, M., A. El-Sabbagh, and S. A. Farraj. "Bioerosion and encrustation: evidences from the Middle–Upper Jurassic of central Saudi Arabia," *Journal of African Earth Sciences* 134 (2017): 466–75.

Elbroch, M. *Mammal Tracks and Sign: A Guide to North American Species* (Mechanicsburg, PA: Stackpole Books, 2003).

Elbroch, M., and E. Marks. *Bird Tracks and Sign of North America* (Mechanicsburg, PA: Stackpole Books, 2001).

Eleuterio, A. A., M. A. de Jesus, and F. E. Putz. "Stem decay in live trees: heartwood hollows and termites in five timber species in Eastern Amazonia," *Forests* 11 (2020): 1087.

Elk, B., and J. G. Neihardt. *Black Elk Speaks: Being the Life Story of a Holy Man of the Ogala Sioux* (Albany: State University of New York Press, 2008).

Engstrom, R. T., and F. J. Sanders. "Red-cockaded woodpecker foraging ecology in an old-growth longleaf pine forest," *Wilson Bulletin* 109 (1997): 203–17.

Ennos, R. *The Age of Wood: Our Most Useful Material and the Construction of Civilization* (New York: Scribner, 2020).

Enochs, I. C., D. P. Manzello, R. D. Carlton, D. M. Graham, R. Ruzicka, and M. A. Colella. "Ocean acidification enhances the bioerosion of a common coral reef sponge: implications for the persistence of the Florida Reef Tract," *Bulletin of Marine Sciences* 91 (2015): 271–90.

Erickson, G. M., P. M. Gignac, S. J. Steppan, A. K. Lappin, K. A. Vliet, J. D. Brueggen, et al. "Insights into the ecology and evolutionary success of crocodilians revealed through bite-force and tooth-pressure experimentation," *PLOS ONE* 7 (2012): e31781.

Erickson, G. M., and K. H. Olson. "Bite marks attributable to *Tyrannosaurus rex*: preliminary description and implications," *Journal of Vertebrate Paleontology* 16 (1996): 175–78.

Erickson, G. M., S. D. van Kirk, J. Su, M. E. Levenston, W. E. Caler, and D. R. Carter. "Bite-force estimation for *Tyrannosaurus rex* from tooth-marked bones," *Nature* 382 (1996): 706–8.

Erwin, D., and J. Valentine. *The Cambrian Explosion: The Construction of Animal Biodi-*

versity (Greenwood Village, CO: Roberts and Company, 2013).

Evangelista, D. A., B. Wipfler, O. Béthoux, A. Donath, M. Fujita, M. K. Kohli, et al. "An integrative phylogenomic approach illuminates the evolutionary history of cockroaches and termites (Blattodea)," *Proceedings of the Royal Society, B* 286 (2019): 20182076.

Everhart, M. J. *Oceans of Kansas: A Natural History of the Western Interior Sea* (Bloomington: Indiana University Press, 2017).

Falini, G., S. Albeck, S. Weiner, and L. Aaddadi. "Control of aragonite or calcite polymorphism by mollusk shell macromolecules," *Science* 271 (1996): 67–69.

Falótico, T., T. Proffitt, E. B. Ottoni, R. A. Staff, and M. Haslam. "Three thousand years of wild capuchin stone tool use," *Nature Ecology & Evolution* 3 (2019): 1034–38.

Fang, L. S., and P. Shen. "A living mechanical file: the burrowing mechanism of the coral-boring bivalve *Lithophaga nigra*," *Marine Biology* 97 (1988): 349–54.

Fariña, R. A. "Bone surface modifications, reasonable certainty, and human antiquity in the Americas: the case of the Arroyo Del Vizcaíno site," *American Antiquity* 80 (2017): 193–200.

Farrow, G. E., and J. A. Fyfe. "Bioerosion and carbonate mud production on high-latitude shelves," *Sedimentary Geology* 60 (1988): 281–97.

Fedonkin, M. A., J. G. Gehling, K. Grey, G. M. Narbonne, and P. Vickers-Rich. *The Rise of Animals: Evolution and Diversification of the Kingdom Animalia* (Baltimore: Johns Hopkins University Press, 2007).

Fedonkin, M. A., A. Simonetta, and A. Y. Ivantsov. "New data on *Kimberella*, the Vendian mollusc-like organism (White Sea region, Russia): palaeoecological and evolutionary implications," in *The Rise and Fall of the Ediacaran Biota*, ed. P. Vickers-Rich and P. Komarower (London: *Geological Society of London, Special Publications* 286, 2007), 157–79.

Fedonkin, M. A., and B. M. Waggoner. "The Late Precambrian fossil *Kimberella* is a mollusc-like bilaterian organism," *Nature* 388 (1997): 868–71.

Fejar, O., and T. M. Kaiser. "Insect bone-modification and paleoecology of Oligocene mammal-bearing sites in the Doupov Mountains, northwestern Bohemia," *Palaeontologia Electronica* 8 (2005): Article 8.1.8A.

Feng, Z., J. Wang, R. Rößler, A. Ślipiński, and C. Labandeira. "Late Permian wood-borings reveal an intricate network of ecological relationships," *Nature Communications* 8 (2017): 556.

Ferrón, H. G., B. Holgado, J. J. Liston, C. Martínez-Pérez, and H. Botella. "Assessing metabolic constraints on the maximum body size of actinopterygians: locomotion energetics of *Leedsichthys problematicus* (Actinopterygii, Pachycormiformes)," *Palaeontology* 61 (2018): 775–83.

Field, D. J., A. Bercovici, J. S. Berv, R. Dunn, D. E. Fastovsky, T. R. Lyson, et al. "Early evolution of modern birds structured by global forest collapse at the end-Cretaceous mass extinction," *Current Biology* 28 (2018): 1825–31.

Fin, J. K., T. Tregenza, and M. D. Norman. "Defensive tool use in a coconutcarrying octopus," *Current Biology* 19 (2009): R1069–70.

Finch, B., B. M. Young, R. Johnson, and J. C. Hall. *Longleaf, as Far as the Eye Can See* (Chapel Hill: University of North Carolina Press, 2012).

Fischer, V., M. S. Arkhangelsky, I. M. Stenshin, G. N. Uspensky, N. G. Zverkov, and R. B. J. Benson. "Peculiar macrophagous adaptations in a new Cretaceous pliosaurid," *Royal Society of Open Science* 2 (2015): 150552.

Foster, J., R. K. Hunt-Foster, M. A. Gorman II, K. C. Trujillo, C. Suarez, J. B. McHugh, et al. "Paleontology, taphonomy, and sedimentology of the Mygatt-Moore Quarry, a large dinosaur bonebed in the Morrison Formation, western Colorado: implications for Upper Jurassic dinosaur preservation modes," *Geology of the Intermountain West* 5 (2018): 23–93.

Foth, C., and O. V. M. Rauhut. "Re-evaluation of the Haarlem *Archaeopteryx* and the radiation of maniraptoran theropod dinosaurs," *BMC Evolutionary Biology* 17 (2017): 236.

Fouilloux, C., E. Ringler, and B. Rojas. "Cannibalism," *Current Biology* 29 (2019): R1295–97.

Fraaije, R. H. B., B. W.M. van Bakel, J. W. M. Jagt, S. Charbonnier, and J.-P. Pezy. "The oldest record of galatheoid anomurans (Decapoda, Crustacea) from Normandy, northwest France," *Neues Jahrbuch für Geologie und Paläontologie—Abhandlungen Band* 292 (2019): 291–97.

Fragaszy, D. M., D. Biro, Y. Eshchar, T. Humle, P. Izar, B. Resende, et al. "The fourth dimension of tool use: temporally enduring artefacts aid primates learning to use tools," *Philosophical Transactions of the Royal Society, B* 368 (2013): 20120410.

Fragaszy, D. M., Q. Liu, B. W. Wright, A. Allen, C. W. Brown, and E. Visalberghi. "Wild bearded capuchin monkeys (*Sapajus libidinosus*) strategically place nuts in a stable position during nut-cracking," *PLOS ONE* 8 (2013): e56182.

Francis, J. E., and B. M. Harland. "Termite borings in Early Cretaceous fossil wood, Isle of Wight, UK," *Cretaceous Research* 27 (2006): 773–77.

Frank, J. H., P. E. Skelley, J. H. Frank, J. R. Ross, and H. Arnett (eds.). A*merican Beetles, Volume II: Polyphaga: Scarabaeoidea through Curculionoidea* (Boca Raton, FL: CRC Press, 2002).

Freymann, B. P., S. N. de Visser, E. P. Mayemba, and H. Olff. "Termites of the genus *Odontotermes* are optionally keratophagous," *Ecotropica* 13 (2007): 143–47.

Frydl, P., and C. W. Stearn. "Rate of bioerosion by parrotfish in Barbados reef environments," *Journal of Sedimentary Research* 48 (1978): 114958.

Fujii, J. A., K. Ralls, and M. T. Tinker. "Ecological drivers of variation in tool-use frequency across sea otter populations," *Behavioral Ecology* 26 (2015): 519–26.

Gacesa, R., W. C. Dunlap, D. J. Barlow, R. A. Laskowski, and P. F. Long. "Rising levels of atmospheric oxygen and evolution of Nrf2," *Scientific Reports* 6 (2016): 27740.

Gaemers, P. A. M., and B. W. Langeveld. "Attempts to predate on gadid fish otoliths demonstrated by naticid gastropod drill holes from the Neogene of Mill-Langenboom, The Netherlands," *Scripta Geologica* 149 (2015): 159–83.

Gale, A. S., W. J. Kennedy, and D. Martill, "Mosasauroid predation on an ammonite—*Pseudaspidoceras*—from the Early Turonian of southeastern Morocco," *Acta Geologica Polonica* 67 (2017): 31–46.

Gallagher, W. B. "On the last mosasaurs: Late Maastrichtian mosasaurs and the Cretaceous-Paleogene boundary in New Jersey," *Bulletin de la Société Géologique de France* 183 (2012): 145–50.

Gan, T., K. Pang, C. Zhou, G. Zhou, B. Wan, G. Li, et al. "Cryptic terrestrial fungus-like fossils of the early Ediacaran Period," *Nature Communications* 12 (2021): 641.

Garcia, M., F. Theunissen, F. Sèbe, J. Clavel, A. Ravignani, T. Marin-Cudraz, et al. "Evolution of communication signals and information during species radiation," *Nature Communications* 11 (2020): 4970.

Garshelis, D. L., K. V. Noyce, M. A. Ditmer, P. L. Coy, A. N. Tri, T. G. Laske, et al. "Remarkable adaptations of the American black bear help explain why it is the most common bear: a long-term study from the center of its range," in *Bears of the World: Ecology, Conservation and Management*, ed. V. Penteriana and M. Melletti (Cambridge: Cambridge University Press, 2021), 53–62.

Garvie, C. L. "Two new species of Muricinae from the Cretaceous and Paleocene of the Gulf Coastal Plain, with comments on the genus *Odontopolys* Gabb. 1860," *Tulane Studies in Geology and Paleontology* 24 (1991): 87–92.

Gehling, J. G., B. N. Runnegar, and M. L. Droser. "Scratch traces of large Ediacara bilaterian animals," *Journal of Paleontology* 88 (2015): 284–98.

Gerace, D. T. *Life Quest: Building the Gerace Research Centre, San Salvador, Bahamas* (Port Charlotte, FL: Book-Broker Publishers, 2011).

Gerberich, W. W., R. Ballarini, E. D. Hintsala, M. Mishra, J.-F. Molinari, and I. Szlufarska. "Toward demystifying the Mohs hardness scale," *Journal of the American Chemical Society* 98 (2015): 2681–88.

Gignac, P. M., and G. M. Erickson. "The biomechanics behind extreme osteophagy in *Tyrannosaurus rex*," *Scientific Reports* 7 (2017): 2012.

Gilman, S. "The clam that sank a thousand ships," *Hakai Magazine*, December 5, 2016, https://www.hakaimagazine.com/features/clam-sank-thousand-ships/.

Gingras, M. K., I. A. Armitage, S. G. Pemberton, and H. E. Clifton. "Pleistocene walrus herds in the Olympic Peninsula area: trace-fossil evidence of predation by hydraulic jetting," *Palaios* 22 (2007): 539–45.

Gingras, M. K., J. W. Hagadorn, A. Seilacher, S. V. Lalonde, E. Pecoits, D. Petrash, et al. "Possible evolution of mobile animals in association with microbial mats," *Nature Geoscience* 4 (2011): 372–75.

Gingras, M. K., J. A. Maceachern, and R. K. Pickerill. "Modern perspectives on the *Teredolites* ichnofacies: observations from Willapa Bay, Washington," *Palaios* 19 (2004): 79–88.

Glaub, I., S. Golubic, M. Gektidis, G. Radtke, G. Radtke, and K. Vogel. "Microborings and microbial endoliths: geological implications," in *Trace Fossils: Concepts, Problems, Prospects*, ed. W. Miller III (Amsterdam: Elsevier, 2007), 368–81.

Glaub, I., and K. Vogel. "The stratigraphic record of microborings," *Fossils & Strata* 51 (2004): 126–35.

Glaub, I., K. Vogel, and M. Gektidis. "The role of modern and fossil cyanobacterial borings in bioerosion and bathymetry," *Ichnos* 8 (2001): 185–95.

Gleason, F. H., G. M. Gadd, J. I. Pitt, and A. W. D Larkum. "The roles of endolithic fungi in bioerosion and disease in marine ecosystems. I. General concepts," *Mycology* 8 (2017): 205–15.

Gleason, F. H., G. M. Gadd, J. I. Pitt, and A. W. D Larkum. "The roles of endolithic fungi in bioerosion and disease in marine ecosystems. II. Potential facultatively parasitic anamorphic ascomycetes can cause disease in corals and molluscs," *Mycology* 8 (2017): 216–27.

Go, M. C. "A case of human bone modification by ants (Hymenoptera: Formicidae) in the Philippines," *Forensic Anthropology* 1 (2018): 116–23.

Gobalet, K. W. "Morphology of the parrotfish pharyngeal jaw apparatus," *Integrative and Comparative Biology* 29 (1989): 319–31.

Godfrey, S. J., M. Ellwood, S. Groff, and M. S. Verdin. "*Carcharocles*-bitten odontocete caudal vertebrae from the Coastal Eastern United States," *Acta Palaeontologica Polonica* 63 (2018): 463–68.

Godfrey, S. J., J. R. Nance, and N. L. Riker. "*Otodus*-bitten sperm whale tooth from the Neogene of the Coastal Eastern United States," *Acta Paleontologica Polonica* 66 (2021): 1–5.

Godfrey, S. J., and J. B. Smith. "Shark-bitten vertebrate coprolites from the Miocene of Maryland," *Naturwissenschaften* 97 (2010): 461–67.

Gold, D. A., J. Grabenstatter, A. de Mendoza, A. Riesgo, I. Ruiz-Trillo, and R. E. Summons. "Sterol and genomic analyses validate the sponge biomarker hypothesis," *Proceedings of the National Academy of Sciences* 113 (2016): 2684–89.

Golubic, S., T. Le Campion-Alsumard, and S. E. Campbell. "Diversity of marine cyanobacteria," in *Marine Cyanobacteria*, ed. L. Charpy and A. W. D. Larkum (Monaco: *Bulletin de l'Institut Oceanographique* Special Issue 19, 1999): 53–76.

Golubic, S., G. Radtke, and T. Le Campion-Alsumard. "Endolithic fungi in marine ecosystems," *Trends in Microbiology* 13 (2005): 229–35.

Gorzelak, P., L. Rakowicz, M. A. Salamon, and P. Szrek. "Inferred placoderm bite marks on Devonian crinoids from Poland," *Neues Jahrbuch für Geologie und Paläontologie* 259 (2011): 105–12.

Gould, S. J. *Wonderful Life: The Burgess Shale and the Nature of History* (New York: W. W. Norton, 1990).

Gray, M. W. "Lynn Margulis and the endosymbiont hypothesis: 50 years later," *Molecular Biology of the Cell* 28 (2017): 1285–87.

Gregory, M. R. "New trace fossils from the Miocene of Northland, New Zealand, *Rosschachichnus amoeba* and *Piscichnus waitemata*," *Ichnos* 1 (1991): 195–206.

Gregory, M. R., P. F. Balance, G. W. Gibson, and A. M. Ayling. "On how some rays (Elasmobranchia) excavate feeding depressions by jetting water," *Journal of Sedimentary Petrology* 49 (1979): 1125–30.

Grigg, G. *Biology and Evolution of Crocodylians* (Ithaca, NY: Cornell University Press, 2015).

Grutter, A. S., J. G. Rumney, T. Sinclair-Taylor, P. Waldie, and C. E. Franklin. "Fish mucous cocoons: the 'mosquito nets' of the sea," *Biology Letters* 7 (2010): 292–94.

Guarneri, I., M. Sigovini, and D. Tagliapietra. "A simple method to calculate the volume of shipworm tunnels from radiographs," *International Biodeterioration & Biodegradation* 156 (2021): 105109.

Guida, B. S., and F. Garcia-Pichel. "Extreme cellular adaptations and cell differentiation required by a cyanobacterium for carbonate excavation," *Proceedings of the National Academy of Sciences* 113 (2016): 5712–17.

Gumsley, A. P. "Timing and tempo of the Great Oxidation Event," *Proceedings of the National Academy of Sciences* 114 (2017): 1811–16.

Hadjisterkotis, E., and D. S. Reese. "Considerations on the potential use of cliffs and caves by the extinct endemic late Pleistocene hippopotami and elephants of Cyprus," *European Journal of Wildlife Research* 54 (2008): 122–33.

Haigler, S. M. "Boring mechanism of *Polydora websteri* inhabiting *Crassostrea virginica*," *American Zoologist* 9 (1969): 821.

Hall, L., M. Ryan, and E. Scott. "Possible evidence for cannibalism in the giant arthrodire Dunkleosteus, the apex predator of the Cleveland Shale Member (Famennian) of the Ohio Shale," *Journal of Vertebrate Paleontology, Programs and Abstracts Book* (2016): 148.

Hamada, S., and H. D. Slade. "Biology, immunology, and cariogenicity of *Streptococcus mutans*," *Microbiological Review* 44 (1980): 331–84.

Hardisty, M. W. *Lampreys: Life Without Jaws* (London: Forrest Text, 2006).

Harness, R. E., and E. L. Walters. "Woodpeckers and utility pole damage," *IEEE Industry Applications Magazine* 11 (2005): 68–73.

Harper, E. M., and D. S. Wharton. "Boring predation and Mesozoic articulate brachiopods," *Palaeogeography, Palaeoclimatology, Palaeoecology* 158 (2000): 15–24.

Harrington, T. C., H. Y. Yun, S.-S. Lu, H. Goto, and D. N. Aghayeva. "Isolations from the redbay ambrosia beetle, *Xyleborus glabratus*, confirm that the laurel wilt pathogen, *Raffaelea lauricola*, originated in Asia," *Mycologia* 103 (2011): 1028–36.

Harrison, J. S., M. L. Porter, M. J. McHenry, H. E. Robinson, and S. N. Patek. "Scaling and development of elastic mechanisms: the tiny strikes of larval mantis shrimp," *Journal of Experimental Biology* 224 (2021): jeb235465.

Hasiotis, S. T., R. F. Dubiel, P. T. Kay, T. M. Demko, K. Kowalska, and D. Mc-Daniel. "Research update on hymenopteran nests and cocoons, Upper Triassic Chinle Formation, Petrified Forest National Park, Arizona," in *National Park Service Paleontological Research, Technical Report* NPS/—NRGRD/GRDTR-98/01, ed. V. L. Santucci and L. McClelland (1998), 116–21.

Haslam, M., J. Fujii, S. Espinosa, K. Mayer, K. Ralls, M. T. Tinker, et al. "Wild sea otter mussel pounding leaves archaeological traces," *Scientific Reports* 9 (2019): 4417.

Hauff, R. B., and U. Joger. "Holzmaden: prehistoric museum Hauff: a fossil museum since 4 generations (Urweltmuseum Hauff)," in *Paleontological Collections of Germany, Austria and Switzerland*, ed. L. Beck and U. Joger (Cham: Springer, 2018), 325–29.

Hay, W. W. "Toward understanding Cretaceous climate—an updated review," *Science China Earth Sciences* 60 (2017): 5–19.

Haynes, G. *Mammoths, Mastodons, and Elephants* (Cambridge: Cambridge University Press, 1993).

Herbert, G. S., L. B. Whitenack, and J. Y. McKnight. "Behavioural versatility of the giant murex *Muricanthus fulvescens* (Sowerby, 1834) (Gastropoda: Muricidae) in interactions with difficult prey," *Journal of Molluscan Studies* 82 (2016): 357–65.

Hess, H. 1999. "Lower Jurassic Posidonia Shale of southern Germany," in *Fossil Crinoids*, ed. H. Hess, W. I. Ausich, C. E. Brett, and Michaels J. Simms (Cambridge: Cambridge University Press, 1999), 183–96.

Hetherington, A. J., and L. Doland. "Stepwise and independent origins of roots among land plants," *Nature* 561 (2018): 235–38.

Hiemstra, A.-F. "Recognizing cephalopod boreholes in shells and the northward spread of *Octopus vulgaris* Cuvier, 1797 (Cephalopoda, Octopodoidea)," *Vita Malacologica* 13 (2015): 53–56.

Higgs, N. D., A. G. Glover, T. G. Dahlgren, and C. T. S. Little. "Bone-boring worms: characterizing the morphology, rate, and method of bioerosion by *Osedax mucofloris* (Annelida, Siboglinidae)," *Biological Bulletin* 221 (2011): 307–16.

Higgs, N. D., A. G. Glover, T. G. Dahlgren, C. R. Smith, Y. Fujiwara, F. Pradillon, et al. "The morphological diversity of *Osedax* worm borings (Annelida: Siboglinidae)," *Journal of the Marine Biological Association of the United Kingdom* 94 (2014): 1429–39.

Higgs, N. D., C. T. S. Little, A. G. Glover, T. G. Dahlgren, C. R. Smith, and S. Dominici. "Evidence of *Osedax* worm borings in Pliocene (~3 Ma) whale bone from the Mediterranean," *Historical Biology* 24 (2012): 269–77.

Himmi, S. K., T. Yoshimura, Y. Yanase, M. Oya, T. Torigoe, and S. Imazu. " X-ray tomographic analysis of the initial structure of the royal chamber and the nest-founding behavior of the drywood termite *Incisitermes minor*," *Journal of Wood Science* 60 (2014): 435–60.

Holden, A. R., J. M. Harris, and R. M. Timm. "Paleoecological and taphonomic implications of insect-damaged Pleistocene vertebrate remains from Rancho La Brea, Southern California," *PLOS ONE* 8 (2013): e67119.

Hollén, L. I., and A. N. Radford. "The development of alarm call behaviour in mammals and birds," *Animal Behaviour* 78 (2009): 791–800.

Honegger, R., D. Edwards, L. Axe, and C. Strullu-Derrien. "Fertile *Prototaxites taiti*: a basal ascomycete with inoperculate, polysporous asci lacking croziers," *Philosophical Transactions of the Royal Society*, *B* 373 (2018): 20170146.

Horner, J. R., and D. Lessem. *The Complete T. Rex* (New York: Simon & Schuster, 1993).

Horton, H. P., S. Rahmstorf, S. E. Engelhart, and A. C. Kemp. "Expert assessment of sea-level rise by AD 2100 and AD 2300," *Quaternary Science Reviews* 84 (2014): 1–6.

Howard, J. D., T. V. Mayou, and R. W. Heard. "Biogenic sedimentary structures formed by rays," *Journal of Sedimentary Research* 47 (1977): 339–46.

Howard, K. J., and B. L. Thorne. "Eusocial evolution in termites and Hymenoptera," in *Biology of Termites: A Modern Synthesis*, ed. D. E. Bignell et al. (Dordrecht: Springer, 2011), 97–132.

Hoysted, G. A., J. Kowal, A. Jacob, W. R. Rimington, J. G. Duckett, S. Pressel, et al. "A mycorrhizal revolution," *Current Opinion in Plant Biology* 44 (2018): 1–6.

Hu, Y., J. Meng, Y. Wang, and C. Li. "Large Mesozoic mammals fed on young dinosaurs," *Nature* 433 (2005): 149–52.

Hua, H., B. R. Pratt, and L.-Y. Zhang. "Borings in *Cloudina* shells: complex predator-prey dynamics in the terminal Neoproterozoic," *Palaios* 18 (2003): 454–59.

Huag, C., and J. T. Huag. "The presumed oldest flying insect: more likely a myriapod?," *PeerJ* 5 (2017): e3402.

Huag, C., J. Wiethase, and J. Haug. "New records of Mesozoic mantis shrimp larvae and their implications on modern larval traits in stomatopods," *Palaeodiversity* 8 (2015):

121–33.

Huang, J.-D., R. Motani, D.-Y. Jiang, X.-X. Ren, A. Tintori, O. Rieppel, et al. "Repeated evolution of durophagy during ichthyosaur radiation after mass extinction indicated by hidden dentition," *Scientific Reports* 10 (2020): 7798.

Huber, B. T., K. G. MacLeod, D. K. Watkins, and M. F. Coffin. 2018. "The rise and fall of the Cretaceous hot greenhouse climate," *Global and Planetary Change* 167 (2018): 1–23.

Hunter, A. W., D. Casenove, E. G. Mitchell, and C. Mayers. "Reconstructing the ecology of a Jurassic pseudoplanktonic raft colony," *Royal Society Open Science* 7 (2020): 200142.

Hutchings, J. A., and G. S. Herbert. "No honor among snails: Conspecific competition leads to incomplete drill holes by a naticid gastropod," *Palaeogeography, Palaeoclimatology, Palaeoecology* 379 (2013): 32–38.

Hutchinson, R. *The Spanish Armada* (New York: Thomas Dunne Books, 2013).

Hutson, J. M., C. C. Burke, and G. Haynes. "Osteophagia and bone modifications by giraffes and other large ungulates," *Journal of Archaeological Science* 40 (2013): 4139–49.

Ikejiri, T., Y. Lu, and B. Zhang. "Two-step extinction of Late Cretaceous marine vertebrates in northern Gulf of Mexico prolonged biodiversity loss prior to the Chicxulub impact," *Scientific Reports* 10 (2020): 4169.

Imbeau, L., and A. Desrochers. "Foraging ecology and use of drumming trees by three-toed woodpeckers," *Journal of Wildlife Management* 66 (2020): 222–31.

Irisarri, I., J. E. Uribe, D. J. Eernisse, and R. Zardoya. "A mitogenomic phylogeny of chitons (Mollusca: Polyplacophora)," *BMC Ecology and Evolution* 20 (2020): 22.

Ishikawa, M., T. Kase, H. Tsutsui, and B. Tojo. "Snail versus hermit crabs: a new interpretation of shell-peeling predation on fossil gastropod associations," *Paleontological Research* 8 (2004): 99–108.

Jagt, J. W. M., M. J. M. Deckers, M. De Leebeeck, S. K. Donovan, and E. Nieuwenhuis. "Episkeletozoans and bioerosional ichnotaxa on isolated bones of Late Cretaceous mosasaurs and cheloniid turtles from the Maastricht area, the Netherlands," *Geologos* 26 (2020): 39–49.

Jefferson, G. T. "A catalogue of late Quaternary vertebrates from California: part two, mammals," *Technical Reports Number* 7 (Los Angeles: Natural History Museum of Los Angeles County, 1991).

Joester, D., and L. R. Brooker. 2016. "The chiton radula: a model system for versatile use of iron oxides," in *Iron Oxides: From Nature to Applications*, ed. D. Faivre (Hoboken, NJ: Wiley, 2016), 177–206.

Johansson, N. R., U. Kaasalainen, and J. Rikkinen. "Woodpeckers can act as dispersal vectors for microorganisms," *Ecology and Evolution* 11 (2021): 7154–63.

Johnson, S. B., A. Warén, R. W. Lee, Y. Kano, A. Kaim, A. Davis, et al. "*Rubyspira*, new genus and two new species of bone-eating deep-sea snails with ancient habits," *Biological Bulletin* 219 (2010): 166–77.

Jones, A. M., C. Brown, and S. Gardner. "Tool use in the tuskfish *Choerodon schoenleinii*?," *Coral Reef* 30 (2011): 865.

Jones, W. J., S. B. Johnson, G. W. Rouse, and R. C. Vrijenhoek. "Marine worms (genus *Osedax*) colonize cow bones," *Proceedings of the Royal Society, B* 275 (2008): 387–91.

Jung, J.-Y., A. Pissarenko, A. A. Trikanad, D. Restrepo, F. Y. Su, A. Marquez, et al. "A natural stress deflector on the head? Mechanical and functional evaluation of the woodpecker skull bones," *Advanced Theory and Simulation* 2 (2019): 1800152.

Jusino, M. A., D. L. Lindner, M. T. Banik, K. R. Rose, and J. R. Walters. " Experimental evidence of a symbiosis between red-cockaded woodpeckers and fungi," *Proceedings of the Royal Society, B* 283 (2016): 20160106.

Kaim, A. "Chemosynthesis-based associations on Cretaceous plesiosaurid carcasses," *Acta Palaeontologica Polonica* 53 (2008): 97–104.

Kaim, A. "Non-actualistic wood-fall associations from Middle Jurassic of Poland," *Lethaia* 44 (2011): 109–24.

Kaiser, S. I., M. Aretz, and R. T. Becker. "The global Hangenberg Crisis (Devonian–Carboniferous transition): review of a first-order mass extinction," *Geological Society, London, Special Publications* 423 (2015): 387–437.

Kaplan, E. H., and S. L. Kaplan. *A Field Guide to Coral Reefs: Caribbean and Florida* (Boston: Houghton Miffl in, 1999).

Kastelein, R. A., M. Muller, and A. Terlouw. "Oral suction of a Pacific walrus (*Odobenus rosmarus divergens*) in air and under water," *Z. Säugetierkunde* 59 (1994): 105–15.

Kauffman, E. G., and J. K. Sawdo. "Mosasaur predation on a nautiloid from the Maastrichtian Pierre Shale, Central Colorado, Western Interior Basin, United States," *Lethaia* 46 (2013): 180–87.

Kelley, P. H. "Predation by Miocene gastropods of the Chesapeake Group: stereotyped and predictable," *Palaios* 3 (1988): 436–48.

Kempster, R. M., I. D. McCarthy, and S. P. Collin. "Phylogenetic and ecological factors influencing the number and distribution of electroreceptors in elasmobranchs," *Journal of Fish Biology* 80 (2012): 2055–88.

Kerig, T. "Prehistoric mining," *Antiquity* 94 (2020): 802–5.

Kiel, S., J. L. Goedert, W.-A. Kahl, and G. W. Rouse. "Fossil traces of the boneeating worm *Osedax* in early Oligocene whale bones," *Proceedings of the National Academy of Sciences* 107 (2010): 8656–59.

Kiel, S., W.-A. Kahl, and J. L. Goedert. "*Osedax* borings in fossil marine bird bones,"

Naturwissenschaften 98 (2011): 51–55.

Kiel, S., W.-A. Kahl, and J. L. Goedert. "Traces of the bone-eating annelid *Osedax* in Oligocene whale teeth and fish bones," *Paläontologische Zeitschrift* 87 (2013): 161–67.

Kirkendall, L. R., P. H. W. Biedermann, and B. H. Jordal. "Evolution and diversity of bark and ambrosia beetles," in *Bark Beetles: Biology and Ecology of Native and Invasive Species*, ed. F. Vega and R. Hofstetter (Cambridge, MA: Academic Press, 2014), 85–156.

Kitching, R. L., and J. Pearson. "Prey localization by sound in a predatory intertidal gastropod," *Marine Biology Letters* 2 (1981): 313–21.

Kiver, E. P., and D. V. Harris. *Geology of U.S. Parklands* (5th ed.) (New York: John Wiley & Sons, 1999).

Kleeman, K. "Biocorrosion by bivalves," *Marine Ecology* 17 (1996): 145–58.

Klinger, T. S., and J. M. Lawrence. "The hardness of the teeth of five species of echinoids (Echinodermata)," *Journal of Natural History* 19 (1984): 917–20.

Klippel, W. E., and J. A. Synstelien. "Rodents as taphonomic agents: bone gnawing by brown rats and gray squirrels," *Journal of Forensic Science* 52 (2007): 765–73.

Klompmaker, A. A., H. Karasawa, R. W. Portell, R, H. B. Fraaije, and Y. Ando. "An overview of predation evidence found on fossil decapod crustaceans with new examples of drill holes attributed to gastropods and octopods," *Palaios* 28 (2013): 599–613.

Klompmaker, A. A., and P. H. Kelley. "Shell ornamentation as a likely exaptation: evidence from predatory drilling on Cenozoic bivalves," *Paleobiology* 41 (2015): 187–201.

Klompmaker, A. A., and B. A. Kittle. "Inferring octopodoid and gastropod behavior from their Plio-Pleistocene cowrie prey (Gastropoda: Cypraeidae)," *Palaeogeography, Palaeoclimatology, Palaeoecology* 567 (2021): 110251.

Klompmaker, A. A., M. Kowalewski, J. W. Huntley, and S. Finnegan. "Increase in predator-prey size ratios throughout the Phanerozoic history of marine ecosystems," *Science* 356 (2017): 1178–80.

Klompmaker, A. A., and N. H. Landman. "Octopodoidea as predators near the end of the Mesozoic Marine Revolution," *Biological Journal of the Linnean Society* 132 (2021): 894–99.

Klompmaker, A. A., R. W. Portell, and H. Karasawa. "First fossil evidence of a drill hole attributed to an octopod in a barnacle," *Lethaia* 47 (2014): 309–12.

Klompmaker, A. A., R. W. Portell, S. E. Lad, and M. Kowalewski. "The fossil record of drilling predation on barnacles," *Palaeogeography, Palaeoclimatology, Palaeoecology* 426 (2015): 95–111.

Kluessendorf, J., and P. Doyle. "*Pohlsepia mazonensis*, An early 'octopus' from the Carboniferous of Illinois, USA," *Palaeontology* 43 (2003): 919–26.

Kolmann, M. A., R. D. Grubbs, D. R. Huber, R. Fisher, N. R. Lovejoy, and G. M. Erickson. "Intraspecific variation in feeding mechanics and bite force in durophagous stingrays," *Journal of Zoology* 304 (2018): 225–34.

Kosloski, M. E. "Recognizing biotic breakage of the hard clam, *Mercenaria mercenaria* caused by the stone crab, *Menippe mercenaria*: An experimental taphonomic approach," *Journal of Experimental Marine Biology and Ecology* 396 (2011): 115–21.

Kosloski, M. E., and W. D. Allmon. "Macroecology and evolution of a crab 'super predator,' *Menippe mercenaria* (Menippidae), and its gastropod prey," *Biological Journal of the Linnean Society* 116 (2015): 571–81.

Kroh, A. "Phylogeny and classification of echinoids," *Developments in Aquaculture and Fisheries Science* 43 (2020): 1–17.

Ksepka, D. T. "Feathered dinosaurs," *Current Biology* 30 (2020): R1347–53.

Ksepka, D. T., L. Grande, and G. Mayr. "Oldest finch-beaked birds reveal parallel ecological radiations in the earliest evolution of passerines," *Current Biology* 29 (2019): 657–63.

Kubicka, A. M., Z. M. Rosin, P. Tryjanowski, and E. Nelson. "A systematic review of animal predation creating pierced shells: implications for the archaeological record of the Old World," *PeerJ* 5 (2017): e2903.

Kuratani, S. "Evolution of the vertebrate jaw from developmental perspectives," *Evolution and Development* 14 (2012): 76–92.

Kvitek, R. G., A. K. Fukayama, B. S. Anderson, and B. K. Grimm. "Sea otter foraging on deep-burrowing bivalves in a California coastal lagoon," *Marine Biology* 98 (1988): 157–67.

Labandeira, C. C. "Deep-time patterns of tissue consumption by terrestrial arthropod herbivores," *Naturwissenschaften* 100 (2013): 355–64.

Labandeira, C. C. "A paleobiologic perspective on plant-insect interactions," *Current Opinion in Plant Biology* 16 (2013): 414–21.

Labandeira, C. C., S. L. Tremblay, K. E. Bartowski, and L. V. Hernick. "Middle Devonian liverwort herbivory and antiherbivory defense," *New Phytologist* 202 (2014): 247–58.

Lachat, J., and D. Haag-Wackernagel. "Novel mobbing strategies of a fish population against a sessile annelid predator," *Scientific Reports* 6 (2016): 33187.

Lange, I. D., C. T. Perry, K. M. Morgan, R. Roche, C. E. Benkwitt, and N. A. J. Graham. "Site-level variation in parrotfish grazing and bioerosion as a function of species-specific feeding metrics," *Diversity* 12 (2020): 379.

Larson, P. *The Vascular Cambium: Development and Structure* (Berlin: Springer-Verlag, 2012).

Lawson, B. M. *Shelling San Sal: An Illustrated Guide to Common Shells of San Salvador*

Island, Bahamas. (San Salvador Island, Bahamas: Gerace Research Centre, 1993).

Laybourne, R. C., D. W. Deedrick, and F. M. Hueber. "Feather in amber is earliest new world fossil of Picidae," *Wilson Bulletin* 106 (1994): 18–25.

Lebedev, O. A., E. Mark-Kurik, V. N. Karatajūtė-Talimaa, E. Lukševičs, and A. Ivanov. "Bite marks as evidence of predation in early vertebrates," *Acta Zoologica* 90 (2009): 344–56.

Legendre, F., A. Nel, G. J. Svenson, T. Robillard, R. Pellens, and P. Grandcolas. "Phylogeny of Dictyoptera: dating the origin of cockroaches, praying mantises and termites with molecular data and controlled fossil evidence," *PLOS ONE* 10 (2015): e0130127.

Lenton, T. M., and S. J. Daines. "Matworld—the biogeochemical effects of early life on land," *New Phytologist* 215 (2016): 531–37.

Le Rossignol, A. P. "Breaking down the mussel (*Mytilus edulis*) shell: which layers affect oystercatchers' (*Haematopus ostralegus*) prey selection?," *Journal of Experimental Marine Biology and Ecology* 405 (2011): 87–92.

Levermann, N., A. Galatius, G. Ehlme, S. Rysgaard, and E. W. Born. "Feeding behaviour of free-ranging walruses with notes on apparent dextrality of flipper use," *BMC Ecology* 3 (2003): 9.

Levi-Setti, R. *The Trilobite Book: A Visual Journey* (Chicago: University of Chicago Press, 2014).

Lewis, J. E., and S. Harmand. "An earlier origin for stone tool making: implications for cognitive evolution and the transition to *Homo*," *Philosophical Transactions of the Royal Society, B* 371 (2016): 20150233.

Li, H., and T. Li. "Bark beetle larval dynamics carved in the egg gallery: a study of mathematically reconstructing bark beetle tunnel maps," *Advances in Difference Equations* 2019 (2019): 513.

Li, Y., K. M. Kocot, N. V. Whelan, S. R. Santos, D. S. Waits, D. J. Thornhill, et al. "Phylogenomics of tubeworms (Siboglinidae, Annelida) and comparative performance of different reconstruction methods," *Zoologica Scripta* 46 (2016): 200–213.

Lloyd, G. T., D. W. Bapst, M. Friedman, and K. E. Davis. "Probabilistic divergence time estimation without branch lengths: dating the origins of dinosaurs, avian flight and crown birds," *Biology Letters* 12 (2016): 0160609.

Lockley, M. *Tracking Dinosaurs: A New Look at an Ancient World* (Cambridge: Cambridge University Press, 1991).

Lopes, R. P., and J. C. Pereira. "Molluskan grazing traces (ichnogenus *Radulichnus* Voigt, 1977) on a Pleistocene bivalve from southern Brazil, with the proposal of a new ichnospecies with *Radulichnus tranversus* connected to chitons (vs. *R. inopinatus*)," *Ichnos* 26 (2019): 141–57.

Loron, C. C., C. François, R. H. Rainbird, E. C. Turner, S. Borensztajn, and E. J. Javaux.

"Early fungi from the Proterozoic Era in Arctic Canada," *Nature* 570 (2019): 232–35.

Love, G. D., E. Grosjean, C. Stalvies, D. A. Fike, J. P. Grotzinger, A. S. Bradley, et al. "Fossil steroids record the appearance of Demospongiae during the Cryogenian Period," *Nature* 457 (2008): 718–21.

Ludvigsen, R. "Rapid repair of traumatic injury by an Ordovician trilobite," *Lethaia* 10 (1977): 205–7.

Luebke, A., K. Loza, O. Prymak, P. Dammann, H. O. Fabritius, and M. Epple. "Optimized biological tools: ultrastructure of rodent and bat teeth compared to human teeth," *Bioinspired, Biomimetic and Nanobiomaterials* 8 (2019): 247–53.

Lundberg, J., and D. A. McFarlane. 2006. "Speleogenesis of the Mount Elgon elephant caves," in *Perspectives on Karst Geomorphology, Hydrology, and Geochemistry*, ed. R. S. Harmon and C. Wicks (Boulder, CO: Geological Society of America, 2006), 51–63.

Lundquist, C. A., and W. W. Varnedoe Jr. "Salt ingestion caves," *International Journal of Speleology* 35 (2005): 13–18.

Lyson, T. R., I. M. Miller, A. D. Bercovich, K. Weissenburger, J. Fuentes, C. Clyde, et al. "Exceptional continental record of biotic recovery after the Cretaceous–Paleogene mass extinction," *Science* 366 (2019): 977–83.

MacDonald, D. W., C. Newman, and L. A. Harrington (eds.). *Biology and Conservation of Musteloids* (Oxford: Oxford University Press, 2017).

MacEachern, J. A., S. G. Pemberton, M. K. Gingras, and K. L. Bann. "The ichnofacies paradigm: a fifty-year perspective," in *Trace Fossils: Concepts, Problems, Prospects*, ed. W. M. Miller III (Amsterdam: Elsevier, 2007), 52–77.

MacEachern, J. A., S. G. Pemberton, M. K. Gingras, K. L. Bann, and L. T. Dafoe. "Uses of trace fossils in genetic stratigraphy," in *Trace Fossils: Concepts, Problems, Prospects*, ed. W. M. Miller III (Amsterdam: Elsevier, 2007), 110–34.

Maekawa, K., and C. A. Nalepa. "Biogeography and phylogeny of woodfeeding cockroaches in the genus *Cryptocercus*," *Insects* 2 (2011): 354–68.

Magrath, R. D., B. J. Pitcher, and J. L. Gardner. "A mutual understanding? Interspecific responses by birds to each other's aerial alarm calls," *Behavioral Ecology* 18 (2007): 944–51.

Magron, P. "General geology and geotechnical considerations," in *Engineering Geology of the Channel Tunnel*, ed. C. S. Harris et al. (London: Thomas Telford, 1996), 57–63.

Malik, W. "Inky's daring escape shows how smart octopuses are," *National Geographic*, April 14, 2016, https://www.nationalgeographic.com/animals/article/160414-inky-octopus-escapes-intelligence.

Mallon, J. C., D. M. Henderson, C. M. McDonough, and W. J. Loughry. "A 'bloat-and-float' taphonomic model best explains the upside-down preservation of ankylosaurs," *Palaeogeography, Palaeoclimatology, Palaeoecology* 497 (2018): 117–27.

Manegold, A., and A. Louchart. "Biogeographic and paleoenvironmental implications of a new woodpecker species (Aves, Picidae) from the early Pliocene of South Africa," *Journal of Vertebrate Paleontology* 32 (2012): 926–38.

Múngano, M. G., L. A. Buatois, M. A. Wilson, and M. L. Droser. "The great Ordovician biodiversification event," in *The Trace-Fossil Record of Major Evolutionary Events*, ed. M. Múngano and L. Buatois (Dordrecht: Springer, 2016), 127–65.

Mann, C. C. *1493: Uncovering the New World Columbus Created* (New York: Vintage Books, 2012).

Marcus, M. A., S. Amini, C. A. Stifler, C.-Y. Sun, N. Tamura, H. A. Bechtel, et al. "Parrotfish teeth: stiff biominerals whose microstructure makes them tough and abrasion-resistant to bite stony corals," *ACS Nano* 11 (2013): 11858–65.

Marsh, P. D. "Dental plaque as a biofilm: the significance of pH in health and caries," *Compendium of Continuing Education in Dentistry* 30 (2009): 76–78.

Marshall, S. A. *Beetles: The Natural History and Diversity of Coleoptera* (Richmond Hill, ON: Firefly Books, 2018).

Martin, A. J. "A Paleoenvironmental Interpretation of the 'Arnheim' Micromorph Fossil Assemblage from the Cincinnatian Series (Upper Ordovician), Southeastern Indiana and Southwestern Ohio" (MS thesis, Miami University, 1986).

Martin, A. J. *Trace Fossils of San Salvador* (San Salvador Island, Bahamas: Gerace Research Centre, 2006).

Martin, A. J. *Life Traces of the Georgia Coast: Revealing the Unseen Lives of Plants and Animals* (Bloomington: Indiana University Press, 2013).

Martin, A. J. *Dinosaurs Without Bones: Dinosaur Lives Revealed by Their Trace Fossils* (New York: Pegasus Books, 2014).

Martin, A. J. *The Evolution Underground: Burrows, Bunkers, and the Marvelous Subterranean World Beneath Our Feet* (New York: Pegasus Books, 2017).

Martin, A. J. *Tracking the Golden Isles: The Natural and Human Histories of the Georgia Coast* (Athens: University of Georgia Press, 2020).

Martin, A. J., and S. T. Hasiotis. "Vertebrate tracks and their significance in the Chinle Formation (Late Triassic), Petrified Forest National Park, Arizona," *National Park Service Paleontological Research* 3 (1998): 38–143.

Martin, J. W., Crandell, K. A., and Felder, D. L. (eds.). *Decapod Crustacean Phylogenetics* (Boca Raton, FL: CRC Press, 2016).

Martin, L. D., and D. L. West. "The recognition and use of dermestid (Insecta, Coleoptera) pupation chambers in paleoecology," *Palaeogeography, Palaeoclimatology, Palaeoecology* 113 (1995): 303–10.

Martin, T., G. Sun, and V. Mosbrugger. "Triassic-Jurassic biodiversity, ecosystems, and climate in the Junggar Basin, Xinjiang, Northwest China," *Palaeobiodiversity and Pal-*

aeoenvironments 90 (2010): 171–73.

Martinell, J., J. M. de Gibert, R. Domènech, A. A. Ekdale, and P. Steen. "Cretaceous ray traces? an alternative interpretation for the alleged dinosaur tracks of La Posa, Isona, NE Spain," *Palaios* 16 (2001): 409–16.

Maxwell, E. E., and M. W. Caldwell. "First record of live birth in Cretaceous ichthyosaurs: closing an 80 million year gap," *Proceedings of the Royal Society*, *B* 270 (2003): S104–7.

Mayr, G. "A tiny barbet-like bird from the Lower Oligocene of Germany: the smallest species and earliest substantial fossil record of the Pici (woodpeckers and allies)," *Auk* 122 (2005): 1055–63.

McClain, C. R., C. Nunnally, R. Dixon, G. W. Rouse, and M. Benfield. "Alligators in the abyss: the first experimental reptilian food fall in the deep ocean," *PLOS ONE* 14 (2019): e0225345.

McCollum, T. M. "Miller-Urey and beyond: what have we learned about prebiotic organic synthesis reactions in the past 60 years?," *Annual Review of Earth and Planetary Sciences* 41 (2013): 207–29.

McCullough, J. M., R. G. Moyle, B. T. Smith, and M. J. Andersen. "A Laurasian origin for a pantropical bird radiation is supported by genomic and fossil data (Aves: Coraciiformes)," *Proceedings of the Royal Society*, *B* 286 (2019): 20190122.

McHorse, B. K., J. D. Orcutt, and E. B. Davis. "The carnivoran fauna of Rancho La Brea: average or aberrant?," *Palaeogeography, Palaeoclimatology, Palaeoecology* 329–30 (2012): 118–23.

McHugh, J. B., S. K. Drumheller, A. Riedel, and M. Kane. "Decomposition of dinosaurian remains inferred by invertebrate traces on vertebrate bone reveal new insights into Late Jurassic ecology, decay, and climate in western Colorado," *PeerJ* 8 (2020): e9510.

McKinney, F. K., and J. B. C. Jackson. *Bryozoan Evolution* (Chicago: University of Chicago Press, 1989).

McNassor, C. *Images of America: Los Angeles's La Brea Tar Pits and Hancock Park* (Charleston, SC: Arcadia Publishing, 2011).

McPherron, S. P., Z. Alemseged, C. W. Marean, J. G. Wynn, D. Reed, D. Geraads, et al. "Evidence for stone-tool-assisted consumption of animal tissues before 3.39 million years ago at Dikika, Ethiopia," *Nature* 466 (2010): 857–60.

Meadows, C. A., R. E. Fordyce, and T. Baumiller. "Drill holes in the irregular echinoid, *Fibularia*, from the Oligocene of New Zealand," *Palaios* 30 (2015): 810–17.

Mech, L. D., and R. O. Peterson. "Wolf-prey relations," in *Wolves: Behavior, Ecology, and Conservation*, ed. L. D. Mech and L. Boitani (Chicago: University of Chicago Press, 2010).

Meckel, L. A., C. P. McDaneld, and D. J. Wescott. "White-tailed deer as a taphonomic agent: photographic evidence of white-tailed deer gnawing on human bone," *Journal of Forensic Sciences* 63 (2018): 292–94.

Meeker, J. R., W. N. Dixon, J. L. Foltz, and T. R. Fasulo. "The Southern pine beetle *Dendroctonus frontalis* Zimmerman (Coleoptera: Scolytidae)," *Florida Department of Agricultural and Consumer Services, Entomology Circular* 369 (1995): 1–4.

Melnyk, S., S. Packer, J.-P. Zonneveld, and M. K. Gingras. "A new marine woodground ichnotaxon from the Lower Cretaceous Mannville Group, Saskatchewan, Canada," *Journal of Paleontology* 95 (2020): 162–69.

Méndez, D. "Shipwrecked by worms, saved by canoe: the last voyage of Columbus," in *The Ocean Reader: History, Culture, Politics*, ed. E. P. Roordia (Durham, NC: Duke University Press, 2020), 297–304.

Meyer, C. A., and B. Thüring. "Dinosaurs of Switzerland," *Comptes Rendus Palevol* 2 (2003): 103–17.

Meyer, N., M. Wisshak, and A. Freiwald. "Ichnodiversity and bathymetric range of microbioerosion traces in polar barnacles of Svalbard," *Polar Research* 39 (2020): 3766.

Mikuláš, R., and B. Zasadil. "A probable fossil bird nest, ?*Eocavum* isp., from the Miocene wood of the Czech Republic," *4th International Bioerosion Workshop Abstract Book* (Prague, Czech Republic, 2004), 49–51.

Mironenko, A. "A hermit crab preserved inside an ammonite shell from the Upper Jurassic of central Russia: implications to ammonoid palaeoecology," *Palaeogeography, Palaeoclimatology, Palaeoecology* 537 (2020): 109397.

Misof, B., S. Liu, K. Meusmann, R. S. Peters, A. Donath, C. Mayer, et al. "Phylogenomics resolves the timing and pattern of insect evolution," *Science* 346 (2014): 6210.

Mokady, O., B. Lazar, and Y. Loya. "Echinoid bioerosion as a major structuring force of Red Sea coral reefs," *Biological Bulletin* 190 (2006): 367–72.

Monaco, P., F. FaMiani, R. Bizzarri, and A. Baldanza. "First documentation of wood borings (*Teredolites* and insect larvae) in Early Pleistocene lower shoreface storm deposits (Orvieto area, central Italy)," *Bollettino della Società Paleontologica Italiana* 50 (2011): 55–63.

Mondal, S., H. Chakraborty, and S. Paul. "Latitudinal patterns of gastropod drilling predation through time," *Palaios* 34 (2019): 261–70.

Mondal, S., P. Goswami, and S. Bardhan. "Naticid confamilial drilling predation through time," *Palaios* 32 (2017): 278–87.

Moore, M. J., G. H. Mitchell, T. K. Rowles, and G. Early. "Dead cetacean? Beach, bloat, float, sink," *Frontiers in Marine Science* 7 (2020): 333.

Morgan, K. M., and P. S. Kench. "Parrotfish erosion underpins reef growth, sand talus development and island building in the Maldives," *Sedimentary Geology* 341 (2016): 50–57.

Morris, S. C., and R. J. F. Jenkins. "Healed injuries in Early Cambrian trilobites from South Australia," *Alcheringa* 9 (1985): 167–77.

Morrison, S. M., S. E. Runyon, and R. M. Hazen. "The paleomineralogy of the Hadean Eon revisited," *Life* 8 (2018): 64.

Moss, C. J., H. Croze, and P. C. Lee (eds.). *The Amboseli Elephants: A Long-Term Perspective on a Long-Lived Mammal* (Chicago: University of Chicago Press, 2011).

Mounika, S., and J. M. Nithya. "Association of Streptococcus mutans and *Streptococcus sanguis* in act of dental caries," *Journal of Pharmaceutical Sciences and Research* 7 (2015): 764–66.

Murdock, D. J. E. "The 'biomineralization toolkit' and the origin of animal skeletons," *Biological Reviews* 95 (2020): 1372–92.

Nalepa, C. A. "Origin of termite eusociality: trophallaxis integrates the social, nutritional, and microbial environments," *Ecological Entomology* 40 (2015): 323–35.

Nash, T. H. *Lichen Biology* (Cambridge: Cambridge University Press, 2008).

Nauer, P. A., L. B. Hutley, and S. K. Arndt. "Termite mounds mitigate half of termite methane emissions," *Proceedings of the National Academy of Sciences* 115 (2018): 13306–11.

Nebelsick, J. H., and M. Kowalewski. "Drilling predation on recent clypeasteroid echinoids from the Red Sea," *Palaios* 14 (1999): 127–44.

Neenan, J. M., N. Klein, and T. M. Scheyer. "European origin of placodont marine reptiles and the evolution of crushing dentition in Placodontia," *Nature Communications* 4 (2013): 1621.

Neenan, J. M., C. Li, O. Rieppel, F. Bernardini, C. Tuniz, G. Muscio, et al. "Unique method of tooth replacement in durophagous placodont marine reptiles, with new data on the dentition of Chinese taxa," *Journal of Anatomy* 224 (2014): 603–13.

Nelson, D. L. "The ravages of *Teredo*: the rise and fall of shipworm in US history, 1860–1940," *Environmental History* 21 (2016): 100–124.

Neto, V. D. P., A. H. Parkinson, F. A. Pretto, M. B. Soares, C. Schwanke, C. L. Schultz, et al. "Oldest evidence of osteophagic behavior by insects from the Triassic of Brazil," *Palaeogeography, Palaeoclimatology, Palaeoecology* 453 (2016): 30–41.

Neumann, A. C. "Observations on coastal erosion in Bermuda and measurements of the sponge, *Cliona lampa*," *Limnology and Oceanography* 11 (1966): 92–108.

Nichols, G. *Sedimentology and Stratigraphy* (2nd ed.) (Oxford: Wiley-Blackwell, 2013).

Nielsen, J., R. B. Hedeholm, J. Heinemeier, P. G. Bushnell, J. S. Christiansen, J. Olsen, et al. "Eye lens radiocarbon reveals centuries of longevity in the Greenland shark (*Somniosus microcephalus*)," *Science* 353 (2016): 702–4.

Nixon, M., and J. Z. Young. *The Brains and Lives of Cephalopods* (Oxford: Oxford University Press, 2003).

Nützel, A. "Gastropods as parasites and carnivorous grazers: a major guild in marine ecosystems," in *The Evolution and Fossil Record of Parasitism*, ed. K. De Baets and J. W. Huntley, *Topics in Geobiology* 49 (Cham: Springer, 2021), 209–29.

O'Connor, J. K., Y. Zhang, L. M. Chiappe, Q. Meng, L. Quanguo, and L. Di. "A new enantiornithine from the Yixian formation with the first recognized avian enamel specialization," *Journal of Vertebrate Paleontology* 33 (2013): 1–12.

Odes, E. J., A. H. Parkinson, P. S. Randolph-Quinney, B. Zipfel, K. Jakata, H. Bonney, et al. "Osteopathology and insect traces in the *Australopithecus africanus* skeleton StW 431," *South African Journal of Science* 113 (2017): 1–7.

O'Shea, O. R., M. Thums, M. van Keulen, and M. G. Meekan. "Bioturbation by stingrays at Ningaloo Reef, Western Australia," *Marine and Freshwater Research* 63 (2011): 189–97.

de Oliveira, T. B., E. Gomes, and A. Rodrigues. "Thermophilic fungi in the new age of fungal taxonomy," *Extremophiles* 19 (2015): 31–37.

Oren, A., and S. Ventura. "The current status of cyanobacterial nomenclature under the 'prokaryotic' and the 'botanical' code,'" *Antonie Van Leeuwenhoek* 110 (2017): 1257–69.

Osinga, R., M. Schutter, B. Griffioen, R. H. Wijffels, J. A. J. Verreth, S. Shafir, et al. "The biology and economics of coral growth," *Marine Biotechnology* 13 (2011): 658–71.

Ozeki, C. S., D. M. Martill, R. E. Smith, and N. Ibrahim. "Biological modification of bones in the Cretaceous of North Africa," *Cretaceous Research* 114 (2020): 104529.

Pahari, A., S. Mondal, S. Bardhan, D. Sarkar, S. Saha, and D. Buragohain. "Subaerial naticid gastropod drilling predation by *Natica tigrina* on the intertidal molluscan community of Chandipur, eastern coast of India," *Palaeogeography, Palaeoclimatology, Palaeoecology* 451 (2016): 110–23.

Pallardy, S. G. *The Woody Plant Body* (3rd ed.) (Cambridge, MA: Academic Press, 2008).

Palma, P., and L. N. Samthakumaran. *Shipwrecks and Global "Worming"* (Oxford: Archaeopress, 2014).

Pantazidou, A., I. Louvrou, and A. Economou-Amilli. "Euendolithic shell-boring cyanobacteria and chlorophytes from the saline lagoon Ahivadolimni on Milos Island, Greece," *European Journal of Phycology* 41 (2006): 189–200.

Park, Y., and J. Choe. "Territorial behavior of the Korean wood-feeding cockroach, *Cryptocercus kyebangensis*," *Journal of Ethology* 21 (2003): 79–85.

Park, Y., P. Grandcolas, and J. C. Choe. "Colony composition, social behavior and some ecological characteristics of the Korean wood-feeding cockroach (*Cryptocercus kyebangensis*)," *Zoological Science* 19 (2002): 1133–39.

Parker, W. G., S. R. Ash, and R. B. Irmis (eds.). *A Century of Research at Petrified Forest*

National Park (Flagstaff: Museum of Northern Arizona Bulletin No. 62, 2006).

Parkman, E. B. "Rancholabrean rubbing rocks on California's north coast," *California State Parks, Science Notes Number* 72 (2007): 1–32.

Parkman, E. B., T. McKernan, S. Norwick, and R. Erickson. "Extremely high polish on the rocks of uplifted sea stacks along the north coast of Sonoma County, California, USA," *Mammoth Rocks and the Geology of the Sonoma Coast, Northern California Geological Society Guidebook* (2010).

Pechenik, J. A., J. Hsieh, S. Owara, P. Wong, D. Marshall, S. Untersee, et al. "Factors selecting for avoidance of drilled shells by the hermit crab *Pagurus longicarpus*," *Journal of Experimental Marine Biology and Ecology* 262 (2001): 75–89.

Pechenik, J. A., and S. Lewis. "Avoidance of drilled gastropod shells by the hermit crab *Pagurus longicarpus* at Nahant, Massachusetts," *Journal of Experimental Marine Biology and Ecology* 253 (2000): 17–32.

Pech-Puch, D., H. Cruz-López, C. Canche-Ek, G. Campos-Espinosa, E. García, M. Mascaro, et al. "Chemical tools of Octopus maya during crab predation are also active on conspecifics," *PLOS ONE* 11 (2016): e0148922.

Peris, D., X. Delclòs, and B. Jordal. "Origin and evolution of fungus farming in wood-boring Coleoptera—a palaeontological perspective," *Biological Reviews* 96 (2021): 2476–88.

Perry, C. T., P. S. Kench, M. J. O'Leary, K. M. Morgan, and F. Januchowski-Hartley. "Linking reef ecology to island building: parrotfish identified as major producers of island-building sediment in the Maldives," *Geology* 43 (2015): 503–6.

Pether, J. "*Belichnus* new ichnogenus, a ballistic trace on mollusc shells from the Holocene of the Benguela region, South Africa," *Journal of Paleontology* 69 (1995): 171–81.

Pier, J. "The Devonian monster of the deep," *Palaeontologia Electronica* blog post, related to Z. Johanson et al., "Fusion in the vertebral column of the pachyosteomorph arthrodire *Dunkleosteus terrelli* ('Placodermi')," *Palaeontologia Electronica* 22.2.20 (2019), https://palaeo-electronica.org/content/2011–11–30–22–01–23/2528-the-devonian-monster-of-the-deep.

Pilson, M. E. Q., and P. B. Taylor. "Hole drilling by Octopus," *Science* 134 (1961): 1366–68.

Platt, S. G., J. B. Thorbjarnarson, T. R. Rainwater, and D. R. Martin. "Diet of the American crocodile (*Crocodylus acutus*) in marine environments of coastal Belize," *Journal of Herpetology* 47 (2013): 1–10.

Pobiner, B. "Paleoecological information in predator tooth marks," *Journal of Taphonomy* 6 (2008): 373–97.

Pokines, J. T., S. A. Santana, J. D. Hellar, P. Bian, A. Downs, N. Wells, et al. "The taphonomic effects of eastern gray squirrels (*Sciurus carolinensis*) gnawing on bone," *Journal of Forensic Identification* 66 (2016): 349–75.

Polcyn, M. J., L. L. Jacobs, R. Araújoa, A. S. Schulp, and O. Mateus. "Physical drivers of mosasaur evolution," *Palaeogeography, Palaeoclimatology, Palaeoecology* 400 (2014): 17–27.

Pomponi, S. A. "Cytological mechanisms of calcium carbonate excavation by boring sponges," *International Review of Cytology* 65 (1980): 301–19.

Power, A. M., W. Klepal, V. Zheden, J. Jonker, P. McEvilly, and J. von Byern. "Mechanisms of adhesion in adult barnacles," in *Biological Adhesive Systems*, ed. J. von Byern and I. Grunwald (Vienna: Springer, 2010), 153–68.

Pruss, S. B., C. L. Blättler, F. A. Macdonald, and J. A. Higgins. "Calcium isotope evidence that the earliest metazoan biomineralizers formed aragonite shells," *Geology* 46 (2018): 763–66.

Pryor, K. J., and A. M. Milton. "Tool use by the graphic tuskfish *Choerodon graphicus*," *Journal of Fish Biology* 95 (2019): 663–67.

Pu, J. P., S. A. Bowring, J. Ramezani, P. Myrow, T. D. Raub, E. Landing, et al. "Dodging snowballs: geochronology of the Gaskiers glaciation and the first appearance of the Ediacaran biota," *Geology* 44 (2016): 955–58.

Püntener, C., J.-P. Billon-Bruyat, D. Marty, and G. Paratte. "Under the feet of sauropods: a trampled coastal marine turtle from the Late Jurassic of Switzerland?," *Swiss Journal of Geosciences* 112 (2019): 507–15.

Pyenson, N. D. "The ecological rise of whales chronicled by the fossil record," *Current Biology* 27 (2017): R558–64.

Rasmussen, H. W. "Function and attachment of the stem in Isocrinidae and Pentacrinitidae: review and interpretation," *Lethaia* 10 (1977): 51–57.

Rayes, C. A., J. Beattie, and I.C. Duggan. "Boring through history: an environmental history of the extent, impact and management of marine woodborers in a global and local context, 500 BCE to 1930s CE," *Environment and History* 21 (2015): 477–512.

Reich, M., and A. B. Smith. "Origins and biomechanical evolution of teeth in echinoids and their relatives," *Palaeontology* 52 (2009): 1149–68.

Reynolds, C., N. A. F. Miranda, and G. S. Cumming. "The role of waterbirds in the dispersal of aquatic alien and invasive species," *Diversity and Distributions* 21 (2015): 744–54.

Reynolds, S., and J. Johnson. *Exploring Geology* (4th ed.) (New York: McGraw-Hill Education, 2016).

Rice, M. M., R. L. Maher, A. M. S. Correa, H. V. Moeller, N. P. Lemoine, A. A. Shantz, D. E. Burkepile, et al. "Macroborer presence on corals increases with nutrient input and promotes parrotfish bioerosion," *Coral Reefs* 39 (2020): 409–18.

Rindali, C., and T. M. Cole III. "Environmental seasonality and incremental growth rates of beaver (*Castor canadensis*) incisors: implications for palaeobiology," *Palaeogeography, Palaeoclimatology, Palaeoecology* 206 (2004): 289–301.

Ritter, H. Jr. "Defense of mate and mating chamber in a wood roach," *Science* 143 (1964): 1459–60.

Roberts, E. M., C. N. Todd, D. K. Aanen, T. Nobre, H. L. Hilbert-Wolf, P. M. O'Connor, et al. "Oligocene termite nests with in situ fungus gardens from the Rukwa Rift Basin, Tanzania, support a Paleogene African origin for insect agriculture," *PLOS ONE* 11 (2016): e0156847.

Röhl, H.-J., A. Schmid-Röhl, W. Oschmann, A. Frimmel, and L. Schwark. "The Posidonia Shale (Lower Toarcian) of SW-Germany: an oxygendepleted ecosystem controlled by sea level and palaeoclimate," *Palaeogeography, Palaeoclimatology, Palaeoecology* 165 (2001): 27–52.

Rohr, D. M., A. J. Boucot, J. Miller, and M. Abbott. "Oldest termite nest from the Upper Cretaceous of west Texas," *Geology* 14 (1986): 87–88.

Rouse, G. W., S. K. Goffredi, S. B. Johnson, and R. C. Vrijenhoek. "Not whalefall specialists, Osedax worms also consume fishbones," *Biology Letters* 7 (2011): 736–39.

Rouse, G. W., N. G. Wilson, K. Worsaae, and R. C. Vrijenhoek. "A dwarf male reversal in bone-eating worms," *Current Biology* 25 (2015): 236–41.

Rouse, R. W., and F. Pleijel. *Polychaetes* (Oxford: Oxford University Press, 2001).

Rudkin, D. M., G. A. Young, and G. S. Nowlan. "The oldest horseshoe crab: a new xiphosurid from Late Ordovician konservat-lagerstätten deposits, Manitoba, Canada," *Palaeontology* 51 (2008): 1–9.

Rudolph, D. C., and R. N. Conner. "Cavity tree selection by red-cockaded woodpeckers in relation to tree age," *Wilson Bulletin* 103 (1991): 458–67.

Rutledge, K. M., A. P. Summers, and M. A. Kolmann. "Killing them softly: ontogeny of jaw mechanics and stiffness in mollusk-feeding freshwater stingrays," *Journal of Morphology* 280 (2018): 796–808.

Rützler, K. "The role of burrowing sponges in bioerosion," *Oecologia* 19 (1975): 203–16.

Sagan, L. "On the origin of mitosing cells," *Journal of Theoretical Biology* 14 (1967): 225–74.

Saha, R., S. Paul, S. Mondal, S. Bardhan, S. S. Das, S. Saha, et al. "Gastropod drilling predation in the Upper Jurassic of Kutch, India," *Palaios* 36 (2021): 301–12.

Salamon, M. A., P. Gerrienne, P. Steemans, P. Gorzelak, P. Filipiak, A. Le Hérissé, et al. "Putative Late Ordovician land plants," *New Phytologist* 218 (2018): 1305–9.

Sander, P. M., X. Chen, L. Cheng, and X. Wang. "Short-snouted toothless ichthyosaur from China suggests Late Triassic diversification of suction feeding ichthyosaurs," *PLOS ONE* 6 (2011): e19480.

Sano, K., Y. Beyene, S. Katoh, D. Koyabu, H. Endo, T. Sasaki, et al. "A 1.4-million-year-old bone handaxe from Konso, Ethiopia, shows advanced tool technology in the early Acheulean," *Proceedings of the National Academy of Science* 117 (2020): 18393–400.

Sansom, I. J., N. S. Davies, M. I. Coates, R. Nicoll, and A. Ritchie. "Chondrichthyan-like scales from the Middle Ordovician of Australia," *Palaeontology* 55 (2012): 243–47.

Santos, A., E. Mayoral, C. P. Dumont, C. M. da Silva, S. P. Ávila, B. G. Baarli, et al. "Role of environmental change in rock-boring echinoid trace fossils," *Palaeogeography, Palaeoclimatology, Palaeoecology* 432 (2015): 1–14.

Santos, A., E. Mayoral, C. M. da Silva, and M. Cachão. "Two remarkable examples of Portuguese Neogene bioeroded rocky shores: new data and synthesis," *Comunicações Geológicas* 103 (2016): 121–30.

Sato, K., and R. G. Jenkins. "Mobile home for pholadoid boring bivalves: first example from a Late Cretaceous sea turtle in Hokkaido Japan," *Palaios* 35 (2020): 228–36.

Saunders, W. B., R. L. Knight, and P. N. Bond. "*Octopus predation on Nautilus:* evidence from Papua New Guinea," *Bulletin of Marine Science* 49 (1991): 280–87.

Savoca, M. S., M. F. Czapanskiy, S. R. Kahane-Rapport, W. T. Gough, J. A. Fahlbusch, K. C. Bierlich, et al. "Baleen whale prey consumption based on high-resolution foraging measurements," *Nature* 599 (2021): 85–90.

Savrda, C. E., J. Counts, O. McCormick, R. Urash, and J. Williams. "Loggrounds and *Teredolites* in transgressive deposits, Eocene Tallahatta Formation (southern Alabama, USA)," *Ichnos* 12 (2005): 47–57.

Schirrmeister, B. E. "Cyanobacteria and the Great Oxidation Event: evidence from genes and fossils," *Palaeontology* 58 (2015): 769–85.

Schoenemann, B., E. N. K. Clarkson, and M. Høyberget. "Traces of an ancient immune system—how an injured arthropod survived 465 million years ago," *Scientific Reports* 7 (2017): 40330.

Schönberg, C. H. L. "A history of sponge erosion: from past myths and hypotheses to recent approaches," in *Current Developments in Bioerosion*, ed. M. Wisshak and L. Tapanila (Berlin: Springer, 2006), 165–202.

Schönberg, C. H. L., J. K. H. Fang, M. Carreiro-Silva, A. Tribollet, and M. Wisshak. "Bioerosion: the other ocean acidification problem," *ICES Journal of Marine Science* 74 (2017): 895–925.

Schönberg, C. H. L., and J.-C. Ortiz. "Is sponge bioerosion increasing?," *Proceedings of the 11th International Coral Reef Symposium* (2008): 520–23.

Schweigert, G., R. Fraaije, P. Havlik, and A. Nützel. 2013. "New Early Jurassic hermit crabs from Germany and France," *Journal of Crustacean Biology* 33 (2013): 802–17.

Schulp, A. S., H. B. Vonhof, J. H. J. L. van der Lubbe, R. Janssen, and R. R. van Baal. "On diving and diet: resource partitioning in type-Maastrichtian mosasaurs," *Nether-*

lands Journal of Geosciences—Geologie En Mijnbouw 92 (2014): 165–70.

Schweitzer, C. E., and R. M. Feldmann. "The Decapoda (Crustacea) as predators on Mollusca through geologic time," *Palaios* 25 (2010): 167–82.

Schweitzer, C. E., and R. M. Feldmann. "The oldest Brachyura (Decapoda: Homolodromioidea: Glaessneropsoidea) known to date (Jurassic)," *Journal of Crustacean Biology* 30 (2010): 251–56.

Schwimmer, D. R. *King of the Crocodylians: The Paleobiology of* Deinosuchus (Bloomington: Indiana University Press, 2002).

Scoon, R. N. "Mount Elgon National Park(s)," in *Geology of National Parks of Central/Southern Kenya and Northern Tanzania*, ed. R. N. Scoon (Cham: Springer, 2018), 81–90.

Scott, A. C. "Trace fossils of plant–arthropod interactions," in *Trace Fossils: Their Paleobiological Aspects*, ed. C. G. Maples and R. R. West, *Paleontological Society Short Course* 5 (1992): 197–223.

Sealey, N. *Bahamian Landscape: Introduction to the Geology and Physical Geography of the Bahamas* (3rd ed.) (New York: Macmillan Publishing, 2006).

Seilacher, A. "Developmental transformations in Jurassic driftwood crinoids," *Swiss Journal of Palaeontology* 130 (2011): 129–41.

Selvaggio, M. M. "Carnivore tooth marks and stone tool butchery marks on scavenged bones: archaeological implications," *Journal of Human Evolution* 27 (1994): 215–28.

Serrano-Brañas, C. I., B. Espinosa-Chávez, and S. A. Maccracken. "*Gastrochaenolites* Leymerie in dinosaur bones from the Upper Cretaceous of Coahuila, north-central Mexico: taphonomic implications for isolated bone fragments," *Cretaceous Research* 92 (2018): 18–25.

Serrano-Brañas, C. I., B. Espinosa-Chávez, and S. A. Maccracken. "*Teredolites* trace fossils in log-grounds from the Cerro del Pueblo Formation (Upper Cretaceous) of the state of Coahuila, Mexico," *Journal of South American Earth Sciences* 95 (2019): 102316.

Servais, T., and D. A. T. Harper. "The Great Ordovician Biodiversification Event (GOBE): definition, concept and duration," *Lethaia* 51 (2018): 151–64.

Sheffield, G., and J. M. Grebmeier. "Pacific walrus (*Odobenus rosmarus divergens*): differential prey digestion and diet," *Marine Mammal Science* 25 (2009): 761–77.

Shipway, J. R., M. A. Altamia, G. Rosenberg, G. P. Concepcion, M. G. Haygood, and D. L. Distel. "A rock-boring and rock-ingesting freshwater bivalve (shipworm) from the Philippines," *Proceedings of the Royal Society, B* 286 (2019): 20190434.

Shorrocks, B. *The Giraffe: Biology, Ecology, Evolution and Behaviour* (West Sussex: John Wiley & Sons, 2016).

Shunk, S. A. *Peterson Reference Guide to Woodpeckers of North America* (New York:

Houghton Mifflin, 2016).
Sibley, D. A. *The Sibley Guide to Birds* (New York: Alfred A. Knopf, 2014).
Sigren, J. M., J. Figlus, and A. Armitage. "Coastal sand dunes and dune vegetation: restoration, erosion, and storm protection," *Shore & Beach* 82 (2014): 5–12.
Singh, S., P. Singh, S. Rangabhashiyam, and K. K. Srivastava (eds.). *Global Climate Change* (Amsterdam: Elsevier, 2021).
Siqueira, A. C., D. R. Bellwood, and P. F. Cowman. "The evolution of traits and functions in herbivorous coral reef fishes through space and time," *Proceedings of the Royal Society, B* 286 (2019): 20182672.
Slieker, F. J. A. *Chitons of the World: An Illustrated Synopsis of Recent Polyplacophora* (Ancona: L'Informatore Piceno, 2000).
Smith, C. R., A. G. Glover, T. Treude, N. D. Higgs, and D. J. Amon. "Whalefall ecosystems: recent insights into ecology, paleoecology, and evolution," *Annual Review Marine Sciences* 7 (2015): 571–96.
Smith, C. R., H. Kukert, R. A. Wheatcroft, P. A. Jumars, and J. W. Deming. "Vent fauna on whale remains," *Nature* 341 (1989): 27–28.
Smith, D. R., J. T. Tanacredi, and M. L. Botton (eds.). *Biology and Conservation of Horseshoe Crabs* (New York: Springer, 2009).
Snively, E., J. M. Fahlke, and R. C. Welsh. "Bone-breaking bite force of *Basilosaurus isis* (Mammalia, Cetacea) from the Late Eocene of Egypt estimated by finite element analysis," *PLOS ONE* 10 (2015): e0118380.
Sokolow, J. A. *The Great Encounter: Native Peoples and European Settlers in the Americas, 1492–1800* (Abingdon: Taylor & Francis, 2016).
Sørensen, A. M., and F. Surlyk. "Taphonomy and palaeoecology of the gastropod fauna from a Late Cretaceous rocky shore, Sweden," *Cretaceous Research* 32 (2011): 472–79.
Southward, A. J. (ed.). *Barnacle Biology* (Boca Raton, FL: CRC Press, 2018).
Spencer, L. H., J. C. Martinelli, T. L. King, R. Crim, B. Blake, H. M. Lopes, and C. L. Wood. "The risks of shell-boring polychaetes to shellfish aquaculture in Washington, USA: A mini-review to inform mitigation actions," *Aquaculture Research* 52 (2020): 438–55.
Stafford, E. S., G. P. Dietl, M. K. Gingras, and L. R. Leighton. "*Caedichnus*, a new ichnogenus representing predatory attack on the gastropod shell aperture," *Ichnos* 22 (2015): 87–102.
Stafford, E. S., C. L. Tyler, and L. R. Leighton. "Gastropod shell repair tracks predator abundance," *Marine Ecology* 36 (2015): 1176–84.
Stark, R. D., D. J. Dodenhoi, and E. V. Jonhso. "A quantitative analysis of woodpecker drumming," *The Condor* 100 (1998): 350–56.
Steemans, P., A. Le Hérissé, J. Melvin, M. A. Miller, F. Paris, J. Verniers, et al. "Origin

and radiation of the earliest vascular land plants," *Science* 324 (2009): 353.

Steinmayer, A. G., and J. M. Turfa. "Effects of shipworm on the performance of ancient Mediterranean warships," *International Journal of Nautical Archaeology* 25 (1996): 104–21.

Stock, C. *Rancho La Brea: A Record of Pleistocene Life in California Science Series* 37 (7th ed., rev. by J. M. Harris) (Los Angeles: Natural History Museum of Los Angeles County, 1992).

Stock, S. R. "Sea urchins have teeth? A review of their microstructure, biomineralization, development and mechanical properties," *Connective Tissue Research* 55 (2014): 41–51.

Stolarski, J., M. V. Kitahara, D. J. Miller, S. D. Cairns, M. Mazur, and A. Meibom. "The ancient evolutionary origins of Scleractinia revealed by azooxanthellate corals," *BMC Evolutionary Biology* 11 (2011): 316.

Stout, R. *Darwin and the Barnacle* (New York: W. W. Norton, 2004).

Streelman, J. T., M. Alfaro, M. W. Westneat, D. R. Bellwood, and S. A. Karl. "Evolutionary history of the parrotfishes: biogeography, ecomorphology, and comparative diversity," *Evolution* 56 (2002): 961–71.

Styrsky, J. D., and M. D. Eubanks. "Ecological consequences of interactions between ants and honeydew - producing insects," *Proceedings of the Royal Society, B* 274 (2007): 151–64.

Summers, A. P. "Stiffening the stingray skeleton: an investigation of durophagy in myliobatid Stingrays (Chondrichthyes, Batoidea, Myliobatidae)," *Journal of Morphology* 243 (2000): 113–26.

Sundberg, A. "Molluscan explosion: the Dutch shipworm epidemic of the 1730s," *Environment & Society Portal, Arcadia* 14 (2015): 1–6.

Surovell, T. A., S. R. Pelton, R. Anderson-Sprecher, and A. D. Myers. "Test of Martin's overkill hypothesis using radiocarbon dates on extinct megafauna," *Proceedings of the National Academy of Sciences* 113 (2016): 886–91.

Sutherland, J. I. "Miocene petrified wood and associated borings and termite faecal pellets from Hukatere Peninsula, Kaipara Harbour, North Auckland, New Zealand," *Journal of the Royal Society of New Zealand* 33 (2003): 395–414.

Syed, R., and S. Sengupta. "First record of parrotfish bite mark on larger foraminifera from the Middle Eocene of Kutch, Gujarat, India," *Current Science* 116 (2019): 363–65.

Talevi, M., and S. Brezina. "Bioerosion structures in a Late Cretaceous mosasaur from Antarctica," *Facies* 65 (2019): 1–5.

Tang, L. M. "Evolutionary history of true crabs (Crustacea: Decapoda: Brachyura) and the origin of freshwater crabs," *Molecular Biology and Evolution* 31 (2014): 1173–87.

Tanke, D. H., and P. J. Currie. "Head-biting behavior in theropod dinosaurs: paleopathological evidence," *Gaia* 15 (1998): 167–84.

Tapanila, L., and E. M. Roberts. "The earliest evidence of holometabolan insect pupation in conifer wood," *PLOS ONE* 7 (2012): e31668.

Tapanila, L., E. M. Roberts, M. L. Bouaré, F. Sissoko, and M. A. O'Leary. "Bivalve borings in phosphatic coprolites and bone, Cretaceous - Paleogene, northeastern Mali," *Palaios* 19 (2004): 565–73.

Tappen, M. "Bone weathering in the tropical rain forest," *Journal of Archaeological Science* 21 (1994): 667–73.

Taylor, B. M. "Drivers of protogynous sex change differ across spatial scales," *Proceedings of the Royal Society, B* 281 (2014): 0132423.

Taylor, P. D., and M. A. Wilson. "Palaeoecology and evolution of marine hard substrate communities," *Earth-Science Reviews* 62 (2003): 1–103.

Taylor, P. D., M. A. Wilson, and R. G. Bromley. "Finichnus, a new name for the ichnogenus *Leptichnus* Taylor, Wilson and Bromley 1999, preoccupied by *Leptichnus* Simroth, 1896 (Mollusca, Gastropoda)," *Palaeontology* 56 (2013): 456.

Terry, J. P., and J. Goff. "One hundred and thirty years since Darwin: 'reshaping' the theory of atoll formation," *The Holocene* 23 (2013): 615–19.

Thewissen, J. G. M. *The Emergence of Whales: Evolutionary Patterns in the Origin of Cetacea* (New York: Springer, 2013).

Thoen, H. H., M. J. How, T. -H. Chiou, and J. Marshall. "A different form of color vision in mantis shrimp," *Science* 343 (2015): 411–13.

Thompson, K. M., D. P. W. Huber, and B. W. Murray. "Autumn shifts in cold tolerance metabolites in overwintering adult mountain pine beetles," *PLOS ONE* 15 (2020): e0227203.

Thorington, R. W. Jr., and K. E. Ferrell. *Squirrels: The Animal Answer Guide* (Baltimore: Johns Hopkins University Press, 2006).

Tresguerres, M., S. Katz, and G. W. Rouse. "How to get into bones: proton pump and carbonic anhydrase in *Osedax* boneworms," *Proceedings of the Royal Society, B* 280 (2013): 20130625.

Trouet, V. *Tree Story: The History of the World Written in Rings* (Baltimore: Johns Hopkins University Press, 2020).

Turman, V. Q. P., B. C. P. M. Peixoto, T. da S. Marinho, and M. A. Fernandes. "A new trace fossil produced by insects in fossil wood of Late Jurassic–Early Cretaceous Missão Velha Formation, Araripe Basin, Brazil," *Journal of South American Earth Sciences* 109 (2021): 103266.

Turner, E. C. "Possible poriferan body fossils in early Neoproterozoic microbial reefs," *Nature* 596 (2021): 87–91.

Turner, S. K. "Constraints on the onset duration of the Paleocene-Eocene Thermal Maximum," *Philosophical Transactions of the Royal Society*, *A* 376 (2018): 20170082.

VanBlaricom, G. R. *Sea Otters* (Stillwater, MN: Voyageur Press, 2001).

Van der Wal, C., S. T. Ahyong, S. Y. W. Ho, and N. Lo. "The evolutionary history of Stomatopoda (Crustacea: Malacostraca) inferred from molecular data," *PeerJ* 5 (2017): e3844.

Van Der Wal, C., and S. Y. W. Ho. "Molecular clock," *Encyclopedia of Bioinformatics and Computational Biology* 2 (2019): 719–26.

van Geel, B., J. F. N. van Leeuwen, K. Nooren, D. Mo, N. den Ouden, P. W. O. van der Knaap, et al. "Diet and environment of *Mylodon darwinii* based on pollen of a Late-Glacial coprolite from the Mylodon Cave in southern Chile," *Review of Palaeobotany and Palynology* 296 (2021): 104549.

van Loo, A. J. "Ichthyosaur embryos outside the mother body: not due to carcass explosion but to carcass implosion," *Palaeobiology and Palaeoenvironments* 93 (2013): 103–9.

Varley, P. M., and C. D. Warren. "History of the geological investigations for the Channel Tunnel," in *Engineering Geology of the Channel Tunnel*, ed. C. S. Harris et al. (London: Thomas Telford, 1996), 5–18.

Vega, F., and R. Hofstetter (eds.). *Bark Beetles: Biology and Ecology of Native and Invasive Species* (Cambridge, MA: Academic Press, 2014).

Velásquez, M., and R. Shipway. "A new genus and species of deep-sea wood-boring shipworm (Bivalvia: Teredinidae) *Nivanteredo coronata* n. sp. from the Southwest Pacific," *Marine Biology Research* 14 (2018): 808–15.

Vermeij, G. J. "Gastropod skeletal defences: land, freshwater, and sea compared," *Vita Malacologica* 13 (2015): 1–25.

Vermeij, G. J., and E. Zipser. "The diet of *Diodon hystrix* (Teleostei: Tetraodontiformes): shell-crushing on Guam's reefs," *Bishop Museum Bulletin in Zoology* 9 (2015): 169–75.

Vetter, *T. 30,000 Leagues Undersea: True Tales of a Submariner and Deep Submergence Pilot* (self-published, Tom Vetter Books).

Villa, P., G. Boschian, L. Pollarolo, D. Saccà, F. Marra, S. Nomade, et al. "Elephant bones for the Middle Pleistocene toolmaker," *PLOS ONE* 16 (2021): e0256090.

Ville, S. P., and J. Kearney. *Transport and the Development of the European Economy, 1750–1918* (London: Palgrave Macmillan, 1990).

Villegas-Martín, J., D. Ceolin, G. Fauth, and A. A. Klompmaker. "A small yet occasional meal: predatory drill holes in Paleocene ostracods from Argentina and methods to infer predation intensity," *Palaeontology* 62 (2019): 731–56.

Villegas-Martín, J., J. M. de Gibert, R. Rojas-Consuegra, and Z. Belaústegui. "Jurassic *Teredolites* from Cuba: new trace fossil evidence of early woodboring behavior in bivalves," *Journal of South American Earth Sciences* 38 (2012): 123–28.

Vishnudas, C. K. "*Crematogaster* ants in shaded coffee plantations: a critical food source for rufous woodpecker *Micropternus brachyurus* and other forest birds," *Indian Birds* 4 (2008): 9–11.

Vogel, K., M. Gektidis, S. Golubic, W. E. Kiene, and G. Radtke. "Experimental studies on microbial bioerosion at Lee Stocking Island (Bahamas) and One Tree Island (Great Barrier Reef, Australia): implications for paleobathymetric reconstructions," *Lethaia* 33 (2000): 190–204.

Voight, J. R. "Xylotrophic bivalves: aspects of their biology and the impacts of humans," *Journal of Molluscan Studies* 81 (2015): 175–86.

Voultsiadou, E., and C. Chintiroglou. "Aristotle's lantern in echinoderms: an ancient riddle," *Cahiers de Biologie Marine* 49 (2008): 299–302.

Vršanský, P., I. Koubová, L. Vršanská, J. Hinkelman, M. Kúdela, T. Kúdelová, et al. "Early wood-boring 'mole roach' reveals eusociality 'missing ring,'" *AMBA Projekty* 9 (2019): 1–28.

Wahl, A., A. J. Martin, and S. T. Hasiotis. "Vertebrate coprolites and coprophagy traces, Chinle Formation (Late Triassic), Petrified Forest National Park, Arizona," *National Park Service Paleontological Research* 3 (1998): 144–48.

Walker, M. V. "Evidence of Triassic insects in the Petrified Forest National Monument, Arizona," *Proceedings of the United States National Museum* 85 (1938): 137–41.

Walker, S. E., and C. E. Brett. "Post-Paleozoic patterns in marine predation: was there a Mesozoic and Cenozoic marine predatory revolution?," in *The Fossil Record of Predation*, ed. M. Kowalewski and P. H. Kelley, *Paleontological Society Papers* 8 (2002): 119–93.

Wang, L., J. T.-M. Cheung, F. Pu, D. Li, M. Zhang, and Y. Fan. "Why do woodpeckers resist head impact injury: a biomechanical investigation," *PLOS ONE* 6 (2011): e26490.

Wang, Y.-H., M. S. Engel, J. A. Rafael, H.-Y. Wu, D. Rédei, Q. Xie, et al. "Fossil record of stem groups employed in evaluating the chronogram of insects (Arthropoda: Hexapoda)," *Scientific Reports* 6 (2016): 38939.

Warner, R. R. "Mating behavior and hermaphroditism in coral reef fishes," *American Scientist* 72 (1984): 128–36.

Warren, C. D., P. M. Varley, and R. Parkin. "UK tunnels: geotechnical monitoring and encountered conditions," in *Engineering Geology of the Channel Tunnel*, ed. C. S. Harris et al. (London: Thomas Telford, 1996), 219–43.

Wassenbergh, S. V., E. J. Ortlieb, M. Mielke, C. Böhmer, R. E. Shadwick, and A. Abourachid. "Woodpeckers minimize cranial absorption of shocks," *Current Biology* 32 (2022): doi: https://doi.org/10.1016/j.cub.2022.05.052.

Weis, J. S. *Walking Sideways: The Remarkable World of Crabs* (Ithaca, NY: Cornell University Press, 2012).

Wilson, M. A. "Macroborings and the evolution of bioerosion," in *Trace Fossils: Concepts, Problems, Prospects*, ed. W. M. Miller III (Amsterdam: Elsevier), 356–67.

Wilson, M. A., and T. J. Palmer. "Domiciles, not predatory borings: a simpler explanation of the holes in Ordovician shells analyzed by Kaplan and Baumiller, 2000," *Palaios* 16 (2001): 524–25.

Wilson, M. A., and T. J. Palmer. "Patterns and processes in the Ordovician Bioerosion Revolution," *Ichnos* 13 (2006): 109–12.

Wisshak, M. *High - Latitude Bioerosion: The Kosterfjord Experiment* (Berlin: Springer, 2006).

Wisshak, M., C. H. L. Schönberg, A. Form, and A. Freiwald. "Ocean acidification accelerates reef bioerosion," *PLOS ONE* 7 (2012): e45124.

Witherington, B., and D. Witherington. *Living Beaches of Georgia and the Carolinas: A Beachcombers Guide* (Sarasota, FL: Pineapple Press, 2011).

Wodinsky, J. "Penetration of the shells and feeding on gastropods by *Octopus*," *American Zoologist* 9 (1969): 997–1010.

Wolf, J. M., J. Luque, and H. D. Bracken-Grissom. "How to become a crab: phenotypic constraints on a recurring body plan," *BioEssays* 43 (2021): 2100020.

Wopenka, B., and J. D. Pasteris. "A mineralogical perspective on the apatite in bone," *Materials Science and Engineering*, C 25 (2005): 131–43.

Wroe, S., D. R. Huber, M. Lowry, C. McHenry, K. Moreno, P. Clausen, et al. "Three-dimensional computer analysis of white shark jaw mechanics: how hard can a great white bite?," *Journal of Zoology* 276 (2008): 336–42.

Xing, L., J. K. O' Connor, L. M. Chiappe, R. C. McKellar, N. Carroll, H. Hu, et al. "A new enantiornithine bird with unusual pedal proportions found in amber," *Current Biology* 29 (2019): 2396–401.

Yarlett, R. T., C. T. Perry, R. W. Wilson, and K. E. Philpot. "Constraining species-size class variability in rates of parrotfish bioerosion on Maldivian coral reefs: implications for regional-scale bioerosion estimates," *Marine Ecology Progress Series* 590 (2018): 155–69.

Zacaï, A., J. Vannier, and R. Lerosey-Aubril. "Reconstructing the diet of a 505-million-year-old arthropod: *Sidneyia inexpectans* from the Burgess Shale fauna," *Arthropod Structure and Development* 45 (2016): 200–220.

Zhang, S.-Q., L.-H. Che, Y. Li, D. Liang, H. Pang, A. Ślipiński, et al. "Evolutionary history of Coleoptera revealed by extensive sampling of genes and species," *Nature Communications* 9 (2018): 205.

Zhang, Z., Z. Zhang, J. Ma, P. D. Taylor, L. C. Strotz, S. M. Jacquet, et al. "Fossil evidence unveils an early Cambrian origin for Bryozoa," *Nature* 599 (2021): 251–55.

Zhao, Z., X. Yin, C. Shih, T. Gao, and D. Ren. "Termite colonies from mid-Cretaceous

Myanmar demonstrate their early eusocial lifestyle in damp wood," *National Science Review* 7 (2020): 381–90.

Zhao, Z., X. Yin, C. Shih, T. Gao, and D. Ren. "Termite communities and their early evolution and ecology trapped in Cretaceous amber," *Cretaceous Research* 117 (2021): 104612.

Zipser, E., and G. J. Vermeij. "Crushing behavior of tropical and temperate crabs," *Journal of Experimental Marine Biology and Ecology* 31 (1978): 155–72.

Zonnenveld, J. P., and M. K. Gingras. "*Sedilichnus*, *Oichnus*, *Fossichnus*, and *Tremichnus*: 'small round holes in shells' revisited," *Journal of Paleontology* 88 (2015): 895–905.

网络资源

"Channel tunnel," The Geological Society, accessed November 10, 2021, https://www.geolsoc.org.uk/GeositesChannelTunnel.

"*Cryptochiton stelleri:* giant Pacific chiton," *Animal Diversity Web* (Online), accessed October 28, 2021, https://animaldiversity.org/accounts/Cryptochiton_stelleri/.

"Dermestarium," by Stephen H. Hinshaw of the University of Michigan Museum of Zoology, explains how dermestid beetles are used to prepare skeletons for the museum: https://webapps.lsa.umich.edu/ummz/mammals/dermestarium/default.asp.

"*Lithophaga* Röding, 1798," World Register of Marine Species (WoRMS), MolluscaBase editors (2021), MolluscaBase, *Lithophaga*, accessed October 29, 2021, World Register of Marine Species, https://www.marinespecies.org/aphia.php?p=taxdetails&id=138220.

Mammoth Rocks, California Department of Parks and Recreation, https://www.parks.ca.gov/?page_id=23566.

Murex (*Murex*) *pecten* [Lightfoot], 1786, *MolluscaBase*, accessed October 30, 2021, World Register of Marine Species, http://www.marinespecies.org/aphia.php?p=taxdetails&id=215663.

Muricidae: MolluscaBase, "Muricidae Rafinesque, 1815," accessed October 30, 2021, World Register of Marine Species (WoRMS), http://www.marinespecies.org/aphia.php?p=taxdetails&id=148.

Naticidae: MolluscaBase, 2021, "Naticidae Guilding, 1834," accessed October 30, 2021, World Register of Marine Species (WoRMS), http://www.marinespecies.org/aphia.php?p=taxdetails&id=145, Muricidae: MolluscaBase,2021.

Teredo, Linnaeus, 1758, MolluscaBase, accessed on November 7, 2021, World Register of Marine Species (WoRMS), http://www.marinespecies.org/aphia.php?p=taxdetails&id=138539.

"Wolf spirit returns to Idaho," M. Cheater, *National Wildlife Federation*, August 1, 1998, https://www.nwf.org/Magazines/National-Wildlife/1998/Wolf-Spirit-Returns-to-Idaho.

图书在版编目(CIP)数据

雕刻地球的生命：生物侵蚀的神奇故事 /（美）安东尼·马丁著；刘畅译. -- 上海：上海科技教育出版社，2024. 12. --（哲人石丛书）. -- ISBN 978-7-5428-8313-1

Ⅰ. Q11-49

中国国家版本馆CIP数据核字第202455D8Y8号

责任编辑 林赵璘　匡志强
封面设计 李梦雪

DIAOKE DIQIU DE SHENGMING
雕刻地球的生命——生物侵蚀的神奇故事
[美]安东尼·马丁　著
刘　畅　译

出版发行 上海科技教育出版社有限公司
（上海市闵行区号景路159弄A座8楼　邮政编码201101）
网　　址 www.sste.com　www.ewen.co
经　　销 各地新华书店
印　　刷 上海商务联西印刷有限公司
开　　本 720×1000　1/16
印　　张 23.25
版　　次 2024年12月第1版
印　　次 2024年12月第1次印刷
书　　号 ISBN 978-7-5428-8313-1/N·1244
图　　字 09-2023-0766
定　　价 88.00元

LIFE SCULPTED:

Tales of the Animals, Plants, and Fungi That Drill, Break, and Scrape to Shape the Earth

by

Anthony Martin